高职高专机电类专业系列教材

工厂供电

第2版

U0182630

主　编　汪永华

副主编　曹　泉　邹显圣

参　编　曹光华　李潞生　蒋治国

　　　　徐洪江　陈　红　张世忠

主　审　吴　琦

机械工业出版社

本书共 10 章，较系统地介绍了工厂供电系统的基本知识，内容有：工厂供电概述，工厂的电力负荷及其计算，短路电流及其计算，工厂电气设备及一次系统，工厂电力线路，工厂供电系统的过电流保护，防雷、接地及电气安全，工厂供配电系统的二次回路和自动装置，工厂的电气照明，工厂供电系统的运行与管理。每章后都附有复习思考题，书末附有附录。

本书可供高职高专院校、电视大学、成人高校的机电类专业（供用电技术、电气自动化技术、机电设备维修与管理、机电一体化技术等）学生使用，也可供从事工厂供配电系统设计、安装、运行维护和管理的工程技术人员参考。

为方便教学，本书配有电子课件等，凡选用本书作为授课教材的老师，均可登录机械工业出版社教育服务网（www.cmpedu.com）免费下载。咨询电话：010-88379375。

图书在版编目（CIP）数据

工厂供电/汪永华主编 . —2 版 . —北京：机械工业出版社，2020. 10
（2025. 1 重印）
高职高专机电类专业系列教材
ISBN 978-7-111-66070-5

Ⅰ . ①工… Ⅱ . ①汪… Ⅲ . ①工厂-供电-高等职业教育-教材
Ⅳ . ①TM727. 3

中国版本图书馆 CIP 数据核字（2020）第 122708 号

机械工业出版社（北京市百万庄大街 22 号 邮政编码 100037）
策划编辑：高亚云 责任编辑：高亚云 王宗锋
责任校对：张晓蓉 封面设计：鞠 杨
责任印制：刘 媛
涿州市殷润文化传播有限公司印刷
2025 年 1 月第 2 版第 9 次印刷
184mm×260mm · 17. 5 印张 · 502 千字
标准书号：ISBN 978-7-111-66070-5
定价：49. 80 元

电话服务 网络服务
客服电话：010-88361066 机 工 官 网：www.cmpbook.com
010-88379833 机 工 官 博：weibo.com/cmp1952
010-68326294 金 书 网：www.golden-book.com
封底无防伪标均为盗版 机工教育服务网：www.cmpedu.com

前　　言

"工厂供电"课程是国内各高职院校机电一体化技术、电气自动化技术、供用电技术、机电设备维修与管理等专业的一门专业核心课程,对为工矿企业供配电岗位培养合格的高技能应用型技术人才至关重要。它与企业供配电系统和变电所相关岗位直接对接,其特点是工程性、实践性强,涉及内容广泛。

本书以培养高技能应用型人才为目标,以技术技能培养为本位,以基本理论够用为度,以强化应用为教学重点,以最新的国家标准、规范为依据,对接职业标准和岗位要求,在认真分析生产管理第一线需要和教学对象的实际基础上,以知识学习与技能训练为主线,整合与优化相关教学内容体系,加强实践技能培养。本书编写时力求做到:基本概念准确、分析计算方法简捷清晰、努力避免求深求全现象,在阐述专业知识的同时,注重介绍新材料、新工艺、新设备、新技术及电气领域的最新成果。本书内容广泛、深入浅出,理论联系实际,便于学生学习和解决工程实际问题。

为便于学生课程设计和毕业设计(综合实践)查阅使用,书末列出了工厂供配电设计常用电气设备图形符号和技术数据。

本书的参考学时为 80~100 学时,各校可根据不同专业教学需要适当增减。

本书共 10 章,第 1 章由安徽国防科技职业技术学院陈红编写;第 2 章由大连职业技术学院邹显圣编写;第 3 章由大连职业技术学院徐洪江编写;第 4 章及附录由安徽水利水电职业技术学院汪永华编写;第 5 章由西安理工大学高等技术学院张世忠编写;第 6 章由安徽机电职业技术学院曹光华编写;第 7 章由扬州工业职业技术学院曹泉编写;第 8 章由无锡交通职业技术学院蒋治国编写;第 9 章、第 10 章由山西机电职业技术学院李潞生编写。汪永华担任本书主编,并负责全书统稿。

本书由安徽电气工程职业技术学院吴琦教授担任主审,吴琦教授在审阅中对该书提出很多宝贵意见,谨在此表示衷心的感谢!

由于编者水平有限,书中不妥之处在所难免,恳切希望使用本书的广大师生和读者批评指正,编者将不胜感激。

编　者

目　　录

第1章
工厂供电概述

1.1 工厂供电的基本知识

1.1.1 工厂供电的定义、要求及课程的性质

工厂供电系统是电力系统的重要组成部分，所谓工厂供电，是指工厂所需电能的供应和分配，也称工厂配电。

电能用户的类型很多，主要有工业用户、农业用户、商业用户和生活用电等，其中工业用户是电能的主要用户，据统计，工厂用电量占全国发电量的60%以上。电能作为现代工业的主要能源具有其明显的优点：电能既易于由其他形式的能量转换而成，也易于转换为其他形式的能量；电能的输送和分配既简单经济，又便于控制、调节和测量，有利于实现生产过程的自动化；现代社会的信息技术和其他高新技术都是建立在电能应用的基础之上的。因此电能在现代工业生产及整个国民经济生活中应用极为广泛。

工厂供电对现代工业的重要性并不在于电能在产品成本中比重的大小，而在于安全、可靠、优质的电能供应可大大提高劳动生产率，提高产品质量，降低生产成本，减轻工人的劳动强度，改善工人的劳动条件等。反之，则会造成劳动生产率的降低、产品的大量减产、设备的损坏，甚至可能发生重大的人身事故，给国民经济和社会生产造成严重影响。因此，搞好工厂供电意义重大。

要使电能更好地服务于现代工业生产和国民经济建设，作为主要电能用户的工厂必须做好供电工作，满足以下基本要求：

（1）安全 在电能的供应、分配和使用中，必须保证人身安全和设备安全，不应发生人身事故和设备事故。

（2）可靠 即满足电能用户对供电连续性的要求，不应出现违背用户意愿的中断供电。

（3）优质 应满足电能用户对电压和频率等质量的要求。

（4）经济 供电系统的投资要少，运行费用要低，并尽可能采用新技术并综合利用其他能源。

同时，在供电过程中，要合理地处理局部和全局、当前和长远的关系，既考虑局部和当前的利益，又照顾到全局和长远的发展，在目前我国电能还比较紧缺的条件下，这一点就显得尤为重要。

本课程是一门专业课，通过本课程的学习可以为将来从事工厂电气工作打下一定的基础。本书主要介绍中小型工厂内部的电能的供应与分配，在学习过程中必须注意理论联系实际，应初步掌握中小型工厂的供电系统的设计、安装及运行维护的有关知识。

1.1.2 工厂供电系统概述

工厂供电系统既复杂又重要，其主要特点是：供电范围广，负荷类型多而操作频繁，厂房环境（建筑物、管道、道路、高温及尘埃等）复杂，低压线路较长等。因此，选择供电方式时，应力求简单、供电可靠和经济，并应考虑线路运行安全和方便以及周围环境的特点。运行经验表明：供电系统如果接线复杂，不仅会增加投资，使继电保护和自动装置配合困难、维护不方便，而且电路元件串联过多，因元件故障或误操作而产生的事故也随之增多，处理事故和恢复供电的操作也较复杂。对于一般中小型工厂的供电系统而言，虽然其具体形式多样，但它们的电源进线电压

一般是10kV或35kV，其常用的形式可以归结为以下几种：

1）工厂从公共电网取得电源，电能先经高压配电所集中，再由高压配电线路将电能分配到各车间变电所，经车间变电所将高压电能转换为用电设备所需要的低压电能（如220/380V），如图1-1所示。

2）对于大型工厂或电源进线电压在35kV及以上的中型工厂，一般经过两次降压，首先经工厂总降压变电所，其中装有较大容量的电力变压器，将35kV及以上的电能降为6～10kV的配电电压，然后通过高压配电线路将电能送到各车间变电所，或经高压配电所再送到车间变电所，经过再次降压供电给用电设备，如图1-2所示。

图1-1　中型工厂供电系统简图　　　　图1-2　采用两次降压的工厂供电系统简图

3）如果是小型工厂，负荷的容量不大于1000kV·A，也没有重要负荷，可以只设置一个降压变电所，将6～10kV的电源降为用电设备所需的低压电源，如图1-3所示。

4）有的35kV进线的工厂，可以采用高压深入负荷中心的直配方式，即将35kV的线路直接引入靠近负荷中心的车间变电所，经一次降压，这样可以省去一级中间变压，从而简化供电系统的接线，降低电压损耗和电能损失，节约材料和设备，提高供电质量。但这种供电方式要求厂区必须有能满足这种条件的"安全走廊"，否则不宜采用，以确保安全，如图1-4所示。

图1-3　只设置一个降压变电所的
工厂供电系统简图

图1-4　采用高压深入负荷中心直配
方式的工厂供电系统简图

5）对于比较小的工厂，当其所需的容量不大于160kV·A时，可以采用由公共低压电网直接接线获得所需要的低压电源，如图1-5所示。这样工厂不需要建立变电所，而只需要设立一个低压配电间即可。

值得说明的是变电所的功能是接受电能、变换电压和分配电能，而配电所的功能是接受电能和分配电能。变电所内装设有变压器，其主要作用是进行电压的变换，对于工厂用户来说主要作用是降压，配电所则用于电能的分配。对于有些工厂来说，把变电所和配电所合建在一起，构成所谓的变配电所。这样做可以节约投资，方便运行管理和维护，但这种方式必须在满足一定的条件下使用。

1.1.3 发电厂和电力系统简介

电能的生产、输送、分配和使用的全过程，实际上是在同一瞬间实现的，因此我们除了了解工厂供电系统概况外，还需了解电能的生产过程。

1. 发电厂 发电厂又称发电站，是将自然界蕴藏的各种一次能源转换成电能（二次能源）的工厂。发电厂按其所利用的能源不同，分为水力发电厂、火力发电厂、核能发电厂以及风力发电厂、地热发电厂、太阳能发电厂等类型。

（1）水力发电厂 水力发电厂简称水电厂或水电站，它是利用水流的位能来生产电能。当控制水流的闸门打开时，水流由进水管引入水轮机蜗壳室，冲动水轮机，带动发电机发电，如图1-6所示。其能量转换过程是：水流位能→机械能→电能。

图1-5 低压进线的小型工厂供电系统简图

图1-6 水力发电示意图
1—引水管 2—发电机 3—水轮机 4—尾水管

水力发电厂的容量大小取决于上下游的水位差（简称水头）和流量的大小。因此，水力发电厂往往需要修建挡水坝等水工建筑物以形成集中的水位差，并依靠挡水坝形成具有一定容积的水库以调节河水流量。根据地形、地质、水能资源特点的不同，水力发电厂可分为坝式水电站、引水式水电站、混合式水电站。坝式水电站的水头是由挡水坝抬高上游水位而形成的。若厂房布置在坝后，称之为坝后式水电站。若厂房起挡水坝的作用，承受上游水的压力，称之为河床式水电站。引水式水电站的水头由引水道形成。这类水电站的特点是具有较长的引水道。混合式水电站的水头由坝和引水道共同形成。这类水电站除坝具有一定高度外，其余与引水式水电站相同。近年来，我国水力发电厂的建设规模逐渐扩大，是我国大力发展的发电形式之一。

（2）火力发电厂 火力发电厂简称火电厂，它是利用燃料（煤、石油、天燃气等）的化学能来生产电能。我国的火力发电厂以燃煤为主，如图1-7所示。其能量转换过程是：燃料的化学能→热能→机械能→电能。

火力发电厂按其作用可分为单纯发电的和既发电又兼供热的两种类型。前者指一般的火力发电厂，后者指供热式火力发电厂，或称热电厂。一般火力发电厂应尽量建设在燃料基地或矿区附近。将发出的电，用高压或超高压线路送往用电负荷中心。通常把这种火力发电厂称为"坑口电厂"。坑口电厂是当前和今后建设大型火力发电厂的主要发展方向。热电厂的建设是为了提高热能的利用效率。由于它要兼供热，所以必须建设在大城市或工业区的附近。为保护环境，火力发电厂一般要考虑"三废"（废水、废气、废渣）的综合利用，这样既保护了环境，又节约了资源。

（3）核能发电厂　又称核电站，它是利用原子核的裂变来生产电能。其生产过程与火力发电厂基本相同，只是以核反应堆代替了燃煤锅炉，以少量的核燃料代替了大量的燃煤，如图1-8所示。其能量转换过程是：核裂变能→热能→机械能→电能。

图1-7　火力发电示意图

图1-8　压水堆型核电站发电示意图

核电站具有节省燃料、燃烧时不需要空气助燃、无污染、缓解交通等一系列优点。所以，目前世界上许多国家都很重视核电站的建设。我国已建成浙江秦山核电站和广东大亚湾核电站等，尚有许多在建以及计划建设的核电站。

此外，还有太阳能发电厂、风力发电厂、地热发电厂、潮汐发电厂等，它们均利用清洁能源，随着科技的发展和社会的进步，其利用前景广阔。在传统能源日益短缺的今天，更具现实意义。

2. 电力系统　在电力工业的初期，电能是直接由电力用户附近的发电站（或称发电厂）生产的，各发电厂孤立运行，随着工农业生产和城市的发展，电能的需求量迅速增加，而热能资源（如煤田）和水能资源丰富的地区往往远离电能使用集中的工矿企业和城市，为了解决这个矛盾，就需要在动力资源丰富的地区建立大型的发电厂，然后将电能输送到距离遥远的电能用户。同时，为了提高供电的可靠性和资源综合利用的经济性，就必须将许多分散的各种形式的发电厂，通过输电线路及变电所联系起来，这种由发电厂、升降压变电所、各种输配电线路及电力用户构成的统一整体，称为电力系统，如图1-9所示。电力系统加上发电机的原动机（如汽轮机、水轮机）和原动机的动力部分（如燃煤锅炉、水库和反应堆）则称动力系统。

在电力系统中，各级电压的电力线路及其所联系的变电所，称为电力网，简称电网。它是电力系统的重要组成部分，承担了将由发电厂发出来的电能供给用户的工作，即担负着输电、变电与配电的任务。

电力网按其在电力系统中的作用，分为输电网和配电网。输电网是以输电为目的，采用高压、超高压或特高压线路将发电厂、变电所或变电所之间连接起来的送电网络，它是电力网中的主网架。直接将电能送到用户去的网络称为配电网或配电系统，它是以配电为目的。配电网的电压由系统及用户的需要而定，因此配电网又分：高压配电网（通常指35kV及以上的电压，目前最高为110kV）、中压配电网（通常指10kV、6kV和3kV）及低压配电网（通常指220V、380V）。

图 1-9 动力系统、电力系统及电力网示意图

电力网按其电压高低和供电范围大小分为区域电网和地方电网。区域电网的范围大，电压一般在 220kV 及以上。地方电网的范围小，电压一般在 35~110kV。工厂供配电系统属于地方电网的一种。

电力系统在技术上和经济上有很高的效益，主要表现在：

1）减少系统的总装机容量。

2）可以装设大容量的机组。

3）能充分利用动力资源。

4）提高供电的可靠性。

5）提高电能的质量。

6）提高运行的经济性。

电力的生产与其他工业的生产有着显著的区别，主要表现在：

1）电能不能大量储存。

2）电力系统的电磁变化过程非常迅速。

3）电能与国民经济各部门及人民的日常生活关系密切。

1.1.4 工厂的自备电源

绝大多数工厂是由公共电网供电的，但在下述情况下可建立自备发电厂：①距离电网太远，由电网供电有困难。②本厂生产及生活需要大量热能，建立自备热电厂，这样既可以提供电能又可以提供热汽和热水。③本厂有大量重要负荷，需要独立的备用电源。④本厂或地区有可供利用的能源。

对于重要负荷不多的工厂，作为解决第二电源的措施，发电机的原动力可采用柴油机或其他小型动力机械。对于大型工厂，符合上述条件的一般建设热、电并供的热电厂，机组台数不超过两台，容量一般不超过 25000kW/台。

对于有重要负荷的工厂，除了正常的供电电源外，还需要设置应急电源。常用的应急电源有柴油发电机组。对于特别重要的负荷（如计算机系统），则除设柴油发电机组外，还须另设不停电电源，也称不间断电源（Uninterrupted Power Supply，UPS）。对于频率和电压稳定性要求较高的场合，宜采用稳频稳压式不停电电源。

1. 柴油发电机组 它是利用柴油机作为原动力来拖动发电机进行发电的。采用柴油发电机组作为备用电源的主接线如图1-10所示。柴油发电机组具有下述优点：

1）柴油发电机组操作简便，起动迅速。一般能在公共电网停电10～15s内起动并接上负荷。

2）柴油发电机组效率高、功率范围大、体积小、重量轻、搬运和安装方便。

3）柴油发电机组的燃料储存和运输方便。

4）柴油发电机组运行可靠，维修方便。

由于以上特点，柴油发电机组得到了广泛的应用，但它也有诸如噪声和振动大、过载能力较差的缺点，因此在柴油发电机组装设房间的选址和布置方面应充分考虑其对环境的影响。

图1-10 采用柴油发电机组作为备用电源的主接线

2. 交流不间断电源（UPS） 交流不间断电源（UPS）主要由整流器（UR）、逆变器（UI）和蓄电池（E）等三部分组成，如图1-11所示。

当公共电网正常工作时，交流电源经晶闸管整流器（UR）转换为直流，对蓄电池（E）充电。当公共电网突然停电时，电子开关QI在保护装置的作用下自动进行切换，使UPS投入工作，蓄电池（E）放电，经逆变器（UI）转换为交流电对重要负荷供电。

图1-11 不间断电源（UPS）组成示意图

1.2 电力系统的额定电压和电能质量

1.2.1 电力系统的电压

1. 额定电压的意义 为了使电力设备的生产实现标准化、系列化，各元件合理配套，电力系统中发电机、变压器、电力线路及各种设备等都是按规定的额定电压进行设计和制造的。所谓额定电压，就是指能使各类电气设备处在设计要求的额定或最佳运行状态的工作电压。

额定电压的确定，与电源分布、负荷中心的位置、国民经济及科学技术的发展水平以及电力设备的制造水平等因素有关，应经过充分的论证，由国家主管部门确定。

我国规定的电力系统和电力设备的额定电压标准见表1-1。

表1-1 我国规定的电力系统和电力设备的额定电压 （单位：kV）

分 类		电网和用电设备额定电压	发电机额定电压	电力变压器额定电压	
				一次绕组	二次绕组
低		0.22	0.23	0.22	0.23
		0.38	0.40	0.38	0.40
压		0.66	0.69	0.66	0.69
高		3	3.15	3 及 3.15	3.15 及 3.3
		6	6.3	6 及 6.3	6.3 及 6.6
		10	10.5	10 及 10.5	10.5 及 11
压		—	13.8, 15.75, 18, 20, 22, 24, 26	13.8, 15.75, 18, 20	—
		35		35	38.5

（续）

分　类	电网和用电设备额定电压	发电机额定电压	电力变压器额定电压	
			一次绕组	二次绕组
高 压	66 110 220 330 500 ±500（直流） 750 ±800（直流） 1000		66 110 220 330 500 ±500（直流） 750 ±800（直流） 1000	69 121 242 363 550 ±550（直流） 825 ±880（直流） 1100

2. 额定电压的分类　我国现阶段各电力设备的额定电压分三类：第一类额定电压为100V以下，这类电压主要用于安全照明、蓄电池及开关设备的操作电源，如交流36V电压，只作为潮湿环境的局部照明及特殊电力负荷之用；第二类额定电压高于100V，低于1000V，这类电压主要用于低压三相电动机及照明设备；第三类额定电压高于1000V，这类电压主要用于发电机、变压器、输配电线路及设备。

3. 三相交流电网和电力设备的额定电压

（1）电网（电力线路）的额定电压　在电力系统中，应尽可能地简化电压等级，减少变电层次，以节约投资与降低运行费用。各级额定电压间的级差不宜太小，根据国内外经验，额定电压在110kV以下的配电网，电压间级差一般应在3倍以上；额定电压在100kV以上的输电网级差一般应在2倍以上。

输配电线路的额定电压应与用电设备的额定电压相同，因为用电设备是接在电力线路上的，而线路在运行时都会有电压降落，因此线路中各点的电压是不同的，一般线路的末端电压比首端的电压低，如图1-12所示。当负荷变化时线路中的电压降也随着变化，要使接于线路上的用电设备都在额定电压下运行是不可能的，所以只能使加于用电设备上的端电压尽量接近其额定电压。

a) 集中负荷　　　　　　　　　　b) 均匀分布负荷

图1-12　用电设备和发电机额定电压说明

（2）用电设备的额定电压　用电设备的电压一般允许在其额定电压±5%以内变化，而线路全长的电压损耗一般应不超过额定电压的10%，这样在运行时线路首端电压应比其额定电压高5%，末端电压才可能不低于额定电压的95%。所以，一般取线路首端和末端电压的平均值（该值规定为电力线路的额定电压）等于用电设备的额定电压来满足上述要求。

（3）发电机的额定电压　发电机是输出电能的设备，接于线路的首端，所以发电机的额定电压应该比所连接线路的额定电压高5%，例如，线路的额定电压为10kV时，接在线路首端的发电机的额定电压应为10.5kV。对于大型发电机，其额定电压不受线路额定电压等级的限制，一般按技术经济条件确定。

（4）电力变压器的额定电压　电力变压器的额定电压情况稍显复杂些。一方面，当其一次侧接于电力线路或发电机时，它接受电能，相当于用电设备；另一方面，其二次侧对于后面的电力线路或用电设备输出电能时，其作用又相当于发电机，故其额定电压可按以下情况进行选择。

1）电力变压器一次绕组的额定电压。由于其相当于用电设备，故其额定电压就等于所接部分（发电机或变压器）的额定电压，若它接发电机，则其额定电压应等于发电机的额定电压，即比发电机所接电网的额定电压高5%；若它接电力线路，则其额定电压等于所接线路的额定电压。

2）电力变压器二次绕组的额定电压。电力变压器二次侧额定电压即当电力变压器的一次绕组加上额定电压时其二次绕组的开路电压。分两种情况：①若电力变压器二次侧所接电力线路较长，其二次侧的额定电压应比所接电力线路的额定电压高10%，其中的5%是用于补偿变压器在满负荷运行时其绕组内部的约5%的电压降，此外变压器满负荷时输出的二次电压还要高于电力线路额定电压5%。②当变压器的二次侧所接的电力线路较短时，只需高于所接电力线路额定电压5%，仅用于补偿变压器二次绕组内5%的电压降，而电力线路上的电压降忽略不计。

4. 电压偏差和电压调整

（1）电压偏差　电力系统在运行的过程中，由于各种因素的作用，电力系统各元件上的实际电压与其额定电压产生偏差。如果用电设备上的电压偏差在一定范围内，则电气设备可以正常运行，否则就会对电气设备的正常运行产生严重影响，甚至无法运行。

电压偏差是用电设备上的实际电压与用电设备额定电压之差和额定电压之比的百分值，可以表示为

$$\Delta U\% = \frac{U - U_N}{U_N} \times 100\% \tag{1-1}$$

式中　$\Delta U\%$——电压偏差；

U——用电设备的实际电压；

U_N——用电设备的额定电压。

根据 GB50052—2009《供配电系统设计规范》规定：正常情况下，用电设备端子处电压偏差允许值如下：

1）电动机：±5%。

2）照明：一般工作场合±5%；在远离变电所的小面积一般工作场所，难以满足上述要求时，可为+5%、–10%；应急照明、道路照明和警卫照明等为+5%、–10%。

3）其他用电设备：无特殊规定时，±5%。

电压偏差过大对用电设备及电网的安全稳定和经济运行会产生极大的危害。①用电设备都是按照额定电压进行设计和制造的。当电压偏离额定电压较大时，用电设备的运行性能恶化，不仅运行效率降低，很可能会由于过电压或过电流而损坏用电设备。例如电压过低，将使照明灯具光通量减少，发光不足而影响人们的视力、降低工作效率；使电热设备的发热量急剧下降，导致生产效率降低；使电动机转差率加大，定子电流显著增加，导致绕组温度升高，从而加速绝缘老化，缩短电动机寿命，严重时可能烧毁电动机；使电视机屏幕显示不稳定，图像模糊，甚至无法收看等。电压过高又会使用电设备寿命大为缩短。②对于电网，运行电压偏低，输电线路的功率极限大幅度降低，可能产生系统频率不稳定现象，甚至导致电力系统频率崩溃，造成系统解列。系统电压偏低还将使电网的有功损耗、无功损耗及电压损耗大大增加，影响系统的经济运行。系统运行电压过高又可能使系统中各种电气设备的绝缘受损，使带铁心的设备饱和，产生谐波，并可能引发铁磁谐振，同样威胁电力系统的安全稳定运行。

（2）电压调整　为了满足用电设备对电压偏差的要求，工厂供电系统可以采取以下相应的措施。

1）正确选择无载调压型变压器的电压分接头和采用有载调压型变压器。我国工厂供电系统中应用的 6～10kV 电力变压器，一般为无载调压型，其高压绕组有 ±5% 的分接头，并装设有无载调压分接头开关，如图 1-13 所示。若用电设备电压偏高，应将分接头开关换接到 +5%；若用电设备的电压偏低，应将分接头开关换接到 -5%。有载调压型变压器可在带负荷的情况下自动调节电压，保证设备端电压的稳定。

2）合理减少系统阻抗。供配电系统中的电压损耗与系统各元件的阻抗成正比，减少系统的阻抗就会减少电压损耗，从而减少电压的偏差。例如，减少系统的变压级数、适当增大导线与电缆的截面积或用电缆取代架空线路等。但这些措施应进行技术经济分析后才能采用。

图 1-13 电力变压器的分接头开关接线图

3）尽量使系统的三相负荷平衡。三相系统平衡的情况下，系统中性点的电位为零。当三相负荷不平衡时，负荷的中性点的电位产生偏移，致使有的相电压升高，有的相电压降低，从而增大了用电设备上的电压偏差。

4）合理改变系统的运行方式。如调整工厂的工作制或采用两台电力变压器，在负荷较轻时切除一台变压器，而在负荷较重时并联两台变压器运行。这样可对电压偏差起到调节作用。

5）采用无功补偿装置。由于工厂的负载大部分都是感性的，使得工厂供电系统的功率因数偏低，增大了系统的电流，从而增加了系统的电压损耗，形成电压的偏差。如采用无功补偿装置提高系统的功率因数，这样就会减少系统的电压损耗，降低电压的偏差。

5. 电压波动及其抑制　电力系统中电压的短时而快速的变动为电压波动。它可以用电压波动幅度和波动频率来衡量。电压波动产生的主要原因是负荷的急剧变化，当负荷急剧变化时，系统的电压损耗也会急剧变化，使电气设备的端电压出现波动。

电压闪变反映了灯光照度不稳定产生的视感。因灯光照度急剧变化使人眼感到不适的电压，称为闪变电压。

电压波动和闪变会影响到用电设备的正常工作，如使电动机不能正常起动，甚至无法起动；使同步电动机产生转子振动；使照明灯光出现闪烁等，这些都严重地影响人们的生产和生活。所以，对于电压波动和闪变必须采取一定的措施，设法抑制可能出现的电压波动和闪变现象。为了减少电压的波动和闪变现象，可采取以下措施：

1）对负荷变动剧烈的大型用电设备，采用专门的供电线路或专用变压器单独供电。

2）设法增大系统的容量和减少系统的阻抗。

3）在系统出现严重的电压波动时，减少或切除引起电压波动的负荷。

4）在条件许可的情况下，对于大型电弧炉和炉用变压器的受电电压，最好采用较高的电压，减小电压的波动。

5）对于大型冲击负荷，采取上述措施仍达不到要求时，可装设能"吸收"冲击无功功率的静止型无功补偿装置（SVC）。

国家标准 GB/T 12326—2008 中规定了电力系统公共供电点由冲击性负荷产生的电压波动和闪变的允许值，见表 1-2 和表 1-3。

表1-2 电压波动限值

r/(次/h)	d(%)	
	LV, MV	HV
r≤1	4	3
1<r≤10	3*	2.5*
10<r≤100	2	1.5
100<r≤1000	1.25	1

注: 1. 很少的变动频度（每日少于1次），电压变动限值d还可以放宽，但不在本标准中规定。

2. 对于随机性不规则的电压波动，如电弧炉负荷引起的电压波动，表中标有"*"的值为其限值。

3. 参照GB/T 156—2007，本标准中系统标称电压 U_N 等级按以下划分：

低压（LV）　　　　　　　　$U_N \leq 1kV$

中压（MV）　　　　　$1kV < U_N \leq 35kV$

高压（HV）　　　　$35kV < U_N \leq 220kV$

对于220kV以上超高压（EHV）系统的电压波动限值可参照高压（HV）系统执行。

表1-3 闪变限值 P_h

P_h	
≤110kV	>110kV
1	0.8

6. 工厂供配电电压的选择

（1）低压配电电压的选择　工厂的低压配电电压一般采用220/380V，其中线电压380V供电给三相动力设备或380V的单相设备，相电压220V供电给一般的照明灯具或其他220V的单相设备。对于某些场合，如矿井，可以采用660V甚至更高的电压作为低压配电电压。这样可以减少投资，提高电能的质量，是节能的有效手段之一，在世界各国成为发展趋势。

（2）高压配电电压的选择　工厂供电系统的高压配电电压，主要取决于当地供电电源的电压及工厂高压用电设备的电压、容量和数量等因素。表1-4给出各级电压电力线路合理的输送功率和输送距离。

表1-4 各级电压电力线路合理的输送功率和输送距离

线路电压/kV	线路结构	输送功率/kW	输送距离/km
0.22	架空	≤50	≤0.15
0.22	电缆	≤100	≤0.2
0.38	架空	≤100	≤0.25
0.38	电缆	≤175	≤0.35
6	架空	≤2000	3~10
6	电缆	≤3000	≤8
10	架空	≤3000	5~15
10	电缆	≤5000	≤10
35	架空	2000~15000	20~50
66	架空	3500~30000	30~100
110	架空	10000~50000	50~150
220	架空	100000~500000	200~300

1.2.2　电网谐波及其抑制

1. 谐波基本定义与规定　国际上公认的谐波含义为：谐波是一个周期电气量的正弦波分量，其频率为基波频率的整倍数。由于谐波的频率是基波频率的整数倍，也常称其为高次谐波。

谐波将引起供配电系统正弦波形畸变，为了表示畸变波形偏离正弦波形的程度，最常用的特征量有谐波电压总含量、电压总谐波畸变率和 h 次谐波电压含有率。

（1）谐波电压总含量　所谓谐波电压总含量，就是各次谐波的二次方和的二次方根。谐波电压总含量为

$$U_H = \sqrt{\sum_{h=2}^{\infty} U_h^2} \qquad (1-2)$$

式中　U_h——h 次谐波电压方均根值。

（2）电压总谐波畸变率　电压总谐波畸变率 THD_u 为

$$THD_u = \frac{U_H}{U_1} \times 100\% \qquad (1-3)$$

式中　U_1——基波电压方均根值；

U_H——谐波电压总含量。

（3）h 次谐波电压含有率　h 次谐波电压含有率 HRU_h 为

$$HRU_h = \frac{U_h}{U_1} \times 100\% \qquad (1-4)$$

公用电网谐波电压（相电压）限值见表 1-5。

表 1-5　公用电网谐波电压（相电压）限值

电网额定电压/kV	电压总谐波畸变率（%）	各次谐波电压含有率（%）	
		奇次	偶次
0.38	5.0	4.0	2.0
6	4.0	3.2	1.6
10			
35	3.0	2.4	1.2
66			
110	2.0	1.6	0.8

2. 谐波产生的原因　在电能的生产、传输、转换和使用的各环节中都会产生谐波。在供配电系统中，谐波产生的主要原因是系统中存在具有非线性特性的电气设备，主要有：

1）具有铁磁饱和特性的铁心设备，如变压器、电抗器等。

2）以具有强烈非线性特性的电弧为工作介质的设备，如气体放电灯、交流弧焊机、炼钢电弧炉等。

3）以电力电子器件为基础的开关电源设备或装置，如各种电力交流设备（整流器、逆变器、变频器）、相控调速和调压装置、大容量的电力晶闸管可控开关设备等。它们大量地用于化工、电气化铁道、冶金、矿山等工矿企业以及各式各样的家用电器中。

上述非线性电气设备的显著特点是从供配电系统中取用非正弦电流，也就是说，即使电源电压是正弦波形，但由于负荷具有其电流不随电压同步变化的非线性电压-电流特性，使得流过负荷的电流是非正弦波形，它由基波及其整数倍的谐波组成。产生的谐波使供配电系统电压严重失真。这些向供配电系统注入谐波电流的非线性电气设备通称为谐波源。在电力电子装置普及以前，变压器是主要谐波源，目前各种电力电子装置已成为主要谐波源。

3. 谐波的危害　谐波"污染"对供配电系统的具体危害有以下几个方面：

1）谐波可能造成很高的过电流或过电压，从而增加引发事故的危险性。

2）谐波电压可使变压器的磁滞及涡流损耗增加，使绝缘材料承受的电气应力加大；而谐波

电流使变压器的铜损增加，从而使铁心过热，加速绝缘老化，缩短变压器的使用寿命。

3）谐波电流可能使电容器过负荷和出现不允许的温升，使供电线路电能损耗增加，还可能使供配电系统发生电压谐振，损坏设备绝缘。

4）谐波电流流过供配电线路时，可使其电能损耗增加，导致电缆过热而损坏。

5）谐波电流可使电动机铁损明显增加，并使电动机转子出现振动现象，严重影响机械加工的产品质量。

6）谐波可使计费的感应式、电子式电能表的计量不准。

7）谐波影响设备正常工作，可使继电保护和自动装置发生误动和拒动，可使计算机失控、电子设备误触发、电子元器件的测试无法进行。

8）谐波可干扰通信系统，降低信号的传输质量，破坏信号的正常传递，甚至损坏通信设备。

对高次谐波的抑制，已采用许多措施，但仍有待继续研究。

1.2.3　三相电压不平衡度

1. 基本定义与规定　电压不平衡度 ε_U，是衡量多相系统负荷平衡状态的指标，用电压负序分量的方均根值 U_2 与电压正序分量的方均根值 U_1 的百分比来表示，即

$$\varepsilon_U = \frac{U_2}{U_1} \times 100\% \tag{1-5}$$

国家标准 GB/T15543—2008《电能质量　三相电压不平衡》规定：

1）电力系统公共连接点，正常时负序电压不平衡度允许值为 2%，短时不超过 4%。

2）接于系统公共连接点的每个用户，引起该点负序电压不平衡度一般不得超过 1.3%。

2. 危害　三相电压不平衡度偏高，说明电压的负序分量偏大。电压负序分量的存在，将对电力设备的运行产生不良影响。例如，电压负序分量可使感应电动机出现一个反向转矩，削弱电动机的输出转矩，降低电动机的效率，同时使电动机绕组电流增大，温度增高，加速绝缘老化，缩短使用寿命。三相电压不平衡还会影响多相整流设备触发脉冲的对称性，出现更多的高次谐波，进一步影响电能质量。

3. 降低不平衡度的措施　由于造成三相电压不平衡的主要原因是单相负荷在三相系统中的容量分配和接入位置不合理、不均衡。因此在供配电系统的设计和运行中，应采取如下措施：

1）均衡负荷。单相负荷应将其均衡地分配在三相系统中，同时要考虑用电设备的功率因数不同，尽量使有功功率和无功功率在三相系统中均衡分配。在低压供配电系统中，各相之间的容量之差不宜超过 15%。

2）正确接入照明负荷。由地区公共低压供配电系统供电的 220V 照明负荷，线路电流小于或等于 30A 时，可采用 220V 单相供电；大于 30A 时，宜以 220/380V 三相四线制供电。

1.2.4　电压暂降与短时间中断

1. 基本定义与规定　电压暂降与短时间中断通常是相关联的电能质量问题。电压暂降是指供电电压方均根值在短时间突然下降的事件，其典型持续时间为 0.5~30 周波。它不同于电压波动，是电压方均根值的大幅度快速下降。当电压方均根值降低到接近于零时，称为中断。

2. 危害　电压暂降与中断并不是一个新问题，但由于以往的绝大多数用电设备对电压的短时突然变化不敏感，因此未引起人们关注。随着数字式自动控制技术在工业生产中的大规模应用，如变频调速设备、可编程序控制器、各种自动化生产线以及计算机系统等敏感性用电设备的大量使用，对供电系统的电压质量提出了更高的要求，该问题越来越引起人们的重视。电压的短时间中断可引起停电、灯光熄灭、显示屏幕空白、电动机减速等。更为严重的是，它还会破坏正常的生产过程，使计算机丢失内存信息，使控制系统失灵等。电压中断往往给用户带来不便或严重的经济损失，并可能产生不良的社会影响。电压暂降与中断已上升为最重要的电能质量问题

之一，已成为信息社会对供电质量要求的新挑战。

1.3 电力系统的中性点运行方式

1.3.1 高压电力系统中性点运行方式

在高压电力系统中，作为供电系统的发电机和变压器的三相绕组为三相星形联结时，其中性点有三种运行方式：中性点不接地、中性点经消弧线圈（阻抗或电阻）接地和中性点直接接地，如图1-14所示，图中电容C为电力线路对地等效电容。中性点不接地系统及中性点经消弧线圈（阻抗或电阻）接地系统称为小电流接地系统，也称中性点非有效接地系统或中性点非直接接地系统。中性点直接接地系统称为大电流接地电力系统，也称为中性点有效接地系统。

a) 中性点直接接地　　　　　b) 中性点不接地

c) 中性点经消弧线圈接地　　　d) 中性点经阻抗接地

图1-14　电力系统中性点运行方式

中性点运行方式的选择主要取决于单相接地时电气设备绝缘要求及供电的可靠性。

1. 中性点不接地的运行方式　如图1-15所示。当三相系统正常运行时，由于各相对地的电容电流相同，三相对地电容电流对称，它们的和为零，三相对地电压为相电压。

a) 电路图　　　　　　　　　b) 相量图

图1-15　正常运行的中性点不接地系统

当其中的一相，如C相，发生接地故障时，如图1-16所示。C相对地电压为零，而A、B两相对地电压都升高为线电压。但其线电压保持不变，故对于三相设备而言，因三相之间的电压关系没变仍可继续运行。然而，这种线路是不允许长期运行的，因为一旦系统再发生一相接地，就形成两相对地短路，产生很大的短路电流，危及系统的安全，故应尽快排除这种故障。

图 1-16　单相接地时的中性点不接地系统

单相接地电容电流如果超过规定值（6～10kV 线路为 30A，35kV 线路为 10A），会产生稳定电弧，使电网出现暂态过电压，危及电器设备的安全，这时应采用中性点经阻抗或消弧线圈或电阻接地的运行方式。

2. 中性点经消弧线圈的接地方式　由上面的分析可知，在中性点不接地系统中，当一相接地时如果接地电流过大，将会在故障点出现断续电弧，可能使系统发生谐振而引起谐振过电压，对于这种情况应采用中性点经消弧线圈的接地方式，如图 1-17 所示。

图 1-17　中性点经消弧线圈接地方式

当系统发生一相接地时，流过接地点的电流是接地电容电流 I_C 和消弧线圈电流 I_L 之和，这样就可以使电弧电流减小，从而避免断续电弧和谐振过电压的发生。

3. 中性点直接接地的运行方式　如图 1-18 所示。在系统正常运行时，三相电压平衡，中性点的电位为零。每相对地的电压就是相电压。当其中的一相（如 C 相）对地的绝缘破坏时形成单相对地短路，会产生很大的短路电流。这时电路的保护装置（如熔断器或断路器）要将短路故障切除，使系统的其他部分正常运行。在该运行方式下，非故障对地电压不变，电气设备的绝缘水平可按相电压考虑，这对于 110kV 及以上的超高压系统很有经济技术价值，因为高压电气设备，特别是超高压电器，其绝缘问题是影响设备设计和制造的关键问题，设备绝缘要求降低，直接影响设备的造价，同时改善了设备的性能。因此，我国 110kV 及以上的高压和超高压系统的中性点通常采用直接接地的运行方式。对于220/380V 低压供电系统，我国广泛采用中性点直接接地方式，且引出中性线和保护线。中性线既可以提供单相设备的相电压，又可以用来传导三相不平衡电流，还可以减少负荷中性点电位的偏移。而保护线可以保障人身安全，防止触电事故。

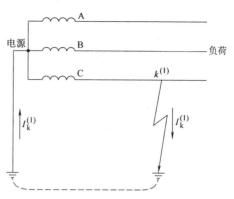

图 1-18 中性点直接接地的电力系统单相接地时电路图

1.3.2 低压配电系统中性点的接地形式

我国 220/380V 低压配电系统广泛采用中性点直接接地系统的运行方式，而且引出中性线（N 线）、保护线（PE 线）或保护中性线（PEN 线）。

1. 中性线、保护线和保护中性线的作用

（1）中性线（N 线）的作用 中性线的作用有 3 个：①用来接额定电压为系统相电压的单相用电设备。②用来传导三相不平衡电流和单相电流。③用来减小负荷中性点的电位偏移。

（2）保护线（PE 线）的作用 用来保护人身安全，防止发生触电事故。系统中所有设备的外漏可导电部分（指正常情况下不带电而在故障情况下可能带电的且易被触及的导电部分，如设备的金属外壳、金属构架等）通过 PE 线接地，可以减少设备故障情况下发生的触电事故。

（3）保护中性线（PEN 线）的作用 保护中性线兼有保护线和中性线的双重作用。

2. 低压配电系统的接地形式 低压配电系统的接地形式可分为 TN 系统、TT 系统和 IT 系统。

（1）TN 系统 该系统的中性点直接接地，所有设备的外露可导电部分通过公共的保护线（PE 线）或公共的保护中性线（PEN线）接地。这种接地方式通常称为"接零"。TN 系统又可分为 TN－C 系统、TN－S 系统和 TN－C－S 系统，如图 1-19 所示。

1）TN－C 系统，如图 1-19a 所示。TN－C系统的 N 线和 PE 线全部合并为一根 PEN 线，它兼有中性线和保护线的双重作用。这种系统的 PEN 线如果被断开，电气设备将失去保护作用。该系统有利于节约导线和投资，较为经济。当系统的某一相发生单相接地故障时，系统的保护装置应立即动作，切除故障线路。这种系统在我国低压配电系统中应用广泛，但由于这种系统的中性线可以流过电流，会产生电磁干扰，因此对于安全和抗电磁干扰要求较高的场所不宜采用。

2）TN－S 系统，如图 1-19b 所示。该系

a) TN–C 系统

b) TN–S系统

c) TN–C–S系统

图 1-19 TN-C 系统

统的 N 线和 PE 线全部分开,设备的外露可导电部分都接在 PE 线上,PE 线中无电流,所以不会产生电磁干扰。PE 线断线时一般不会使接 PE 线的设备外露可导电部分带电,但在设备发生一相接壳时,将使所有接在 PE 线上的其他设备外露可导电部分带电,造成人身触电危险。该系统在发生单相接地故障时,保护装置应立即动作切除故障线路。这种系统较 TN-C 系统在导线的消耗量和投资方面有所增加,但对于安全性和抗电磁干扰要求较高的数据处理及精密检测等实验场合是比较适用的。

3)TN-C-S 系统,如图 1-19c 所示。这种系统的前一部分为 TN-C 系统,而后面部分是 TN-C 系统和 TN-S 系统的组合,其中设备外露可导电部分接 PEN 线或 PE 线。该系统具有 TN-S 和 TN-C 的特点,因此较为灵活。对于安全性和抗电磁干扰要求较高的场所可使用 TN-S 系统部分,而其他场所则采用 TN-C 系统部分。

(2)TT 系统 该系统也属于中性点直接接地系统,不过这种系统的设备外露可导电部分都是各自经 PE 线单独接地,如图 1-20 所示。这种系统中,由于所有设备的外露可导电部分都是通过各自的 PE 线接地,互无电气联系,因此相互之间不会发生电磁干扰现象。当系统的某部分发生单相接地故障而形成单相短路时,线路的保护装置应该动作,切除故障线路。但是,该系统出现绝缘不良引起漏电时,因漏电电流较小可能不足以使线路的过电流保护动作,从而使漏电设备的外露可导电部分长期带电,增加了触电的危险,因此该系统必须装设灵敏度较高的剩余电流保护装置,以确保人身安全。这种系统适用于对安全性及抗电磁干扰要求较高的场所。该系统在国外应用较为普遍,我国也在推广应用。

(3)IT 系统 如图 1-21 所示。这种系统属于中性点不接地或经阻抗接地系统。该系统没有 N 线,不能接额定电压为相电压的单相设备,只能接额定电压为线电压的单相设备。系统中的所有设备的外露可导电部分经各自的 PE 线接地。这种系统在发生单相接地故障时,三相设备和接线电压的单相设备仍可继续运行。但应该发出报警信号,进行及时处理,确保系统运行安全。IT 系统主要用于对供电的连续性要求较高及有易燃易爆危险的场所,特别是矿山、井下等场所的供电。

图 1-20 低压配电的 TT 系统

图 1-21 低压配电的 IT 系统

 复习思考题

1. 工厂供电系统的范围是什么?

2. 什么是电力网?地方电网和区域电网有何不同?

3. 电力系统由哪几部分组成?各部分的作用是什么?

4. 什么是额定电压?试分析电力系统各部分额定电压之间的关系。

5. 何谓电力系统的中性点？它有几种运行方式？

6. 什么叫电压偏差？它对用电设备的运行会产生什么影响？

7. 什么是电压波动和谐波？各有何危害？如何抑制？

8. 简述工厂供电系统电能质量的主要指标及其对用户的影响。

9. 某工厂一车间变电所，互有低压联络线相连。其中某一车间变电所装有一台无载调压型变压器，高压绕组有"+5%""U_N""-5%"3个电压分接头。现调在"U_N"的位置运行。但白天生产时变电所低压母线的电压只有360V，晚上不生产时低压母线电压又高达410V。问该变电所的低压母线的昼夜电压偏差范围是多少？应采取什么措施加以改善？

10. 试确定图1-22所示供电系统中各部分的额定电压。

图1-22　复习思考题10图

第2章
工厂的电力负荷及其计算

2.1 工厂的电力负荷和负荷曲线

2.1.1 工厂电力负荷的分级及其对供电的要求

电力负荷又名电力负载，电力负荷的具体含义应视具体情况而定。通常电力负荷有两种含义：一是指耗费电能的用电设备或电力用户，就其性质而言，我们可以把电力负荷分为重要负荷、一般负荷、动力负荷、照明负荷等。另一种含义是指这些用电设备或电力用户所耗用的功率或电流大小，就其工作性质而言，可以分为轻负荷（轻载）、重负荷（重载）、空负荷（空载）、满负荷（满载）等。

1. 工厂电力负荷的分级 工厂的电力负荷，按 GB 50052—2009《供配电系统设计规范》规定，根据电力负荷对供电可靠性的要求及中断供电对人身安全、经济损失上造成的影响可分为三级。

（1）一级负荷 一级负荷为最重要的负荷，一旦中断供电将会造成人身伤害或在经济造成重大损失或影响重要用电单位的正常工作。例如，造成重大设备损坏、重大产品报废、用贵重原料生产的产品大量报废、铁液在高炉中凝固、国民经济建设中的重点项目或企业的连续生产过程被打乱且需很长时间才能恢复等。

在一级负荷中，若中断供电会造成人员伤亡或重大设备损坏或发生中毒、爆炸或火灾等情况的负荷，以及特别重要场所的不允许中断供电的负荷，应视为一级负荷中特别重要的负荷。

（2）二级负荷 因中断供电在经济上带来较大损失或影响较重要用电单位的正常工作者为二级负荷。例如，造成主要设备损坏、产品大量报废、生产程序被打乱需长时间才能恢复、企业严重减产等。

（3）三级负荷 不在上述一、二级负荷范围内的电力负荷均视为三级负荷。

2. 各级电力负荷对供电电源的要求

（1）一级负荷对供电电源的要求 因为一级负荷为重要负荷，一旦出现中断供电将会造成严重后果，因此要求必须由两个互相独立的双电源供电，当其中一路电源发生故障时，则由另一路电源提供电源。

对于一级负荷中特别重要的负荷，除上述提到的两个独立的双电源供电外，还应设置应急电源，确保对其供电，并严格执行相关规定，严禁将其他负荷接入应急供电系统。常用应急电源可使用下列几种电源：独立于正常电源的发电机组、供电网络中独立于正常电源的专用馈电线路、蓄电池、干电池等。

（2）二级负荷对供电电源的要求 二级负荷的重要性仅次于一级负荷，它也属于重要负荷，宜由两回路供电，其中任一回路发生故障时，都不至于中断对二级负荷的供电，或中断后能迅速恢复供电。若二级负荷较小或当地供电电源缺乏时，二级负荷可由单回路供电，但低压应带联络线，确保二级负荷的供电要求。

（3）三级负荷对供电电源的要求 三级负荷属于不重要负荷，中断供电不会造成重大经济损失和不良影响，因此对供电电源无特殊要求。

2.1.2 工厂用电设备的工作制

工厂用电设备的工作制有长期连续工作制、短时工作制和反复短时周期工作制（断续周期工作制）等三类。

（1）长期连续工作制 这类工作制的设备长期连续运行，负荷比较稳定，且运行时间较长。如通风机、水泵、电动发电机组、空气压缩机、电炉、机床主电动机、照明灯具等。

（2）短时工作制 这类工作制的设备工作时间短，而间歇时间相当长。如机床上的辅助电动机（如进给电动机）、电动阀门等。

（3）反复短时周期工作制 这类设备反复周期性地时而工作，时而停歇，一个周期不超过10min，周而复始地反复运行，无论是工作时还是停歇时，设备均不会达到热平衡。例如电焊机和起重机用电动机等。

为描述反复短时周期工作制设备的工作特征和这种设备的实际利用容量，可用暂载率（也称负荷持续率或接电率）这一概念来描述。暂载率为一个工作周期内，工作时间与工作周期的百分比值，用 ε 表示为

$$\varepsilon = \frac{t}{T} \times 100\% = \frac{t}{t_0 + t} \times 100\% \tag{2-1}$$

式中 T——工作周期；

t——工作周期内的工作时间；

t_0——工作周期内的停歇时间。

反复短时周期工作制设备的额定容量（铭牌功率）P_N，是对应于某一个标准暂载率 ε_N 时所具有的设备容量。如果实际运行时的暂载率不等于标准暂载率，即 $\varepsilon \neq \varepsilon_N$ 时，则实际的设备容量 P_e 应按同一周期内的等效发热条件进行换算，即应统一换算到标准暂载率情况下所具有的实际容量。从发热的观点来看，当电流 I 通过电阻为 R 的设备时，在时间 t 内所产生的热量应为 I^2Rt，因此在设备产生相同热量的情况下，$I \propto 1/\sqrt{t}$；而在同一电压下，设备容量 $P \propto I$；根据式（2-1）可知，一个周期内的暂载率 $\varepsilon \propto t$。故 $P \propto 1/\sqrt{\varepsilon}$，即设备容量与暂载率的二次方根值成反比。由此可知，如果设备在 ε_N 下的容量为 P_N，则换算标准下的实际设备容量 P_e 为

$$P_e = P_N \sqrt{\frac{\varepsilon_N}{\varepsilon}} \tag{2-2}$$

2.1.3 负荷曲线的概念

负荷曲线是一种反映电力负荷随时间变化情况的曲线。它绘制在直角坐标纸上，纵坐标表示负荷（有功功率或无功功率）值，横坐标表示对应的时间。

按负荷的性质分，可分为有功负荷曲线和无功负荷曲线；按负荷所表示变动时间来分，可分为一个工作班的负荷曲线、日负荷曲线、月负荷曲线、季负荷曲线和年负荷曲线；按负荷对象分，可分为车间负荷曲线、工厂负荷曲线或某类设备组的负荷曲线。负荷曲线的绘制方法通常有依点描述法和阶梯法两种。图2-1是某一班制工厂的日有功负荷曲线，其中：图2-1a是依点连接而成的负荷曲线，图2-1b是绘成阶梯形的负荷曲线。为便于计算，负荷曲线多绘成阶梯形，即假定在每个时间间隔中，负荷是保持其平均值不变的。横、纵坐标一般按0.5h分格，以便确定0.5h最大负荷，其意义将在后面介绍。

年负荷曲线是根据一年中具有代表性的夏日负荷曲线和冬日负荷曲线绘制而成的，如图2-2所示。这种曲线的负荷从大到小依次排列，它反映了全年（8760h）负荷变动与负荷持续时间的关系，所以也称年负荷持续时间曲线，一般简称为年负荷曲线。

另一种年负荷曲线，是按全年的最大负荷（一般取每日最大负荷的半小时平均值）绘制的，称为年每日最大负荷曲线，如图2-3所示。横坐标依次以全年12个月的日期来分格。这种年最大负荷曲线，可用来确定拥有多台电力变压器的工厂变电所在一年内不同时期宜于投入几台电力变压器运行，即所谓经济运行方式，以降低电能损耗，提高供电系统的经济效益。

a) 依点连成的负荷曲线   b) 阶梯形负荷曲线

图 2-1 日有功负荷曲线

图 2-2 年负荷曲线   图 2-3 年每日最大负荷曲线

从各种负荷曲线上，可以直观地了解负荷变动的情况。通过对负荷曲线的分析，可以更加深入地掌握负荷变动的规律，并可从中获得一些对供电设计和运行有用的资料。因此负荷曲线对于从事工厂供电设计和运行的人员来说，是很有用的。

2.1.4 负荷曲线的特征参数

1. 年最大负荷和年最大负荷利用小时数

（1）年最大负荷 年最大负荷 P_{max}，就是全年中负荷最大的工作班内消耗电能最大的半小时平均功率。因此年最大负荷也就是半小时最大负荷 P_{30}。

（2）年最大负荷利用小时数 年最大负荷利用小时数是一个假想时间，在此时间内，电力负荷按年最大负荷 P_{max}（或 P_{30}）持续运行所消耗的电能，恰好等于该电力负荷全年实际消耗的电能，如图 2-4 所示。

图 2-4 年最大负荷和年最大负荷利用小时数

图中虚线包围的矩形面积，恰好等于年负荷曲线与两坐标轴所包围的面积，即全年实际消耗的电能 W_a。因此年最大负荷利用小时数为

$$T_{max} = \frac{W_a}{P_{max}} \qquad (2-3)$$

式中　W_a——年实际消耗的电能量。

年最大负荷利用小时数是反映电力负荷特征的一个重要参数，它与工厂的生产班制有较大的关系。例如一班制工厂，$T_{max} \approx 1800 \sim 3000\text{h}$；两班制工厂，$T_{max} \approx 3500 \sim 4800\text{h}$；三班制工厂，$T_{max} \approx 5000 \sim 7000\text{h}$。附表3列出了部分工厂的年最大负荷利用小时数，供参考。

2. 平均负荷和负荷系数

（1）平均负荷　平均负荷 P_{av}，就是电力负荷在一定时间 t 内平均消耗的功率，也就是电力负荷在该时间 t 内消耗的电能 W_t 除以时间 t 的值，即

$$P_{av} = \frac{W_t}{t} \qquad (2-4)$$

图 2-5　年平均负荷

年平均负荷如图 2-5 所示。图中虚线包围的矩形面积，恰好等于年负荷曲线与两坐标轴所包围的矩形面积，即全年实际消耗的电能 W_a。因此年平均负荷 P_{av} 为

$$P_{av} = \frac{W_a}{8760} \qquad (2-5)$$

（2）负荷系数　负荷系数 K_L 是平均负荷 P_{av} 与最大负荷 P_{max} 的比值，即

$$K_L = \frac{P_{av}}{P_{max}} \qquad (2-6)$$

对用电设备来说，负荷系数就是设备在最大负荷时的输出功率 P 与设备额定负荷 P_N 的比值，即

$$K_L = \frac{P}{P_N} \qquad (2-7)$$

负荷系数也称负荷率，通常以百分值表示。对负荷曲线来说，负荷系数称为负荷曲线填充系数，它表征负荷曲线不平坦的程度，也就是负荷变动的程度。

2.2　三相用电设备组计算负荷的确定

2.2.1　概述

供配电系统在正常情况下能安全可靠地运行，则其中电力变压器容量、开关设备大小及导线、电缆等都必须选择合适。它们除了满足工作电压和频率要求之外，最重要的就是满足负荷电流的要求。因此有必要对供配电系统各环节的电力负荷进行统计计算。

计算负荷是指通过负荷的统计计算所求出的、按发热条件选择的供配电系统中各元件的负荷值。根据计算负荷选择的电气设备、导线和电缆，如以计算负荷连续运行时，其发热温度不会超过允许值。

由于导体通过电流达到稳定温升的时间为（3 ~ 4）τ，τ 为发热时间常数。截面积为 10mm^2 及以上的导体，其 $\tau \geq 10\text{min}$，因此中小截面导体大约经 30min 才能达到导线的最高温升。因此这计算负荷实际上与从负荷曲线上测出的半小时最大负荷 P_{30}（即最大负荷 P_{max}）是基本相当的。所以计算负荷也可以看作半小时最大负荷。因计算负荷可看作半小时最大负荷，为使计算方法一致，对其他元件（如大截面导线、变压器、开关等电器）均采用半小时最大负荷值作为计算负荷，并用 P_{30} 表示有功计算负荷；用 Q_{30} 表示无功计算负荷；用 S_{30} 表示视在计算负荷；用 I_{30} 表

示计算电流。

计算负荷是选择供配电系统各环节电气设备以及导线、电缆截面积的理论依据。计算负荷是否正确、合理，会影响到电气设备和导线、电缆的选择是否经济、合理，还会直接影响到供配电系统能否安全可靠运行。因此计算时必须高度重视计算结果，计算负荷不能选得过大，也不能选得过小。如果计算负荷过大，那么所选设备规格及导线电缆截面相应来讲都比较大，造成材料和资金的较大浪费。如果计算负荷过小，又将会造成电气设备和导线、电缆长时间处于过负荷状态下运行，使电能损耗增加，产生过热现象，导致设备和导线、电缆的绝缘过早老化，甚至燃烧引起火灾，同样会造成更大损失。由此可见，正确确定计算负荷意义重大，是供配电系统设计的主要依据，也是供配电系统实现安全经济运行的必要手段。但是由于负荷变化复杂，尽管有一定的规律性可循，仍难准确确定计算负荷的大小。实际上负荷也不是一成不变的，它与设备性能、生产组织、生产者的技能及能源供应的状况等多种因素有关。因此负荷计算只能力求尽可能地接近实际。

2.2.2　需要系数法确定计算负荷

1. 需要系数的概念　用电设备组的计算负荷，是指用电设备组从供电系统中取用的半小时最大负荷 P_{30}，如图 2-6 所示。用电设备的设备容量 P_e，是指用电设备组所有设备（不含备用的设备）的额定容量 P_N 之和，即 $P_e = \Sigma P_N$。由于用电设备组的设备实际上不一定都同时运行，运行的设备也不可能同时满负荷，同时设备本身存在有功率损耗。因此用电设备组的有功计算负荷应为

图 2-6　用电设备组的计算负荷

$$P_{30} = \frac{K_\Sigma K_L}{\eta_e \eta_{WL}} P_e \qquad (2-8)$$

式中　K_Σ——设备组的同时系数，即设备组在最大负荷时运行的设备容量与全部设备容量之比；

K_L——设备组的负荷系数，即设备组在最大负荷时输出功率与运行的设备容量之比；

η_e——设备组的平均效率，即设备组在最大负荷时输出功率与所用功率之比；

η_{WL}——配电线路的平均效率，即配电线路在最大负荷时的末端功率与首端功率之比。

令上式中的 $\frac{K_\Sigma K_L}{\eta_e \eta_{WL}} = K_d$，这里的 K_d 称为需要系数。由式(2-8) 可知需要系数的定义式为

$$K_d = \frac{P_{30}}{P_e} \qquad (2-9)$$

即用电设备组的需要系数，为用电设备组的半小时最大负荷 P_{30} 与其设备容量 P_e 的比值。

2. 需要系数的计算公式　由式(2-9) 可得按需要系数法确定三相用电设备组有功计算负荷的公式为

$$P_{30} = K_d P_e \qquad (2-10)$$

实际上，需要系数 K_d 对于成组用电设备是很难确定的，而且对一个生产企业或车间来说，生产性质、工艺特点、加工条件、技术管理、生产组织以及工人操作水平等，都对 K_d 有影响。所以 K_d 只能靠测量统计确定，使之尽量接近实际。附表2列出工厂各种用电设备组的需要系数值，供参考。

必须指出：需要系数法主要考虑设备台数较多的用电设备，没考虑台数少、容量大的用电设备带来的附加容量，因此计算结果偏小，但完全可以满足工程需要。因此需要系数法适用于确定

车间的计算负荷。如果用需要系数法来计算分支干线上用电设备组的计算负荷，则附表 2 中的需要系数值应适当取大。当设备台数上有 1 ~ 2 台时，可认为需要系数 $K_d = 1$，即 $P_{30} = P_e$。对于电动机，由于它本身功率损耗较大，因此当只有一台电动机时，其 $P_{30} = P_N/\eta$，这里的 P_N 为电动机额定容量，η 为电动机效率。在需要系数 K_d 适当取大的同时，$\cos\varphi$ 也宜适当取大。

这里还需指出的是，需要系数值与用电设备的类别和工作状态关系极大，因此在计算时首先要正确判明用电设备的类别和工作状态，否则将会造成错误。例如机修车间的金属切削机床电动机，应属小批生产的冷加工机床电动机，因为金属切削就是冷加工，而机修不可能是大批生产。又如压塑机、拉丝机和锻锤等，应属热加工机床。

在求出有功计算负荷 P_{30} 后，可按下列各式分别求出其余的计算负荷。

无功计算负荷为

$$Q_{30} = P_{30}\tan\varphi \tag{2-11}$$

式中　$\tan\varphi$——对应于用电设备组 $\cos\varphi$ 的正切值。

视在计算负荷为

$$S_{30} = \frac{P_{30}}{\cos\varphi} \tag{2-12}$$

式中　$\cos\varphi$——用电设备组的平均功率因数。

计算电流为

$$I_{30} = \frac{S_{30}}{\sqrt{3}\,U_N} \tag{2-13}$$

式中　U_N——用电设备组的额定电压。

如果为一台三相电动机，则其计算电流应取其额定电流，即

$$I_{30} = I_N = \frac{P_N}{\sqrt{3}\,U_N\eta\cos\varphi} \tag{2-14}$$

负荷计算中常用的单位：有功功率为千瓦（kW），无功率为千乏（kvar），视在功率为千伏安（kV·A），电流为安（A），电压为千伏（kV）。

例 2-1 已知某厂机修车间 380V 供电线路上接有小批量生产的金属切削机床 10kW，1 台；7.5kW，4 台；4.5kW，8 台；4kW，20 台。试求其计算负荷。

解 此机床组电动机的总容量为

$$P_e = 10kW + 7.5kW \times 4 + 4.5kW \times 8 + 4kW \times 20 = 156kW$$

查附表 2 中，小批量生产金属冷加工机床电动机得

$$K_d = 0.2,\ \cos\varphi = 0.5,\ \tan\varphi = 1.73$$

有功计算负荷为

$$P_{30} = 0.2 \times 156kW = 31.2kW$$

无功计算负荷为

$$Q_{30} = P_{30}\tan\varphi = 31.2 \times 1.73kvar \approx 53.98kvar$$

视在计算负荷为

$$S_{30} = \frac{P_{30}}{\cos\varphi} = \frac{31.2}{0.5}kV \cdot A = 62.4kV \cdot A$$

计算电流为

$$I_{30} = \frac{S_{30}}{\sqrt{3}\,U_N} = \frac{62.4}{\sqrt{3} \times 0.38}A = 94.8A$$

3. 设备容量的计算 需要系数法基本公式 $P_{30} = K_d P_e$ 中的设备容量 P_e，不含备用设备的容量，而且要注意，此容量的计算与用电设备组的工作制有关。

（1）对一般长期工作制和短时工作制的用电设备组　设备容量是所有设备的铭牌额定容量之和。

（2）对断续周期工作制的用电设备组　设备容量是将所有设备在不同暂载率下的铭牌额定

容量换算到一个规定的标准暂载率下的容量之和。容量换算公式见式(2-2)。

常用的断续周期工作制的用电设备有电焊机和起重机，各自的换算要求如下：

1）电焊机组。电焊设备的标准暂载率有 50%、65%、75%、100% 4 种，计算时要求容量统一换算至 $\varepsilon = 100\%$，因为 $\varepsilon = 100\%$ 时，$\sqrt{\varepsilon} = 1$ 换算最为简便，因此规定统一换算到 100%。故由式(2-2) 可得换算后的设备容量为

$$P_e = P_N \sqrt{\frac{\varepsilon_N}{\varepsilon_{100}}} = S_N \cos\varphi \sqrt{\frac{\varepsilon_N}{\varepsilon_{100}}}$$

即

$$P_e = P_N \sqrt{\varepsilon_N} = S_N \cos\varphi \sqrt{\varepsilon_N} \tag{2-15}$$

式中　P_N、S_N——电焊机的铭牌容量；

　　　　ε_N——与铭牌容量对应的暂载率；

　　　　ε_{100}——其值为 100% 的暂载率（计算中用 1）；

　　　　$\cos\varphi$——铭牌规定的功率因数。

2）起重机组。起重机的标准暂载率有 15%、25%、40%、60% 4 种。计算时要求容量统一换算至 $\varepsilon = 25\%$，这样可以使换算简便，因此由式(2-2) 可得换算后的设备容量为

$$P_e = P_N \sqrt{\frac{\varepsilon_N}{\varepsilon_{25}}} = 2P_N \sqrt{\varepsilon_N} \tag{2-16}$$

式中　P_N——起重机的铭牌容量；

　　　　ε_N——铭牌容量对应的暂载率；

　　　　ε_{25}——其值为 25% 的标准暂载率（计算中用 0.25）。

4. 多组用电设备计算负荷的确定　确定拥有多组用电设备的配电干线上或车间变电所低压母线上的计算负荷时，可考虑各组用电设备的最大负荷不是同时出现的因素。因此在确定低压配电干线上或低压母线上的计算负荷时，应结合具体情况。对其有功负荷和无功负荷分别计入一个综合系数 $K_{\Sigma p}$ 和 $K_{\Sigma q}$。

对于车间干线：取 $K_{\Sigma p} = 0.85 \sim 0.95$、$K_{\Sigma q} = 0.9 \sim 0.97$。

对低压母线分两种情况：

1）由用电设备组计算负荷直接相加来计算时，取 $K_{\Sigma p} = 0.8 \sim 0.9$、$K_{\Sigma q} = 0.85 \sim 0.95$。

2）由车间干线计算负荷直接相加来计算时，取 $K_{\Sigma p} = 0.9 \sim 0.95$、$K_{\Sigma q} = 0.93 \sim 0.97$。

总的有功计算负荷为

$$P_{30} = K_{\Sigma p} \sum P_{30,i} \tag{2-17}$$

总的无功计算负荷为

$$Q_{30} = K_{\Sigma q} \sum Q_{30,i} \tag{2-18}$$

式中　$\sum P_{30,i}$——各组设备的有功计算负荷之和；

　　　　$\sum Q_{30,i}$——各组设备的无功计算负荷之和。

总的视在计算负荷为

$$S_{30} = \sqrt{P_{30}^2 + Q_{30}^2} \tag{2-19}$$

总的计算电流为

$$I_{30} = \frac{S_{30}}{\sqrt{3} U_N} \tag{2-20}$$

注意：由于各组设备功率因数不一定相同，因此总的视在计算负荷和计算电流一般不能用各组的视在计算负荷或计算电流之和来计算，总的视在计算负荷也不能按式(2-12) 计算。

此外还应注意：在计算多组设备总的计算负荷时，为了简化和统一，各组的设备不论台数多少，各组的计算负荷均可按附表2所列需要系数计算，而不考虑设备台数少而适当增大 K_d 和 $\cos\varphi$ 值的问题。

例 2-2　某厂机修车间380V供电电路上，接有金属切削机床电动机20台共120kW（其中较大容量电动机有7.5kW的3台，4kW的3台，2.2kW的8台），通风机5台共7.5kW，电阻炉1台4kW。试确定此电路上的计算负荷。

解　先求各组的计算负荷

（1）金属切削机床组

查附表2，取 $K_d=0.2$，$\cos\varphi=0.5$，$\tan\varphi=1.73$

故

$$P_{30(1)}=0.2\times120kW=24kW$$

$$Q_{30(1)}=1.73\times24kvar=41.52kvar$$

（2）通风机组

查附表2，取 $K_d=0.8$，$\cos\varphi=0.8$，$\tan\varphi=0.75$

故

$$P_{30(2)}=0.8\times7.5kW=6kW$$

$$Q_{30(2)}=0.75\times6kvar=4.5kvar$$

（3）电阻炉

查附表2，取 $K_d=0.7$，$\cos\varphi=1$，$\tan\varphi=0$

故

$$P_{30(3)}=0.7\times4kW=2.8kW$$

$$Q_{30(3)}=0kvar$$

因此总的计算负荷为（取 $K_{\Sigma p}=0.95$，$K_{\Sigma q}=0.97$）

$$P_{30}=0.95\times(24+6+2.8)kW=31.16kW$$

$$Q_{30}=0.97\times(41.52+4.5+0)kvar\approx44.64kvar$$

$$S_{30}=\sqrt{31.6^2+44.64^2}kV\cdot A=54.69kV\cdot A$$

$$I_{30}=\frac{54.69}{1.73\times0.38}A=83.2A$$

在实际工程设计说明书中，为使人一目了然，便于审核，常采用计算表格的形式，见表2-1。

表 2-1　例 2-2 的电力负荷计算表（按需要系数法）

序号	用电设备名称	台数	容量/kW	需要系数 K_d	$\cos\varphi$	$\tan\varphi$	P_{30}/kW	Q_{30}/kvar	S_{30}/kV·A	I_{30}/A
1	金属切削机床	20	120	0.2	0.5	1.73	24	41.52		
2	通风机	5	7.5	0.8	0.8	0.75	6	4.5		
3	电阻炉	1	4	0.7	1	0	2.8	0		
车间总计		23	131.5				32.8	46.02		
	$K_{\Sigma p}=0.95$　$K_{\Sigma q}=0.97$						31.16	44.64	54.69	83.2

2.2.3　按二项式系数法确定计算负荷

二项式系数法的基本公式为

$$P_{30}=bP_e+cP_x \tag{2-21}$$

式中　bP_e——用电设备组的平均功率，其中 P_e 是用电设备组的总容量，其计算方法如前面需要系数法所述；

cP_x——用电设备组中 x 台容量最大的设备投入运行时增加的附加负荷，其中 P_x 是 x 台最大容量的设备总容量；

b、c——二项式系数。

其余的计算负荷 P_{30}、Q_{30}、I_{30} 的计算与前述需要系数法的计算相同。

附表 2 中也列有部分用电设备组的二项式系数 b、c 和最大容量的设备台数 x 值,供参考。

但必须注意: 用二项式系数法确定计算负荷时,如果设备总台数 n 少于附表 2 中规定的最大容量设备台数 x 的 2 倍,即 $n < 2x$ 时,其最大设备台数 x 宜适当取小,建议取为 $x = n/2$,且按"四舍五入"取整数。例如某机床电动机组只有 7 台时,则其 $x = 7/2 \approx 4$。

如果用电设备只有 1~2 台,则可认为 $P_{30} = P_e$。对于单台电动机,则 $P_{30} = P_N/\eta$,这里的 P_N 为电动机额定容量,η 为其额定效率。在设备台数较少时,$\cos\varphi$ 也宜适当取大。

由于二项式系数法不仅考虑了用电设备组最大负荷时的平均负荷,而且考虑了少数容量最大的设备投入运行时所产生的附加负荷的影响,所以此法比较适于确定设备台数较少而容量差别较大的车间和低压干线和分支线的计算负荷。这种计算方法中的二项式系数 b、c 和 x 的值还缺乏足够的理论数据,这些系数只适用于机械行业,对其他行业目前这方面的数据很少,因而在使用上受到限制。目前在供电设计中广泛应用的计算方法是需要系数法。

例 2-3　试用二项式系数法求例 2-1 所示机床组的计算负荷。

解　由附表 2 查得

$$b = 0.14,\ c = 0.4,\ x = 5,\ \cos\varphi = 0.5,\ \tan\varphi = 1.73$$

设备总容量为 156kW(见例 2-1),x 台最大容量的设备容量为

$$P_x = P_5 = 10\text{kW} + 30\text{kW} = 40\text{kW}$$

因此,按式(2-21),可求得有功计算负荷为

$$P_{30} = 0.14 \times 156\text{kW} + 0.4 \times 40\text{kW} = 37.84\text{kW}$$

按式(2-11)可求得其无功计算负荷为

$$Q_{30} = P_{30} \times \tan\varphi = 1.73 \times 37.84\text{kvar} \approx 65.46\text{kvar}$$

按式(2-12)可求得其视在计算负荷为

$$S_{30} = \frac{P_{30}}{\cos\varphi} = \frac{37.84}{0.5}\text{kV} \cdot \text{A} = 75.68\text{kV} \cdot \text{A}$$

按式(2-13)可求得计算电流为

$$I_{30} = \frac{S_{30}}{\sqrt{3}\,U_N} = \frac{75.68}{\sqrt{3} \times 0.38}\text{A} = 115.0\text{A}$$

比较例 2-1 和例 2-3 的计算结果,可以看出按二项式系数法计算的结果比按需要系数法计算的结果偏大一些,特别是在设备台数较少的情况下,这种现象就更突出。因此这种方法常用于车间设备台数少、容量又参差不齐、大设备容量较大、小设备容量又较小的车间的计算负荷的确定。

2.3　单相用电设备组计算负荷的确定

2.3.1　概述

在工厂的用电设备中,大部分是三相设备,但也还存在着各种单相设备,如单相电焊机、电炉、照明负荷等。单相用电设备接在三相电路中应尽可能平均分配,使三相系统尽可能均衡,其不平衡度不能超过 15%,如果系统中单相设备总容量不超过三相设备总容量的 15%,则不论单相设备如何分配,均可按三相平衡负荷来计算。

求计算负荷的目的就是要合理选择线路上的开关设备和导线电缆截面,使其满足发热要求,使线路上开关设备和导线在通过计算电流时不至于过热损坏,因此若三相供电系统中接有单相设备比较多时,则不论单相设备是接在相电压上还是接在线电压上,只要三相负荷不平衡,就应以最大负荷相有功负荷的 3 倍作为三相等效三相有功负荷。(**注意:该最大负荷相有功负荷最大,但无功负荷不一定最大,但以有功负荷为主。**)

2.3.2　单相用电设备组等效三相负荷的计算

（1）单相负荷接于相电压　首先按最大负荷相所接的单相设备容量 $P_{e.m\varphi}$ 乘以 3 求得其等效三相设备容量 P_e，即

$$P_e = 3P_{e.m\varphi} \tag{2-22}$$

等效三相计算负荷按前面式(2-9)～式(2-12) 分别计算。

（2）单相设备接于线电压　因为容量为 $P_{e.\varphi}$ 的单相设备接在线电压且产生的电流 $I = \dfrac{P_{e.\varphi}}{U\cos\varphi}$；这一电流与其等效三相设备容量 P_e 产生的电流 $I' = \dfrac{P_e}{\sqrt{3}\,U\cos\varphi}$ 是相等的。因此其等效三相设备容量为

$$P_e = \sqrt{3}\,P_{e.\varphi} \tag{2-23}$$

（3）单相设备有的接于线电压，有的接于相电压　先将接于线电压的单相设备容量换算为接于相电压的设备容量，然后分别计算各相的设备容量和计算负荷。总的等效三相有功计算负荷就是最大有功负荷相的有功计算负荷 $P_{30.m\varphi}$ 的 3 倍，即

$$P_{30} = 3P_{30.m\varphi} \tag{2-24}$$

总的等效三相无功负荷就是最大有功负荷相的无功计算负荷 $Q_{30.m\varphi}$ 的 3 倍，即

$$Q_{30} = 3Q_{30.m\varphi} \tag{2-25}$$

将接于线电压的单相设备容量换算为接于相电压的设备容量按下述换算公式进行换算。

A 相：

$$P_A = p_{AB-A}P_{AB} + p_{CA-A}P_{CA} \tag{2-26}$$

$$Q_A = q_{AB-A}P_{AB} + q_{CA-A}P_{CA} \tag{2-27}$$

B 相：

$$P_B = p_{BC-B}P_{BC} + p_{AB-B}P_{AB} \tag{2-28}$$

$$Q_B = q_{BC-B}P_{BC} + q_{AB-B}P_{AB} \tag{2-29}$$

C 相：

$$P_C = p_{CA-C}P_{CA} + p_{BC-C}P_{BC} \tag{2-30}$$

$$Q_C = q_{CA-C}P_{CA} + q_{BC-C}P_{BC} \tag{2-31}$$

式中　P_{AB}、P_{BC}、P_{CA}——接于 AB、BC、CA 相间的有功负荷；

$\quad\quad\ P_A$、P_B、P_C——换算为 A、B、C 相的有功负荷；

$\quad\quad\ Q_A$、Q_B、Q_C——换算为 A、B、C 相的无功负荷；

$\quad\quad\ p_{AB-A}$、$q_{AB-A}\cdots$——接于 AB 等间的负荷，换算为 A 等相负荷的有功及无功换算系数，见表 2-2。

表 2-2　相间负荷核算为相负荷的功率换算系数

功率换算系数	负荷功率因数								
	0.35	0.4	0.5	0.6	0.65	0.7	0.8	0.9	1.0
p_{AB-A}、p_{BC-B}、p_{CA-C}	1.27	1.17	1.0	0.89	0.84	0.8	0.72	0.64	0.5
p_{AB-B}、p_{BC-C}、p_{CA-A}	−0.27	−0.17	0	0.11	0.16	0.2	0.28	0.36	0.5
q_{AB-A}、q_{BC-B}、q_{CA-C}	1.05	0.86	0.58	0.38	0.3	0.22	0.09	−0.05	−0.29
q_{AB-B}、q_{BC-C}、q_{CA-A}	1.63	1.44	1.16	0.96	0.88	0.8	0.67	0.53	0.29

2.4　工厂总计算负荷的确定

2.4.1　概述

确定工厂总计算负荷是供电设计中不可少的一环，因为只有确定了工厂总计算负荷，才能正

确合理地选择工厂电源进线导线截面,以及合理选择主接线中的高低压开关设备和变压器的型号规格,只有确定工厂总计算负荷才能计算出工厂总的平均功率因数,才能确定无功补偿容量,以及电容器的型号和规格。确定工厂总计算负荷的方法有好几种,可根据具体情况决定采用哪一种计算方法。

2.4.2 工厂总计算负荷的计算

1. 按需要系数法确定工厂总计算负荷 这种计算方法实际上是一种粗略的计算。这是将全厂总设备容量 $P_{e(全)}$(不包括备用设备容量)乘上一个全厂的需要系数 K_d,就得到了全厂的有功计算负荷 $P_{30(全)}$,即

$$P_{30(全)} = K_d P_{e(全)} \tag{2-32}$$

然后再根据工厂的平均功率因数,按式(2-11)~式(2-13)求出全厂的无功计算负荷 Q_{30}、视在计算负荷 S_{30} 和计算电流 I_{30}。

附表3列出了部分工厂的需要系数和功率因数值,供参考。

2. 按年产量估算工厂总计算负荷 将工厂年产量 A 乘以单位产品耗电量 a,可得到全厂全年耗电量

$$W_a = Aa \tag{2-33}$$

不同类型的工厂其单位产品耗电量 a 可查设计手册,也可由设计院提供。

求得年耗电量 W_a 后,除以工厂的年最大负荷小时数 T_{max},就可以求出工厂的有功计算负荷

$$P_{30} = \frac{W_a}{T_{max}} \tag{2-34}$$

其他的计算负荷 Q_{30}、S_{30}、I_{30} 的计算,均按上述需要系数法计算。

3. 按逐级计算法确定工厂总计算负荷 按上述几种方法都可以求出工厂总计算负荷,但这些负荷计算值只是一个粗略的估算,它对工厂的初步设计及管理和决策有参考价值。若按这些负荷计算值去选择导线和电缆截面,选择高低压开关电器和变压器,很难保证供电系统安全可靠运行的条件,因此在实际的供电设计中,以及工厂实际运行时,按逐级计算法求得的计算负荷比较接近实际情况,按其计算负荷所选的导线、电气设备、变压器等才能满足供电系统实际运行的需要,因此应着重掌握这种方法。

图2-7所示是某单位供电系统图,以有功计算负荷为例。该厂的总计算负荷 $P_{30(1)}$ 应为高压母线上的计算负荷 $P_{30(2)}$ 与输出线路上的损耗 ΔP_{WL} 之和。

高压母线上的计算负荷 $P_{30(2)}$ 就是低压母线计算负荷 $P_{30(3)}$ 加上变压器的功率损耗 ΔP_T 而得到的。低压母线上的

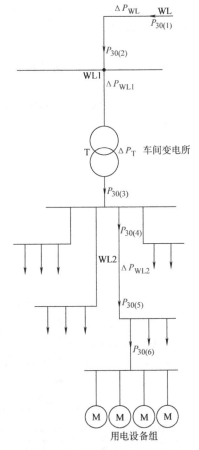

图2-7 某单位供电系统图

计算负荷 $P_{30(3)}$ 是低压侧各车间有功计算负荷加在一起再乘以一个有功负荷同时系数 K_Σ 得到的。以此一级一级逐级计算,则可以求出全厂总的计算负荷。

在负荷计算中,电力变压器损耗可按下列经验公式近似估算。有功损耗为

$$\Delta P_T = 0.015 S_{30} \tag{2-35}$$

无功损耗为

$$\Delta Q_T = 0.06 S_{30} \tag{2-36}$$

式中 S_{30}——变压器二次侧的视在计算负荷。

4. 工厂的功率因数、无功补偿及补偿后工厂的总计算负荷

（1）工厂的功率因数 工厂的功率因数 $\cos\varphi$ 有以下几种。

1）瞬时功率因数。瞬时功率因数可由功率因数表（也称相位表）直接读出，或由功率表、电流表和电压表的读数按下式求得：

$$\cos\varphi = \frac{P}{\sqrt{3}\,UI} \tag{2-37}$$

式中 P——功率表测出的三相有功功率读数（kW）；

U——电压表测得的线电压读数（kV）；

I——电流表测出的线电流读数（A）。

瞬时功率因数主要用来分析工厂或设备在生产过程中某一时间内所具有的功率因数值，同时可以了解当时的无功功率变化情况，决定是否需要以及采取什么方式进行无功补偿等技术问题。

2）平均功率因数。平均功率因数是指某一规定时间内功率因数的平均值，又称加权平均功率因数。对于投产一年以上的工厂，平均功率因数可按下式计算：

$$\cos\varphi = \frac{W_{\text{p}}}{\sqrt{W_{\text{p}}^2 + W_{\text{q}}^2}} = \frac{1}{\sqrt{1 + \left(\dfrac{W_{\text{q}}}{W_{\text{p}}}\right)^2}} \tag{2-38}$$

式中 W_{p}——某一段时间（通常取一个月）内消耗的有功电能，由有功电能表读取；

W_{q}——某一段时间（通常取一个月）内所消耗的无功电能，由无功电能表读取。

对于正在设计中的工厂，无法知道 W_{p} 和 W_{q} 的准确数值，或刚投产时间不长的工厂的平均功率可按下式计算：

$$\cos\varphi = \frac{1}{\sqrt{1 + \left(\dfrac{\beta Q_{30}}{\alpha P_{30}}\right)^2}} \tag{2-39}$$

式中 P_{30}——工厂低压侧总有功计算负荷；

Q_{30}——低压侧总无功计算负荷；

α、β——计算系数，其大小与工厂生产工作制有关。一班制：$\alpha = 0.3 \sim 0.5$，$\beta = 0.35 \sim 0.55$；两班制：$\alpha = 0.5 \sim 0.7$，$\beta = 0.55 \sim 0.75$；三班制：$\alpha = 0.7 \sim 0.8$，$\beta = 0.75 \sim 0.88$。

3）最大负荷时的功率因数。指在计算负荷最大时所具有的功率因数，按下式计算：

$$\cos\varphi = \frac{P_{30}}{S_{30}} \tag{2-40}$$

在《供电营业规则》中规定：变压器容量在 $100\text{kV} \cdot \text{A}$ 及以上的高压供电的用户，在系统高峰用电时，其功率因数必须达到 $0.9 \sim 0.95$ 以上；其他电力用户和大、中型电力排灌站以及趸购转售电企业，其功率因数最低不得低于 0.85，凡功率因数达不到此规定值的工厂必须进行无功补偿。这里所反映的功率因数就是指最大负荷时所具有的功率因数。

（2）无功功率补偿 在工厂中由于使用大量的异步电动机、电焊机、电弧炉、气体放电灯以及电力变压器这些感性负荷，供电系统的功率因数会下降。如果供电系统长期在低功率因数下运行，会造成电网无功电流过大，使电网电能损耗和电压损耗增加，浪费大量的能源和资源。因此功率因数达不到电业部门规定的数值时，必须进行无功补偿。目前工厂广泛应用并联电容器进行无功补偿。

图2-8表明了功率因数提高与无功功率和视在功率变化的关系。

从图 2-8 中可以看出，功率因数由 $\cos\varphi$ 提高到 $\cos\varphi'$ 时，若用户需用的 P_{30} 不变，无功功率将由原来的 Q_{30} 减小到 Q'_{30}；视在功率也由原来的 S_{30} 减小到 S'_{30}。此时负荷电流 I_{30} 将得以减小，这将会使电网上的电流下降，使系统的电能损耗和电压损耗相应降低，这样既节约了电能，又提高了电压质量，而且可以减小供电设备的容量和导线电缆的截面。因此提高功率因数对供电系统大有好处。

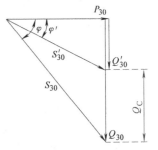

图 2-8 功率因数提高与无功功率和视在功率的变化

由图 2-8 还可知，要使功率因数由 $\cos\varphi$ 提高到 $\cos\varphi'$，必须装设无功补偿装置（并联电容器），其补偿容量为

$$Q_{\mathrm{C}} = Q_{30} - Q'_{30} = P_{30}(\tan\varphi - \tan\varphi') \qquad (2\text{-}41)$$

或

$$Q_{\mathrm{C}} = \Delta q_{\mathrm{C}} P_{30} \qquad (2\text{-}42)$$

式中 $\Delta q_{\mathrm{C}} = (\tan\varphi - \tan\varphi')$ ——比补偿容量或称无功补偿率，它表明要使 1kW 的有功功率由 $\cos\varphi$ 提高到 $\cos\varphi'$ 所需要的无功补偿容量（kvar）值。

附表 4 列出了并联电容器的无功补偿率 Δq_{C}，可利用补偿前和补偿后的功率因数直接查得。

在确定了总补偿容量后，即可根据所选并联电容器的单个电容器的容量 q_{C} 来确定所需该型号电容器的数量 n，即

$$n = \frac{Q_{\mathrm{C}}}{q_{\mathrm{C}}} \qquad (2\text{-}43)$$

部分并联电容器的主要技术数据见附表 5，也可以查设计手册。

由式（2-43）求得的电容器的个数 n，对单相电容器（其全型号后标有"1"者）来说，应取三相的倍数，以使三相均衡分配。

（3）无功补偿后的工厂总计算负荷 工厂或车间装设了无功补偿装置后，则应在确定补偿设备装设地点前的总计算负荷时，扣除已补偿的无功容量，即总的无功计算负荷为

$$Q'_{30} = Q_{30} - Q_{\mathrm{C}} \qquad (2\text{-}44)$$

补偿后的视在计算负荷为

$$S'_{30} = \sqrt{P_{30}^2 + (Q_{30} - Q_{\mathrm{C}})^2} \qquad (2\text{-}45)$$

由式（2-45）可以看出，在变电所低压侧或车间低压侧装设了无功补偿装置以后，由于低压侧总计算负荷减小，即 $S'_{30} < S_{30}$，从而可以使变电所主变压器容量选得小一些，这样不仅可以降低变电所的初投资，也可以减少工厂电费的开支，电费开支与变压器容量大小有很大关系，同时还可以减小变压器的损耗。总而言之，提高功率因数不仅对整个电力系统有好处，对工厂也会带来一定的经济效益。

例 2-4 某厂机修车间拟建一 10kV 进线的降压变电所，拟装设一台主变压器。已知变电所低压侧有功计算负荷为 650kW，无功计算负荷为 830kvar，电力部门要求低压侧功率因数应达到 0.95，高压侧功率因数应大于 0.9，变电所拟在低压侧进行无功补偿，需要装设多少无功补偿容量？对补偿前后变压器的容量有何变化？

解 （1）补偿前变压器容量的确定：补偿前低压侧总的视在计算负荷为

$$S_{30(低)} = \sqrt{650^2 + 830^2}\,\mathrm{kV \cdot A} = 1054\mathrm{kV \cdot A}$$

按此视在计算负荷来确定变压器容量，应满足 $S_{\mathrm{NT}} \geq S_{30(低)}$，故未进行补偿前，主变压器的容量应选为 1250kV·A（参看变压器有关技术参数）。

（2）补偿前低压侧的功率因数为

$$\cos\varphi_{(低)} = 650/1054 = 0.62$$

（3）需要补偿的无功容量：查附表 4 得知，功率因数由 0.62 提高到 0.95 时，$\Delta q_c = 0.937$，则

$$Q_C = 0.937 \times 650\text{kvar} = 609.05\text{kvar}$$

取 $Q_C = 610\text{kvar}$

（4）补偿后低压侧总视在计算负荷为

$$S_{30(低)}' = \sqrt{650^2 + (830 - 610)^2}\text{kV} \cdot \text{A} = 686\text{kV} \cdot \text{A}$$

根据此视在计算负荷，主变压器容量可改为 $800\text{kV} \cdot \text{A}$，比补偿前容量减少了 $450\text{kV} \cdot \text{A}$。

（5）补偿后低压侧的功率因数为

$$\cos\varphi_{(低)} = 650/686 = 0.95 \quad 满足电力部门要求。$$

（6）变压器的功率损耗为

$$\Delta P_T \approx 0.015 S_{30(低)} = 0.015 \times 686\text{kW} = 10.29\text{kW}$$

$$\Delta Q_T \approx 0.06 S_{30(低)} = 0.06 \times 686\text{kvar} = 41.16\text{kvar}$$

（7）高压母线上的计算负荷为

$$P_{30(高)} = 650\text{kW} + 10.29\text{kW} = 660.29\text{kW}$$

$$Q_{30(高)} = (830 - 610)\text{kvar} + 41.16\text{kvar} = 261.16\text{kvar}$$

$$S_{30(高)} = \sqrt{660.29^2 + 261.16^2}\text{kV} \cdot \text{A} = 710.06\text{kV} \cdot \text{A}$$

$$I_{30(高)} = \frac{710.06}{\sqrt{3} \times 10}\text{A} = 41.0\text{A}$$

（8）补偿后工厂高压侧的功率因数为

$$\cos\varphi_{(高)} = 660.29/710.06 = 0.93 > 0.9$$

也满足电力部门关于高压侧功率因数必须大于 0.9 的要求。

通过本例题可以看出，采用无功补偿方法来提高工厂的功率因数，对工厂、电力系统都有很大益处，均可达到节约电能的目的，其意义重大。

2.4.3 工厂年耗电量的计算

工厂年耗电量可以通过工厂年产量乘以生产单位产品所耗的电量来进行估算，如式(2-33)所示，但这只是一种粗略的估算，不是十分精确。

要想精确计算工厂年耗电量，一般工厂的年有功电能消耗量通过有功计算负荷乘以年平均有功负荷系数 α，再乘以年实际工作小时数 T_a 获得。年无功电能消耗量通过无功计算负荷乘以年平均无功负荷系数 β，再乘以年实际工作时间获得。即

年有功电能消耗量

$$W_{p.a} = \alpha P_{30} T_a \tag{2-46}$$

年无功电能消耗量

$$W_{q.a} = \beta Q_{30} T_a \tag{2-47}$$

式中 α——年平均有功负荷系数，一段取 $0.7 \sim 0.75$；

β——年平均无功负荷系数，一段取 $0.76 \sim 0.82$；

T_a——为年实际工作小时数，按每周 5 个工作日计，一班制可取 2000h，两班制可取 4000h，三班制可取 6000h。

例 2-5 设例 2-4 所示工厂为三班工作制，试计算其年电能消耗量。

解 按式(2-46)和式(2-47)计算，取 $\alpha = 0.7$，$\beta = 0.8$，$T_a = 6000\text{h}$，因此可得

工厂年有功耗电量

$$W_{p.a} = 0.7 \times 660.29\text{kW} \times 6000\text{h} = 2.77 \times 10^6 \text{kW} \cdot \text{h}$$

工厂年无功耗电量

$$W_{q.a} = 0.8 \times 261.16\text{kvar} \times 6000\text{h} = 1.25 \times 10^6 \text{kvar} \cdot \text{h}$$

2.5 尖峰电流及其计算

2.5.1 概述

尖峰电流是由于电动机起动等所造成的短时最大电流,它持续的时间很短,只有 $1 \sim 2\text{s}$。尖峰电流既不是正常工作电流,也不是故障电流。计算尖峰电流的目的主要是为了正确选择熔断器、低压断路器,整定继电保护装置,以及检验电动机的起动条件等。

2.5.2 用电设备尖峰电流的计算

1. 单台用电设备尖峰电流的计算 单台用电设备的尖峰电流就是该台设备本身的起动电流,因此单台设备的尖峰电流 I_{PK} 为

$$I_{PK} = I_{st} = K_{st} I_N \tag{2-48}$$

式中 I_N——用电设备额定电流;

     I_{st}——设备起动电流;

     K_{st}——用电设备的起动倍数,笼型异步电动机 $K_{st} = 4 \sim 7$,绕线转子异步电动机 $K_{st} = 2 \sim 3$,直流电动机 $K_{st} = 1.7$,电焊变压器 $K_{st} \geq 3$。

2. 多台用电设备尖峰电流的计算 如果配电线路上接有多台用电设备,此时的尖峰电流应按下式计算:

$$I_{PK} = K_\Sigma \sum_{i=1}^{n-1} I_{N.i} + I_{st.max} \tag{2-49}$$

或

$$I_{PK} = I_{30} + (I_{st} - I_N)_{max} \tag{2-50}$$

式中 $I_{st.max}$ 和 $(I_{st} - I_N)_{max}$——用电设备中起动电流与额定电流之差为最大的那台设备的起动电流及其起动电流与其额定电流之差;

     $\sum_{i=1}^{n-1} I_{N.i}$——将起动电流与额定电流之差为最大的那台设备除外的其他 $n-1$ 台设备的额定电流之和,K_Σ 为上述 $n-1$ 台设备的同时系数,可按台数多少来选取,一般取 $K_\Sigma = 0.7 \sim 1$;

     I_{30}——全部设备投入运行时的计算电流。

 复习思考题

1. 什么是电力负荷?电力负荷分为哪几级?各级负荷对供电电源有哪些要求?

2. 工厂电气设备的工作制有哪几类?什么叫暂载率?它表征了哪类设备的工作性质?

3. 什么叫最大负荷?年最大负荷和年平均负荷指的是什么?负荷系数的内涵是什么?

4. 什么叫计算负荷?求计算负荷的目的是什么?计算负荷为什么不能过大也不能过小?

5. 确定计算负荷的需要系数法和二项式系数法各有什么特点?各适应于什么场合?

6. 在确定多组用电设备总视在计算负荷和计算电流时,可否将各组设备的视在计算负荷和计算电流分别相加来求得?为什么?应如何正确计算?

7. 在有单相负荷的三相线路中,应如何计算单相设备的等效三相计算负荷?

8. 什么是瞬时功率因数?什么是平均功率因数?什么是最大功率因数?它们如何计算?各有何用途?

9. 进行无功补偿的目的是什么?有何意义?如何计算无功补偿容量?

10. 尖峰电流是如何产生的？尖峰电流的计算有何意义？

11. 某厂机械加工车间 380V 线路上，接有大批生产的冷加工机床电动机 40 台共 600kW，通风机 10 台共 60kW，试分别确定各组和车间的计算负荷。

12. 某厂机修车间 380V 线路上接有冷加工机床电动机 20 台共 138kW，桥式起重机 1 台，当 $\varepsilon_N = 15\%$ 时，其设备容量为 48kW，通风机 5 台共 20kW，380V 单相点焊机 3 台，当 $\varepsilon_N = 65\%$ 时，其每台设备的容量为 23kV·A，试求全车间的计算负荷。

13. 有一条 380V 供电线路上，接有小批生产的冷加工机床电动机 20 台共 120kW，其中较大容量的电动机有 7.5kW，2 台；4.5kW，4 台；3kW，10 台。试分别用需要系数法和二项式系数法求其计算负荷，并比较两种计算方法得到的结果有何不同。

14. 某单位实验室拟装设 6 台 220V 单相电阻炉，其中 1.5kW 的 3 台，3kW 的 3 台。试合理地分配在三相线路上，求其计算负荷，并画出系统接线图。

15. 某机械厂降压变电所装有一台 630kV·A 的变压器，已知其低压侧总有功计算负荷为 420kW，无功计算负荷为 350kvar，电力部门要求低压侧功率因数必须达到 0.95，高压侧功率因数必须达到 0.9 以上。试求出低压侧的功率因数和高压侧的功率因数是否达到要求？若达不到要求，则需要进行无功补偿，请求出补偿容量，补偿后的低压侧和高压侧功率因数是否满足电力部门要求？

第3章

短路电流及其计算

3.1 短路的原因、危害及其类型

3.1.1 短路的原因

从负荷对供电电源的要求来讲，工厂供电系统在正常的情况下，应不间断地连续对用电负荷供电，以保证生产和生活的正常进行。然而供电系统在运行过程中负荷千变万化，各种原因和各种不利于供电系统稳定运行的情况都可能会发生，难免出现故障，使供电系统的正常运行遭到破坏。供电系统中最常见的故障就是短路故障。所谓短路，就是指不同电位的导电部分或导电部分对地的小电阻性短接。

造成短路的原因是多方面的。其根源可分为内因和外因两大因素。例如电气设备由于在长期运行中维护不当或不及时，造成绝缘老化或设备本身质量低劣，绝缘强度不够而被正常工作电压所击穿，再则由于工作人员违反安全操作规则而发生的误操作，以及误将低压设备接入高压电路中都可能造成短路，这就是所谓的内因。由于雷电过电压击穿设备绝缘，大型鸟类飞落到裸露的相线之间，或由于蛇钻入开关或配电装置上造成短路，或是老鼠咬坏设备或导线和电缆的外皮等都可导致短路，这是所谓的外因。

3.1.2 短路的危害

短路是引起供电系统严重故障的重要原因，在供电系统中发生短路时，短路电流很大，可达几万至几十万安培，短路电流产生很大的电动力，同时会使载流导体和电气设备的温度急剧上升，因而对设备造成极大的破坏力，给供电系统的安全和稳定运行带来极大的危害。

1）短路时产生的电动力和高温会使故障设备和短路回路的其他设备受到损坏和破坏，甚至引发火灾事故。

2）短路发生后，将使供电电路母线电压降低，严重影响电气设备的正常运行。

3）短路发生时，将使保护装置动作、切除故障电路，从而造成局部或大面积停电。短路点离电源越近，停电的面积越大，随之而来的经济损失也会越大。

4）如果出现严重的短路事故，将会威胁到电力系统运行的稳定性，甚至使系统的发电机组失去同步，造成电力系统的解列。

5）电力系统发生不对称短路时，其短路电流会产生较强的不平衡交变磁场，对其周围的电子设备和通信线路造成电磁干扰，影响其正常运行。

总而言之，短路的后果是十分严重的，因此必须加强运行与维护管理工作，尽量消除可能引起短路的一切隐患。

> 进行短路电流计算，其目的是正确合理地选择电气设备，使所选设备具有足够的动稳定度和热稳定度，确保供电系统在可能的最大三相短路电流时不致被损坏，从而保证供电系统安全稳定运行。其次，短路电流计算是为了继电保护的整定计算与校验，以及接地系统的设计等需要。

3.1.3 短路的类型

在三相供电系统中，短路的类型有三相短路、两相短路、单相短路和两相接地短路，如图3-1所示。

a) 三相短路   b) 两相短路

c) 单相短路   d) 两相接地短路

图 3-1 短路的类型

上述各种短路类型中，只有三相短路是对称短路，除此之外的任何形式的短路均属不对称短路。电力系统中发生单相短路的概率较大而发生三相短路的概率相对较小。工厂供电系统属于系统的末端，负荷较集中，容量比较大，同时受各方面因素影响和制约，在运行过程中单相短路、两相短路、三相短路发生的概率都比较大，最严重的短路是三相短路。为使工厂供电系统中的电气设备在最严重的短路状态下也能安全可靠地工作，工程中通常在选择和校验电气设备用的短路计算中，以三相短路为主。事实上，不对称短路也可以按对称分量法将不对称的短路电流进行分解，可分解为对称的正序、负序和零序分量，然后按对称分量来分析和计算，因此对称的三相短路分析计算也是不对称短路分析计算的基础，本章只重点讨论对称的三相短路电流计算。

3.2 无限大容量电力系统发生三相短路时的物理过程和物理量

3.2.1 无限大容量电力系统及其三相短路时的物理过程

实际电力系统的容量总是一定的，即系统的容量是有限的，而不是无限的。所谓无限大容量电力系统，是指系统的供电容量相对于用户所需求的容量大得多的电力系统。对该系统来说，不论用户负荷如何变化或者不论在用户供电系统中的任何部位发生任何形式的短路时，系统母线上的电压始终是一个常数。根据计算，如果工厂的总安装容量小于电力系统总容量的1/5，则这个电力系统就可以看作无限大容量电力系统。

对一般工厂供电系统来说，工厂的安装容量都远远地小于电力系统的容量，而阻抗也比电力系统大得多，所以在工厂供电系统内发生短路时，电力系统变电所母线上的电压始终是一个常数，则可将此电力系统看作无限大容量电力系统。

图 3-2a 是一个电源为无限大容量的电力系统发生三相短路的电路图。图中 R_{WL}、X_{WL} 为线路的电阻和电抗，R_L、X_L 为负荷的电阻和电抗。由于三相短路是对称的，故可将其等效为 3-2b 所示的等效电路来分析研究。

当供电系统正常运行时，电路中的电流取决于电源电压和电路中所有元件（包括负荷阻抗在内）的所有阻抗。当发生三相短路时，系统被分割成 2 个回路，靠近电源侧的回路有电源，靠近负荷侧回路是一个无源回路。由于负荷阻抗和部分线路阻抗被短路，根据楞次定律，电路中电流要突然增大，但由于电路存在电感，而电感两端电流不能突变，而引起一个过渡过程，即短路暂态过程，短路电流经这一暂态过程后进行一个新的稳定状态。

a) 三相电路图

b) 等效单相电路图

图 3-2　无限大容量电力系统中发生三相短路

图 3-3 是表示无限大容量系统发生三相短路前后的电压、电流变动曲线。其中短路电流的周期分量 i_p，即因短路后电路阻抗突然减小很多倍，根据欧姆定律应突然增大很多倍的电流。短路电流的非周期分量 i_np 是因短路回路存在电感，在短路初瞬时（$t = 0$）按楞次定律感应出用以维持电流不至于突变的一个反向抵消电流 $i_\text{np(0)}$，且随时间按指数规律不断衰减。短路电流周期分量 i_p 与非周期分量 i_np 的叠加就是短路全电流。非周期分量 i_np 衰减完毕的短路电流，称为短路稳态电流。

图 3-3　无限大容量系统发生三相短路时的电压、电流曲线

3.2.2　短路有关物理量

1. 短路电流周期分量　如果某相电压瞬时值过零值时发生短路，可使短路全电流达到最大，如图 3-3 所示。此时短路电流周期分量为

$$i_\text{p} = I_\text{km}\sin(\omega t - \varphi_\text{k}) \tag{3-1}$$

式中　I_km——短路电流周期分量的幅值，$I_\text{km} = \dfrac{U}{\sqrt{3}\,|Z_\Sigma|}$，其中 $|Z_\Sigma| = \sqrt{R_\Sigma^2 + X_\Sigma^2}$ 为短路电路的

总阻抗［模］；

φ_k——短路电路的阻抗角，$\varphi_\text{k} = \arctan(X_\Sigma / R_\Sigma)$。

由于短路电路中近于纯感性电路，$X_\Sigma \gg R_\Sigma$，因此 $\varphi_\text{k} \approx 90°$，故在短路发生的瞬间（$t = 0$ 时）的短路电流的周期分量为

$$i_\text{p(0)} = -I_\text{km} = -\sqrt{2}\,I'' \tag{3-2}$$

式中　I''——短路次暂态电流有效值，就是短路后第一个周期的短路电流周期分量 i_p 的有效值。

2. 短路电流非周期分量　由于短路回路以感性为主，因此在突然发生短路时，电感上要产生一个电动势，来维持短路初瞬间（$t = 0$ 时）电路中的电流和磁链不致突变。电感上感应电动

势产生的这一与周期分量反向的电流就是非周期分量。

短路电流非周期分量的初始绝对值为

$$i_{np(0)} = |i_0 - I_{km}| \approx I_{km} = \sqrt{2} I''   \tag{3-3}$$

由于短路或多或少还存在一定的电阻，因此短路电流非周期分量要逐渐衰减。短路电路内电阻越大，电感越小，其衰减得越快。

短路电流非周期分量是一按指数函数不断衰减的量，其表达式为

$$i_{np} = i_{np(0)} e^{-\frac{t}{\tau}} \approx \sqrt{2} I'' e^{-\frac{t}{\tau}}   \tag{3-4}$$

式中 τ——短路电流非周期分量衰减时间常数，$\tau = L_\Sigma / R_\Sigma = \dfrac{X_\Sigma}{314 R_\Sigma}$。

3. 短路全电流 短路电流周期分量 i_p 与非周期分量 i_{np} 之和，即为短路全电流 i_k。某一瞬时 t 的短路全电流有效值 $I_k(t)$，就是以时间 t 为中点的一个周期内的 i_p 有效值 $I_p(t)$ 与在 t 的瞬时 $i_{np}(t)$ 的二次方和的二次方根值，即

$$I_k(t) = \sqrt{I_p^2(t) + i_{np}^2(t)}   \tag{3-5}$$

4. 短路冲击电流 短路冲击电流为短路全电流中的最大瞬时值。从图 3-3 所示短路全电流 i_k 的曲线上可以看出，短路后经半个周期（即 0.01s），i_k 就达到最大值，此时的短路全电流即为短路冲击电流 i_{sh}。短路冲击电流按下式计算

$$i_{sh} = i_p(0.01) + i_{np}(0.01) \approx \sqrt{2} I'' \left(1 + e^{-\frac{0.01}{\tau}}\right)   \tag{3-6}$$

或

$$i_{sh} \approx K_{sh} \sqrt{2} I''   \tag{3-7}$$

式中 K_{sh}——短路电流冲击系数。

由式(3-6) 和式(3-7) 知，短路电流冲击系数为

$$K_{sh} = 1 + e^{-\frac{0.01}{\tau}} = 1 + e^{-\frac{0.01 R_\Sigma}{L_\Sigma}}   \tag{3-8}$$

由上式可知，当 $R_\Sigma \to 0$ 时，$K_{sh} \to 2$；当 $L_\Sigma = 0$ 时，$K_{sh} \to 1$。因此 K_{sh} 为 $1 \sim 2$。短路全电流 i_k 的最大有效值是短路后第一个周期的短路电流有效值，用 I_{sh} 表示，也可称为短路冲击电流有效值，用下式求得

$$I_{sh} = \sqrt{I_p^2(0.01) + i_{np}^2(0.01)} \approx \sqrt{I''^2 + \left(\sqrt{2} I'' e^{-\frac{0.01}{\tau}}\right)^2}$$

或

$$I_{sh} \approx \sqrt{1 + 2(K_{sh} - 1)^2}\, I''   \tag{3-9}$$

在高压侧发生三相短路时，一般可取 $K_{sh} = 1.8$，则

$$i_{sh} = 2.55 I''   \tag{3-10}$$

$$I_{sh} = 1.51 I''   \tag{3-11}$$

在 1000kV·A 及以下的电力变压器二次侧及低压电路中发生三相短路时，一般可取 $K_{sh} = 1.3$，因此

$$i_{sh} = 1.84 I''   \tag{3-12}$$

$$I_{sh} = 1.09 I''   \tag{3-13}$$

5. 短路稳态电流 短路稳态电流是指短路电流非周期分量衰减完毕以后的短路全电流，其有效值用 I_∞ 表示。从图 3-3 曲线中可以看出，在整个短路进程中，周期分量的幅值始终是不变的，另因系统容量为无限大，故周期分量的有效值 I_k 在整个短路进程中也是不变的，则有 $I'' = I_\infty = I_k$。

计算过程中，为了表明短路电流的种类，凡是三相短路电流，可在相应的电流符号右上角加标（3）的字样，例如三相短路电流可写作 $I_k^{(3)}$。同理，两相或单短路电流，则在相应的电流符号右上角分别标（2）或（1），而两相接地短路电流则加标（1.1）。

3.3 无限大容量电力系统中短路电流的计算

3.3.1 概述

计算短路电流时，首先根据原始资料或文字资料给出计算电路图，如图3-4所示，确定短路计算点，对工厂供电系统来说，短路计算点通常选在低压母线和高压母线上，确定短路计算电压（取短路点平均电压，它比额定电压高5%），在计算电路上标出各元件参数，并将元件用分数依次编号；其次是作等值电路图，计算每个元件的阻抗值并标在等值电路图上，分子标序号，分母标（标?）阻抗，如图3-5所示；然后根据阻抗串并联关系，化简等值电路，再运用相应的计算公式求出各点短路电流和短路点的短路容量。

图3-4　短路计算电路图

短路电流计算方法主要有欧姆法、标幺制法、两相短路法。工程运算中广泛应用的是标幺制法。

3.3.2 用欧姆法进行三相短路计算

1. 欧姆法进行三相短路计算的方法　欧姆法，又名有名单位制法，因其短路计算中的阻抗均以"欧姆"为单位而得名。

在无限大容量系统中发生三相短路，其三相短路电流的周期分量 $I_k^{(3)}$ 可按下式求得：

图3-5　等值电路图

$$I_k^{(3)} = \frac{U_c}{\sqrt{3}\,|Z_\Sigma|} = \frac{U_c}{\sqrt{3}\,\sqrt{R_\Sigma^2 + X_\Sigma^2}} \tag{3-14}$$

式中　$|Z_\Sigma|$ 和 R_Σ、X_Σ——短路电路的总阻抗［模］和总电阻、总电抗；

U_c——短路计算点的平均电压，比线路额定电压高5%。按我国标准交流电压，U_c 有 0.4kV、0.69kV、3.15kV、6.3kV、10.5kV、37kV、69kV、115kV 等。

在高压母线侧短路计算中，因高压电路电抗远大于电阻，所以只考虑电抗而不考虑电阻。在低压母线侧短路计算中，只有低压回路中的电阻 $R_\Sigma > X_\Sigma/3$ 时，才计入电阻，反之，不计入电阻。

若不计入电阻，则三相短路电流周期分量的有效值为

$$I_k^{(3)} = \frac{U_c}{\sqrt{3}\,X_\Sigma} \tag{3-15}$$

三相短路容量为

$$S_k^{(3)} = \sqrt{3}\,U_c I_k^{(3)} \tag{3-16}$$

2. 电力系统各元件阻抗的计算　在短路计算中，母线、线圈型电流互感器一次绕组、高低压断路器的过电流脱扣器线圈及开关触头的接触电阻统统忽略不计。电力变压器认为是理想变压器，其铁心永远处于不饱合状态，即其电抗值不随电流大小发生变化，线路上的分布电容略去不计。这样所得短路电流的计算值要比实际短路值大一些。这对我们选择和校验电气设备来说更有利，按此短路电流选择和校验的电器设备的安全会更高、更有保证，这正是我们所需要的。

（1）电力系统阻抗值计算　电力系统的电阻可忽略不计，只计电抗。电力系统的电抗值 X_S 可由系统出口断路器的断流容量（可参看图 3-4 计算电路）S_{oc} 来计算，S_{oc} 可看作电力系统的极限短路容量 S_k。所以电力系统的电抗 X_S 为

$$X_S = \frac{U_c^2}{S_{oc}} \tag{3-17}$$

式中　U_c——直接采用短路计算点的平均电压，这样可免去阻抗变换的麻烦；

　　　S_{oc}——系统出口断路器的断流容量，可查附表 9 和相关设计手册或产品样本，如果不知道 S_{oc}，只知道 I_{oc} 的数据，则其断流容量 $S_{oc} = \sqrt{3} I_{oc} U_N$，这里 U_N 为断路器的额定电压。

（2）电力变压器的阻抗计算

1）电力变压器的电阻 R_T。由于 $\Delta P_k \approx 3I_N^2 R_T \approx 3\left(\frac{S_N}{\sqrt{3}U_c}\right)^2 R_T = \left(\frac{S_N}{U_c}\right)^2 R_T$，所以

$$R_T \approx \Delta P_k \left(\frac{U_c}{S_N}\right)^2 \tag{3-18}$$

式中　U_c——短路点平均电压；

　　　S_N——变压器额定容量；

　　　ΔP_k——变压器的短路损耗（也称负载损耗），可查有关手册或产品样本。

2）电力变压器的电抗 X_T。可由变压器的阻抗电压 $U_k\%$ 近似地计算。

因　　　　　　$$U_k\% \approx \frac{\sqrt{3}I_N X_T}{U_c} \times 100 \approx \frac{S_N X_T}{U_c^2} \times 100$$

故　　　　　　$$X_T \approx \frac{U_k\%}{100} \times \frac{U_c^2}{S_N} \tag{3-19}$$

式中　$U_k\%$——变压器的阻抗电压（也称短路电压）百分值，可查有关手册或产品样本。

（3）电力线路阻抗计算

1）线路的电阻 R_{WL}。由导线和电缆单位长度电阻 R_0 求得，即

$$R_{WL} = R_0 l \tag{3-20}$$

式中　R_0——导线、电缆单位长度电阻，可查有关设计手册或产品样本（见附表 16、17）；

　　　l——线路长度。

2）线路的电抗 X_{WL}。由导线电缆的单位长度电抗 X_0 求得，即

$$X_{WL} = X_0 l \tag{3-21}$$

式中　X_0——导线、电缆单位长度电抗，可查有关设计手册或产品样本（见附表 16、17）；

　　　l——线路长度。

如果线路结构数据不详，X_0 可按表 3-1 取其电抗平均值。

表 3-1　电力线路每相的单位长度电抗平均值

线路结构	线路电压		
	35kV 及以上	6~10kV	220/380V
架空线路 $X_0/\Omega \cdot km^{-1}$	0.4	0.38	0.32
电缆线路 $X_0/\Omega \cdot km^{-1}$	0.2	0.08	0.066

求出短路电路中各元件的阻抗后，就可以化简等值电路，求出各短路点总阻抗值，然后按前述式(3-14)或式(3-15)求出短路电流周期分量有效值$I_k^{(3)}$，$I''^{(3)} = I_\infty^{(3)} = I_k^{(3)}$再按照相应公式分别求出冲击短路电流各值和短路点的短路容量。

应用欧姆法时必须注意： 在计算短路电路阻抗时，若短路电路中有变压器这一磁耦合元件，电路内各元件的阻抗应统一换算到短路点的短路计算电压去，阻抗换算的条件是元件的功率损耗不变。

由$\Delta P = \dfrac{U^2}{R}$和$\Delta Q = \dfrac{U^2}{X}$可知，元件的阻抗值与电压二次方成正比，因而此时阻抗变换的公式为

$$R' = R\left(\frac{U_c'}{U_c}\right)^2 \tag{3-22}$$

$$X' = X\left(\frac{U_c'}{U_c}\right)^2 \tag{3-23}$$

式中　R、X和U_c——换算前元件的电阻、电抗和元件所在处的平均电压；

R'、X'和U_c'——换算后的元件的电阻、电抗和短路点的平均电压。

需要说明的是，就短路计算中的几个主要元件的阻抗来说，实际上只有电力线路上的阻抗有时需按上述公式换算，例如计算低压母线上的三相短路电流时，高压侧的线路阻抗就需要换算到低压侧0.4kV时所具有的阻抗值，而电力系统和变压器的阻抗，由于计算公式中已含有U_c^2，因此计算其阻抗时，其U_c直接就替代以短路计算点的平均电压，这就相当于阻抗已经换算到实际点一侧了，不需再按上述公式去进行换算了。

例3-1　某工厂供电系统如图3-6所示，所有参数见图上所示，试用欧姆法求k_1点和k_2点的三相短路电流各值和短路容量。

图3-6　例3-1的计算电路图

解　（1）求k_1点的三相短路电流各值和短路容量：取$U_{c1} = 10.5$kV。

1）计算短路电路各元件电抗值和总电抗值。

① 电力系统的电抗值为

$$X_1 = \frac{U_{c1}^2}{S_{oc}} = \frac{(10.5)^2}{500}\Omega = 0.22\Omega$$

② 架空线路的电抗为

$$X_2 = X_0 l = 0.38 \times 10\Omega = 3.8\Omega$$

③ 绘制k_1点的等值电路，如图3-7a所示，并计算其总电抗值。

a) k_1点短路等值电路

b) k_2点短路等值电路

图3-7　例3-1的短路等值电路图

2）计算k_1点三相短路电流和短路容量。

① 三相短路电流周期分量有效值为

$$I_{k_1}^{(3)} = \frac{U_{c1}}{\sqrt{3}X_{\Sigma k_1}} = \frac{10.5}{\sqrt{3} \times (0.22 + 3.8)}\text{kA} = 1.51\text{kA}$$

② 三相次暂态电流和稳态短路电流为

$$I''^{(3)} = I_\infty^{(3)} = I_k^{(3)} = 1.51\text{kA}$$

③ 冲击短路电流计算：

$$i_{sh} = 2.55 I''^{(3)} = 2.55 \times 1.51\text{kA} = 3.85\text{kA}$$

$$I_{sh} = 1.51 I''^{(3)} = 1.51 \times 1.51\text{kA} = 2.28\text{kA}$$

④ 三相短路容量为

$$S_{k_1}^{(3)} = \sqrt{3} U_{c_1} I_{k_1}^{(3)} = \sqrt{3} \times 10.5 \times 1.51\text{MV} \cdot \text{A} = 27.46\text{MV} \cdot \text{A}$$

（2）求 k_2 点的三相短路电流各值和短路容量：取 $U_{c2} = 0.4\text{kV}$。

1）计算短路电路各元件电抗值和总电抗值。

① 电力系统的电抗值为

$$X_1' = \frac{U_{c2}^2}{S_{oc}} = \frac{(0.4)^2}{500}\Omega = 3.2 \times 10^{-4}\Omega$$

② 架空线路的电抗为

$$X_2' = X_0 l \left(\frac{U_{c2}}{U_{c1}}\right)^2 = 0.38 \times 10 \times \left(\frac{0.4}{10.5}\right)^2\Omega = 5.5 \times 10^{-3}\Omega$$

③ 电力变压器电抗值为

$$X_3 = X_4 = \frac{U_k\%}{100} \times \frac{U_{c2}^2}{S_N} = \frac{4.5}{100} \times 0.4^2\Omega = 7.2 \times 10^{-3}\Omega$$

④ 绘制 k_2 点的等值电路，如图 3-7b 所示，并计算其总电抗值：

$$X_{\Sigma k_2} = X_1' + X_2' + X_3 // X_4 = X_1' + X_2' + \frac{X_3 X_4}{X_3 + X_4}$$

$$= 3.2 \times 10^{-4}\Omega + 5.5 \times 10^{-3}\Omega + \frac{7.2 \times 10^{-3}}{2}\Omega = 9.42 \times 10^{-3}\Omega$$

2）计算 k_2 点三相短路电流和短路容量。

① 三相短路电流周期分量有效值为

$$I_{k_2}^{(3)} = \frac{U_{c2}}{\sqrt{3} X_{\Sigma k_2}} = \frac{0.4}{\sqrt{3} \times 9.42 \times 10^{-3}}\text{kA} = 24.52\text{kA}$$

② 三相次暂态电流和稳态短路电流为

$$I''^{(3)} = I_\infty^{(3)} = I_{k_2}^{(3)} = 24.52\text{kA}$$

③ 三相短路冲击电流为

$$i_{sh}^{(3)} = 1.84 I''^{(3)} = 1.84 \times 24.52\text{kA} = 45.12\text{kA}$$

$$I_{sh}^{(3)} = 1.09 I''^{(3)} = 1.09 \times 24.52\text{kA} = 26.73\text{kA}$$

④ 三相短路容量为

$$S_{k_2}^{(3)} = \sqrt{3} U_{c2} I_{k_2}^{(3)} = \sqrt{3} \times 0.4 \times 24.52\text{MV} \cdot \text{A} = 16.99\text{MV} \cdot \text{A}$$

在工程计算说明书中，应将计算结果列成表格形式，以便使用单位审阅，见表 3-2。

表 3-2　例 3-1 短路电流计算表

短路计算点	三相短路电流/kA					三相短路容量/MV·A
	$I_k^{(3)}$	$I''^{(3)}$	$I_\infty^{(3)}$	$i_{sh}^{(3)}$	$I_{sh}^{(3)}$	
k_1	1.51	1.51	1.51	3.85	2.28	27.46
k_2	24.52	24.52	24.52	45.12	26.73	16.99

3.3.3 采用标幺制法进行三相短路计算

1. 标幺制的基本概念　标幺制法也称为相对单位制法，它比欧姆法计算短路电流要简明。因为采用标幺制，运算中不存在遇到变压器要进行阻抗换算的问题，计算误差更小一些，因此标幺制法在现代电气工程计算中得到广泛应用。

任何一个物理量的标幺值 A_d^* 等于该物理量的实际值 A 与基准值 A_d 的比值，即

$$A_d^* = \frac{A}{A_d} \tag{3-24}$$

按标幺制法进行短路计算时，一般是先确定基准容量 S_d 和基准电压 U_d。

在工程设计中，若变压器的容量单位以千伏安计，则取 $S_d = 100\text{MV} \cdot \text{A}$，若变压器容量单位以兆伏安计，则取 $S_d = 1000\text{MV} \cdot \text{A}$。对中小型工厂，取 $S_d = 100\text{MV} \cdot \text{A}$ 就可以了。基准电压通常取短路计算点的平均电压 U_c，即取 $U_d = U_c$。

确定了基准容量 S_d 和基准电压 U_d 后，还应确定基准电流 I_d，基准电流 I_d 则按下式计算：

$$I_d = \frac{S_d}{\sqrt{3}\, U_d} \tag{3-25}$$

基准电抗 X_d 按下式计算：

$$X_d = \frac{U_d}{\sqrt{3}\, I_d} = \frac{U_c^2}{S_d} \tag{3-26}$$

下面分别介绍供电系统中各元件电抗标幺值的计算。（取 $S_d = 100\text{MV} \cdot \text{A}$，$U_d = U_c$）

2. 电力系统各元件电抗标幺值的计算

1）电力系统的电抗标幺值为

$$X_s^* = \frac{X_s}{X_d} = \frac{U_c^2/S_{oc}}{U_c^2/S_d} = \frac{S_d}{S_{oc}} \tag{3-27}$$

2）电力变压器的电抗标幺值为

$$X_T^* = \frac{X_T}{X_d} = \frac{U_k\%}{100} \times \frac{U_c^2/S_N}{U_c^2/S_d} = \frac{U_k\%}{100} \times \frac{S_d}{S_N} \tag{3-28}$$

3）电力线路的电抗标幺值为

$$X_{WL}^* = \frac{X_{WL}}{X_d} = \frac{X_0 l}{U_c^2/S_d} = X_0 l \frac{S_d}{U_c^2} \tag{3-29}$$

短路电路各元件电抗标幺值求出后，可根据其等值电路进行化简，求出各短路点总电抗标幺值 X_Σ^*。由于各元件均采用相对值，与短路计算点的电压无关，因此电抗标幺值无需换算，这就是标幺制的最大优点。

3. 标幺制法进行三相短路计算的方法　无限大容量系统三相短路电流的周期分量有效值 $I_k^{(3)*}$ 按下式计算：

$$I_k^{(3)*} = \frac{I_k^{(3)}}{I_d} = \frac{U_c/\sqrt{3}\, X_\Sigma}{S_d/\sqrt{3}\, U_c} = \frac{U_c^2}{S_d X_\Sigma} = \frac{1}{X_\Sigma^*} \tag{3-30}$$

由此可求得三相短路电流周期分量有效值 $I_k^{(3)}$

$$I_k^{(3)} = I_k^{(3)*} I_d = \frac{I_d}{X_\Sigma^*} \tag{3-31}$$

求出 $I_k^{(3)}$ 后，即可用前述公式求出 $I''^{(3)}$、$I_\infty^{(3)}$、$i_{sh}^{(3)}$、$I_{sh}^{(3)}$ 等。短路点的短路容量 $S_k^{(3)}$ 按下式计算：

$$S_k^{(3)} = \sqrt{3}\, I_k^{(3)} U_c = \frac{\sqrt{3}\, I_d U_c}{X_\Sigma^*} = \frac{S_d}{X_\Sigma^*} \tag{3-32}$$

例 3-2　试用标幺制法计算例 3-1 工厂供电系统中 k_1 点和 k_2 点的三相短路电流和短路容量。

解 （1）确定基准值：取 $S_d = 100\text{MV} \cdot \text{A}$、$U_{c1} = 10.5\text{kV}$、$U_{c2} = 0.4\text{kV}$

基准电流为 I_d

$$I_{d1} = \frac{S_d}{\sqrt{3}\,U_{c1}} = \frac{100}{\sqrt{3} \times 10.5}\text{kA} = 5.50\text{kA}$$

$$I_{d2} = \frac{S_d}{\sqrt{3}\,U_{c2}} = \frac{100}{\sqrt{3} \times 0.4}\text{kA} = 144\text{kA}$$

（2）计算短路电路中各元件电抗标幺值

1）电力系统电抗标幺值 X_1^* 为

$$X_1^* = \frac{100}{500} = 0.2$$

2）架空线路的电抗标幺值 X_2^* 为

$$X_2^* = 0.38 \times 10 \times \frac{100}{(10.5)^2} = 3.45$$

3）电力变压器的电抗标幺值 X_3^* 为

$$X_3^* = X_4^* = \frac{4.5 \times 100}{100 \times 1} = 4.5$$

绘制等值电路如图3-8所示，图上标出各元件序号和电抗标幺值和短路计算点。

图3-8　例3-2等值电路

（3）k_1 点总电抗标幺值及三相短路电流各值和短路容量

1）总电抗标幺值为

$$X_{\Sigma k_1}^* = X_1^* + X_2^* = 0.2 + 3.45 = 3.65$$

2）三相短路电流的周期分量有效值为

$$I_{k_1}^{(3)} = \frac{I_{d1}}{X_{\Sigma k_1}^*} = \frac{5.50}{3.65}\text{kA} = 1.51\text{kA}$$

3）其他三相短路电流为

$$I''^{(3)} = I_\infty^{(3)} = I_{k_1}^{(3)} = 1.51\text{kA}$$
$$i_{sh} = 2.55 \times 1.51\text{kA} = 3.85\text{kA}$$
$$I_{sh}^{(3)} = 1.51 \times 1.51\text{kA} = 2.28\text{kA}$$

4）三相短路容量为

$$S_{k_1}^{(3)} = \frac{S_d}{X_{\Sigma k_1}^*} = \frac{100}{3.65}\text{MV} \cdot \text{A} = 27.40\text{MV} \cdot \text{A}$$

（4）计算 k_2 点的总电抗标幺值及三相短路电流各值和短路容量

1）总电抗标幺值为

$$X_{\Sigma k_2}^* = X_1^* + X_2^* + X_3^* /\!/ X_4^* = 0.2 + 3.45 + \frac{4.5}{2} = 5.9$$

2）三相短路电流的周期分量有效值为

$$I_{k_2}^{(3)} = \frac{I_{d2}}{X_{\Sigma k_2}^*} = \frac{144}{5.9}\text{kA} = 24.41\text{kA}$$

3）其他三相短路电流为

$$I''^{(3)} = I_\infty^{(3)} = I_{k_2}^{(3)} = 24.41\text{kA}$$
$$i_{sh}^{(3)} = 1.84 \times 24.41\text{kA} = 44.91\text{kA}$$

$$I_{sh}^{(3)} = 1.09 \times 24.41\text{kA} = 26.61\text{kA}$$

4）三相短路容量为

$$S_{k_2}^{(3)} = \frac{S_d}{X_{\Sigma k_2}^*} = \frac{100}{5.9}\text{MV} \cdot \text{A} = 16.95\text{MV} \cdot \text{A}$$

两种计算方法结果基本相同。

3.3.4 两相短路电流计算

无限大容量系统发生两相短路时，如图 3-9 所示。其短路电流值 $I_k^{(2)}$ 可由下式近似求得

$$I_k^{(2)} = \frac{U_c}{2|Z_\Sigma|} \qquad (3-33)$$

图 3-9 无限大容量系统发生两相短路

式中 U_c——短路点的平均电压（线电压）。

若不考虑电阻，只计电抗，则两相短路电流应为

$$I_k^{(2)} = \frac{U_c}{2X_\Sigma} \qquad (3-34)$$

其他两相短路电流 $I''^{(2)}$、$I_\infty^{(2)}$、$i_{sh}^{(2)}$、$I_{sh}^{(2)}$ 等均可按前面三相短路对应的短路电流计算公式计算。

两相短路电流与三相短路电流的关系，由 $I_k^{(2)} = \dfrac{U_c}{2X_\Sigma}$ 和 $I_k^{(3)} = \dfrac{U_c}{\sqrt{3}X_\Sigma}$ 得到。因为 $\dfrac{I_k^{(2)}}{I_k^{(3)}} = 0.866$，所以

$$I_k^{(2)} = 0.866 I_k^{(3)} \qquad (3-35)$$

式(3-35) 说明在无限大容量系统中，三相短路电流的 0.866 倍就是同一地点的两相短路电流。

3.4 短路电流的效应

3.4.1 概述

通过计算我们已知道，当供电系统发生短路时，导体中将会流过很大的短路冲击电流，从而形成很大的电动力，即电动力效应，此时如果导体的支撑物的机械强度不够，必将造成变形或破坏而引起严重事故。另一方面，短路电流通过导体时还会产生很高的温度，即短路电流的热效应。上述这两种效应对电气设备和导体的威胁极大，不利于电气设备的安全可靠运行，所以对此我们必须认真对待，注意防范。

3.4.2 短路电流的电动力效应和动稳定度

前文已提到，短路冲击电流 $i_{sh}^{(3)}$ 产生最大的电动力，将使设备和载流导体遭到严重破坏。要使电气设备和载流导体能承受短路时的最大电动力的作用，电器元件必须具备足够的动稳定度。

1. 短路时的最大电动力 根据"电工原理"我们知道，处在空气中的两平行导体分别通以电流 i_1、i_2（单位为 A）时，两导体之间受到的电动力（单位为 N）为

$$F = \mu_0 i_1 i_2 \frac{l}{2\pi a} = 2i_1 i_2 \frac{l}{a} \times 10^{-7} \qquad (3-36)$$

式中 a——两导体的轴线距离（m）；

l——导体两相邻支持点间距离，即档距（也称跨距）（m）；

μ_0——真空和空气的磁导率（$\mu_0 = 4\pi \times 10^{-7}\text{N/A}^2$）。

式(3-36) 适用于实芯或空芯的圆截面导体，也适用于截面的周长尺寸远小于两根导体之间距离的矩形母线。

若三相线路中发生两相短路冲击电流 $i_{sh}^{(2)}$，通过导体时产生的电动力最大，其 $F^{(2)}$ 值（单位为 N）为

$$F^{(2)} = 2i_{sh}^{(2)2}\frac{l}{a} \times 10^{-7} \tag{3-37}$$

若三相线路发生三相短路，则三相短路冲击电流 $i_{sh}^{(3)}$ 在中间相产生的电动力最大，其 $F^{(3)}$ 值（单位为 N）为

$$F^{(3)} = \sqrt{3}\,i_{sh}^{(3)2}\frac{l}{a} \times 10^{-7} \tag{3-38}$$

三相短路冲击电流 $i_{sh}^{(3)}$ 与两相短路电流 $i_{sh}^{(2)}$ 之间的关系为

$$i_{sh}^{(3)}/i_{sh}^{(2)} = \frac{2}{\sqrt{3}}$$

因此三相短路与两相短路产生的最大电动力之比为

$$\frac{F^{(3)}}{F^{(2)}} = \frac{2}{\sqrt{3}} = 1.15 \tag{3-39}$$

经上述比较可知，无限大容量系统中发生三相短路时中间相导体所受的电动力大于两相短路时导体所受的电动力。因此校验电器的动稳定度，应采用三相短路冲击电流 $i_{sh}^{(3)}$ 或短路后第一个周期的三相短路全电流有效值 $I_{sh}^{(3)}$。

2. 短路动稳定度的校验条件 电器和导体的动稳定度校验，依校验对象的不同而采用不同的校验条件。

1）常规电器的动稳定度校验条件为

$$i_{max} \geq i_{sh}^{(3)} \tag{3-40}$$

或

$$I_{max} \geq I_{sh}^{(3)} \tag{3-41}$$

式中　i_{max}——电器的极限通过电流峰值（可由产品样本和设计手册中查得）；

　　　I_{max}——电器的极限通过电流有效值（可由产品样本和设计手册中查得）。

2）绝缘子的动稳定度校验条件为

$$F_{al} \geq F_c^{(3)} \tag{3-42}$$

式中　F_{al}——绝缘子的最大允许载荷，可由产品样本查得，若产品样本中给出的是绝缘子的抗弯破坏载荷值，则应将抗弯破坏载荷值乘以 0.6 作为 F_{al}；

　　　$F_c^{(3)}$——短路时作用在绝缘子上的计算应力。如果母线在绝缘子上平放（见图 3-10a），$F_c^{(3)}$ 按式（3-38）计算，即 $F_c^{(3)} = F^{(3)}$；若为竖放（见图 3-10b），则 $F_c^{(3)} = 1.4F^{(3)}$。

a）平放

b）竖放

图 3-10　水平放置的母线

3）硬母线动稳定度校验条件。一般按短路时所受最大应力来校验其动稳定度，满足的条件为

$$\sigma_{al} \geq \sigma_c \tag{3-43}$$

式中　σ_{al}——材料的最大允许应力；硬铜 $\sigma_{al} \approx 137\text{MPa}$，硬铝 $\sigma_{al} \approx 69\text{MPa}$；

　　　σ_c——母线通过 $i_{sh}^{(3)}$ 时所受的最大计算应力。

上述最大计算应力可按下式计算：

$$\sigma_c = M/W \tag{3-44}$$

式中　M——母线通过 $i_{sh}^{(3)}$ 时所受到的弯曲力矩（N·m）。当母线的档数为 1~2 时，$M = F^{(3)}\dfrac{l}{8}$；

当档数大于 2 时，$M = F^{(3)}\dfrac{l}{10}$。$F^{(3)}$ 按式(3-38) 计算；l 为母线的档距（m）；

W——母的截面系数（m³）。当母线水平放置时（见图3-10），$W = b^2\dfrac{h}{6}$；b 为母线截面的

水平宽度（mm）；h 为母线截面的垂直高度（mm）。

电缆本身的机械强度很好，不必校验其短路动稳定度。

3.4.3　对短路计算点附近大型交流电动机向短路点反馈冲击电流的考虑

当短路计算点附近有大型异步电动机时，必须考虑电动机向短路点反馈的冲击电流，这样电器和载流导体所承受的冲击电流就是短路点本身的冲击电流值和电动机向短路点反馈的冲击电流值之和，所产生的三相电动力相对来说也要增大，因此计算时必须充分注意这一点，如图 3-11 所示。

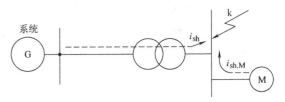

图 3-11　电动机对短路点反馈冲击电流

电动机向短路点反馈的冲击电流 $i_{sh.M}$ 可按下式计算

$$i_{sh.M} = \sqrt{2}\frac{E_M''^{*}}{X_M''^{*}}K_{sh.M}I_{N.M} = CK_{sh.M}I_{N.M} \tag{3-45}$$

式中　$E_M''^{*}$——电动机次暂态电动势标幺值，见表3-3；

$X_M''^{*}$——电动机次暂态电抗标幺值，见表3-3；

C——电动机反馈冲击倍数，见表3-3；

$K_{sh.M}$——电动机短路冲击系数，对 3~6kV 的电动机可取 1.4~1.6；对 380V 电动机可取 1；

$I_{N.M}$——电动机额定电流。

需要说明的是，由于交流电动机在供电系统发生短路后会很快受到制动，所以它反馈的冲击电流衰减极快。因此只是在考虑短路冲击电流的影响时才计入电动机反馈的冲击电流，其他短路电流不考虑。

表 3-3　电动机的 $E_M''^{*}$、$X_M''^{*}$ 和 C

电动机类型	$E_M''^{*}$	$X_M''^{*}$	C	电动机类型	$E_M''^{*}$	$X_M''^{*}$	C
感应电动机	0.9	0.2	6.5	同步补偿机	1.2	0.16	10.6
同步电动机	1.1	0.2	7.8	综合性负荷	0.8	0.35	3.2

例 3-3　某厂机修车间变电所 380V 侧母线上接有 380V 异步电动机 250kW，平均功率因数 $\cos\varphi = 0.7$，效率 $\eta_e = 0.75$，低压母线采用 LMY-100×10 型硬铝母线，水平平放，档距为 900mm，档数大于2，相邻两相母线的轴线距离为160mm。已知 380V 低压母线的短路电流值 $I_k^{(3)} = 24.41kA$，$i_{sh}^{(3)} = 44.91kA$，试求该母线三相短路时所受的最大电动力，并校验其动稳定度。

解　(1) 求母线在短路时电动机承受的额定电流

$$I_{N.M} = \frac{250}{\sqrt{3} \times 380 \times 0.7 \times 0.75}kA = 0.724kA$$

(2) 求电动机反馈的冲击电流

$$i_{sh.M} = 6.5 \times 1 \times 0.724kA = 4.71kA$$

（3）求三相短路时产生的最大电动力 $F^{(3)}$

$$F^{(3)} = \sqrt{3}\,(i_{\text{sh}}^{(3)} + i_{\text{sh},\text{M}}^{(3)})^2\,\frac{l}{a} \times 10^{-7} = \sqrt{3} \times (44.91 + 4.71)^2 \times 10^6 \times \frac{0.9}{0.16} \times 10^{-7}\text{N} = 2398.74\text{N} \approx 2399\text{N}$$

（4）校验母线在三相短路时的动稳定度

母线在 $F^{(3)}$ 作用下的弯曲力矩为

$$M = F^{(3)}\frac{l}{10} = 2399 \times \frac{0.9}{10}\text{N} \cdot \text{m} = 215.91\text{N} \cdot \text{m}$$

母线截面系数 W 为

$$W = b^2\,\frac{h}{6} = (0.1)^2 \times \frac{0.01}{6}\text{m}^3 = 1.667 \times 10^{-5}\text{m}^3$$

三相短路时的计算应力为

$$\sigma_{\text{c}} = \frac{M}{W} = \frac{215.91}{1.667 \times 10^{-5}}\text{Pa} = 12.95 \times 10^6\text{Pa} = 12.95\text{MPa}$$

LMY-100×10 型母线的允许应力为

$$69\text{MPa} > \sigma_{\text{c}} = 12.95\text{MPa}$$

故该母线满足动稳定度要求。

3.4.4 短路电流的热效应和热稳定度

1. 短路时导体的发热过程与发热计算　当导体通过正常负荷电流时，由于导体具有电阻，因此要产生电能损耗。而这种电能损耗通常以发热的形式体现出来。发热会使导体的温度升高，导体在升温的同时也向周围介质散发一定的热量。当导体内产生的热量和周围介质散发的热量相等时，导体就维持在一定的温度值下不再升高，如图3-12曲线中的 ab 段。

图3-12描述了短路前后导体温度变化的情况。当导体没有通过负荷电流时，导体的温度与周围介质温度相同，也就是说此时导体的温度就是周围空气温度 θ_0。当导体通过正常负荷时，导体温度会上升，但上升到 θ_L 时，也就是 t_1 时刻时，导体温度达到热平衡，导体就维持在某一温度值。当 t_2 时刻线路发生短路时，由于短路电流骤增很大，时间又短，通常不超过 $2 \sim 3\text{s}$，导体来不及向周围介质散热，因此温度迅速上升到最高值 θ_k，此时短路电流所产生的热量全部用来使导体温度升高。当保护动作，短路被切除以后，导体不再产生热量，导体温度开始按指数规律下降，直至下降到导体温度等于周围介质温度 θ_0 为止。

图3-12　短路前后导体温升变化

若按导体的发热条件，导体在正常负荷和短路时的最高允许发热温度见附表31，只要导体或电器在短路时的发热温度不超过允许温度，则可以认为导体或电器满足热稳定度要求。

要确定导体短路后实际产生的最高温度 θ_k，就应设法求出短路期间实际的短路全电流 i_k 或 $I_\text{k}(t)$ 在导体中产生的热量 Q_k。但短路全电流的瞬时值 i_k 和有效值 $I_\text{k}(t)$ 都是幅值变动的电流，所以要确切计算发热量 Q_k 是很困难的。为了便于计算，在工程计算中常采用一种等效的方法，以短路稳态电流 I_∞ 来计算实际短路电流所产生的热量。由于通过导体的短路电流实际上不是短路稳态电流 I_∞，因此假设一个时间，在这个假设时间内，假设导体通过短路电流所产生的热量，恰好等于实际短路电流 i_k 或 $I_\text{k}(t)$ 在实际的短路时间 t_k 内所产生的热量。这一假设的时间称为短路发热假想时间或热效应时间，用 t_{ima} 表示，如图3-13所示。

短路发热假想时间可以按下式近似计算：

$$t_{ima} = t_k + 0.05\left(\frac{I''}{I_\infty}\right)^2 \text{s} \qquad (3\text{-}46)$$

在无限大容量系统中，因 $I'' = I_\infty$，因此

$$t_{ima} = t_k + 0.05\text{s} \qquad (3\text{-}47)$$

当 $t_k > 1\text{s}$ 时，可以认为 $t_{ima} = t_k$。

短路电流通过时间 t_k 应是继电保护动作时间与开关实际分闸时间之和，即

$$t_k = t_{op} + t_{oc} \qquad (3\text{-}48)$$

图 3-13　短路发热假想时间

对于少油断路器，可取 $t_{oc} = 0.2\text{s}$，对真空断路器，可取 $t_{oc} = 0.1 \sim 0.15\text{s}$。因此短路电流在短路持续时间内所产生的热量为

$$Q_k = \int_0^{t_k} I_k^2(t)R\text{d}t = I_\infty^2 R t_{ima} \qquad (3\text{-}49)$$

从理论上讲，求出 Q_k 以后，就可以求出导体在短路后所能达到的最高温度 θ_k。但这种计算过程复杂，而且整个短路过程中有些物理量不是一个常数，而是一个变化的量，短路时导体的电导率也不是一个常数，最终使计算结果与实际相差很大。因此在工程计算中，一般利用图 3-14 所示曲线来确定 θ_k。该曲线横坐标表示导体加热系数 K，纵坐标表示导体发热温度 θ。

由 θ_L 查 θ_k 的具体方法如下（参考图 3-15）：

图 3-14　用来确定 Q_k 的曲线

图 3-15　由 θ_L 查 θ_k 的步骤说明

1）在纵坐标上算出导体正常负荷时的温度 θ_L 值。如果实际温度不详，可根据设计手册中所列导体在正常和短路时的最高允许温度中的正常最高允许温度作为 θ_L 值。

2）由 θ_L 查得曲线上的 a 点。

3）由 a 点查得横坐标轴上的 K_L 值。

4）用下式计算 K_k

$$K_k = K_L + \left(\frac{I_\infty^{(3)}}{A}\right)^2 t_{ima} \qquad (3\text{-}50)$$

式中　A——导体的截面积（mm^2）；

　　　$I_\infty^{(3)}$——三相稳态短路电流（A）；

　　　t_{ima}——短路发热假想时间（s）；

　　K_L、K_k——负荷时和短路时导体加热系数（$\text{A}^2 \cdot \text{s} \cdot \text{mm}^{-4}$）。

5）在横坐标上算出 K_k 值。

6）由 K_k 值查得曲线上的 b 点。

7）由 b 点查得纵坐标轴上的 θ_k 值。

如果所查得的 θ_k 值不超过最高允许温度，则表明载流导体能满足短路电流热稳定度的要求。

2. 短路热稳定度的校验条件

1）常规电器的热稳定度校验条件：

$$I_t^2 t \geq I_\infty^{(3)^2} t_{ima} \tag{3-51}$$

式中 I_t——电器的热稳定电流；

       t——电器的热稳定试验时间。

I_t 和 t 都可以在设计手册或产品样本中查得，常用高压断路器的 I_t 和 t 均可在手册中查到。

2）母线、绝缘导线和电缆等导体的热稳定校验条件：

$$\theta_{kmax} \geq \theta_k \tag{3-52}$$

式中 θ_{kmax}——导体短路时最高允许温度；

       θ_k——短路后导体达到的最高温度。

如前述说明，确定 θ_k 比较麻烦，因此也可以根据短路热稳定度的要求来确定其最小允许截面积，由式(3-50) 可得最小允许截面积

$$A_{min} = I_\infty^{(3)} \sqrt{\frac{t_{ima}}{K_k - K_L}} = I_\infty^{(3)} \frac{\sqrt{t_{ima}}}{C} \tag{3-53}$$

式中 $I_\infty^{(3)}$——三相短路稳态电流（A）；

       C——导体热稳定系数（$A \cdot s^{\frac{1}{2}} \cdot mm^{-2}$），由手册或附表31查得。

例 3-4 校验例 3-3 所示工厂变电所 380V 侧 LMY－100×10 母线的热稳定度是否满足要求。已知此母线保护动作时间为 0.6s，低压断路器断路时间为 0.1s。母线正常运行时最高允许温度为 55℃。

解 用 $\theta_L = 55℃$ 查图 3-14 铝导体曲线，对应的 $K_L \approx 0.5 \times 10^4 A^2 \cdot s/mm^4$。而

$$t_{ima} = t_k + 0.05s = t_{op} + t_{oc} + 0.05s = 0.6s + 0.1s + 0.05s = 0.75s$$

因 $I_\infty^{(3)} = 24.41kA = 24.41 \times 10^3 A$

母线截面积 $A = 100 \times 10 mm^2$。由式(3-50) 得

$$K_k = 0.5 \times 10^4 A^2 \cdot s/mm^4 + \left(\frac{24.41 \times 10^3}{100 \times 10}\right)^2 \times 0.75 A^2 \cdot s/mm^4 = 0.54 \times 10^4 A^2 \cdot s/mm^4。$$ 用 K_k 值查图 3-14 铝导体曲线可得 $\theta_k \approx 100℃$。

查附表31，铝母线的 $\theta_{kmax} = 200℃ > \theta_k = 100℃$，因此该母线满足热稳定度的要求。

另解 根据式(3-53) 求得最小允许截面积 A_{min}，查附表31 可知，$C = 87 A \cdot s^{\frac{1}{2}} \cdot mm^{-2}$，又因 $t_{ima} = 0.75s$。故

$$A_{min} = I_\infty^{(3)} \frac{\sqrt{t_{ima}}}{C} = 24.41 \times 10^3 \times \frac{\sqrt{0.75}}{87} mm^2 = 242.98 mm^2。$$ 取 $243 mm^2$

$$A_{min} = 243 mm^2 < A$$

故热稳定度满足要求。

 复习思考题

1. 什么叫短路？产生短路的主要原因是什么？短路的危害是什么？

2. 短路主要有哪几种形式？哪一种短路最为严重？

3. 什么叫无限大容量系统？无限大容量系统有什么特点？无限大容量系统发生短路时，短路电流能否突然增大？为什么？

4. 短路电流的周期分量和非周期分量是怎样产生的？符合什么规律？

5. 什么是短路冲击电流？它会产生什么后果？

6. 什么是短路稳态电流？它有什么作用？

7. 什么是平均电压？它与线路额定电压有何区别？

8. 如何用标幺制法计算三相短路电流各值？

9. 无限大容量系统中的两相短路电流如何确定？

10. 什么是短路电流的电动力效应？它应采用短路计算中的哪一个短路电流来计算？

11. 在计算短路电流过程中，若在短路计算点附近有大型异步电动机，应如何处理？

12. 如何对常规电器进行动稳定度和热稳定度的校验？

13. 无论是常规电器或硬母线，若动稳定度和热稳定度不满足要求，会出现什么后果？

14. 某机械厂通过一条长 4km 的 10kV 架空线路从地区变电站获得电源，该厂变电所装有两台并列运行的 S9-630 型（Yyno 联结）电力变压器。已知系统出口断路器的断流容量为 500MV·A，求变电所 10kV 高压母线和 380V 母线上发生三相短路时短路电流各值及各短路点的短路容量。

15. 某厂供电系统如图 3-16 所示，所需参数均标在图上，求 k_1 点和 k_2 点发生三相短路时短路电流各值及短路点的短路容量。

图 3-16　复习思考题 15 图

16. 某供电系统如图 3-17 所示，所需数据均标在图上，求 k_1 点和 k_2 点发生三相短路时短路电流各值及短路点的短路容量，并求 k_2 点的两相短路电流为多少？

图 3-17　复习思考题 16 图

17. 某厂机修车间变电所 380V 侧母线采用 LMY-100 × 8mm²，母线水平平放。两相邻母线轴线距离为 220mm，功率因数为 0.9，档数大于 2。低压侧 380V 母线上接有一台 250kW 的异步电动机，$\cos\varphi = 0.75$，$\eta = 0.85$。已知装置上继电保护动作时间为 0.8s，低压断路器的动作时间为 0.1s。试校验该母线能否满足动稳定度、热稳定度的要求。

第4章
工厂电气设备及一次系统

4.1 电弧的产生与熄灭

4.1.1 电弧的产生

开关电器在切断负荷电流或短路电流时，开关触头间隙中（以下简称弧隙）由于强电场或热游离的作用，将出现电弧电流。电弧电流的主要特征是能量集中，温度高（弧柱温度高达上万摄氏度）。如果电弧不能及时熄灭，会烧坏触头，危及电器的绝缘部分，影响电力系统的安全运行。开关电器的开断性能，即指开关电器的灭弧能力。

1. 弧隙中带电质点的产生 研究表明，弧隙中的大量带电质点是由气体分子或原子分裂或由电极表面发射电子产生的。在正常情况下原子是中性的，故气体分子或原子是不导电的。当气体分子或原子从外界获得的能量超过某一数值时，原子的外层电子有一个或几个完全脱离原子核的束缚而形成互相独立的能导电的带电质点，即自由电子和正离子。这个过程称为原子游离。游离过程所需要的能量称为游离能。原子的游离可以一次完成，也可以分级完成。前者需要较大的能量；后者需要能量较小，但几次获得的总能量应大于其游离能。

（1）气体中带电质点的产生 根据引起气体分子或原子游离的因素不同，可把气体分子或原子的游离分为三类，即碰撞游离、光游离和热游离。

1）碰撞游离。在电场作用下，电子及离子因被加速而获得动能，具有足够动能的电子或离子与中性原子（或分子）相碰撞所形成的游离称为碰撞游离。碰撞游离的条件是电子或离子的动能大于气体分子的游离能。

在气体放电过程中，碰撞游离起着极其重要的作用。电子或离子对气体分子（原子）的碰撞，以及激发原子对激发原子的碰撞都能产生游离。其中电子的质量小，在电场的作用下，容易获得较大的速度，积累起足够的动能，所以电子在碰撞游离中起着主要的作用，其他的质点因为本身的体积和质量较大，难以在碰撞前积累起足够的能量，因而游离的作用小。

2）光游离。光辐射引起的气体分子的游离过程称为光游离。

光是频率不同的电磁辐射。它具有粒子性，同时又像质点，称为光子。光子具有很大的能量，以光速运动。当气体分子受到光辐射作用时，如果光子能量大于分子游离能，就有可能引起光游离。光子能量小于气体分子的游离能时，有时仍能由于分级游离而造成游离现象。

导致气体光游离的光子可以由自然界（如空气中的紫外线、宇宙射线等）或人为照射（如紫外线、X射线等）提供，也可以由气体放电过程本身产生。气体放电过程中，异号带电质点会不断复合为中性质点，这时游离能将以光子形式释放出来。激发状态的分子恢复到正常状态时，也将以光子形式释放出激发能。此外气体中还可能存在多重游离的分子，或者激发状态的离子，它们具有很大的位能，可释放出能量很大的光子。

由此可见，频率很高的光辐射可来自气体放电本身，气体放电引起光游离后又可促进放电进一步发展。所以气体放电中光游离是一种很重要的游离方式。

3）热游离。当弧隙温度增加时，气体质点的动能也增加。在高温下，质点热运动时相互碰撞而产生的游离称为热游离。在一般室温下，热游离的可能性极小，只有在5 000～10 000 K的高温下才能产生热游离。

热游离包括3种形式：①高温时高速运动的气体分子互相碰撞所产生的游离。②气体分子与容器壁碰撞失去动能而放出光子，温度升高，光子的频率及强度增加，因而在高温时，光子的频率可以增加到发生光游离的程度。③上述两种游离产生的电子与中性质点碰撞而产生的游离。

由此可见，热游离和碰撞游离及光游离是一致的，都是能量超过临界数值的质点或光子碰撞分子，使之发生游离，只是直接的能量来源不同罢了。热游离由热能决定，这时质点做无规则热运动；而电场中造成碰撞游离的电子由电场获得能量，在电场方向做定向运动，这时就和无规则的热运动完全不同了。

4）负离子的形成。在气体游离过程中，除产生电子和正离子外，还会形成带负电的负离子。这是因为有的电子和某些气体分子碰撞非但没有电离出新电子，反而碰撞电子附着于分子，形成了负离子。

有些气体形成负离子时可释放出能量。这类气体容易形成负离子，称为电负性气体（如氧、氟、氯等）。已发现的负离子有 O^-、O_2^-、OH^-、H_2^-、F^-、Cl^-、Br^-、SF_6^- 等。

离子的游离能力不如电子，电子为分子俘获而形成负离子后，游离能力大减。因此在气体放电中，负离子的形成起着阻碍放电的作用，这和前述气体分子的游离作用相反，应予注意。

（2）金属（阴极）的表面游离　前面所述的几种游离都发生于气体空间。金属的表面游离是另外一种游离方式，是金属表面电子接受外界能量后，飞出表面成为自由电子的现象。

使金属表面释放出电子所需的能量称为逸出功。逸出功和金属的微观结构及金属表面状态（氧化层、吸附层等）有很大关系。不同的金属，逸出功不同，一般为 $1 \sim 5\text{ev}$，比一般气体的游离能约小1/2。

使电子逸出金属表面的方式有以下几种：①将金属加热，电子热运动的速度增加，能量超过逸出功，则电子逸出，通常称此为热电子发射。②具有足够能量的质点（主要是正离子）撞击金属表面，放出能量使电子逸出，通常称此为二次发射。③用短波照射金属表面，光子打上去并放出能量使电子逸出，通常称此为光电发射。④加强电场，靠电场的位能将电子由金属表面拉出，通常称此为强电场发射。

2. 电弧的产生过程　电弧是有触点开关电器在切断有载电路过程中产生的物理现象，现以断路器为例说明电弧产生和维持燃烧的物理过程。

断路器的触头刚分开的瞬间，距离很小，触头间的电场强度很高，阴极表面上的电子被强电场拉出来，在触头间隙中形成自由电子。同时，随着接触压力和接触面积减小，接触电阻迅速增加，使即将分离的动静触头接触处剧烈发热，因而产生热电子发射。这两种电子在电场力的作用下，向阳极做加速运动，并碰撞弧隙中的中性质点。由于电子的运动速度很高，其动能大于中性质点的游离能，故使中性质点游离为正离子和自由电子，这种碰撞游离的规模由于连锁反应而不断扩大，乃至弧隙中充满了定向流动的自由电子和正离子，这就是介质由绝缘状态变为导电状态的物理过程。

实验证明，强电场发射电子是产生电弧的主要条件，而碰撞游离是产生电弧的主要原因。处在高温下的介质分子和原子产生强烈的热运动，它们相互不断发生碰撞，游离出正离子和自由电子。因此，电弧产生以后主要由热游离来维持电弧燃烧。同时，在弧隙高温下，阴极表面继续发射热电子。在热游离和热电子发射共同作用下，电弧继续炽热燃烧。

4.1.2　电弧中的去游离

在电弧燃烧过程中，中性介质发生游离的同时，还存在着去游离。弧隙中带电质点自身消失或者失去电荷变为中性质点的现象称为去游离。去游离有两种方式：复合与扩散。

1. 复合　带有异性电荷的质点相遇而结合成中性质点的现象，称为复合。

（1）空间复合　在弧隙空间内，自由电子和正离子相遇，可以直接复合成一中性质点。但由于自由电子运动速度比离子运动速度高很多（约高1 000倍），所以电子与正离子直接复合的机会很少。复合的主要形式是间接复合，即电子碰撞中性质点时，一个电子可能先附着在中性质点上形成负离子，其速度大大减慢，然后与正离子复合，形成两个中性质点。

（2）**表面复合** 在金属表面进行的复合，称为表面复合。主要有以下几种形式：电子进入阳极；正离子接近阴极表面，与从阴极刚发射出的电子复合，变为中性质点；负离子接近阳极后将电子移给阳极，自身变为中性质点。

2. 扩散 弧隙中的电子和正离子，从密度高的空间向密度低的介质周围移动的现象称为扩散。扩散的结果使电弧中带电质点减少，有利于灭弧。电弧和周围介质的温度差及带电质点的密度差越大，扩散的速度就越快。若把电弧拉长或用气体、液体吹弧，带走弧柱中的大量带电质点，就能加强扩散的作用。弧柱中的带电质点逸出到冷介质中受到冷却而互相结合，成为中性质点。开关电器的主要灭弧措施就是加强去游离作用。在开断过程中使去游离作用大于游离作用，以达到灭弧的目的。

4.1.3 交流电弧的熄灭

交流电弧每半周期要过零一次，而电流过零时电弧将暂时熄灭，此时弧隙的输入能量为零或趋近于零，电弧的温度下降，弧隙将从导体变成介质，这给熄灭交流电弧创造了有利条件。开关电器的灭弧装置就是利用这个有利条件，在电流过零时强迫冷却或拉长电弧，使去游离大于游离作用，将电弧迅速熄灭，切断电路。

从每次电弧电流过零时刻开始，弧隙中都发生两个作用相反而又相互联系的过程，一个是弧隙中的介质强度恢复过程，另一个是弧隙上电压恢复过程。电弧熄灭与否取决于这两种恢复过程的速度。

1. 弧隙介质强度恢复过程 电弧电流过零时，弧隙有一定的介质强度，并随着弧隙温度的不断降低而上升，逐渐恢复到正常的绝缘状态。使弧隙能承受电压作用而不发生重燃的过程称为介质强度恢复过程。

（1）**弧柱区介质强度恢复过程** 电弧电流过零前，电弧处在炽热燃烧阶段，热游离很强，电弧电阻很小。当电流接近自然过零时，电流很小，弧隙输入能量减小，散失能量增加，弧隙温度逐渐降低，游离减弱，去游离增强，弧隙电阻增大，并达到很高的数值。当电流自然过零时，弧隙输入的能量为零，弧隙散失的能量进一步增加，使其温度继续下降，去游离继续加强，弧隙电阻继续上升并达到相当高的数值，为弧隙从导体状态转变为介质状态创造条件。实践表明，虽然电流过零时弧隙温度有很大程度的下降，但由于电流过零的速度很快，电弧热惯性的作用使热游离仍然存在，因此弧隙具有一定的导电性，被称为剩余电导。在弧隙两端电压作用下，弧隙中仍有能量输入。如果此时加在弧隙上的电压足够高，使弧隙输入能量大于散失能量，则使弧隙温度升高，热游离又得到加强，弧隙电阻迅速减小，电弧重新剧烈燃烧，这就是电弧的重燃。这种重燃是由于输入弧隙的能量大于其散失能量而引起的，称为热击穿，此阶段称热击穿阶段。热击穿阶段的弧隙介质强度为弧隙在该阶段每一时刻所能承受的外加电压，在该电压作用下，弧隙输入能量等于散失能量。如果此时加在弧隙上的电压相当小甚至为零，则弧隙温度继续下降，弧隙电阻继续增大至无穷大，此时热游离已基本停止，电弧熄灭，弧隙中的带电质点转变为中性介质。当加在弧隙上的电压超过此时弧隙所能承受的电压时，则会引起弧隙重新击穿，从而使电弧重燃。由此而引起的重燃称为电击穿，电流过零后的这一阶段称为电击穿阶段。

（2）**近阴极区介质强度恢复过程** 实验证明，在电弧电流过零后 $0.1 \sim 1\mu s$ 内，阴极附近的介质强度突然升高，这种现象称为近阴极效应。其原因是在电弧电流过零后，弧隙电极的极性发生了变化，弧隙中电子运动方向随之改变。电子向正电极方向运动，而质量比电子大得多的正离子几乎未动。因此，在阴极附近形成了不导电的正电荷空间，阻碍阴极发射电子，出现了一定的介质强度。如果此时加在弧隙上的电压低于此时的介质强度，则弧隙中不再有电流流过，因而电弧不再产生。这个介质强度值约为 $150 \sim 250V$，称为起始介质强度。

近阴极效应在熄灭低压短弧中得到了广泛应用。如低压开关在开断过程中，把电弧引入到用钢片制成的灭弧栅中，将其分割成一串短弧，这样就出现了对应数目的阴极。当电流过零后，每个短弧阴极附近都立刻形成150～250V的介质强度，如其总和大于加在触头间的电压，即可将电弧熄灭。

2. 弧隙电压恢复过程 交流电弧熄灭时，加在弧隙上的电压从熄弧电压开始逐渐变化到电源电压，这个过程称为电压恢复过程。在电压恢复过程中，加在弧隙上的电压称为恢复电压。

恢复电压由暂态恢复电压和工频恢复电压两部分组成。暂态恢复电压是电弧熄灭后出现在弧隙上的暂态电压，它可能是周期性的，也可能是非周期性的，主要由电路参数（集中的或分布的电感、电容和电阻等）、电弧参数（电弧电压、剩余电导等）和工频恢复电压的大小所决定。工频恢复电压是暂态恢复电压消失后弧隙上出现的电压，即恢复电压的稳态值。

电压恢复过程仅在几十或几百微秒内完成，此期间正是决定电弧能否熄灭的关键时刻，因此加在弧隙上恢复电压的幅值和波形，对弧隙能否重燃具有很大的影响。如果恢复电压的幅值和上升速度大于介质强度的幅值和上升速度，则电弧重燃；反之，不再重燃。因此，能否熄灭交流电弧，不但与介质强度恢复过程有关，还和电压恢复过程有关。

3. 交流电弧的熄灭条件 在交流电弧熄灭过程中，介质强度恢复过程和电压恢复过程是同时进行的，电弧能否熄灭取决于两个过程的发展速度。通过对弧隙介质强度恢复过程和弧隙电压恢复过程的分析，得出交流电弧的熄灭条件，即交流电弧电流过零后，弧隙中的介质强度总是高于弧隙恢复电压。

4. 开关电器中常用的灭弧方法 由交流电弧的特性可知，交流电流每个周期两次通过零点，电弧两次自然熄灭，因此熄灭交流电弧的主要问题是如何防止电弧重燃。当高低压开关电器通断负荷电路，特别是通断存在短路故障的电路时，其触头间电弧的产生和熄灭问题很值得关注，这直接影响开关电器的结构性能。高低压开关电器中常用的灭弧方法有以下几种。

（1）速拉灭弧法 迅速拉长电弧，使弧隙的电场强度骤降，使离子的复合迅速增强，从而加速灭弧。这是开关电器最基本的一种灭弧方法。开关电器中装设有断路弹簧，其目的就在于加速触头的分断速度，迅速拉长电弧。

（2）冷却灭弧法 降低电弧温度可使电弧中的热游离减弱，正负离子的复合增强，从而有助于电弧熄灭。

（3）吹弧或吸弧灭弧法 利用外力（如气流、油流或电磁力）来吹动或吸动电弧，使电弧加速冷却，同时拉长电弧，降低电弧中的电场强度，使电弧中离子的复合和扩散加强，从而加速灭弧。吹弧方法按吹弧的方向可分为

a) 横吹　　　　b) 纵吹

图4-1　吹弧方法
1—电弧　2—触头

横吹和纵吹两种，如图4-1所示；按外力的性质可分为气吹、油吹、电动力吹和磁力吹弧或吸弧等。低压刀开关在拉开刀闸时，开关的电流回路产生的电动力会使电弧拉长，有的开关采用专门的磁吹线圈来吹动电弧，也有的开关利用铁磁物质（如钢片）来吸引电弧，这相当于反向吹弧。

（4）长弧切短灭弧法 由于电弧的电压降主要降落在阴极和阳极上，其中以阴极的电压降最大，而弧柱（电弧中间部分）的电压降极小，因此，如果利用金属片将长弧切割成若干短弧，则电弧中的电压降将近似增大若干倍。当外施电压小于电弧中总的电压降时，电弧不能维持而迅速熄灭。图4-2为钢灭弧栅将长弧切割成若干短弧的情形，电弧进入钢灭弧栅内，一方面利用电

图4-2　钢灭弧栅对电弧的作用
1—钢栅片　2—电弧　3—触头

动力吹弧，另一方面则利用铁磁吸弧，此外钢栅片对电弧还有冷却降温作用。

（5）粗弧分细灭弧法 将粗大的电弧分散成若干平行的细小电弧，使电弧与周围介质的接触面增大，改善电弧的散热条件，降低电弧的温度，从而使电弧中离子的复合和扩散都得到增强，加速电弧的熄灭。

（6）狭沟灭弧法 使电弧在固体介质所形成的狭沟中燃烧，这样电弧的冷却条件得到了改善，从而使去游离增强，同时固体介质表面的复合也比较强烈，有利于加速灭弧。有一种用耐弧的绝缘材料（如陶瓷）制成的灭弧栅就利用了这种狭沟灭弧原理，如图4-3所示。有的熔断器在装有熔体的熔管内填充石英砂，也是利用狭沟灭弧原理来加速灭弧。

（7）真空灭弧法 真空具有相当高的绝缘强度，因此装在真空容器内的触头分断时，在交流电流过零时即能熄灭电弧而不致复燃。真空断路器就是利用真空灭弧原理制成的。

图4-3 绝缘灭弧栅灭弧原理
1—绝缘栅片 2—电弧 3—触头

（8）六氟化硫（SF_6）灭弧法 SF_6气体具有优良的绝缘性能和灭弧性能，其绝缘强度约为空气的3倍，绝缘恢复的速度约为空气的100倍，因此SF_6气体能快速灭弧。六氟化硫断路器就是利用SF_6作为绝缘介质和灭弧介质的。

常用的灭弧方法还有：固体产气灭弧、多断口灭弧等。在现代的电气开关电器中，常常根据具体情况综合利用上述某几种灭弧方法来达到快速灭弧的目的。

4.2 高压一次设备

4.2.1 高压断路器

1. 真空断路器 以真空作为灭弧和绝缘介质的断路器称为真空断路器。所谓真空是相对而言的，是指气体压力在1.3×10^{-2}Pa以下的空间。由于真空中几乎没有气体分子可供游离导电，且弧隙中少量导电粒子很容易向周围真空扩散，所以真空的绝缘强度比变压器油及$1atm^{\ominus}$下的SF_6或空气的绝缘强度高得多。图4-4所示为不同介质的绝缘间隙击穿电压。

（1）真空断路器的结构

1）真空灭弧室。真空灭弧室是真空断路器的核心部分，外壳大多采用玻璃和陶瓷两种，如图4-5所示，在被密封抽成真空的玻璃或陶瓷容器内，装有静触头、动触头、电弧屏蔽罩、波纹管，构成了真空灭弧室。动、静触头连接导电杆，在不破坏真空的情况下，完成触头部分的开、合动作。

真空灭弧室的外壳作为灭弧室的固定件并兼有绝缘作用。电弧屏蔽罩可以防止因燃弧产生的金属蒸气附着在绝缘外壳的内壁而使绝缘强度降低。同时，它又是金属蒸气的有效凝聚面，能够提高开断性能。

真空开关电器的应用主要取决于真空灭弧室的技术性能，目前在中压等级的设备中，随着真空灭弧室技术的不断完善和改进，电极的形状、触头的材

图4-4 不同介质的绝缘间隙
击穿电压比较

$\ominus$ 1atm = 101 325Pa。

料、支撑的方式都有了很大的提高，真空断路器在使用中占有相当大的优势。

a) 玻璃外壳　　　　　　　　b) 陶瓷外壳

图 4-5　真空灭弧室的结构

1—动触杆　2—波纹管　3—外壳　4—动触头　5—屏蔽罩
6、7—静触头　8—陶瓷壳　9—平板触头

2）触头。触头是真空灭弧室内最为重要的元件，真空灭弧室的开断能力和电气寿命主要由触头来决定。目前真空断路器的触头系统就接触方式而言都是对接式的。

真空灭弧室的开断能力，在很大程度上取决于触头的结构。真空断路器的触头具有如下三种典型的结构形式。

① 平板触头。如图 4-6a 所示，早期真空灭弧室的触头大多采用平板触头，结构简单，易于制造。平板触头只能在不大的电流下维持电弧为扩散型。随着开断电流的增大，阳极出现斑点，电弧由扩散型转变为集聚型，就难以熄灭了。因此，平板触头一般用于开断电流不超过 8kA 的真空断路器。

② 横磁场触头。为了防止触头局部熔焊，利用电弧沿特殊路径流过触头产生横磁场而驱动电弧在触头表面上运动。这种横磁场触头常见的有两种：一为杯状横磁场触头，如图 4-6b 所示；另一为螺旋横磁场触头，如图 4-6c 所示。

a) 平板触头　　b) 杯状横磁场触头　　c) 螺旋横磁场触头　　d) 纵磁场触头1　　e) 纵磁场触头2

图 4-6　各种触头结构形状

杯状触头形似一个圆形厚壁杯子，杯壁上开有一系列斜槽，且使动静触头的斜槽方向相反。这些斜槽实际上构成许多触指，靠其端面接触。当触头分离产生电弧时，电流经倾斜的触头流通，产生横向磁场，驱使真空电弧在杯壁的端面上运动。杯状触头在开断大电流时，在许多触指上同时形成电弧，环形分布在圆壁的端面，每一个电弧都是电流不大的集聚型电弧，且不再进一步集聚。这种电弧形态称为半集聚型真空电弧。它的电弧电压比螺旋触头的要低，电磨损也要小。

③ 纵磁场触头。纵磁场触头有两种结构形式：一为装在灭弧室外围的线圈产生纵磁场，如图 4-6d 所示；另一为触头本身的结构产生纵磁场，如图 4-6e 所示。带纵磁场触头的真空灭弧室具有开断容量大、体积小、造价低的优点。

（2）真空断路器的类型

1）户内型 10kV 真空断路器。10kV 真空断路器（户内）制造技术已经比较成功，其数量、

品种都已很多。户内型分离式真空断路器的总体结构如图4-7所示，它是目前我国较为普遍采用的结构形式，其机构形式大致分为电磁操动机构和弹簧储能机构。

图4-7 户内型分离式真空断路器

1—开距调整垫 2—主轴 3—触头压力弹簧 4—弹簧座 5—接触行程调整螺栓 6—拐臂
7—导向板 8—螺钉 9—动支架 10—导电夹紧固螺栓 11—真空灭弧室 12—真空灭
弧室固定螺栓 13—静支架 14—绝缘子 15—绝缘子固定螺栓

2）户外型真空断路器。ZW-10/630-12.5型户外型真空断路器如图4-8所示。图示为积木式结构，由本体、操动机构及箱盖三部分组成。断路器本体部分由导电回路、绝缘系统、密封件及壳体组成，为三相共箱式，如图4-9所示。三相灭弧室安装在绝缘的框架中，稳定性好，便于维护、检查、调试。导电回路由进、出线导电杆、动端支架、静端支座、导电夹与真空灭弧室连接而成。外绝缘由高压瓷绝缘子实现，具有抗污秽能力。内绝缘为复合绝缘，箱体内充变压器油以解决户外型产品的内部真空灭弧室表面结露问题。

图4-8所示真空断路器采用性能可靠的电动机（交直流220V）储能弹簧操动机构，具有电动关合、电动开断、手动储能、手动关合、手动开断和过电流自动脱扣开断六种功能。机构由棘轮、凸轮、合闸弹簧、分闸弹簧、手动脱扣连杆、脱扣器、辅助开关等部分组成。

图4-8 ZW-10/630-12.5型户外型
真空断路器

箱盖与本体采用可靠的插头座方式连接，便于操作调试和维护。在任何情况下均可进行操作，不受工作条件的限制。

（3）真空断路器的特点　真空断路器灭弧部分的工作十分可靠，使得真空断路器具有很多优点：

1）开断能力强，可达50kA；开断后断口间介质恢复速度快，介质不需要更换。

2）触头开距小，10kV级真空断路器的触头开距只有10mm左右，所需的操动功率小，动作快，操动机构可以简化，使用寿命长，一般可达20年左右不需要检修。具体性能比较如图4-10和图4-11所示。

3）熄弧时间短，弧压低，电弧能量小，触头损耗小，开断次数多。

4）动导杆的惯性小，适用于频繁操作。

5）开关操作时，动作噪声小，适用于城区使用。

6）灭弧介质或绝缘介质不用油，没有火灾和爆炸的危险。

7）触头部分为完全密封结构，不会因潮气、灰尘、有害气体等影响而降低其性能。

图4-9　断路器本体内部结构
1—机构　2—绝缘拐臂　3—三相主轴　4—连杆
5—机构主轴　6—电流互感器　7—绝缘子
8—动端支架　9—静端支座　10—真空
灭弧室　11—绝缘底板

工作可靠，通断性能稳定。灭弧室作为独立的元件，安装调试简单方便。

图4-10　不同介质下断口距离与介质强度曲线

图4-11　额定短路开断电流与机械功的关系曲线

8）在真空断路器的使用年限内，触头部分不需要维修、检查，即使维修检查，所需时间也很短。

9）在密封的容器中熄弧，电弧和炽热气体不外露。

10）具有多次重合闸功能，适合配电网中的应用要求。

真空断路器的缺点是对开断感性小电流，断路器灭弧能力较强的触头材料容易产生截流，引起过电压。在这种情况下要采取相应的过电压保护措施。

2. SF_6断路器　以SF_6气体作为灭弧和绝缘介质的断路器称为SF_6断路器。SF_6是一种惰性气体，无色、无味、无毒、不燃烧，密度是空气的 5.1 倍。SF_6 的特性是能在电弧间隙的游离气体中强烈地吸附自由电子，在分子直径很大的 SF_6 气体中，电子运动的自由行程不大，在同样的电场强度下产生碰撞游离的机会减少，这就使得 SF_6 有极好的绝缘和灭弧能力，SF_6 的绝缘能力约比空气高 3 倍，灭弧能力约比空气高百倍。因此 SF_6 断路器可采用简单的灭弧结构以缩小断路器的外形尺寸，却具有较强的开断能力。此外，电弧在 SF_6 气体中燃烧时电弧电压特别低，燃弧时间短，所以断路器开断后触头烧损很轻微，不仅可以频繁操作，同时也延长了检修周期。

SF_6 气体是目前知道的最理想的绝缘和灭弧介质之一。它比变压器油、压缩空气乃至真空都具有无可比拟的优良特性。正因为如此，其应用越来越广，不仅在中压、高压领域中应用，在高压、超高压领域里更显示出其不可取代的地位。

（1）SF_6 断路器的结构原理 SF_6 断路器根据其灭弧原理可分为双压式、单压式、旋弧式三种结构类型。

1）双压式灭弧室。如图 4-12 所示，双压式灭弧室是指断路器灭弧室和其他部位采用不同的 SF_6 气体压力。在正常情况（合上、关断后）下，高压力和低压力气体是分开的，只有在开断时，触头的运动使动、静触头间产生电弧后，高压室中的 SF_6 气体在灭弧室（触头喷嘴）形成一股气流，从而吹断电弧，使之熄灭，关断完毕，吹气阀自动关闭，停止吹气，然后高压室中的 SF_6 气体由低压室通过气泵再送入高压室。这样，以保证在开断电流时，以吹气方式使电弧熄灭。

图 4-12 双压式灭弧室原理

双压式的 SF_6 断路器的结构比较复杂，早期应用较多，目前这种结构很少采用。

2）单压式灭弧室。单压式灭弧室与其他部位的 SF_6 气体压力是相同的，只是在动触头运动时，使 SF_6 气体自然形成压气形式，向喷口（灭弧室）排气，动触头的运动速度与吹气量大小有关，当停止运动时，压气的过程也即终止。原理如图 4-13 所示。

图 4-13 中动触头、压气罩、喷嘴三者为一整体，当动触头向下运动时，压气罩自然形成了压气活塞，下部的 SF_6 气体压力增加，然后由喷嘴向断口灭弧室吹气，完成灭弧过程。单压式结构也在不断改进，并在高压开关设备中得到普遍应用。单压式 SF_6 断路器工作过程为：

① 预压缩阶段。为了使触头分离后刚产生电弧时即具有一定的吹气能力，利用动、静触头的超行程作为预压气阶段。一旦动、静触头分离，电弧出现，就形成吹气。

② 吹气阶段。随着触头间距离增大，电弧拉长，此时所需的吹气量也必须加大。因此，要求预压气有足够压力，其次要求分闸速度加快，以形成足够的压气力。

图 4-13 单压式灭弧室工作原理

单压式大多应用在 110kV 及以上高压电网的断路器中，开断电流可达到几十千安，由于灭弧室及压气结构相应比较复杂，其价格也比较昂贵。

3）旋弧式灭弧室。旋弧式 SF_6 断路器是利用电弧电流产生的磁场力，使电弧沿着某一截面高速旋转，由于电弧的重量比较轻，在高速旋转时，拉长电弧，促使电弧熄灭。为了加强旋弧效果，通常电弧经过一旋弧线圈，加大磁场力。当电流较大时，灭弧较困难，但由于旋弧原理，磁场力与电流大小成正比，可使电弧熄灭，在小电流时，熄灭电弧较容易。此时，磁场因电流减小而减小，同样能达到灭弧作用，而不产生截流现象。

① 旋弧式灭弧过程。旋弧式 SF_6 断路器的结构比较简单，在 10～35kV 电压等级中得到广泛应用，特别是灭弧的磁场力随着电流的大小自行调整，减少了对操动机构操作力的要求，开断电流可达 31.5kA 左右，是很有发展前途的灭弧结构，供配电用 10～35kV 断路器大多数采用旋弧式结构类型。

图 4-14 所示为径向旋弧式灭弧原理和结构。

图 4-14　径向旋弧式灭弧原理和结构

当导电杆与静触头分开产生电弧后，电弧就由原静触头转移到圆筒电极的线圈上，称为磁吹线圈，磁吹线圈大多采用扁形铜带绕制，相当于一个短路环，此时电弧经过线圈与动触头继续拉弧，由于电流通过线圈，在线圈上产生洛伦兹力。由于圆筒电极内的磁场与电弧电流的相位滞后一角度，使电流过零时，磁场力没有过零，即电流过零时仍可使电弧继续旋转，使电弧在过零时能可靠地熄灭。电弧熄灭后，触头间的绝缘也很快恢复。相位关系如图 4-15 所示。

② 旋弧式灭弧室的主要特点。根据旋弧式灭弧室的原理，主要有以下特点：

a. 利用电流通过弧道（电磁线圈）产生的磁场力直接驱动电弧高速旋转，灭弧能力强。大电流时容易开断，小电流时也不产生截流现象，所以不致引起操作过电压。开断电容电流时，触头间的绝缘也较高，不致引起重燃现象。

图 4-15　旋弧灭弧时电流与磁场力相位关系

b. 灭弧室结构简单，操作功需求小，使操动机构大大简化。机械可靠性高，成本低。

c. 电弧局限在圆筒或在线圈上高速运动，电极烧损均匀，不是集中在某一部位；烧损轻微，电寿命长。

旋弧式灭弧室的这些特点，使其在 10～35kV 电压等级的开关设备上大量采用。

（2）SF_6 断路器的类型　目前，国内外生产的各种电压等级的 SF_6 断路器品种繁多，工厂供配电系统中常见的有 LW3-10 型和 LW8-35 型。

1）LW3-10 型柱上 SF_6 断路器。LW3-10 型柱上 SF_6 断路器是利用旋弧原理设计生产的一种断路器，开断电流为 6.3kA、8kA、12.5kA 等，能满足配电网短路容量的要求。该型断路器采用低压力，有较强的灭弧能力，充气压力为 0.35MPa，在零表压下还能开断额定负荷电流。LW3-10 型断路器采用手动操动机构、弹簧操动机构、电磁操动机构一体化。

LW3-10 型柱上 SF_6 断路器无论采用哪一种机构形式，其开关本体是共用的，是三相共箱结构。

LW3-10 型柱上 SF_6 断路器内部结构的组成：

① 电接触部分。静触指为梅花触指，引弧触指由铜钨整体材料制成。动触头的端部为铜钨合金，尾部装有软连接的青铜动触片，使动触头在运动时能与导电杆保持良好的电接触，主轴上的绝缘拨叉在机构动作时，驱动导电杆与静触指分合。

② 吸附剂。在充 SF_6 气体时要严格控制水分，水量控制在标准规定值以下，并对本体内部进行干燥，抽真空，然后充入 SF_6 气体。但是，由于各种原因（如外部环境温度的变化），开关内部会产生相应的水蒸气，为了吸收这些水分和 SF_6 气体在电弧作用下分解的低氟化物，在壳体内装有一定数量的二氧化二铝（Al_2O_2）粒状吸附剂。

③ 外壳。外壳由厚大于 6mm 的钢板卷制而成，各密封面及充气口采用专用工具，以保持一定的表面粗糙度和良好的焊接，保证产品不漏气。为了便于观察内部气体，在壳体上装有真空压力计及单向阀，便于产品装配后抽真空、充气以及检修充放气之用。

④ 出线端子。开关主回路的出线通过瓷件引出，为防止引线松动和漏气现象，瓷套采用环氧树脂灌封，在搬运、安装中应防止其受力。

⑤ 电流互感器。主要用于开关本身的保护和信号检测，采用穿心式电流互感器，可以根据用户需要确定电流比值。

⑥ 密封。为了防止 SF_6 气体泄漏和水分的进入，密封面除要求较细的表面粗糙度外，在各静止的密封部位和主轴转动密封面还要有 O 形橡胶密封圈。另外涂以其他辅助密封材料，以加强密封性能及润滑作用。断路器的内部结构如图 4-16 所示。

图 4-16　断路器内部结构
1—灭弧室　2—静触指　3—外壳
4—吸附剂　5—动触头
6—绝缘拨叉　7—主轴
8—引弧触指动触杆

2）LW8-35 型 SF_6 断路器。LW8-35 型 SF_6 断路器的额定电流为 1600A，开断电流为 25kA，合闸时间不超过 100ms，分闸时间不超过 60ms，机械寿命达 3000 次，气体压力为 0.45MPa，闭锁压力为 0.4MPa，气体总重为 7.2kg。断路器本体为三相分立落地罐式结构。主体由瓷套、电流互感器、灭弧室单元、吸附剂、传动箱和连杆组成，配有 CT14 型弹簧操动机构，外形如图 4-17 所示。

图 4-17　LW8-35 型 SF_6 断路器外形

1—出线帽　2—瓷套　3—电流互感器　4—互感器连线护管　5—吸附器
6—外壳　7—底架　8—气体管道　9—分合指示　10—铭牌　11—传动箱
12—分闸弹簧　13—螺套　14—起吊环　15—弹簧操动机构

该断路器采用压气式灭弧原理。分闸过程中，可动气缸对静止的活塞做相对运动，气缸内的气体被压缩。在喷嘴打开后，高压力的 SF_6 气体通过喷嘴强烈吹拂电弧，在电流过零时电弧熄灭。由于静止的活塞上装有单向阀，合闸时气缸中能及时补气。

导电系统采用主导电触头与弧触头两套结构，电寿命长。另外，在每相灭弧室外壳两侧上装有吸附器。灭弧室结构如图 4-18 所示。

LW8-35 型 SF_6 断路器具有内附电流互感器的优点，每相断口两侧各装入两只串芯式电流互感器。电流互感器铸铝外壳下部和断路器外壳上部与瓷套相连，其二次绕组通过一密封良好的接线板引到外部，接线板及二次连接线由罩壳及钢管保护。每个电流互感器有3个抽头，只需打开其二次接线板处的罩壳，即可改变电流比。

（3）SF$_6$断路器的特点　SF$_6$气体所具有的许多优点使SF$_6$断路器设计得更加精巧、可靠，使用方便，其主要特点为：

1）绝缘性能好，使断路器结构更为紧凑，节省空间，噪声小。

2）由于带电部分及断口均被密封在金属容器内，金属外部接地，可以更好地防止意外接触带电部位和防止外部物体侵入设备内部，安全可靠。

3）无可燃性物质，避免了爆炸和燃烧，使变电所的安全可靠性提高。

4）SF$_6$气体在低气压下使用，能够保证电流在过零附近切断，避免截流而产生的操作过电压，降低了对设备绝缘的要求，并在开断电容电流时不产生重燃。

5）SF$_6$气体密封条件好，能够保持装置内部干燥，不受外界潮气的影响。

6）SF$_6$气体良好的灭弧特性，使得燃弧时间短，电流开断能力大，触头的烧损、腐蚀小。

7）燃弧后，装置内没有碳的沉淀物，不会发生绝缘击穿。

8）由于SF$_6$气体具有良好的绝缘性能，故可以大大减少装置的电气距离。

9）由于SF$_6$开关装置是全封闭的，适用于户内、居民区、煤矿或其他有爆炸危险场所。

图 4-18　灭弧室结构
1—导电杆　2—外壳　3—上绝缘子
4—冷却室　5—静触头　6—静弧
触头　7—喷嘴　8—动弧触头
9—动触头　10—气缸　11—下
绝缘子　12—绝缘拉杆
13—接地装置　14—导电杆

3. 断路器的操动机构　断路器在工作过程中的分、合闸操作均是由操动机构完成的。操动机构按操动能源的不同可分为手动型、电磁型、液压型、气压型和弹簧型等多种类型。手动型需借助人的力量完成合闸；电磁型则依靠合闸电源提供操动功率；液压型、气压型和弹簧型则只是间接利用电能，并经转换设备和储能装置用非电能形式操动合闸，在短时间内失去电源后可由储能装置提供操动功率。

（1）手动操动机构　CS系列手动操动机构可手动和远距离跳闸，但只能手动合闸。该机构采用交流操作电源，无自动重合闸功能，且操作速度有限，其所操作的断路器开断的短路容量不宜超过100MV·A。然而由于它可采用交流操作电源，保护和控制装置大大简化。

（2）电磁操动机构　CD系列电磁操动机构通过其分、合闸线圈能手动和远距离分、合闸，也可进行自动重合闸，分、合闸操作简便，动作可靠，但结构较复杂，需专门的直流操作电源。因此，一般在变压器容量630kV·A以上、可靠性要求高的高压开关中使用。CD10电磁操动机构根据所操作断路器的断流容量不同，可分为CD10-10Ⅰ、CD10-10Ⅱ和CD10-10Ⅲ三种。

（3）弹簧储能操动机构　CT系列弹簧储能操动机构既能手动和远距离分、合闸，又可实现一次重合闸，且操作电源交、直流均可，因而其保护和控制装置可靠、简单。虽然结构复杂，价格昂贵，但由于它适于交流操作，可自动合闸，其应用已越来越广泛。

真空断路器可配CD系列电磁操动机构或CT系列弹簧机构。SF$_6$断路器主要采用弹簧型、液压型操动机构。

4.2.2　负荷开关

1. 概述　负荷开关主要用于配电系统中关合、承载、开断正常条件下（也包括规定的过载系数）的电流，并能通过规定的异常（如短路）电流的关合。因此负荷开关受到使用条件的限制，不能作为电路中的保护开关，通常负荷开关必须与具有开断短路电流能力的开关设备相配合使用，最常用的方式是负荷开关与高压熔断器相配合，正常的分、合负荷电流由负荷开关完成，故障电流的开断由熔断器来完成。

由于负荷开关的特点，一般不作为直接的保护开关，主要用于较为频繁操作的非重要的场合，尤其在小容量变压器保护中，采用高压熔断器与负荷开关相配合，能体现出较为显著的优点。当变压器发生短路故障时，由熔断器动作切断电流，其动作时间在20ms左右，这远比采用断路器保护要快得多，正常操作由负荷开关完成，提高了灵活性。在10kV线路中采用负荷开关，以三相联动为主，当熔断器发生故障时，无论是三相或是单相故障，当有一相熔丝熔断后，能迅速脱扣三相联动机构，使三相负荷开关快速分断，避免造成三相不平衡和非全相运行。

2. 负荷开关的类型　负荷开关的种类较多，按结构可分为油、真空、SF_6、产气、压气等类型；按操作方式分为手动和电动等类型。

（1）真空负荷开关　真空负荷开关的开关触头被封入真空灭弧室。因为是在真空中熄弧，所以带来了一系列优点，如开断时，在电流过零时金属蒸气迅速扩散而熄弧，绝缘强度恢复比空气中熄弧或SF_6气体中熄弧时都快，所以开断性能好、工作可靠，特别在开断空载变压器、空载电缆和架空线方面比空气断路器和SF_6断路器优越；开断中电弧不外露，所以也不会污染和损害柜内的电器元件；开距小、弧压低、电弧能量小、触头烧损少，所以它开断额定电流的次数可比其他开关多，且寿命长，几乎不需要检修；操动机构所需的合闸功也小，开关结构简单，便于小型化；因属于无油结构，所以不需要担心发生爆炸和火灾，因此使用很安全。

真空负荷开关的灭弧室在设计上要比真空断路器灭弧室简单得多。因不开断短路电流，不必像断路器那样，为形成横磁场或纵磁场而使触头结构复杂化，它只采用平板对接式触头，因此其结构比真空断路器的灭弧室小很多。

真空负荷开关要完成三工位，起着切负荷、隔离和接地功能，在结构设计上有一定难度。它不像回转式SF_6负荷开关通过回转不同角度而完成三工位，一般地说，真空负荷开关的灭弧只能起切负荷作用。要达到隔离和接地，有两种做法：①让真空灭弧室切断负荷后随之转动，完成隔离和接地。②真空灭弧室切断负荷后不动，由与它连接的转换开关完成隔离和接地工位。在这里，真空灭弧室的动作与转换开关的动作要配合默契。关合时，首先转换开关先关合，然后真空灭弧室关合。开断时，首先真空灭弧室开断，然后转换开关开断。它们之间要有联锁。

（2）压气式负荷开关　压气式负荷开关是用空气作为灭弧介质的。它是一种将空气经压缩后直接喷向电弧断口而熄灭电弧的开关，20世纪50年代我国就从苏联引进这种技术，目前尚有少数工厂经过改进设计后还在使用。有些工厂结合近年来从国外引进的技术，自行开发了一些新型的压气式负荷开关，用于12kV电网分合负荷电流、闭环电流、空载变压器和电缆充电电流，配装有接地开关时，具备承受短路电流的能力。

（3）产气式负荷开关　产气式负荷开关是利用触头分离，产生电弧，在电弧的作用下，使绝缘产气材料产生大量的灭弧气体喷向电弧，使电弧熄灭。

产气式负荷开关的灭弧室有狭缝式和管式两种。狭缝式又有板式狭缝式和环形狭缝式。图4-19示出几种灭弧室的形式，其中图4-19c的绝缘材料内件是固定的，图4-19d的绝缘材料内件是运动的。

产气式负荷开关对绝缘材料的要求是：能保证产生足够的气体，不形成导电残留物，烧损小且有足够的导热性。在负荷开关中，性能良好的产气材料有聚酰胺、缩醛树脂、耐热有机玻璃、质量分数6%硼酸的普勒克西胶、涤纶树脂、三氯氰胺、聚缩醛等。

（4）SF_6负荷开关　SF_6负荷开关的熄弧方式有很多，如压气式、旋弧式、热膨胀式和混合式等。在SF_6负荷开关中，一般用压气式，这是因为SF_6负荷开关仅开断负荷电流而不开断短路电流，故电流小，用压气原理只要稍有气吹就能熄弧。此时，若用旋弧式或热膨胀式，则因电流小而难以开断。

a) 板式狭缝式灭弧室　　　　　　　　　　b) 管式灭弧室

c) 环形狭缝式灭弧室　　　　　　　　　　d) 环形狭缝式灭弧室

图 4-19　产气式负荷开关的灭弧室形式

压气式负荷开关又有移动式和回转两种。移动式就像一般 SF_6 断路器那样，导电杆上下或左右直线运动，分合电路。回转式负荷开关就像转换开关，导电杆回转而形成气吹，一般形成双断口，故行程短。

图 4-20 给出压气式 SF_6 负荷开关示意图。图中动触头和静触头位于充 SF_6 气体的气缸内。当动触头回缩时，气缸后面的 SF_6 气体受到压缩，并当触头分离时，产生气吹，熄灭电弧。

触头闭合　　负荷开关套管　　触头分离　　　触头打开　　　触头关合

静触头

压气式活塞

阀门封闭　　灭弧室气缸　　动触头　　　　　　　　　　　　SF_6

图 4-20　压气式 SF_6 负荷开关示意图

4.2.3　隔离开关

隔离开关也称刀闸，是工厂供配电系统中使用最多的高压开关电器之一。高压隔离开关是一种没有灭弧装置的控制电器，因此严禁带负荷进行分、合闸操作。由于它在分闸后具有明显的断开点，因此在操作断路器停电后，将它拉开可以保证被检修的设备与带电部分可靠隔离，产生一个明显可见的断开点，借以缩小停电范围，又可保证人身安全。

1. 隔离开关的功能

（1）隔离电源　将需要检修的线路或电气设备与电源隔离，以保证检修人员的安全。隔离开关的断口在任何状态下都不能发生火花放电，因此它的断口耐压一般比其对地绝缘的耐压高出 10% ~15% 。必要时应在隔离开关上附设接地刀闸，供检修时接地用。

（2）倒闸操作 根据运行需要换接线路，在断口两端有并联支路的情况下，可带负荷进行分合闸操作，变换母线接线方式等。

（3）投、切小电流电路 可用隔离开关开断和关合某些小电流电路，例如电压互感器、避雷器回路，励磁电流不超过 2A 的空载变压器和电容电流不超过 5A 的空载线路，变压器中性点的接地线（当中性点上接有消弧线圈时，只有在系统没有接地故障时才可进行）等。

2. 隔离开关的种类与结构 隔离开关种类很多。根据开关闸刀的运动方式可分为水平旋转式、垂直旋转式、摆动式和插入式；根据装设地点可分为户内式和户外式；根据绝缘支柱数目可分为单柱式、双柱式和三柱式等。

高压隔离开关由一动触头（活动刀片）和一静触头（固定触头或刀嘴）组成，动静触头均由高压支柱绝缘子固定于底座上，底座用螺栓固定在构架或墙体上。

三相隔离开关是三相联动操作的，拉杆绝缘子的底部与传动杆相连，其上部与动触头相连。由传动机构带动拉杆绝缘子，再由拉杆绝缘子推动动触头的开、合动作。

图 4-21 和图 4-22 分别示出了工厂供配电系统中常见的隔离开关结构及外形图。

a) GN6型   b) GN8型

图 4-21 GN6 型和 GN8 型隔离开关结构

1—底座 2—支柱绝缘子 3—静触头 4—拉杆绝缘子 5—闸刀 6—拐臂 7—套管绝缘子 8—转轴

4.2.4 高压熔断器

高压熔断器是最简单的一种保护电器。它串联在电路中，当电路中通过过负荷电流或短路电流时，利用熔体产生的热量使它自身熔断，切断电路，以达到保护的目的。

1. 熔断器的工作原理 熔断器主要由金属熔体、连接熔体的触头装置和外壳组成。金属熔体是熔断器的主要元件，熔体的材料一般有铜、银、锌、铅和铅锡合金等。熔体在正常工作时，仅通过不大于熔体额定电流值的负载电流，其正常发热温度不会使熔体熔断。当过载电流或短路电流通过熔体时，熔体便熔化断开。

熔体熔断的物理过程如下：当短路电流或过负荷电流通过熔体时，熔体发热熔化，并进

图 4-22 GW5-35D 型隔离开关外形

1—底座 2—支柱绝缘子 3—触头座 4、6—主闸刀 5—触头及防护罩 7—接地静触头 8—接地闸刀 9—主轴

而气化。金属蒸气的电导率远比固态与液态金属的电导率低，使熔体的电阻突然增大，电路中的电流突然减小，将在熔体两端产生很高的电压，导致间隙击穿，出现电弧。在电弧的作用下产生大量的气体促成强烈的去游离作用而使电弧熄灭或电弧与周围有利于灭弧的固体介质紧密接触强行冷却而熄灭。

2. 熔断器的工作性能　熔断器的工作性能，可用下面的特性和参数来表征。

（1）电流-时间特性　熔断器的电流-时间特性又称为熔体的安-秒特性，用来表明熔体的熔化时间与流过熔体的电流之间的关系，如图 4-23 所示。一般来说，通过熔体的电流越大，熔化时间越短。每一种规格的熔体都有一条安-秒特性曲线，由制造厂给出。安-秒特性是熔断器的重要特性。

（2）熔体的额定电流与最小熔化电流　从安-秒特性曲线中可以看出，随着电流的减小，熔化时间将不断增大。当电流减小到某值时，熔体不能熔断，熔化时间将为无穷长。此电流值称为熔体的最小熔化电流 I_{min}。因此，熔体不能长期在最小熔化电流 I_{min} 下工作，这是因为在 I_{min} 附近的熔体安-秒特性是很不稳定的。熔体允许长期工作的额定电流 I_N 应比 I_{min} 小，通常最小熔化电流约为熔体额定电流的 1.1～1.25 倍。

图 4-23　熔体的安-秒特性
1—熔体截面较小　2—熔体截面较大

熔断器的额定电流与熔体的额定电流是两个不同的值。熔断器的额定电流是指熔断器载流部分和接触部分设计时所根据的电流。而熔体的额定电流是指熔体本身设计时所根据的电流。在某一额定电流的熔断器内，可安装额定电流在一定范围内的熔体，但熔体的最大额定电流不许超过熔断器的额定电流。

（3）额定开断电流　熔断器的额定开断电流主要取决于熔断器的灭弧装置。根据灭弧装置结构不同，熔断器大致分为两大类，即喷逐式熔断器与硅砂熔断器。

1）喷逐式熔断器，电弧在产气材料制成的消弧管中燃烧与熄灭。开断电流越大，产气量也越大，气吹效果越好，电弧越易熄灭。当开断电流很小时，由于电弧能量小，产气量也小，气吹效果差，可能出现不能灭弧的现象。因此，在喷逐式熔断器中，有时还存在一个下限开断电流的问题。故选用喷逐式熔断器时必须注意下限开断电流（由生产者提供）问题。

2）硅砂熔断器，电弧在充有硅砂填料的封闭室内燃烧与熄灭。当熔体熔断时，电弧在硅砂的狭小里燃烧。根据狭缝灭弧原理，电弧与周围填料紧密接触受到冷却而熄灭。这种熔断器灭弧能力强，燃弧时间短，并有较大的开断能力。

（4）限流效应　当熔体的熔化时间很短，灭弧装置的灭弧能力又很强时，线路或电气设备中实际流过的短路电流最大值，将小于无熔断器时预期的短路电流最大值，这一效应称为限流效应，如图 4-24 所示。图中曲线 1 为短路电流的电流波形，曲线 2 为短路电流被切断时的电流波形。短路电流上升到 m 点时，熔体熔化产生电弧，短路电流由此值减小到零。t_a 为燃弧时间。

具有限流效应的熔断器由于弧隙中强烈的去游离，其电弧表现出高电阻值，因而抑制了短路电流中的非周期分量，使短路电流明显减小。此外强烈的去游离可使电弧电流迅速降低至很小数值。这样对被保护线路及设备的动稳定性和热稳定性的要求均可降低，且开断过程中电弧能量小易熄灭。但限流熔断器在熔断时刻，伴随电流迅速降低的同时，形成明显的截波现象，将出现过电压。

3. 高压熔断器的种类及结构　高压熔断器按安装地点可分为户内式和户外式，按是否有限流作用又可分为限流式和非限流式等。以下简要介绍工厂供配电系统中常见的户内型高压熔断器与户外型高压熔断器。

（1）户内型高压熔断器　户内型高压熔断器又称限流式熔断器，它的结构主要由 4 部分组成，如图4-25和图4-26所示。

图4-24 限流熔断器的限流效应
1—短路电流的电流波形 2—短路
电流被切断时的电流波形

图4-25 RN1-10型熔断器外形
1—熔体管 2—触头座 3—接线座
4—支柱绝缘子 5—底板

1）熔体管。如图4-26所示，7.5A以下的熔体往往绕在截面为六角形的陶瓷骨架上，7.5A以上的熔体则可不用骨架。采用纯铜作为熔体材料，熔体为变截面的，在截面变化处焊上锡球或搪一层锡。

保护电压互感器专用的熔体，其引线采用镍铬丝，以便形成100Ω左右的限流电阻。熔体管的外壳为瓷管，管内充填硅砂，以获得良好的灭弧性能。

2）触头座。熔体管插接在触头座内，以便于更换熔体管。触头座上有接线板，以便于与电路相连接。

3）绝缘子。绝缘子是基本绝缘，起支持触头座的作用。

4）底板。底板采用钢制框架。

熔体管的工作原理是：当过电流使熔体发热以至熔断时，整根熔体几乎同时熔化，金属微粒喷向四周，钻入硅砂的间隙中，由于硅砂对电弧的冷却作用和去游离作用，电弧很快熄灭。由于灭弧能力强，在短路电流未达到最大值之前，电弧就被熄灭，因此可限制短路电流的数值，特别是专门用于保护电压互感器的熔断器内的限流电阻，其限流效果更为显著。熔体熔断后，指示器即弹出，显示熔体"已熔断"。

变截面的熔体、硅砂充填、强灭弧能力，这都是普通熔体管所不具备的，因而不得用普通熔体管来代替RN型熔体管。

（2）户外型高压熔断器 户外型高压熔断器多为跌开式熔断器，俗称跌落保险。常用的有RW3-10型和RW9-10型等。其外形如图4-27所示。

其结构主要由4部分组成：

1）导电部分。上、下接线板，用以串接于被保护电路中；上静触头、下静触头，用来分别与熔体管两端的上、下动触头相接触，以进行合闸，接通被保护的电路，下静触头与轴架组装在一起，下动触头与活动关节在一起，活动关节下方带有半圆轴，此轴嵌入轴架槽中，活动关节靠拉紧的熔体闭锁。

2）熔体管。由管体、熔体、管帽、操作环、上动触头、下动触头、短轴等组成。管体外层为酚纸管或环氧玻璃布管，管内壁套以消弧管，消弧管的材质是石棉，它的作用是防止熔体熔断时产生的高温电弧烧坏熔体管，另一作用是产气有利于灭弧。熔体的结构示于图4-28中。熔体在中

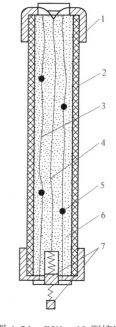

图4-26 RN1-10型熔断
器熔体管剖面
1—管帽 2—瓷管 3—工作熔体
4—指示熔体 5—锡球 6—硅
砂填料 7—熔断指示器

间，两端为软、裸、多股铜绞线作为引线，拉紧两端的引线通过螺钉分别压接在熔体管两端的动触头接线端上。短轴可嵌入下静触头部分的轴架内，使熔体管可绕轴自由转动。操作环（见图4-27）用来进行分、合闸操作。

3）绝缘部分。主要指绝缘子。

4）固定部分。在绝缘子的腰部有固定安装板。

跌开式熔断器的工作原理是将熔体穿入熔体管内，两端拧紧，并使熔体位于熔体管中间的上方，对于RW3-10来说，上动触头由于熔体拉紧的张力而垂直于熔体管向上翘起，同时下动触头后动关节被闭锁。用绝缘拉杆将带有球面突起的上动触头推入上静触头球面坑内，成闭合状态（合闸状态）并保持这一状态。而RW9-10的动触头是固定的，它主要靠活动关节的闭锁才能合闸。

图4-27 跌开式熔断器外形
1—熔体管 2—熔体元件 3—上触头 4—绝缘瓷套管 5—下触头 6—端部螺栓 7—紧固板 8—操作环

当被保护线路发生故障，故障电流使熔体熔断时，形成电弧，消弧管在电弧高温作用下分解出大量气体，使管内压力急剧增大，气体向外高速喷出，对电弧形成强有力的纵向吹弧，使电弧迅速拉长而熄灭。与此同时，由于熔体熔断，熔体的拉力消失，使活动关节释放，熔体管在上静触头的弹力及其自重的作用下，绕下轴翻转跌落，形成明显的断开距离，跌开式熔断器的名词即由此而来。

图4-28 熔断器的熔体外形
1—铜绞线 2—套圈 3—熔体

4.3 低压一次设备

4.3.1 刀开关

刀开关是一种结构简单、应用十分广泛的低压开关，它可以用来接通和断开小电流电路，在大电流的低压电路中可作为隔离开关使用。当刀开关有灭弧罩，并用杠杆操作时也可接通和分断额定电流。刀开关常与熔断器串联配合使用，当电路发生短路或严重过负荷故障时，由熔断器自动切断电路，以确保电路安全运行。

刀开关的种类繁多。根据工作条件和用途的不同可分为封闭式开关熔断器组（负荷开关，俗称铁壳开关）、开启式开关熔断器组（开启式负荷开关，俗称胶盖闸刀）、组合开关等；按极数可分为单极、2极、3极和4极刀开关。

1. 开启式刀开关 开启式刀开关一般用于额定电压交流380V、直流440V、额定电流至1500A的配电设备中电源隔离。带有各种杠杆操动机构及灭弧室的开关，可按其分断能力不频繁地切断负荷电路。其结构如图4-29所示。其中图4-29a是中央手柄式，分单投、双投两种，又分为板前接线和板后接线；图4-29b是侧方正面杠杆操动机构式，分单投、双投两种。图4-29c是中央正面杠杆操动机构式，分单投、双投两种。

2. 封闭式负荷开关 封闭式负荷开关俗称铁壳开关，适合用于额定电压交流380V、直流440V、额定电流至60A的电路中，用作手动不频繁地接通与分断负荷电路及短路保护，在一定条件下也可起过负荷保护作用，一般用于控制小容量的交流异步电动机。该开关是由刀开关及熔断器结合的组合电器，能快速接通和分断负荷电路，采用正面或侧面手柄操作，并装有联锁装置，保证箱盖打开时开关不能闭合及开关闭合时箱盖不能打开。其结构如图4-30所示。

3. 开启式负荷开关 开启式负荷开关俗称瓷底胶盖闸刀，是一种结构简单、应用广泛的手动开关，常用作交流额定电压380/220V、额定电流至100A的照明配电线路的电源开关和小容量电动机非频繁起动的操作开关。

a) 中央手柄式　　　　　　　　　b) 侧方正面杠杆操动机构式

c) 中央正面杠杆操动机构式

图4-29　HD、HS系列刀开关结构示意图
1—手柄　2—灭弧罩　3—触刀　4—接线端子　5—触刀座

开启式负荷开关由操作手柄、熔丝、触刀、触刀座和底座等组成，如图4-31所示。胶盖的作用是防止操作时电弧飞出灼伤操作人员，并防止极间电弧造成电源短路，因此操作前一定要将胶盖安装好再操作。熔丝主要起短路和严重过电流保护作用。

图4-30　封闭式负荷开关
1—熔断器　2—静触头　3—动触头
4—弹簧　5—转轴　6—操作手柄

图4-31　HK系列开启式负荷刀开关结构示意图
1—上胶盖　2—下胶盖　3—触刀座　4—触刀　5—瓷柄
6—操作手柄　7—胶盖紧固螺钉　8—出线端子
9—熔丝　10—触刀铰链　11—底座　12—进线端子

4. 熔断器式刀开关 熔断器式刀开关又称刀熔开关，有多种结构形式，一般由填料熔断器和刀开关组合而成，广泛应用于开关柜或与终端电器配套的电气装置中，作为线路或用电设备的电源隔离开关及严重过载和短路保护之用，在回路正常供电的情况下接通和切断电源由刀开关来承担；当线路或用电设备过载或短路时，熔断器的熔体熔断，及时切断故障电流。其外形、结构如图 4-32 所示。

4.3.2 低压断路器

低压断路器俗称自动空气开关。它既能带负荷通断电路，又能在短路、过负荷和低电压（或失电压）时自动跳闸。其工作原理如图 4-33 所示。低压断路器主要用在不频繁操作的低压配电线路或开关柜（箱）中作为电源开关使用，并对线路及电气设备进行过载、过电流、欠电压（失电压）等保护，应用十分广泛。

图 4-32　熔断器式刀开关

1—RT0 型熔断器　2—触头　3—连杆
4—操作手柄　5—低压配电屏板面

图 4-33　低压断路器工作原理

1—主触头　2—自由脱扣机构　3—过电流脱扣器
4—分励脱扣器　5—热脱扣器　6—欠电压
脱扣器　7—脱扣按钮

低压断路器主要由三个基本部分组成。①触头和灭弧系统，这一部分是执行电路通断的主要部件。②具有不同保护功能的各种脱扣器，不同功能的脱扣器可以组合成不同性能的低压断路器。③自由脱扣器和操动机构，这一部分是联系以上两部分的中间传递部件。

低压断路器的主触头一般由耐弧合金（如银钨合金）制成，采用灭弧栅片灭弧。主触头是由操动机构和自由脱扣机构操纵其通断的，可用操作手柄操作，也可用电磁机构远距离操作。在正常情况下，触头可接通、分断工作电流，当出现故障时，能快速及时地切断高达数十倍额定电流的故障电流，从而保护电路及电气设备。

自由脱扣机构 2 是一套连杆机构，当主触头 1 闭合后，自由脱扣机构将主触头锁在合闸位置上。如果电路中发生故障，自由脱扣机构就在有关脱扣器的操动下动作，使脱钩脱开。过电流脱扣器（也称为电磁脱扣器）3 的线圈和热脱扣器 5 的热元件与主电路串联。当电路发生短路或严重过载时，过电流脱扣器的衔铁吸合，使自由脱扣机构动作，从而带动主触头断开主电路，动作特性具有瞬动特性或定时限特性。断路器的过电流脱扣器分为瞬时脱扣器和复式脱扣器两种，复式脱扣器即瞬时脱扣器和过载脱扣器的组合。当电路过载时，热脱扣器（过载脱扣器）的热元件发热使双金属片向上弯曲，推动自由脱扣机构动作，动作特性具有反时限特性。当低压断路器由于过载而断开后，一般应等待 2~3min 才能重新合闸，以使热脱扣器恢复原位，这也是低压断路器不能连续频繁进行通断操作的原因之一。过电流脱扣器和热脱扣器互相配合，热脱扣器担负主电路的过载保护功能，过电流脱扣器担负短路和严重过载故障保护功能。

欠电压脱扣器 6 的线圈和电源并联。当电路欠电压时，欠电压脱扣器的衔铁释放，也使自由脱扣机构动作。

分励脱扣器4用于远距离控制，实现远方控制断路器切断电源。在正常工作时，其线圈是断电的，当需要远距离控制时，按下起动按钮，使线圈通电，衔铁带动自由脱扣机构动作，使主触头断开。

低压断路器配置了某些附件后，可以扩展功能，这些附件主要指欠电压脱扣器、分励脱扣器、过电流脱扣器、辅助触头、旋转操作手柄、闭锁和释放电磁铁和电动操作机构等。

低压断路器按灭弧介质分类，有空气断路器和真空断路器等；按用途分类，有配电用断路器、电动机保护用断路器、照明用断路器和剩余电流断路器等。

配电用低压断路器按保护性能分，有非选择型和选择型两类。非选择型断路器一般瞬时动作，只用作短路保护；也有的为长延时动作，只用作过负荷保护。选择型断路器有两段保护、三段保护和智能化保护。两段保护为瞬时（或短延时）与长延时特性2种。三段保护为瞬时、短延时与长延时特性3种。其中瞬时和短延时特性适于短路保护，而长延时特性适于过负荷保护。图4-34表示低压断路器的3种保护特性曲线。而智能化保护，其脱扣器为微机控制，保护功能更多，选择性更好，这种断路器称为智能型断路器。

图 4-34 低压断路器的保护特性曲线

供配电用低压断路器按结构形式分为塑料外壳式和框架式两大类。

1. 塑料外壳式断路器 塑料外壳式断路器的主要特征是有一个采用聚酯绝缘材料模压而成的外壳，所有部件都装在这个封闭型外壳中。接线方式分为板前接线和板后接线两种。大容量产品的操动机构采用储能式，小容量（50A以下）常采用非储能式，操作方式多为手柄式。塑料外壳式断路器多为非选择型，根据断路器在电路中的不同用途，分为配电用断路器、电动机保护用断路器和其他负载（如照明）用断路器等，常用于低压配电开关柜（箱）中，用作配电线路、电动机、照明电路及电热器等设备的电源控制开关及保护。在正常情况下，断路器可分别用于线路的不频繁转换及电动机的不频繁起动。

塑料外壳式断路器种类繁多，国产型号有DZX10、DZ15、DZ20等，引进技术生产的有H、T、3VE、3WE、NZM、C45N、NS、S等型号。此外还有智能型塑料外壳式断路器，如DZ40等。

以DZ20系列塑料外壳式断路器为例，说明其基本结构特点。断路器由绝缘外壳、操动机构、灭弧系统、触头系统和脱扣器四个部分组成。断路器的操动机构采用传统的四连杆结构方式，具有弹簧储能，快速"合""分"的功能。具有使触头快速合闸和分断功能的塑料外壳式低压断路器，其"合""分""再扣"和"自由脱扣"位置以手柄位置来区分。灭弧系统由灭弧室和其周围绝缘封板、绝缘夹板组成。绝缘外壳由绝缘底座、绝缘盖、进出线端的绝缘封板组成。绝缘底座和绝缘盖是断路器提高通断能力、缩小体积、增加额定容量的重要部件。触头系统由动触头、静触头组成。630A及以下的断路器，其触头为单点式。1250A及以上断路器的动触头由主触头及弧触头组成。

DZ20系列断路器的脱扣器分过载（长延时）脱扣器、短路（瞬时）脱扣器两种。过载脱扣器为双金属片式，受热弯曲推动牵引杆有反时限动作特性。短路脱扣器采用电磁式结构。

2. 框架式断路器 框架式断路器一般有一个带绝缘衬垫的钢制框架，所有部件均安装在这个框架底座内；有一般式、多功能式、高性能式和智能式等几种结构形式；有固定式、抽屉式两种安装方式，手动和电动两种操作方式；具有多段式保护特性，主要用作配电网络的总开关和保护。框架式断路器容量较大，可装设较多的脱扣器，辅助触头的数量也较多。不同的脱扣器组合可产生不同的保护特性，有选择型或非选择型配电用断路器及有反时限动作特性的电动机保护用断路器。容量较小（如600A以下）的框架式断路器多用电磁机构传动，容量较大（如1000A以上）的框架式断路器则多用电动机构传动（无论采用何种传动机构，都装有手柄，以备检修或传动机构故障时用）。极限通断能力较高的万能框架式断路器还采用储能操动机构以提高通断速度。

万能框架式断路器常用型号有：DW16（一般型）、DW15、DW15HH（多功能、高性能）、DW45（智能型），另外还有ME、AE（高性能型）和M（智能型）等系列。

下面以型DW15HH－2000系列多功能断路器为例，说明其结构原理，如图4-35所示。

图4-35　DW15HH－2000系列多功能断路器内部结构示意图

1—手柄　2—辅助触头　3—罩　4—动触头　5—灭弧室　6—辅助电路动隔离触头

7—上母线　8—基座　9—下母线　10—速饱和互感器　11—空心互感器

12—分励脱扣器　13—释能电磁铁　14—机构方轴　15—储能指标牌

16—机构　17—磁通变换器　18—脱扣半轴　19—分合闸指示牌

20—断开按钮　21—闭合按钮　22—主轴　23—反回弹机构

该类断路器有固定式及抽屉式之分。抽屉式断路器由本体及抽屉座两大部分组成,通过断路器本体和母线与抽屉座的桥式触头连接构成抽屉式断路器,采用正面面板结构,实现开关屏板外操作,开关屏板内装有以单片机为核心的脱扣控制器。断路器本体是带附件的固定式断路器,其附件包括导轨、辅助电路动隔离触头、安全隔板驱动轴等。抽屉座由带有导轨的左右侧板、底座和横梁等组成,下方装推进结构,上方装辅助电路静隔离触头,底座横梁上装位置指示,桥式触头前方装安全隔板。断路器采用储能弹簧释能的闭合方式,电动操作时,有配合电动机工作的预储能操作用释能电磁铁;手动储能时,储能手柄带动断路器方轴转动进行储能操作。

4.3.3 接触器

接触器是一种适用于低压配电系统中远距离频繁地接通和分断交、直流电路的电器。其主要控制对象是电动机,也可用于控制如电焊机、电容器组、电热装置、照明设备等其他负载。接触器具有操作频率高、使用寿命长、工作可靠、性能稳定、维修简便等优点,是用途广泛的控制电器之一。

接触器的品种繁多,按操作方式分,有电磁接触器、气动接触器和电磁气动接触器;按灭弧介质分,有空气电磁式接触器、油浸式接触器和真空接触器;按主触头控制的电路种类分,有交流接触器、直流接触器等。常用的交流接触器有 CJ 系列、3TB、3TF 系列(国内型号为 CJX_3 系列)、B 系列、6C 系列、CKJ 和 EVS 系列等。

接触器由触头系统、电磁系统和灭弧装置等部分组成,如图 4-36 所示。

图 4-36 交流接触器的典型结构

1—底座 2—电磁线圈 3—反作用力弹簧 4—中间部分
5—动触头 6—静触头 7—面盖 8—灭弧罩

（1）触头系统　有主触头和辅助触头两部分。主触头是用来接通和断开负荷电流的触头，因为它断通的电流较大，所以放在灭弧罩内。辅助触头是用来接通和断开控制、信号电路的触头，其额定电流较小，一般为5A。

（2）电磁系统　由电磁线圈（又叫吸引线圈）和铁心组成。铁心又分为静铁心和动铁心（又叫衔铁）。

（3）灭弧装置　灭弧罩是交流接触器的灭弧装置，它是由陶瓷或石棉水泥制成的。其内部结构可以实现纵向或横向切割电弧，并将电弧产生的高温热量传导出去。

接触器的工作原理是利用电磁原理通过控制电路的控制和可动衔铁的运动来带动触头控制主电路通断。

4.3.4　热继电器

热继电器是一种利用电流热效应原理工作的电器，具有与电动机容许过载特性相近的反时限动作特性，主要与接触器配合使用，用于对三相异步电动机的过电流和断相保护。

图4-37所示为双金属片式热继电器的结构原理示意图。除图中所示件号外，还有外壳、电流整定机构和温度补偿双金属片等部件。

图4-37　热继电器的工作原理
1—热元件　2—双金属片　3—复位按钮
4—导杆　5—拉簧　6—连杆　7—辅
助触头　8—接线端子

热元件1串接于电动机的控制电路中，通过热元件的电流就是电动机的工作电流（大容量的热继电器装有速饱和互感器，热元件串接在其二次回路中）。当电动机正常运行时，其工作电流通过热元件产生的热量不足以使双金属片2因受热而产生变形，热继电器不会动作。当电动机发生过电流且超过整定值时，双金属片获得了超过整定值的热量而发生弯曲，使其自由端上翘。经过一定时间后，双金属片的自由端脱离导杆4的顶端（称为脱扣）。导杆在拉簧5的作用下偏转，带动连杆6使常闭触头7打开（常闭触头通常串接在电动机控制电路中的相应接触器线圈回路中），并断开接触器的线圈电源，从而切断电动机的工作电源。同时，热元件也因失电而逐渐降温，热量减少，经过一段时间的冷却，双金属片恢复到原来状态。若经自动或手动复位，双金属片的自由端返回到原来状态，为下次动作做好了准备。

使用时，热继电器动作电流的调节是借助旋转热继电器面板上的旋钮于不同位置来实现的。热继电器复位方式有自动复位和手动复位两挡，在手动位置时，热继电器动作后，经过一段时间才能按动手动复位按钮复位，在自动复位位置时，热继电器可自行复位。

4.3.5　低压熔断器

低压熔断器的产品系列、种类很多，常用的有以下类型。

1. 插入式熔断器　插入式熔断器又称瓷插式熔断器，如图4-38所示。它由灭弧室（瓷底座的空腔与瓷插件凸出部分构成）、静触头、动触头、熔体等组成。60A以上的熔断器瓷底座空腔内衬有编制石棉垫，以帮助熄弧。

图4-38　插入式熔断器
1—瓷底座　2—动触头　3—熔体
4—瓷插件　5—静触头

这种熔断器结构简单，更换熔体方便，所以广泛应用在500V以下的电路中，用来保护线路、照明设备及小容量电动机，其额定电流为10~60A。常用的有RC1A系列等。

2. 螺旋式熔断器 螺旋式熔断器广泛应用于工矿企业低压配电设备、机械设备的电气控制系统中作为短路和过电流保护。常用产品系列有 RL5、RL6 系列螺旋式熔断器，如图 4-39 所示。螺旋式熔断器由瓷座 1、熔体 2、瓷帽 3 等组成。熔体是一个瓷管，内装有硅砂和熔丝，熔丝的两端焊在熔体两端的导电金属端盖上，其上端盖中有一个染有红漆的熔断指示器，当熔体熔断时，熔断指示器弹出脱落，透过瓷帽上的玻璃孔可以看见。熔断器熔断后，只要更换熔体即可。

3. RM10 型封闭管式熔断器 RM10 型熔断器由绝缘纸管、熔体、插刀、刀座等组成，结构如图 4-40 所示。熔体由锌片冲制成变截面，在通过大电流时，熔体狭窄部分温度很快升高，熔体首先在狭窄部分熔断，此时产生金属蒸气较少。在狭窄部分熔断后，由于宽阔部分下坠造成较大弧隙，有利于灭弧。此外，在产生电弧时，纤维管在高温作用下可分解出大量气体，使管内压力迅速增高，从而也可促使电弧很快熄灭。因此 RM10 型熔断器具有分断能力高、灭弧速度快的优点。

图 4-39 螺旋式熔断器
1—瓷座 2—熔体 3—瓷帽

图 4-40 RM10 型封闭管式熔断器
1—黄铜圈 2—绝缘纸管
3—黄铜帽 4—插刀 5—熔体
6—特种垫圈 7—刀座

由于 RM10 型熔断器的上述特点，再加上工作安全可靠，更换方便，所以它广泛用于工厂供配电中，作为电动机的保护和断路器合闸控制回路的保护等。

4. 有填料高分断能力熔断器 有填料高分断能力熔断器广泛应用于各种低压电路作为短路和过电流保护。其结构一般为封闭管式，产品种类很多，典型产品有 NT（RT16、RT17）系列和 RT20 系列高分断能力熔断器。我国传统产品为 RT0 型熔断器，另外还有 RT14、RT15 系列有填料密封管式高分断能力熔断器。

有填料高分断能力熔断器是全范围熔断器，能分断从最小熔化电流至其额定分断能力（120kA）之间的各种电流，额定电流最大为 1250A，具有较好的限流作用。有填料封闭管式熔断器外形结构如图 4-41 所示。

由图 4-41 可见，熔断器由瓷底座 1、弹簧片 2、管体 3、绝缘手柄 4、熔体 5 等组成，并有撞击器等附件。熔断器底座采用整体瓷板结构或采用两块瓷块安装于钢板制成的底板组合结构。熔断体由瓷质管体、熔体、硅砂和触刀等部分组成，有的带有熔断指示器和熔断体盖板。熔体是采用铜箔冲制的网状多根并联形成的熔片，中间部位有锡桥，装配时将熔片围成笼状，以充分发挥填料与熔体接触的作用，这样既可均匀分布电弧能量而提高分断能力，又可使管体受热比较均匀而不易使其断裂。熔断指示器是个机械信号装置，指示器上焊有一根很细的康铜丝，它与熔体并联，在正常情况下，由于康铜丝电阻很大，电流基本上从熔体流过，只有在熔体熔断之后，电流才转到康铜丝上，使它立即熔断，而指示器便在弹簧作用下立即向外弹出，显出醒目的红色信号。RT20 系列的部分规格还设计有 3 极并列的整体结构，并备有触头罩和极间隔板等附件，以便于三相使用。绝缘手柄是用来装卸熔断体的可动部件。

5. 自复式熔断器 自复式熔断器是一种采用气体、超导材料或液态金属钠等作为熔体的限

图 4-41　有填料封闭管式熔断器
1—瓷底座　2—弹簧片　3—管体　4—绝缘手柄　5—熔体

流元件。自复式熔断器有限流型和复合型两种，限流型本身不能分断电路而常与断路器串联使用限制短路电流，从而提高分断能力。复合型具有限流和分断电路两种功能。采用液态金属钠等作熔体的自复式熔断器的结构原理如图 4-42 所示。在常温下具有高导电率，在故障电流作用下，其中的局部液态金属钠因高温迅速汽化而蒸发，形成约 400MPa 气压的等离子状态，呈现高阻态，从而限制了短路电流。当故障消失后温度下降，金属钠蒸气冷却并凝结，自动恢复至原来的导电状态，熔体所在电路恢复正常，又为重新动作做好准备。

图 4-42　自复式熔断器结构原理
1、4—端子　2—熔体　3—绝缘管
5—氮气　6—活塞
7—钢套　8—填充剂

4.4　互感器

　　互感器是一种特殊用途的变压器，又称仪用互感器，是工厂供配电系统中不可缺少的重要设备。根据电气量变换的差别，可分为电压互感器（TV）和电流互感器（TA）两大类。它的主要用途是：与仪表配合测量线路上的电流、电压、功率和电能，与继电器配合对线路及变配电设备进行定量保护。为配合仪表测量和继电保护的需要，电压互感器将系统中的高电压变换成标准的低电压（100V 或 100V/$\sqrt{3}$）；电流互感器将系统中的大电流变换成标准的小电流（5A 或 1A）。由于采用了仪用互感器，使测量仪表或继电器均接在互感器的二次侧与系统的高电压隔离，从而保证了操作人员和设备的安全。同时由于互感器二次电压和二次电流均为统一的标准值，使仪表和继电器制造标准化，简化制造工艺，降低成本。因此互感器在变、配电网络的测量、保护及控制系统中得到了广泛的应用。

4.4.1　电压互感器

　　1. 电压互感器的构造和工作原理　电压互感器的工作原理可以分为电磁感应原理和电容分压原理（在 220kV 以上系统中使用）。常用的电压互感器是利用电磁感应原理工作的，它的基本构造与普通变压器相同，主要由铁心、一次绕组、二次绕组组成，如图 4-43 所示。电压互感器一次绕组匝数较多，二次绕组匝数较少，使用时一次绕组与被测量电路并联，二次绕组与测量仪表或继电器等电压线圈并联。由于测量仪表、继电器等电压线圈的阻抗很大，电压互感器在正常运行中二次绕组中的电流很小，一次和二次绕组中的漏阻抗压降都很小。因此，它相当于一个空载运行的降压变压器，其二次电压基本上等于二次电动势值，且取决于恒定的一次电压值，所以电压互感器在准确度所允许的负载范围内，能够精确地测量一次电压。

电压互感器的一次电压 U_1 与其二次电压 U_2 之间有下列关系：

$$U_1 \approx \frac{N_1}{N_2}U_2 \approx K_u U_2 \qquad (4-1)$$

式中　N_1、N_2——电压互感器一次、二次绕组匝数；

　　　K_u——电压互感器的电压比，一般表示为其额定一、二次电压比，即 $K_u = U_{1N}/U_{2N}$。

图4-43　电压互感器构造原理

2. 电压互感器的接线方式　电压互感器的接线方式有图4-44所示的4种常见的方式。

（1）一个单相电压互感器的接线　如图4-44a所示，这种接线在三相线路上，只能测量某两相之间的线电压，用于连接电压表、频率表及电压继电器等。为安全起见，二次绕组有一端（通常取 x 端）接地。

（2）两个单相电压互感器 V/V 接线　V/V 接线又称不完全星形接线，如图4-44b所示。它可以用来测量3个线电压，供仪表、继电器接于三相三线制电路的各个线电压。它的优点是接线简单、经济，广泛用于工厂供配电所高压配电装置中。它的缺点是不能测量相电压。

（3）三个单相电压互感器 Y_0/Y_0 接线　如图4-44c所示，这种接线方式能满足仪表和继电保护装置所取用的相电压和线电压的要求。在一次绕组中性点接地的情况下，也可装用绝缘监察电压表。

a) 一个单相电压互感器的接线

b) 两个单相电压互感器V/V 接线

c) 三个单相电压互感器Y_0/Y_0接线

d) 三个单相三绕组电压互感器或一个
三相五心柱电压互感器$Y_0/Y_0/\triangle$接线

图4-44　电压互感器的接线方式

（4）三个单相三绕组电压互感器或一个三相五心柱电压互感器 $Y_0/Y_0/\triangle$ 接线：如图4-44d所示，这种互感器接线方式在10kV 中性点不接地系统中应用广泛，它既能测量线电压、相电压，也能组成绝缘监察装置和供单相接地保护用。两套二次绕组中，Y_0 接线的二次绕组称作基本二次绕组，用来接仪表、继电器及绝缘监察电压表，$\triangle$（开口三角形）接线的二次绕组，称作辅助二次绕组，用来连接监察绝缘用的电压继电器。在系统正常运行时，开口三角形两端的电压接近于零，当系统发生一相接地时，开口三角形两端出现零序电压，使电压继电器吸合，发出接地预告信号。

3. 电压互感器的类型及型号 电压互感器按安装地点分为户内式和户外式，按相数分为单相式和三相式，按每相的绕组数分为双绕组式和三绕组式，按绝缘方式分为干式、浇注式和油浸式等。20kV 及以下的几乎全是户内式，并有单相和三相、油浸绝缘和浇注绝缘等结构形式，目前在 3～20kV 电压范围内，单相浇注绝缘的占有明显优势。35kV 及以上的多制成单相油浸户外式。图 4-45 是应用广泛的单相三绕组、环氧树脂浇注绝缘的户内 JDZJ－10 型电压互感器外形图。

图 4-45 JDZJ－10 型电压互感器
1——一次接线端子 2——高压绝缘套管
3——一、二次绕组，环氧树脂浇注
4——铁心 5——二次接线端子

4. 电压互感器的使用注意事项

（1）电压互感器二次侧不得短路 电压互感器一、二次侧都是在并联状态下工作，如发生短路，将产生很大的短路电流，有可能烧坏电压互感器，甚至影响一次电路的安全运行，所以工厂供配电系统中电压互感器的一、二次侧都必须装设熔断器保护。

（2）电压互感器二次侧必须有一点接地 电压互感器二次侧一点接地，其目的是为了防止一、二次绕组的绝缘击穿时，一次侧的高电压窜入二次侧，危及人身和二次设备的安全。

（3）电压互感器在接线时要注意端子极性 所谓极性，就是指一次和二次绕组感应电动势之间的相位关系。在某一瞬间一次和二次绕组同时达到高电位或低电位的对应端称之为同极性端或同名端。电压互感器端子上标注的 U 和 u、X 和 x 分别为同极性端。

4.4.2 电流互感器

1. 电流互感器的构造和工作原理 电流互感器也是按电磁感应原理工作的。它的构造与普通变压器相似，主要由铁心、一次绕组和二次绕组等几个主要部分组成，如图 4-46 所示。所不同的是<u>电流互感器的一次绕组匝数很少，使用时一次绕组串联在被测电路里。而二次绕组匝数较多，与测量仪表和继电器等电流线圈串联使用。</u>运行中电流互感器一次绕组内的电流取决于电路的负荷电流，与二次负荷无关（与普通变压器正好相反），由于接在电流互感器二次绕组内的测量仪表和继电器的电流线圈阻抗都很小，所以电流互感器在正常运行时，接近于短路状态，相当于一个短路运行的变压器，这是电流互感器与变压器的主要区别。

图 4-46 电流互感器
构造原理图

电流互感器的一次电流 I_1 与二次电流 I_2 之间有下列关系：

$$I_1 \approx (N_2/N_1)I_2 \approx K_i I_2 \qquad (4-2)$$

式中 N_1、N_2——电流互感器一次二次绕组匝数；

K_i——电流互感器的电流比，一般表示为额定的一次和二次电流之比，即 $K_i = I_{1N}/I_{2N}$。

2. 电流互感器的接线方式 电流互感器在三相电路中有图 4-47 所示的 4 种常见的接线方式。

（1）一相式接线 如图 4-47a 所示，这种接线主要用来测量单相负荷电流或三相系统中平衡负荷的某一相电流。

（2）两相 V 形接线 如图 4-47b 所示，这种接线又称不完全星形接线，在 6～10kV 中性点不接地系统中应用较广泛。这种接线通过公共线上仪表中的电流等于 U、W 相电流的相量和，大小等于 V 相的电流，因为

$$\dot{I}_U + \dot{I}_V + \dot{I}_W = 0 \tag{4-3}$$

$$\dot{I}_V = -(\dot{I}_U + \dot{I}_W) \tag{4-4}$$

（3）三相星形接线　如图4-47c所示，这种接线可以用来测量负荷平衡或不平衡的三相电力系统中的三相电流。这种三相星形接线方式组成的继电保护电路，能保证对各种故障（三相、两相短路及单相接地短路）具有相同的灵敏度，因此可靠性较高。

不完全星形接线方式组成的继电保护电路，能对各种相间短路故障进行保护，但灵敏度不尽相同，与三相星形接线比较，灵敏度较差。但另一方面，不完全星形接线方式比三相星形接线方式少了1/3的设备，节省了投资费用。

（4）两相电流差接线　如图4-47d所示，这种接线方式通常应用于继电保护电路中，例如线路或电动机的短路保护及并联电容器的横联差动保护等，它能反应各种相间短路，但灵敏度各不相同。这种接线方式在正常工作时，通过仪表或继电器的电流 I_P 是 W 相电流和 U 相电流的相量差，其数值为电流互感器二次电流 I_U 的 $\sqrt{3}$ 倍。

即

$$\dot{I}_P = \dot{I}_W - \dot{I}_U \tag{4-5}$$

$$I_P = \sqrt{3} I_U \tag{4-6}$$

a) 一相式接线　　　　　b) 两相V形接线

c) 三相星形接线　　　　d) 两相电流差接线

图 4-47　电流互感器的接线

3. 电流互感器的类型　电流互感器的类型繁多。按一次绕组匝数分为单匝式和多匝式；按一次电压分为高压和低压两大类；按用途分为测量用和保护用两大类；按绝缘结构分为干式、浇注式和油浸式三类；按安装地点分为户内式、户外式和装入式三类。

4. 电流互感器使用注意事项

（1）电流互感器二次侧不得开路　电流互感器正常运行时，根据单相变压器负载运行磁动势平衡关系式 $\dot{I}_1 N_1 = \dot{I}_2 N_2 - \dot{I}_0 N_1$，由于二次绕组负荷阻抗和负荷电流均很小，也就是说二次绕组内感应的电动势一般不超过几十伏，所以所需的励磁安匝 $I_0 N_1$ 及铁心中的合成磁通很小。为了减小电流互感器的尺寸、重量和造价，其铁心截面按正常运行时通过不大的磁通设计。运行中的电流互感器一旦二次侧开路，$I_2 = 0$，则 $I_0 N_1 = I_1 N_1$，一次安匝 $I_1 N_1$ 将全部用于励磁，它比正常运行的励磁安匝大许多倍，此时铁心将处于高度饱和状态。铁心的饱和，一方面导致铁心损耗加剧、过热而损坏互感器绝缘；另一方面导致磁通波形畸变为平顶波。由于二次绕组感应的电动势与磁通的大小和变化率成正比,因此在磁通过零时,将感生很高的尖顶波电动势,其峰值可达几千伏甚至上万伏,这将危及工作人员、二次回路及设备的安全,此外铁心中的剩磁还会影响互感器的准确度。为此,为防止电流互感器在运行和试验中开路,规定电流互感器二次侧不准装设熔断器,如需拆除二次设备时,必须先用导线或短路压板将二次回路短接。

(2)电流互感器二次侧有一点必须接地 电流互感器二次侧一点接地,是为了防止一、二次绕组间绝缘击穿时,一次侧的高电压窜入二次侧,危及人身和二次设备的安全。

(3)电流互感器在接线时要注意其端子的极性 电流互感器的一次绕组端子标以 L_1、L_2,二次绕组端子标以 K_1、K_2,L_1 与 K_1 是同极性端,L_2 与 K_2 是同极性端。如果一次电流从 L_1 流向 L_2,则二次电流 I_2 从 K_1 流出,经外电路流向 K_2,如图 4-46 所示。

在安装和使用电流互感器时,一定要注意端子的极性,否则其二次仪表、继电器中流过的电流就不是预期的电流,可能引起保护的误动作或仪表被烧坏,甚至可能引起事故。

4.4.3 电压、电流组合式互感器

电压、电流组合式互感器由单相电压互感器和单相电流互感器组合成三相,并包含在同一油箱体内。国产 10kV 标准组合式互感器 JLSJW - 10 型如图 4-48 所示。

该产品系列为三相户外油浸式,包含接成 V/V 接线的两只单相电压互感器和接成不完全星形接线的两只电流互感器。其电压和电流的额定参数分别为 (10 ~ 35/0.1) kV 和 (5 ~ 200/5) A,准确度等级可达 0.5 级,适用于农村户外变电站和工厂小型变、配电所,既经济又简化配电装置布置。

a) 户外型　　　　　　　b) 原理接线

图 4-48　JLSJW - 10 型电压、电流组合式互感器

该产品系列的内部结构基本一致,两只单相电压互感器安装在箱内下部,并悬挂固定在箱盖下面。两只电流互感器安装在箱内上部,其一次绕组与环形铁心交链成 8 字形,分别固定在 A、C 两相高压套管下面的箱盖上。A、C 两相高压瓷套管采用特殊结构,它有两根相互绝缘的导电芯棒 L_1 和 L_2,分别与该相电流互感器一次绕组的首、尾两端相接。电压电流二次线端也从顶盖 0.5kV 套管引出,并注意与一次线端的极性关系。

这种组合式互感器，具有结构简单、安装方便、体积小的优点，通常在户外小型变电所及高压配电线路上用作电能计量及继电保护。

4.5 绝缘子和母线

4.5.1 绝缘子

1. 绝缘子的作用 在电力系统中，不论是整个配电装置还是单个的电器，都需要绝缘子对其载流导体进行悬挂、支持和固定，或将导体穿在其中通过建筑物或电器本身的壳体，保持导体对地绝缘或各导电部分之间的绝缘。由于绝缘子对导电部分同时起着绝缘和支撑的双重作用，因此，要求绝缘子不仅应具有良好的绝缘性能，还要有足够的机械强度，并具有在恶劣的环境中（高温、化学物质腐蚀、尘埃、潮湿等）长期保持其特性的能力。

电瓷是绝缘子的传统绝缘材料，它具有结构紧密、表面光滑、不吸收水分、不受化学物质腐蚀和绝缘度及机械强度高的优点。绝缘子也可以用钢化玻璃制成，它具有尺寸小、重量轻、耐电强度高、价格低和制造工艺简单等优点。此外，目前还有硅橡胶绝缘子，它具有更佳的电气和力学性能，应用越来越广。

2. 绝缘子的分类 绝缘子品种系列繁多，按用途可分为电器绝缘子、电站绝缘子和线路绝缘子。由于工作环境和条件的不同，绝缘子在结构上有所差别，绝缘子分为户内式和户外式。户外式绝缘子表面具有较多较大的裙边，用以加长沿面放电的距离和阻断雨水，使其能在较恶劣的环境中可靠运行。

（1）按用途分

1）电器绝缘子：该类绝缘子应用于各种电器产品中，成为其结构的零部件。多为专用特殊设计，且名目繁多。一般有套管式、支柱式及其他多种形式(如柱、牵杆、杠杆等)。

2）电站绝缘子：指在发电厂和变电站中，用来支持和固定配电装置硬母线并使其保持对地绝缘的一类绝缘子。分为支柱绝缘子和套管绝缘子，后者用在硬母线需要穿墙过板处，特别是由屋内引出屋外时给予支持和绝缘。电站绝缘子按硬母线所处的环境分为户内式和户外式两种。在多尘埃、盐雾和腐蚀性气体的污秽环境中，还需使用防污型户外绝缘子。户内绝缘子无伞裙结构，也无防污型。

3）线路绝缘子：线路绝缘子用来固结架空输电线的导线和屋外配电装置的软母线，并使其保持对地绝缘。有针式、棒式和悬式3种结构形式，但都是户外型。线路绝缘子在变电所中主要使用的有针式和悬式两种，针式用于35kV及以下的输配电线路或软母线；悬式用于35kV以上的架空线路或软母线。

（2）按结构分

1）户内支柱绝缘子。户内支柱绝缘子由瓷件和胶装在瓷件两端的金属配件组成，根据金属配件与瓷件胶装的方式不同，可分为外胶装、内胶装和复合胶装。

① 外胶装是用水泥胶合剂将底座和铁帽等金属配件胶装在瓷件外面，如图4-49a所示。

② 内胶装则是用水泥胶合剂将金属配件胶装在瓷件孔的里面，如图4-49b所示。

③ 复合胶装是内、外胶装的组合，即绝缘子的上金属配件采用内胶装，下金属配件采用外胶装，如图4-49c所示。

内胶装支柱绝缘子可以降低绝缘子的高度，相应可缩小电器或配电装置的体积，减少胶合剂的重量。内胶装绝缘子的重量，一般比外胶装绝缘子的重量减少一半，价格也比较便宜，但是金属配件胶装在瓷件孔内，影响整体的抗扭力学性能。因此，对机械强度要求高时，应采用外胶装或复合胶装。

2）户外支柱绝缘子。户外支柱绝缘子有针式和实心棒式两种。ZPC1-35型户外针式绝缘子由两个瓷件1和3、铸铁帽2和装脚4用水泥胶合剂胶合而成，如图4-50所示。对于6~10kV的

a) 外胶装ZA10–Y型   b) 内胶装ZNF–20MM型   c) 复合胶装ZLB–35F型

图 4-49　户内支柱绝缘子及胶装方式
1—铸铁底座　2—瓷件　3—铸铁帽　4—水泥
胶合剂　5—铸铁配件　6—螺孔

针式绝缘子，只有一个瓷件。

户外实心棒式支柱绝缘子外形如图4-51所示。它由实心瓷件和上、下金属附件组成，瓷件采用实心不可击穿多伞形结构，电气性能好，尺寸小，不易老化，现已被广泛应用。ZSW系列为防污型，采用防污效果好的大小伞、大倾角伞等伞棱造型，伞下表面不易受潮，泄漏比距大。

图 4-50　ZPC1-35 型户外针式绝缘子
1、3—瓷件　2—铸铁帽　4—装脚

图 4-51　ZS-35/400 型户外实心棒式支柱绝缘子

3）套管绝缘子。套管绝缘子简称套管，分为户内和户外两大系列，户内套管用于导体或母线穿过内墙或天花板，户外套管用于户内配电装置的载流导体与户外载流导体相连接处。

套管绝缘子的结构有以下特点：

1）套管绝缘子主要由瓷套（绝缘）、接地法兰（安装、支持固定）和导体组成。

2）套管绝缘子分为矩形截面导体型、圆形截面导体型和母线型（套管本身无导体，而是将母线从其内孔中穿过）三种形式，如图4-52所示。6～10kV套管中矩形截面导体比圆形截面的容许电流大得多，且矩形导体与矩形母线连接方便。但矩形套管的电场分布不均匀，容易产生电晕。所以，6～10kV套管中常采用矩形截面导体，电压等级较高时则采用圆形截面导体型套管。套管的导电材料采用铜或铝。

a) CA-6/400型

b) CLB-10/1000型

图4-52 户内式套管绝缘子
1—瓷套 2—中部法兰盘 3—金属圈 4—水泥胶合剂
5—导电体 6—端帽（套管帽） 7—固定开口销

3）额定电流小于1 500A的法兰盘和额定电流小于1 000A的套管帽，用灰铸铁铸成，额定电流较大时，则用非磁性铸铁制成，以防止涡流和磁滞引起过热。某些套管的中部法兰盘由两半合成，两半之中留有空气隙增大磁阻，以减少涡流和磁滞引起的发热。

4）户外套管伸出户外的部分，有较大和较多的伞裙，以提高滑闪电压，如图4-53所示。

5）增大接地法兰附近瓷壁的厚度，以增强接地法兰附近电场最强处的电气强度。

6）10～35kV套管的接地法兰处，在瓷套壁的内、外表面涂有半导体釉层，瓷套外壁的釉层与接地法兰相接，使瓷套外表面为零电位，而瓷套壁内表面的釉层经接触弹簧与导体相接，将瓷套内孔的空气介质短接，使导体与地之间的电容介质是绝缘最好的瓷介质，且电场分布较为均匀，从而提高了绝缘强度，如图4-53b所示。

7）110kV及以上电压等级的套管，为了改善载流导体与接地法兰之间的电场分布，提高绝缘子的电晕放电电压，现已广泛采用电容式套管。

a) CWC-10型

b) CWB-35型

图4-53 户外式套管绝缘子
1—导电体 2—螺母 3—端帽 4—瓷套 5—法兰盘 6—垫圈 7—接触弹簧

3. 线路绝缘子

（1）线路绝缘子种类 线路绝缘子的品种很多，主要有针式、悬式和蝶式三大系列，外形如图4-54所示。

a) 针式

b) 悬式　　　　　　　　　　　　c) 蝶式

图4-54　线路绝缘子外形图

（2）悬式绝缘子的特点 悬式绝缘子由瓷件、铁帽和钢脚用水泥胶合剂胶合而成。瓷件表面有一层棕色或白色的硬质瓷釉，用以提高绝缘子的电气和机械强度。金属附件全部镀锌。根据电压等级的不同，可将悬式绝缘子串接起来使用。片间的连接有球形和槽形两种，如图4-55所示。为了保证运行中绝缘子串不会脱落，每片悬式绝缘子都有锁紧装置，球形连接结构间采用弹性销，弹性销经多次拆装后，仍应具有良好的弹性，以保证其锁紧作用；槽形连接结构中采用圆柱销，并用开口销锁紧。悬式绝缘子串片数与电压等级的关系，见表4-1。

a) 球形　　　　　b) 槽形

图4-55　球形和槽形连接附件的结构

1—钢脚　2、4—铁帽　3—弹性销　5—销钉　6—开口销

表4-1　不同电压等级悬式绝缘子串的最少片数

线路额定电压/kV	35	(60)①	110	(154)①	220	330①	500
片数（X45型）	1	5	7	10	13	19	33

① 为我国部分地区电压等级。

4.5.2　母线

母线是汇集和分配电流的裸导体装置，又称汇流排。裸导体的散热效果好、容量大、金属材料的利用率高，具有很高的安全可靠性，但母线相间距离大，占用面积大，有时需要设置专用的母线廊道，因而费用较高，安装工程较复杂。母线在正常运行中，通过的功率大，在发生短路故障时会承受很大的热效应和电动力效应，加上它处于配电装置的中心环节，作用十分重要。因此要合理选择母线材料、截面大小、截面形状及布置方式，正确地进行安装和运行维护，以确保母线的安全可靠和经济运行。

1. 母线的形状及布置

（1）母线的形状 母线的截面形状有矩形、圆形、管形、槽形等。矩形母线散热面大，冷却条件好，同一截面的矩形母线比圆形母线的允许通过电流大，材料利用率高，但周围电场很不均匀，易产生电晕，故只用于35kV及以下的配电装置中。圆形母线的曲率半径均匀，无电场集

中表现，不易产生电晕，但散热面积小，因此在35kV以上的高压配电装置中多采用圆形或管形母线。

（2）母线的布置 母线的布置包括母线的排列、矩形母线的放置与装配以及矩形母线的弯曲方向。

母线三相导体有水平排列（平排）、竖直排列（竖排）和三角形排列三种排列方式。三角形排列仅用于某些封闭式成套配电装置或其他特殊情况。屋内外硬母线广泛采用水平排列和竖直排列。屋外软母线则只采用水平排列。

矩形母线在空间有水平放置（平放）和垂直放置（立放）两种放置法，在支柱绝缘子顶面有平装和立装两种装配法，如图4-56所示。母线立放时的对流散热效果较好，平放时则较差。平装时绝缘子承受的弯曲荷载较小，立装则加重绝缘子的弯曲荷载。

1）母线竖排立放平装，如图4-56a所示。该布置方式占用场地较少、散热好，绝缘子的电动力荷载较小，母线的抗弯强度高。该方式广泛用于母线廊道等。但设备接线端多为水平排列，故竖排不便于直接向设备引接。此外，绝缘子可能受到较大的施工弯曲荷重。

2）母线平排平放平装，如图4-56b所示。该布置方式占用空间高度小，绝缘子和母线的受力情况均好，只有散热效果较差，但其母线便于和设备的水平出线端引接，应用较广泛。

b) 平排平放平装

a) 竖排立放平装　c) 平排立放立装　d) 竖排平放立装

图 4-56　矩形母线的布置方式

3）母线平排立放立装，如图4-56c所示。其母线和绝缘子的受力情况较差，但"T"接引线方便，用于短路电流较小、电动力弯矩不大的情况。

4）母线竖排平放立装，如图4-56d所示。该布置方式很少应用。

2. 母线在绝缘子上的固定 矩形母线是用金具固定在支柱绝缘子上的，如图4-57所示。下夹板3由埋头螺栓2紧固在支柱绝缘子1的顶帽上。上、下平夹板两端被带套筒4的螺杆6压紧并构成牢固的框架，母线被夹持在该框架内。因套筒4的高度略大于母线厚度，由其承受螺杆紧固力，故母线处于松动状态。

为了避免在大电流周围形成铁磁闭合回路，减少钢件中的铁损和发热，上夹板5宜采用非铁磁材料。其他固结件均为镀锌钢件。

为了使母线在温度变化时，能纵向自由伸缩，以免支柱绝缘子受到很大应力，在螺栓上套以间隔钢管，使母线与上夹板5之间保持1.5～2mm的空隙。当矩形铝母线长度大于20m，矩形铜母线或钢母线长度大于30～35m时，在母线上应装设伸缩补偿器，如图4-58所示。图中盖板4上有圆孔，用于连接螺栓5，按螺栓直径在铝母线3上钻有长孔，螺栓5不拧紧，仅起导向作用，母线可在长孔中自由伸缩。

图 4-57　母线在绝缘子上的固定
1—支柱绝缘子　2—埋头螺栓　3—下夹板
4—套筒　5—上夹板　6—螺杆　7—母线

伸缩补偿器采用与母线相同的材料，由厚度为0.2～0.5mm的许多薄片叠成，实际中一般采用薄铜片。薄片数目应与母线截面相适应。当母线厚度在8mm以下时，允许用母线本身弯曲代替伸缩补偿器。

3. 母线着色 母线着色可以增加其热辐射能力，有利于母线散热。因此着色后的母线允许电流提高12%～15%，同时着色后，既可防止氧化，又便于工作人员识别直流极性和交流相别。

规程规定母线着色的颜色标准为：

1）直流装置：正极涂红色，负极涂蓝色。

2）交流装置：A相涂黄色，B相涂绿色，C相涂红色。

3）中性线：不接地的中性线涂白色，接地中性线涂紫色。

为了便于发现接头缺陷和接触效果，所有接头部位均不着色。

图 4-58 母线伸缩补偿器
1—补偿器 2—固定螺栓 3—母线
4—盖板 5—螺栓

4. 母线槽 母线槽是以铜或铝作为导体、用非烯性绝缘支撑，然后装到金属槽中而形成的新型导体。

母线槽一般由始端母线槽、直通母线槽（分带插孔和不带插孔两种）、L形垂直（水平）弯通母线、Z形垂直（水平）偏置母线、T形垂直（水平）三通母线、X形垂直（水平）四通母线、变容母线槽、膨胀母线槽、终端封头、终端接线箱、插接箱、母线槽有关附件及紧固装置等组成。

（1）母线槽的分类 母线槽按绝缘方式可分为空气式插接母线槽、密集绝缘插接母线槽和高强度插接母线槽三种。按其结构及用途分为密集绝缘、空气绝缘、空气附加绝缘、耐火、树脂绝缘和滑触式母线槽；按其外壳材料分为钢外壳、铝合金外壳和钢铝混合外壳母线槽。

（2）母线槽的特点 ①母线槽电流容量很大而且电气和机械性能好，另外用金属槽作为外壳，所以具有不燃烧、安全可靠性高且使用寿命长的优点；②与传统的配线方式比较，设备所占面积显著减少，重量轻，操作容易，并且外观美观；③母线槽散热性能好，过载能力强；④电压降很小；⑤母线槽分接方便（连接非常简单，如同连接用水管道一般，通过三通、弯头等接头连接成一个系统）；⑥施工和检查简单，几乎不必维护。

由于以上特点，母线槽在户内低压电力输送干线工程项目中已越来越多地代替了电线电缆，如今在工厂、高层建筑等电气设备、电力系统中已成为不可缺少的配线方式。

4.6 成套装置

4.6.1 高压成套装置

高压成套装置又称高压开关柜，是根据不同用途的接线方案将一、二次设备组装在柜中的一种高压成套配电装置，具有结构紧凑、占地面积小、排列整齐美观、运行维护方便、可靠性高以及可大大缩短安装工期等优点，所以在工厂变配电所6～10kV户内配电装置中获得广泛应用。

高压开关柜按柜内装置元件的安装方式，分为固定式和手车式（移开式）两种。按柜体结构形式，有开启式和封闭式两类，封闭式包括防护封闭、防尘封闭、防滴封闭和防尘防滴封闭等形式。根据一次线路安装的主要电器元件和用途又可分为很多种，如油断路器柜、负荷开关柜、熔断器柜、电压互感器柜、隔离开关柜、避雷器柜等。根据断路器在柜中放置形式可分为落地式和中置式。目前中置式开关柜应用越来越多。

为了提高高压开关柜的安全可靠性并实现高压安全操作程序化，近年来对固定式和手车式高压开关柜在电气和机械联锁上都采取了"五防"措施。所谓"五防"，是指①防止误合、误分断路器；②防止带负荷分、合隔离开关；③防止带电挂接地线；④防止带接地线合闸；⑤防止误入带电间隔。

1. 固定式高压开关柜 固定式高压开关柜的特点是柜内所有电器元件都固定安装在不能移动的台架上，结构简单也较经济，在一般中小型企业中，应用较为广泛。我国现在大量生产和广泛应用的固定式高压开关柜主要为GG-1A（F）型。KGN-10型铠装金属封闭式固定开关柜外形示意图如图4-59所示。

图 4-59 KGN–10 型开关柜外形尺寸及结构示意图
1—本体装配 2—母线室装配 3—继电器室装配

2. 手车式（移开式）高压开关柜 手车式（移开式）高压开关柜的特点是一部分电器元件固定在可移动的手车上，另一部分电器元件装置在固定的台架上，所以它是由固定的柜体和可移动的手车两部分组成的。手车上安装的电器元件可随同手车一起移出柜外。为了防止误操作，柜内与手车上装有多种机械与电气联锁装置（如高压断路器柜，只有将手车推到规定位置后断路器才能合闸；断路器合闸时手车不能移动，断路器断开后手车才能拉出柜外）。与固定式开关柜相比，手车式开关柜具有检修方便、安全、供电可靠性高等优点，但价格较贵。我国现在使用的手车式高压开关柜有 GFC–10、GC–10 和 GBC–35、GFC–35、KYN–10、JYN2–10、JYN–35 等。图 4-60 示出了 KYN–10 型移开式铠装柜的结构示意图。

图 4-60 KYN–10 型移开式铠装柜
1—穿墙套管 2—泄压活门 3—继电器仪表箱
4—端子室 5—手车 6—手车室

生产厂家生产有各种用途的高压开关柜，如各种形式的电缆进（出）线、架空进（出）线、电压互感器与避雷器、左（右）联络等高压柜，并规定了一次线路方案编号。用户可按所设计主接线及二次接线的要求进行选择、组合，以构成所需的高压配电装置。图 4-61 为采用 JYN2–10 型高压开关柜的一次线路方案组合示例。

4.6.2 低压配电屏

低压配电屏是一种按一定的线路方案将一、二次设备组装而成的低压成套配电装置，用于低压配电系统中作动力、照明配电。

一次线路方案编号	03	20	02	02	07	12	02	02	20	03
用途	电源（电缆）进线	电压互感器、避雷器柜	带接地刀的馈电（电缆）出线		右联络柜	隔离及联络	带接地刀的馈电（电缆）出线		电压互感器、避雷器柜	电源（电缆）进线

低压配电屏按结构形式分为固定式和抽屉式两大类。固定式低压配电屏又有单面操作和双面操作两种，双面操作式为离墙安装，屏前屏后均可维修，占地面积较大，在盘数较多或二次接线较复杂需经

图 4-61　JYN2-10 型高压开关柜组合示例

常维修时，可选用此种形式。单面操作式为靠墙安装，屏前维护，占地面积小，在配电室面积小的地方宜选用，这种配电屏目前较少生产。抽屉式低压配电屏的特点是馈电回路多、体积小、检修方便、恢复供电迅速，但价格较贵。一般中小型工厂多采用固定式低压配电屏。

1. 固定式低压配电屏　固定式低压配电屏主要有 PGL 型和 GGD 型两种。PGL 型为室内安装的开启式双面维护的低压配电屏。PGL 型结构设计更为合理，电路配置安全，防护性能好。如 PGL 屏的母线是安装在配电屏后骨架上方的绝缘框上，母线上还装有防护罩，这样就可防止母线上方坠落金属物而造成母线短路事故的发生。PGL 配电屏具有更完善的保护接地系统，提高了防触电的安全性。其线路方案也更为合理，除了有主电路外，对应每一主电路方案还有一个或几个辅助电路方案，便于用户选用。GGD 型低压配电屏是根据能源主管部门、广大电力用户及设计部门的要求，本着安全、经济、合理、可靠的原则，于 20 世纪 90 年代设计的配电屏。采用封闭式结构，具有分断能力高、动热稳定性好、结构新颖合理、电气方案切合实际、系列性及适用性强、防护等级高等特点。图 4-62 为 GGD 型低压配电屏外形示意图。

图 4-62　GGD 型低压配电屏外形示意图

2. 抽屉式低压配电屏　抽屉式低压配电屏由薄钢板结构的抽屉及柜体组成。主要电器安装在抽屉或手车内，当遇单元回路故障或检修时，将备用抽屉或小车换上便可迅速恢复供电。常用

的抽屉式低压配电屏有 BFC 型、GCS 型、GCK 型、GCL 型、UKK（DOMINO-Ⅲ）型等。图 4-63 为 GCS 型低压配电屏安装及外形示意图。

图 4-63　GCS 型低压配电屏安装及外形示意图

4.6.3　预装式变电站

预装式变电站（也称箱式变电站或箱变）是一种将高压开关设备、变压器和低压配电装置三部分按一定接线方案组成一体的紧凑式成套装置，有时又称"移动式变电站"。与常规变电站相比，它具有以下特点：①体积小、占地少、重量轻、结构紧凑，使用安全方便。②选址灵活，对环境适应性强，可与环境协调配合，深入负荷中心。③节能、噪声低、过载能力强、供电可靠。④无需征地、建房，从而减少投资、缩短工期。⑤采用全密封、全绝缘结构，具有防水、防尘、防飞虫、防火等性能，适用于各种恶劣环境。

1. 预装式变电站的类型与特点　目前在我国使用的预装式变电站有美式箱变、欧式箱变和国产箱变三种类型。

美式箱变的高压侧采用负荷开关和熔断器，二者之间无联锁关系，箱变内高低压电器及其连线在油介质中紧密组合，体积小（不到欧式箱变的 1/3）。由于箱内空间较小，负荷开关只能手动操作。因其高低压电器元件都浸在高燃点油（312℃）中，故可抵御各种苛刻的环境条件（如污染、湿热等）。美式箱变适用于容量不大（630kV·A 及以下）、低压分支回路不多、接近用户的环网配电单元和终端变电站。美式箱变存在高压电器元件与变压器共箱带来的油污染、高压电器元件长期在高温环境下运行带来的寿命和可靠性降低等问题。但由于其体积小、全绝缘、全封闭、箱体外露散热效果好，为用户所青睐。

欧式箱变中的负荷开关和熔断器构成联锁组合电器。箱内变压器、高压配电装置、低压配电装置三部分以"目"字形或"品"字形组合，外面用金属外壳铠装而成。箱内元件为定型组装，变压器可为油浸式或干式。由于负荷开关和熔断器是联锁的，故当高压侧一相熔断时，负荷开关脱扣器被熔断器撞针撞击而脱扣，不会引起较长时间的断相运行。欧式箱变体积大，故负荷开关可电动操作，箱变容量也比较大，变压器散热较困难。

国内生产的预装式变电站品种繁多，有 ZBW 型、DXB10 型、ZGS 型、YBZ 型、NXW 型及 BZ 型等。其供电方式有终端供电与环网供电两种方式。进线方式一般采用电缆进线。高压设备一般为负荷开关 + 熔断器组合环网开关柜，这些开关设备均具有全面的防误操作联锁功能。低压室可设计配电、动力、照明、计量、无功补偿等功能。

国内预装式变电站的箱体形状呈现多样化，各制造厂可根据用户的使用环境和地形特征组成不同的形状。箱体的颜色可与外界环境相协调，如安装在街心花园或花丛中的箱变，箱体可配以绿色；安装在路边或建筑群中的箱变，可与周围建筑相协调。箱体的材料可以用金属（如普通钢板、热镀锌钢板、铝合金板及夹层彩色钢板），也可用非金属（如玻璃纤维增强塑料板、复合玻璃钢板预制成型板、水泥预制成型板以及特种玻璃纤维增强水泥预制板等）。非金属材料箱体能耐老化、阻燃，且有防止产生危险静电荷的措施。不论何种箱体材料，它们都具有足够的机械强度以耐受一定的机械力作用和内部故障电弧而引起的冲击力。

2. 预装式变电站的总体结构　预装式变电站的总体布置主要有组合式和一体式两种形式。组合式是指预装式变电站的高压开关设备、变压器及低压配电装置三部分各为一室而组成"目"字形或"品"字形布置，如图 4-64 所示。与"品"字形相比，"目"字形接线较为方便，故大多数组合式变电站采用"目"字形布置，但"品"字形结构较为紧凑，特别是当变压器室布置多台变压器时，"品"字形布置较为有利。一体式箱变是指以变压器为主体，熔断器及负荷开关等装在变压器箱体内，构成一体式布置。

图 4-64　预装式变电站的布置
H—高压室　T—变压器室　L—低压室

预装式变电站一般用于户外，运行中会遇到诸如凝露、发热、腐蚀、灰尘、爆炸等情况。为避免这些问题的发生，应从结构上加以解决。预装式变电站箱体用优质钢板、型钢等材料经特殊处理后焊接而成；框架外壳采用防锈铝合金板等材料，并喷防护漆，增强了防腐蚀能力，使其具备长期户外使用的条件。预装式变电站的顶盖结构要牢固、设计应合理，并配有隔热层和气楼；为防止温度急剧变化箱身产生凝露，应装设隔热层，并装自动电加热器；在变压器底部和顶部安装有风扇，可由温控仪控制自动起动，形成强力排风气流；顶盖设计为可拆卸式的，当变压器需要吊心检修时，可将顶盖卸下，有的则在变压器室底部设计有滚轮槽和泄油网，以便于变压器进出检修和变压器油泄入油坑。箱体顶部设有吊环，以便整体吊装。如图 4-65 为配 SF_6 负荷开关设备的典型预装式变电站。

图 4-65　配 SF_6 负荷开关设备的典型预装式变电站

3. 预装式变电站的智能化　智能化预装式变电站是将高压开关电器、变压器、低压配电装置和二次智能化设备集中组合在一起，具有智能检测、保护、控制、通信功能的预制式成套配电设备。它能实现遥测、遥控、通信、遥调和变电站无人值守的运行管理和维护模式。

智能化预装式变电站可以及时采集现场运行数据；自诊断和预警断路器运行及母线温升等状况，显示变电站工作状态，远动调节断路器保护参数，远动操作负荷开关、断路器组态；就地动态无功功率补偿。智能单元通过对线路上各电气设备的实时监控，实现配电网络的优化运行，提高配电网安全运行水平，从而大大提高供电可靠性。它的基本功能是实时监控配电网中各种电气设备的运行状态，及时发现故障、隔离故障、迅速恢复非故障区段的供电。它具有通信接口，能适应配电自动化要求，智能功能还可根据用户需求进行选配。

4. 预装式变电站的设备选型

（1）中压开关设备　在预装式变电站中，若为终端接线，使用负荷开关-熔断器组合电器；若为环网接线，则采用环网供电单元。环网供电单元有空气绝缘和 SF₆ 绝缘两种。

环网供电单元一般配负荷开关，它由两个作为进出线的负荷开关柜和一个变压器回路柜（负荷开关＋熔断器）组成。配空气绝缘环网供电单元的负荷开关主要有产气式、压气式和真空式。由于我国推行环网供电以减少供电的中断，预计环网供电单元将有大的发展。

（2）电缆插接件　电缆插接件用来连接电缆，是环网供电单元的有机组成部分，它的可靠性和安全性直接影响到环网供电单元整体。为安全起见，电缆插接件一般做成封闭式。

电缆插接件按其结构特点分为外锥插接件和内锥插接件。由于国外大力发展环网供电单元，电缆插接件应用广泛，需要量大，且都有自己的插接件标准。

（3）变压器　预装式变电站用的变压器为降压变压器，一般将10kV降至380/220V，供用户使用，在预装式变电站中，变压器的容量一般为 160～1600kV·A，而最常用的容量为 315～630kV·A。变压器应采用油浸式低损耗变压器，如 S9 型产品及更新型产品。在防火要求严格的场合，应采用树脂干式变压器。

变压器在预装式变电站中的设置有两种方式：一种是将变压器外露，不设置在封闭的变压器室内，放在变压器室内因散热不好而影响变压器的出力；另一种做法也是当前采用较多的方法，将变压器设置在封闭的室内，用自然和强迫通风来解决散热问题。

自然通风散热有变压器门板通风孔间对流、变压器门板通风孔与顶盖排风扇间的对流及预装式变电站基础上设置的通风孔与门板或顶盖排风扇间的对流。当变压器容量小于315kV·A时，使用后两种方法为宜。

强迫通风也有多种方法，如将排风扇设置在顶盖下面，进行抽风；将排风扇设置在基础通风口处，进行送风。第一种方法是风扇搅动室内的热空气，散热效果不够理想。第二种方法是将基础下面坑道处的较冷空气送入室内，这样温差大，散热效果较好。

（4）低压配电装置　低压配电装置装有主开关和分路开关。分路开关一般4～8台，多的可达12台。因此，分路开关占了相当大的空间，缩小分路开关的尺寸，就能多装分路开关，所以在选择主开关和分路开关时，除体积要求外，还应选择短飞弧或零飞弧产品。

低压室有带操作走廊和不带操作走廊两种形式。操作走廊一般宽度为1000mm。不带操作走廊时，可将低压室门板做成翼门上翻式，翻上的面板在操作时遮阳挡雨，这在国外结构中常见。

低压室往往还装有静补装置及低压计量柜等，因此要充分利用空间。

4.7　工厂变配电所的电气主接线

4.7.1　电气主接线的作用及要求

变配电所的电气主接线又称为主电路，指的是变配电所中各种开关设备、变压器、母线、电流互感器、电压互感器等主要电气设备，按一定顺序用导线连接而成的，用以接受和分配电能的电路。它对电气设备选择、配电装置布置等均有较大影响，是运行人员进行各种倒闸操作和事故处理的重要依据。

主电路图中的主要电气设备应采用国家标准规定的图形符号和文字符号来表示。主电路图通常用单根线表示三相电路，使图示简单明了，但当三相电路中设备不对称时，则部分应用三线图表示。

对工厂变配电所电气主接线方案有下列基本要求：

（1）安全性　符合国家标准和有关设计规范的要求，能充分保证在进行各种操作时工作人员的人身安全和设备安全，以及在安全条件下进行维护检修工作。

（2）可靠性　满足各级电力负荷特别是一、二级负荷对供电可靠性的要求。

（3）灵活性　能适应各种运行所需求的接线方式，便于检修，切换操作简便，而且适应今后的发展，便于扩建。

（4）经济性 在满足上述要求的前提下，主接线应力求简单，使投资最省、运行费用最低，并且节约电能和金属材料的消耗量，尽量减少占地面积。

4.7.2 工厂变配电所常用主接线

工厂变配电所常用主接线有单母线接线、桥式接线及线路-变压器组单元接线三种基本形式。

1. 单母线接线 单母线接线又可分为单母线不分段接线和单母线分段接线两种。

（1）单母线不分段接线 当只有一路电源进线时，常用这种接线，如图4-66a 所示。

这种接线的优点是接线简单清晰，使用设备少，经济性比较好。由于接线简单，操作人员发生误操作的可能性小。这种接线的缺

a) 单母线不分段接线   b) 单母线分段接线

图 4-66   单母线接线

点是灵活性、可靠性差。因为当母线或母线隔离开关发生故障，或进行检修时，必须断开供电电源，而造成全部用户供电中断。

此接线适用于对供电连续性要求不高的三级负荷用户，或有备用电源的二级负荷用户。

（2）单母线分段接线 当有双电源供电时，常采用高压侧单母线分段接线，如图4-66b 所示。

分段开关可采用隔离开关或断路器分段。当采用隔离开关分段时，如需对母线或母线隔离开关检修，可将分段隔离开关断开后分段进行检修。当母线发生故障时，经短时间倒闸操作将故障段切除，非故障段仍可继续运行，只有故障段所接用户（约50%）将停电。

若用断路器分段时，除仍可分段检修母线或母线隔离开关外，还可在母线或母线隔离开关发生故障时，母线分段断路器和进线断路器同时自动断开，以保证非故障部分连续供电。

这种接线的优点是供电可靠性较高，操作灵活，除母线故障或检修外，可对用户连续供电。这种接线的缺点是母线故障或检修时，有50%左右的用户停电。

此接线适用于有两路电源进线的变配电所。采用单母线分段接线，可对一、二级负荷供电，特别是装设了备用电源自动投入装置后，更加提高了单母线用断路器分段接线的供电可靠性。

2. 桥式接线 为保证对一、二级负荷可靠供电，变配电所广泛采用由两回路电源供电，装设两台变压器的桥式接线。

所谓桥式接线，是指在两路电源进线之间跨接一个断路器，犹如一座桥，如图4-67 所示。主要有内桥式接线和外桥式接线。

（1）内桥式接线 内桥式接线的"桥"断路器2QF 装设在两回路进线断路器的内侧，犹如桥一样将两回路进线连接在一起。正常时，断路器2QF 处于开断状态。

这种接线的运行灵活性好，供电可靠性高，适用于一、二级负荷的工厂。

如果某路电源进线侧，例如1WL 停电检修或发生故障，2WL 经2QF 可对变压器 1T 供电。因此这种接线适用于线路长，故障机会多和变压器不需经常投入和切除的总降压变电所。

（2）外桥式接线 在这种接线中，一次侧的"桥"断路器装设在两回进线断路器的外侧。

此种接线方式运行的灵活性和供电的可靠性较

a) 内桥式接线   b) 外桥式接线

图 4-67   桥式接线

好，但与内桥式适用的场合不同。外桥式接线对变压器回路操作方便，如需切除变压器 1T 时，可断开 1QF，再合上 2QF，可使两条进线都继续运行。因此，外桥式接线适用于供电线路较短，工厂用电负荷变化较大，变压器需经常切换，具有一、二级负荷的变电所。

3. 线路–变压器组单元接线 在工厂变电所中，当只有一路电源供电和一台变压器时，可采用线路–变压器组单元接线，如图 4-68 所示。

根据变压器高压侧的不同情况，也可以装设图 4-68 中右侧 3 种开关电器中的一种。当电源侧继电保护装置能保护变压器且灵敏度满足要求时，变压器高压侧可以装设隔离开关。当变压器高压侧短路容量不超过高压熔断器断流容量，而又允许采用高压熔断器保护变压器时，变压器高压侧可装设跌落式熔断器或负荷开关–熔断器。一般情况下，在变压器高压侧装设隔离开关和断路器。

当高压侧装设负荷开关时，变压器容量不大于 1 250kV · A；高压侧装设隔离开关或跌落式熔断器时，变压器容量一般不大于 630kV · A。

图 4-68 线路–变压器组单元接线

这种接线的优点是接线简单，所用电气设备少，配电装置简单，节约了建设投资。但其缺点是，该单元中任一设备发生故障或检修时，变电所全部停电，可靠性不高。

这种接线主要适用于小容量三级负荷、小型工厂或非生产性用户。

4.7.3 变配电所电气主接线实例

1. 主接线设计基本原则 工厂变配电所担负着从电力系统受电并向各车间变电所及某些高压用电设备配电的任务，设计时应遵守以下基本原则。

1）变电所（配电所）电气主接线，应按照电源情况、生产要求、负荷性质、用电容量和运行方式等条件确定，并应满足运行安全可靠、简单灵活、操作方便和经济等要求。

2）在满足上述要求时，变电所高压侧应尽量采用断路器少的或不用断路器的接线，如线路–变压器组或桥式接线等。当能满足电力网继电保护的要求时，也可采用线路分支接线。

3）如能满足电力网安全运行和继电保护的要求，终端变电所和分支变电所的 35kV 侧可采用熔断器。

4）35kV 配电装置中，当出线为两回路时，一般采用桥式接线；当出线超过两回路时，一般采用单母线分段接线，但由一个变电所单独向一级负荷供电时，不应采用单母线接线。

5）变电所装有两台主变压器时，6～10kV 配电装置一般可采用分段单母线接线；当该变电所向一级负荷供电时，6～10kV 配电装置应采用分段单母线接线。

6）连接在母线上的阀型避雷器和电压互感器一般合用一组隔离开关。连接在变压器上的阀型避雷器一般不装设隔离开关。

7）如采用短路开关，线路上有分支变电所的终端变电所应装设快分隔离开关。短路开关与相应的快分隔离开关之间应装设闭锁装置。在中性点非直接接地电力网中，短路开关应采用两相式。

8）当需限制 6～10kV 出线的短路电流时，一般采用变压器分列运行，也可在变压器回路中装设分裂电抗器等。

9）当变电所有两条 35kV 电源进线时，一般装设两台所用变压器，并宜分别接在不同电压等级的线路上。如能从变电所外引入一个可靠的备用低压电源时，可只装设一台所用变压器。如能从变电所外引入两个可靠的低压电源时，可不装设所用变压器，当变电所只有一条 35kV 电源进线时，可只在 35kV 电源进线装设一台所用变压器。

2. 典型工厂变电所电气主接线实例 图 4-69 所示为一个比较典型的中型工厂供电系统中高压配电所及其附设 2 号车间变电所的主接线图。下面对此主接线图进行简单分析。

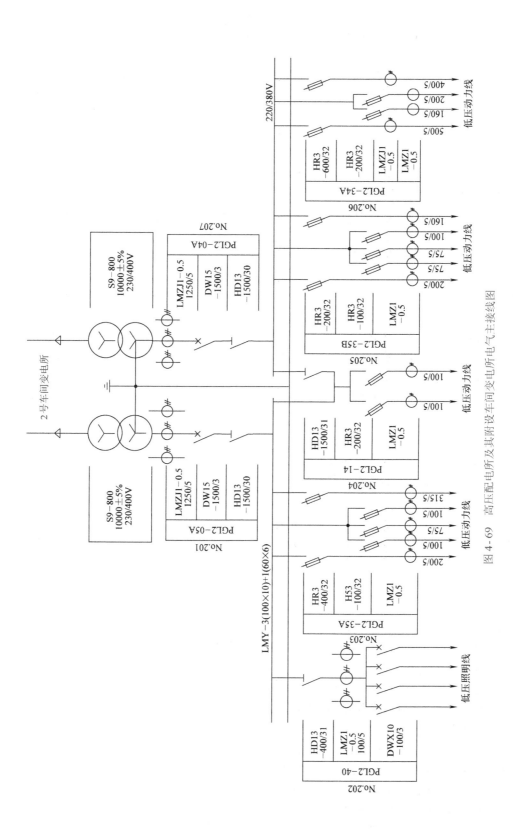

图4-69 高压配电所及其附设车间变电所电气主接线图

（1）电源进线　该配电所有两路 10kV 电源进线，一路是架空线 1WL，另一路是电缆线 2WL。最常见的进线方案是一路电源来自发电厂或电力系统变电站，作为正常工作电源；而另一路电源则来自邻近单位的高压联络线，作为备用电源。

《供电营业规则》规定：对 10kV 及以下电压供电的用户，应配置专用的电能计量柜（箱）；对 35kV 及以上电压供电的用户，应有专用的电流互感器二次线圈和专用的电压互感器二次连接线，并不得与保护、测量回路共用。根据以上规定，在两路电路进线的主开关（高压断路器）柜之前各装设一台 GG-1A-J 型高压计量柜（No.101 和 No.112），其中的电流互感器和电压互感器只用来连接计费的电能表。

装设进线断路器的高压开关柜（No.102 和 No.111），因为需与计量柜相连，因此采用 GG-1A(F)-11 型。由于进线采用高压断路器控制，所以切换操作十分灵活方便，而且可配以继电保护和自动装置，使供电可靠性大大提高。

考虑到进线断路器在检修时有可能两端来电，因此为保证断路器检修时的人身安全，断路器两侧都必须装设高压隔离开关。

（2）母线　高压配电所的母线，通常采用单母线制。如果是两路或以上电源进线，则采用高压隔离开关或高压断路器（其两侧装隔离开关）分段的单母线制。母线采用隔离开关分段时，分段隔离开关可安装在墙上，也可采用专门的分段柜（也称联络柜），如 GG-1A(F)-119 型柜。

图 4-69 所示高压配电所通常采用一路电源工作、一路电源备用的运行方式，因此母线分段开关通常是闭合的，高压并联电容器对整个配电所进行无功补偿。如果工作电源发生故障或进行检修时，在切除该进线后，投入备用电源即可恢复对整个配电所的供电。如果装设备用电源自动投入装置，则供电可靠性可进一步提高。

为了测量、监视、保护和控制主电路设备的需要，每段母线上都接有电压互感器，进线上和出线上都接有电流互感器。图 4-69 上的高压电流互感器均有两个二次绕组，其中一个接测量仪表，另一个接继电保护装置。为了防止雷电过电压侵入配电所时击毁其中的电气设备，各段母线上都装设了避雷器。避雷器和电压互感器装设在一个高压柜内，且共用一组高压隔离开关。

（3）高压配电出线　该配电所共有 6 路高压出线。其中有两路分别由两段母线经隔离开关-断路器配电给 2 号车间变电所；一路供 1 号车间变电所；一路供 3 号车间变电所；一路供无功补偿用并联电容器组；还有一路供一组高压电动机用电。由于这里的高压配电线路都是由高压母线馈电，因此其出线断路器需在其母线侧加装隔离开关，以保证断路器和出线的安全检修。

4.8　配电装置

4.8.1　工厂变配电所所址选择的一般原则

变配电所所址选择的一般应根据下列要求并经技术经济分析后确定：

1）尽量靠近负荷中心，以减少供配电距离，降低供配电系统的电能损耗、电压损耗和有色金属消耗量。

2）进出线方便。

3）尽量靠近电源侧，特别是工厂的总降压变电所和高压配电所。

4）占地面积小。

5）交通方便，以利于设备的吊装、运输。

6）避免设在多尘或有腐蚀性气体的场所，无法远离时，不应设在污染源的下风侧。

7）避免设在有剧烈振动的地方或低洼积水处。

8）不妨碍工厂的发展，考虑扩建的可能。

9）所址的选择应方便职工的生活。

4.8.2　变配电所的总体布置

1. 配电装置的类型　配电装置是根据电气主接线方案，把各种高低压电气设备组装成为接收和分配电能的电气装置，包括变压器、开关电器、母线、保护电器、测量仪表、进出线路的导线或电缆及其他辅助设备等。通常分为以下几种：

（1）室内配电装置　把开关电器、母线、互感器等设备布置在室内，多用于35kV及以下系统中。优点是占地面积小、维护与运行操作方便、不受外界污秽空气和气候条件的影响；缺点是土建投资大。

（2）室外配电装置　把变压器、开关电器、母线、互感器、避雷器等设备安装在室外露天布置，多用于110kV及以上系统中。优点是土建投资小、建设周期短、扩建方便；缺点是占地面积大，受气候条件的直接影响，运行维护不方便。

（3）成套配电装置　成套配电装置是由制造厂成套供应的一种高低压配电装置，它是把开关电器、互感器、保护电器、测量仪表及自动设备等都装在一个金属柜中，运到变电所，在现场安装起来，多用于3～35kV系统中。优点是结构紧凑、占地面积小、建设周期短、维护方便、易于扩建和搬迁；缺点是造价高，耗用钢材多。

6～10kV中小型变电所一般采用户内式。户内式变电所通常由高压配电室、电力变压器室和低压配电室等三部分组成。有的还设有控制室、值班室，需要进行高压侧功率因数补偿时，还设置高压电容器室。

2. 变配电所的布置要求

1）室内布置应合理紧凑，便于维护和检修。有人值班的变配电所，一般应设单独的值班室，值班室应尽量靠近高低压配电室，且有门直通。如值班室靠近高压配电室有困难时，则值班室可经走廊与高压配电室相通。值班室亦可与低压配电室合并，但在放置值班工作桌的一面或一端，低压配电装置到墙的距离不应小于3m。条件许可时，可单设工具材料室或维修室。昼夜值班的变配电所，宜设休息室。

2）应尽量利用自然采光和通风，电力变压器室和电容器室应避免太阳西晒，控制室和值班室应尽量朝南。

3）应合理布置变电所内各室的相对位置，高压配电室与电容器室、低压配电室与电力变压器室应相互邻近，且便于进出线，控制室、值班室及辅助房间的位置应便于运行人员的管理。

4）应保证运行安全。变电所内不允许采用可燃材料装修，不允许各种水管、热力管道和可燃气体管道从变电所内通过。值班室内不得有高压设备。值班室的门应朝外开。高低压配电室和电容器室的门应朝值班室开或朝外开。油量为100kg及以上的变压器应装设在单独的变压器室内，变压器室的大门应朝马路开，但应避免朝向露天仓库。变电所宜单层布置。当采用双层布置时，变压器应设在底层。高压电容器组一般应装设在单独的房间内，但数量较少时，可装在高压配电室内。低压电容器组可装设在低压配电室内，但数量较多时，宜装设在单独的房间内。所有带电部分离墙和离地的尺寸以及各室维护操作通道的宽度，均应符合规程要求，以确保运行安全。变电所内配电装置的设置应符合人身安全和防火要求，对于电气设备载流部分应采用金属网或金属板隔离出一定的安全距离。

5）室内布置应经济合理，电气设备用量少，节省有色金属和电气绝缘材料，节约土地和建筑费用，降低工程造价。另外还应考虑以后发展和扩建的可能。高低压配电室内均应留有适当数量开关柜（屏）的备用位置。

3. 变配电所的布置方案　变电所的布置方案应设计合理、因地制宜、符合规范要求。布置方案应通过几个方案的技术经济比较最后确定。

4.8.3　变配电所的结构与布置

1. 电力变压器室和室外变压器台的结构与布置

（1）电力变压器室　变压器室的结构与布局，取决于变压器的型式、容量、放置方式、主接线方案及进出线的方式和方向等诸多因素,并应考虑运行维护的安全及通风、防火等问题。一般应考虑变压器室将来更换大一级容量变压器的可能性。为保证安全,油浸式电力变压器外廓与变压器室墙壁和门的最小净距应符合表4-2所列数值。

表4-2　油浸式电力变压器外廓与变压器室墙壁和门的最小净距　　　　（单位：m）

变压器容量/(kV·A)	≤1000	≥1250
器身外廓与后壁侧壁净距	0.6	0.8
器身外廓与门的净距	0.8	1.0

当油浸式变压器室位于容易沉积可燃粉尘和可燃纤维的场所、附近有易燃物大量集中的露天场所以及变压器室下面有地下室时,变压器室应设置容量为100%变压器油量的挡油设施,或设置容量为20%变压器油量的挡油池并设置能将油排到安全处所的设施。

变压器室应只设通风窗而不设采光窗,进风窗设在变压器室前门的下方,出风窗设在变压器室的上方,并应有防止雨、雪和蛇、鼠类小动物从门窗及电缆沟等进入室内的设施。通风窗的面积,根据变压器的容量、进风温度及变压器中心标高至出风窗中心标高的距离等因素确定。变压器室一般采用自然通风。夏季的排风温度不宜高于45℃,进风和排风的温差不宜大于15℃。通风窗应采用非燃烧材料。变压器室的地坪按通风要求,分为地面抬高和不抬高两种类型。变压器室的地坪抬高时,通风散热更好,但建筑费用较高。630kV·A及以下的变压器室,地坪一般不抬高。

变压器室的门应向外开。变压器室的布置方式,按变压器的推进方向,分为宽面推进和窄面推进两种类型,变压器室门的开度大小取决于变压器的推进方向。

(2) 室外变压器台　靠近建筑物外墙安装的普通型变压器,不应设在倾斜屋面较低的一侧,以防止屋面的水或其他物体落到变压器上。

露天或半露天变电所的变压器四周应设高度不低于1.7m的固定围栏或围墙。变压器外廓与围栏的净距不应小于0.8m,变压器底部距地面不应小于0.3m,相邻变压器外廓之间的净距不应小于1.5m。当露天或半露天变压器供给一级负荷用电时,相邻的油浸式电力变压器的防火净距不应小于0.5m,否则应设置防火墙。防火墙应高出储油柜顶部,且墙两端应大于挡油设施各0.5m。

当变压器容量在315kV·A及以下、环境条件正常且符合供电可靠性要求时,可考虑采用杆上变压器台。杆上变压器台应尽量避开车辆和行人较多的场所。

2. 高低压配电室和电容器室的结构与布置

(1) 高压配电室　高压配电室主要用于装设高压配电设备,在平面布置上应充分考虑进出线的方便。高压配电室应满足以下要求:

1) 高压配电室的长度超过7m时应设两个门,并应布置在配电室两端,其中搬运门宽1.5m,高2.5~2.8m。外墙门应为向外开启式,室内门应为双向推拉开启式。

2) 高压开关柜的布置方式主要取决于开关柜的数量。通常根据变电所主接线选定各回路的高压开关柜的型号和台数。布置高压开关柜时,应结合变电所与各用户间的相对位置,避免各高压开关柜的出线相互交叉。

如果高压开关柜台数较少,可采用单列布置,其操作通道宽度一般取2m;当高压开关柜在6台以上时,可采用双列布置,其操作通道宽度一般取2.5m。当受场地局限时,一般也不得小于表4-3规定的最小宽度值。

表4-3 6～10kV变电所内各种通道最小宽度值　　　　　　　　　　　　（单位：m）

开关柜布置方式	通道类别			
	维护通道	操作通道		通往防爆间隔通道
		固定式	手车式	
单列	0.8	1.5	单车长 + 1.2	1.2
双列	1.0	2.0	双车长 + 0.9	1.2

注：室内有柱子或其他局部凸出部位处的通道宽度可减少0.2m。

当只有一段母线时，为同类用电设备或车间变电所供电的所有高压开关柜宜单列相邻布置；有两段母线时，为同类用电设备或车间变电所供电的所有高压开关柜宜双列相对布置。

3）高压开关柜有靠墙安装和离墙安装两种安装方式。若变电所采用电缆出线，可采用靠墙安装方式，以减少配电室的建筑面积；若采用架空出线，则应采用离墙安装方式，开关柜与墙面距离应大于0.6m，且单列或双列布置的开关柜的一侧应留出通往防爆间隔的通道，宽度一般取1.2m。架空线的出线套管要求至室外地面的高度应不小于4m，出线悬挂点对地面的高度不小于4.5m。高压配电室内的净高度一般为4.2～4.5m，若双列布置并有高压母线桥时，室内净高度可取4.6～5m。

4）高压配电室的出线有架空出线和电缆出线。设计时可根据出线回路数和负荷类型来确定。如出线回路不多，可考虑采用架空出线，以节省工程费用；如出线回路数较多或为高压电动机供电的线路，宜采用电缆出线。室内外电缆沟底应有0.5%以上的坡度，并设置集水井，以便排水。相邻高压开关柜下面的检修坑之间需用砖墙分隔。

5）供给一级负荷用电的高压配电装置，在母线分段处应装设防火隔板或设置有门洞的隔墙。此外，高压配电室的耐火等级应不低于二级，室内顶棚、墙壁应刷白色，地面水泥抹面处理。

6）配电装置中电气设备的栅状遮栏高度不应小于1.2m，栅状遮栏最低栏杆至地面的净距不应大于200mm。网状遮栏高度不应小于1.7m，网状遮栏网孔不应大于40mm×40mm。围栏门应装锁。在安装有油断路器的屋内间隔内，除设置遮栏外，对就地操作的油断路器及隔离开关，应在其操动机构处设置防护隔板，宽度应满足人员操作的范围，高度不应小于1.9m。高压配电装置的柜顶为裸母线分段时，两段母线分段处宜装设绝缘隔板，其高度不应小于0.3m。

（2）低压配电室　低压配电装置一般采用成套式配电屏，作为三相交流电压380V（或660V）及以下动力、照明配电和对用电设备集中控制之用。目前我国生产的户内式低压配电屏有固定式和抽屉式两种，固定式有PGL型、GGL型、GGD型等交流低压配电屏，屏宽有400mm、600mm、800mm、1000mm等4种，屏深均为600mm，屏高均为2200mm。其主、辅电路均采用标准化方案，并有固定的对应关系，即一个主电路方案对应着几个辅助电路方案。当主电路方案确定以后，即可选取相应的辅助电路方案。

抽屉式低压配电屏具有馈电回路多、回路组合灵活、体积小、维护检修方便、恢复供电迅速等特点，主要有BFC-10A、BFC-20、GCS等系列，采用封闭式结构、离墙安装，元件装配有固定式、抽屉式和手车式等几种。这种配电屏内部分为前后两部分，后面部分主要用作装设母线，前面部分用隔板分割成若干个配电小室。固定式配电小室高度有450mm、600mm、900mm、1800mm等4种，抽屉式配电小室高度有200mm、400mm等2种，抽屉后板上装有6个主触头。为了确保操作安全，抽屉与配电小室门之间装有联锁装置，当配电小室门打开时抽屉电路不能接通。固定式或抽屉式配电小室均可按用户设计要求任意组合，但总组合高度不应超过1800mm。手车式配电小室一般为三个：第一个小室在左侧，为母线室，用于安装进出母线；第二个小室在右上侧，为继电保护室，安装各种继电保护、信号和主令等电器元件；第三个小室在右下侧，为主开关室，用于安装手车式主开关，并且与小室门之间也设有机械连锁机构，能防止在主开关负载时手车从工作位置上拉出，也能防止在主开关合闸状态时手车推入工作位置。

低压配电室布置应满足以下要求：

1）配电装置的布置，应考虑设备的操作、搬运、检修和试验的方便。

2）低压配电室的长与宽由低压配电屏的宽度、台数及布置方式确定。成列布置的配电屏，其长度超过6m时，屏后面的通道应有两个通向本室或其他房间的出口，并宜布置在通道的两端。当两出口之间的距离超过15m时，其间还应增加出口。低压配电室外墙门应向外开，内墙门应能两个方向开启，作为搬运设备的门宽度应不小于1m。低压配电室内应考虑预留适当数量的低压配电屏安装位置以满足发展的需要。

3）成列布置的配电屏，其屏前和屏后的通道宽度，不应小于表4-4中所列数值。

表4-4 低压配电屏前后通道宽度 （单位：m）

装置种类	布置方式							
	单排布置		双排对面布置		双排背对背布置		多排同向布置	
	屏前	屏后	屏前	屏后	屏前	屏后	屏前	屏后
固定式	1.50 (1.30)	1.00 (0.80)	2.00	1.00 (0.80)	1.50 (1.30)	1.50	2.00	—
抽屉式、手车式	1.80 (1.60)	0.90 (0.80)	2.30 (2.00)	0.90 (0.80)	1.80	1.50	2.30 (2.00)	—
控制屏（柜）	1.50	0.80	2.00	0.80	—	—	2.00	屏前检修时靠墙安装

注：括号内的数字为布置有困难时的最小允许宽度。

4）低压配电室通道上方裸带电体距地面的高度不应低于下列数值：

① 屏前通道内者为2.50m，加护网后其高度可降低，但护网最低高度为2.20m。

② 屏后通道内者为2.30m，否则应加遮护，遮护后的高度不应低于1.90m。

5）同一配电室内的两段母线，如任一段母线有一级负荷时，则母线分段处应有防火隔断措施。

6）低压配电屏一般要求离墙布置，屏后距墙净距约1m。当屏后墙面上安装低压进线断路器时，屏后距墙净距可根据操动机构的安装位置、操作方向适当加大。

7）低压配电室内高度应结合变压器室的布置结构来确定，可参考以下尺寸范围选择：

① 相邻变压器室地坪不抬高时，配电室高度为3.5~4m。

② 相邻变压器室地坪抬高时，配电室高度为4~4.5m。

③ 配电室采用电缆进线时，其高度可以降至3m。

8）低压配电屏的布置宜考虑出线的方便，尤其是架空出线时应避免出线之间互相交叉。低压配电屏下方宜设电缆沟，屏后有时也需设置电缆沟，一般沟深取600mm。当采取电缆出线时，在电缆出户处的室内外电缆沟深度应相互衔接吻合且要进行防火封堵，并采取良好的防水措施，电缆沟底面应有0.5%的坡度，并设置集水井，以利于排水。室内电缆沟可采用花纹钢板盖板或混凝土盖板，室内防火等级应在3级以上。

9）若在同一配电室内单列布置高、低压配电装置，且高压开关柜或低压配电屏顶面有裸露带电导体时，两者之间的净距不应小于2m，如果高压开关柜和低压配电屏的顶面封闭外壳防护等级符合IP2×级，两者可靠近布置。

（3）电容器室 室内高压电容器装置宜设置在单独房间内，当电容器组容量较小时，可设置在高压配电室内，但与高压配电装置的距离不应小于1.5m。低压电容器装置可设置在低压配电室内，当电容器总容量较大时，宜设置在单独房间内。

装配式电容器组单列布置时，网门与墙面的距离不应小于1.3m；当双列布置时，网门之间的距离不应小于1.5m。

成套电容器柜单列布置时，柜正面与墙面的距离不应小于1.5m；当双列布置时，柜面之间的距离不应小于2.0m。

高压电容器室在布置时应注意以下几点：

1）电容器室通风散热条件差，是电容器损坏的重要原因之一。因此要求高压电容器室应有良好的自然通风散热条件。通常将其地坪比室外提高0.8m，在墙下部设进风窗，上部设出风窗。通风窗的有效面积，可根据进风温度的高低，按每100kvar下部进风面积0.1~0.3m²、上部出风面积0.2~0.4m²计算。如果自然通风不能保证室内温度低于40℃，应增设机械通风装置来强制通风。为了防止小动物进入电容器室内，进出风口应设置网孔不大于10mm×10mm的铁丝网。

2）高压电容器室的平面尺寸可由电力电容器的容量来确定。如采用成套式高压电容器柜，则可按电容器柜的台数来确定高压电容器室的长度，根据电容器柜的深度、单列或双列布置及维护通道宽度来确定高压电容器室的宽度。一般单列布置的高压电容器室内净宽度为3m，双列布置的高压电容器室内净宽度为4.2m。高压电容器室的建筑面积也可按每100kvar 4.5m²来估算。如采用现场自行设计的装配式高压电容器组，电容器可分层安装，但一般不超过3层，层间应不加隔板以利于通风散热。下层电容器底部距地面应不小于0.3m。上层电容器底部距地面应不大于2.5m，电容器层间距离不小于1m，电容器外壳之间（宽面）的净距不宜小于0.1m。电容器的排间距离不宜小于0.2m。

3）高压电容器室的耐火等级应不低于2级。当室内长度超过7m时应设两个门，并且分设在电容器室两端，门向外开启，同时应尽量避免西晒。

4.8.4 配电装置内安全净距

1. 屋外配电装置的安全净距 屋外配电装置的安全净距应不小于表4-5所列数值。电气设备外绝缘体最低部位距地小于2500mm时，应装设固定遮栏。

表4-5 屋外配电装置的安全净距   （单位：mm）

符号	适应范围	系统标称电压/kV					
		3~10	15~20	35	66	110J	110
A_1	1. 带电部分至接地部分之间 2. 网状遮拦向上延伸线距地2.5m处与遮拦上方带电部分之间	200	300	400	650	900	1000
A_2	1. 不同相的带电部分之间 2. 断路器和隔离开关的断口两侧引线带电部分之间	200	300	400	650	1000	1100
B_1	1. 设备运输时，其设备外廓至无遮拦带电部分之间 2. 交叉的不同时停电检修的无遮拦带电部分之间 3. 栅状遮拦至绝缘体和带电部分之间 4. 带电作业时带电部分至接地部分之间	950	1050	1150	1400	1650	1750
B_2	网状遮拦至带电部分之间	300	400	500	750	1000	1100
C	1. 无遮拦裸导体至地面之间 2. 无遮拦裸导体至建筑物、构筑物顶部之间	2700	2800	2900	3100	3400	3500
D	1. 平行的不同时停电检修的无遮拦带电部分之间 2. 带电部分与建筑物、构筑物的边沿部分之间	2200	2300	2400	2600	2900	3000

注：1. 110J指中性点有效接地系统。

2. 带电作业时，不同相或交叉的不同回路带电部分之间，其B_1值可在A_2值上加750mm。

屋外配电装置使用软导线时，在不同条件下，带电部分至接地部分和不同相带电部分之间的最小安全净距，应根据表4-6进行校验，并应采用最大值。

表4-6 带电部分至接地部分和不同相带电部分之间的最小安全净距 （单位：mm）

条件	校验条件	设计风速/(m/s)	A值	系统标称电压/kV			
				35	66	110J	110
雷电过电压	雷电过电压和风偏	10①	A_1	400	650	900	1000
			A_2	400	650	1000	1100
工频过电压	1. 最大工作电压、短路和风偏（取10m/s风速）2. 最大工作电压和风偏（取最大设计风速）	10或最大设计风速	A_1	150	300	300	450
			A_2	150	300	500	500

① 在最大设计风速为35m/s及以上，以及雷暴时风速较大等气象条件恶劣的地区应采用15m/s。

2. 屋内配电装置的安全净距 屋内配电装置的安全净距应不小于表4-7所列数值。电气设备外绝缘体最低部位距地小于2300mm时，应装设固定遮栏。

表4-7 屋内配电装置的安全净距 （单位：mm）

符号	适应范围	系统标称电压/kV								
		3	6	10	15	20	35	66	110J	110
A_1	1. 带电部分至接地部分之间 2. 网状和板状遮栏向上延伸线距地2300mm处与遮栏上方带电部分之间	75	100	125	150	180	300	550	850	950
A_2	1. 不同相的带电部分之间 2. 断路器和隔离开关的断口两侧引线带电部分之间	75	100	125	150	180	300	550	900	1000
B_1	1. 栅状遮栏至带电部分之间 2. 交叉的不同时停电检修的无遮栏带电部分之间	825	850	875	900	930	1050	1300	1600	1700
B_2	网状遮栏至带电部分之间	175	200	225	250	280	400	650	950	1050
C	无遮栏裸导体至地（楼）面之间	2500	2500	2500	2500	2500	2600	2850	3150	3250
D	平行的不同时停电检修的无遮栏裸导体之间	1875	1900	1925	1950	1980	2100	2350	2650	2750
E	通向屋外的出线套管至屋外通道的路面	4000	4000	4000	4000	4000	4000	4500	5000	5000

注：1. 当为板状遮拦时，B_2值可在A_1值上加30mm。

2. 通向屋外配电装置的出线套管至屋外地面的距离，不应小于表4-5中所列屋外部分C值。

配电装置中，相邻带电部分的系统标称电压不同时，相邻带电部分的安全净距应按较高的系统标称电压确定。

屋外配电装置裸露的带电部分的上面和下面，不应有照明、通信和信号线路架空跨越或穿过；屋内配电装置裸露的带电部分上面，不应有明敷的照明、动力线路或管线跨越。

4.9 工厂变配电所电气设备的选择与校验

高低压电器的选择，必须满足其在一次电路正常条件下和短路故障条件下工作的要求，同时设备应工作安全可靠，运行维护方便，经济合理。

高低压电器按正常工作条件下选择，就是要考虑电气设备的环境条件和电气要求。环境条件是指电器的使用场所（户内或户外）、环境温度、海拔，以及有无防尘、防腐、防火、防爆等要求。电气要求是指电器在电压、电流、频率等方面的要求，对一些开断电流的电器，如熔断器、断路器和负荷开关等，则还包括其断流能力的要求。高低压电器按短路故障条件下选择，就是要校验其短路时能否满足动稳定度和热稳定度的要求。

4.9.1 电气设备选择的一般条件

1. 按正常工作条件选择 按正常工作条件选择是指按电气设备的装置地点、使用条件、检修和运行要求及环境条件等来选择导体和电器的种类和形式。

（1）电压 电气设备所在电网的运行电压因调压或负荷的变化，可能高于电网的额定电压，这对裸铝、铜导体不会有任何影响，但对电器和电缆，则要规定其允许最高工作电压不得低于所接电网的最高运行电压。

（2）电流 导体（或电气设备）的额定电流是指在额定环境温度 θ_0 下，长期允许通过的电流（I_N）。在额定的周围环境温度下，导体（或电气设备）的额定电流 I_N 应不小于该回路的最大持续工作电流 I_{max}。

周围环境温度 θ 和导体额定环境温度 θ_0 不等时，长期允许电流可按下式修正。

$$I_{N\theta} = I_N \sqrt{\frac{\theta_{max} - \theta}{\theta_{max} - \theta_0}} \tag{4-7}$$

式中 θ_{max}——导体或电气设备正常发热允许最高温度数值，可查附表31，一般可取 $\theta_{max} = 70℃$。

我国生产的电气设备的额定环境温度 $\theta_0 = 40℃$，裸导体的额定环境温度 $\theta_0 = 25℃$。

（3）环境条件 在选择电器时还要考虑电器安装地点的环境条件，一般电器的使用条件如不能满足当地气温、风速、湿度、污秽程度、海拔、地震强度和覆冰厚度等环境条件时，应向制造部门提出要求或采取相应的措施。

2. 按短路条件校验

（1）热稳定校验 导体或电器通过短路电流时，各部分的温度（或发热效率）应不超过允许值。满足热稳定的条件为

$$I_t^2 t \geq I_\infty^2 t_{ima} \tag{4-8}$$

式中 I_t、t——导体或电器允许通过的热稳定电流和持续时间，可由产品样本查得；

$\qquad I_\infty$——稳态短路电流；

$\qquad t_{ima}$——假想时间。

（2）动稳定校验 动稳定，即导体和电器承受短路电流机械效应能力。应满足的动稳定条件为

$$i_{es} \geq i_{sh} \tag{4-9}$$

或

$$I_{es} \geq I_{sh} \tag{4-10}$$

式中 i_{sh}、I_{sh}——短路冲击电流幅值及其有效值；

$\qquad i_{es}$、I_{es}——导体或电器允许的动稳定电流幅值及其有效值。

由于回路的特殊性，对下列几种情况可不校验热稳定或动稳定。

1）用熔断器保护的电器，其热稳定由熔体的熔断时间保证，故可不校验热稳定。

2）采用限流熔断器保护的设备可不校验动稳定，电缆因有足够的强度也可不校验动稳定。

3）装设在电压互感器回路中的裸导体和电器可不校验动、热稳定。

4.9.2 电气设备选择校验项目和条件

各类高低压电气设备的选择校验项目和条件见表4-8。

表 4-8　高低压电器的选择校验项目和条件

电器名称	电压/V	电流/A	断流能力/kA	断路电流校验	
				动稳定度	热稳定度
熔断器	√	√	√	—	—
高压隔离开关	√	√	—	√	√
高压负荷开关	√	√	√	√	√
高压断路器	√	√	√	√	√
低压刀开关	√	√	√	×	×
低压负荷开关	√	√	√	—	—
低压断路器	√	√	√	×	×
电流互感器	√	√	—	√	√
电压互感器	√	—	—	—	—
并联电容器	√	—	—	—	—
母线	—	√	—	√	√
绝缘导线、电缆	√	√	—	√	√
支柱绝缘子	√	—	—	√	—
套管绝缘子	√	√	—	√	√
选择校验的条件	电器的额定电压不低于所在电路的额定电压	电器的额定电流应不小于所在电路的计算电流	电器的最大开断电流应不小于它可能开断的最大电流	按三相短路冲击电流校验	按三相短路稳态电流校验

注：1. 表中"√"表示必须校验；"—"表示不必校验；"×"表示一般可不校验。

　　2. 对"并联电容器"，还应按容量（μF 或 var）选择；对"互感器"，还应考虑准确度等级。

　　3. 表中未列"频率"项目，电器的额定频率应与所在电路的频率相适应。

 复习思考题

1. 电弧是一种什么现象？它产生的根本原因是什么？电弧产生的过程中有哪些游离方式？

2. 电弧熄灭的条件是什么？去游离方式有哪些？举例说明。

3. 开关电器中常用的灭弧方式有哪些？最基本的灭弧方法是什么？

4. 高压断路器有哪些作用？常用的 10kV 高压断路器有哪几种？各写出一种型号并解释型号的含义。

5. 高压少油断路器、高压真空断路器及 SF_6 断路器，各自的灭弧介质是什么？比较其灭弧性能，并分析各适用于什么场合。

6. 高压隔离开关的作用是什么？为什么不能带负荷操作？

7. 高压负荷开关有哪些功能？能否实施短路保护？在什么情况下自动跳闸？

8. 熔断器的作用是什么？常用的高压熔断器户内和户外的型号有哪些？各用于哪些场合？低压熔断器有哪些？

9. 互感器的作用是什么？电流互感器和电压互感器在结构上各有什么特点？

10. 互感器在使用时有哪些注意事项？

11. 电流互感器有两个二次绕组时，各有何用途？在主接线图中，它的图形符号怎样表示？

12. 常用的低压设备有哪些？它们各有何作用？

13. 低压断路器有哪些功能？按结构类型分为哪两大类？

14. 绝缘子的作用是什么？对绝缘子的要求是什么？工厂供电系统中绝缘子的种类有哪些？

15. 母线的作用是什么？母线的布置方式有哪些？硬母线如何着色？着色的作用是什么？

16. 常用的高压开关柜主要有哪些？

17. 常用的低压配电屏主要有哪些？

18. 预装式变电站由哪几部分组成？有何特点？通常有哪些形式？

19. 什么是电气接线？有哪几种形式？它们各有何特点？

20. 电气设备选择的一般条件是什么？工厂变配电所电气设备的选择与校验条件有哪些？

21. 变电所所址选择的一般原则有哪些？

22. 什么是配电装置？配电装置的类型及特点有哪些？工厂变配电所的布置要求有哪些？

第5章

工厂电力线路

5.1　概述

　　工厂电力线路是工厂供配电系统的重要组成部分，担负着输送电能和分配电能的重要任务，所以在整个供配电系统中有着重要作用。

　　工厂电力线路可分为架空线路和电缆线路两大类。架空线路是将导线架设在杆塔上；电缆线路是将电缆敷设在地下（埋入土中或电缆沟、管道中）或水底。

　　架空线路是利用电杆架空敷设裸导线的户外线路。其特点是投资少，易于架设，维护和检修方便，易于发现和排除故障；但要占用地面位置，有碍交通和观瞻，且易受环境影响，安全可靠性较差。

　　电力电缆线路与架空电力线路比较，具有如下特点：①受外界因素（如雷电、风害、鸟害、人为故障等）的影响小；②直埋电缆及沟、隧道敷设电缆，工程隐蔽，不影响环境、市容，不影响人身安全；③电缆的分布电容较大；④电缆线路的维修工作量比架空电力线路少；⑤从电缆线路上引出分支线路比较困难；⑥电缆线路施工建设工艺较复杂；⑦建设投资较大。因此，在现代城市及工厂内部电气线路的建设及改造中，电力电缆线路被广泛用来代替架空线路。

5.2　架空线路

5.2.1　架空线路的结构

　　架空线路主要由导线、避雷线（架空地线）、杆塔、绝缘子和金具等组成，如图5-1所示。

　　1. 导线　导线是架空线路的主要组成部分，用以传输电能。架空线路一般采用裸导线，为提高供电可靠性，也可采用架空绝缘导线。截面积 $10mm^2$ 以上的导线都是多股绞合的，称为绞线。工厂里最常用的是 LJ 型铝绞线。在机械强度要求较高的和 35kV 及以上的架空线路上，则多采用 LGJ 型钢芯铝绞线，其断面如图5-2所示。其中的钢芯主要承受机械载荷，外围的铝线部分用于载流。钢芯铝绞线型号（如 LGJ-95）中表示的截面积（$95mm^2$）就是指铝线部分的截面积。

　　2. 电杆　电杆是用来支持或悬吊导线并使导线对地面或其他建筑物之间保持一定的安全距离。

　　电杆按其采用的材料分类，有木杆、水泥杆和铁塔等。现在厂区电杆最常用的是水泥杆。因为采用水泥杆可节约大量木材和钢材，而且经久耐用，维护简单，也比较经济。

　　电杆按其在线路中的地位和作用分类，有直线杆、耐张杆、转角杆、终端杆、跨越杆和分支杆等形式。图5-3是上述各种杆型在低压架空线路上应用的示意图。

　　3. 绝缘子和金具　常见线路绝缘子见第4章图4-54。

　　绝缘子用来支承或悬吊导线并使导线与杆塔绝缘，它应保证有足够的电气绝缘强度和机械强度。

　　金具是用来把导线连接在绝缘子串上，并将绝缘子串固定在杆塔上的金属零件。

　　架空线路常用金具如图5-4所示。

　　4. 横担　横担定位在电杆上，用以支持绝缘子、导线、跌落式熔断器、隔离开关、避雷器等设备，并使导线间、设备间有规定的距离。因此，横担要有足够的强度和长度。

　　目前常用的横担有铁横担和瓷横担。铁横担由角钢制成。10kV 线路多采用 63mm×6mm 的

图 5-1 架空线路的结构

1—低压蝶式绝缘子 2—横担支撑 3—低压针式绝缘子 4—导线 5—悬式蝶式绝缘子
6—高压杆头 7—高压针式绝缘子 8—高压横担 9—拉线抱箍 10—拉紧绝缘子
11—花篮螺栓 12—地锚 13—拉线 14—低压横担 15—电杆 16—卡盘 17—底盘

角钢，380V 线路多采用 50mm×5mm 的角钢。铁横担的机械强度高，应用广泛。瓷横担兼有横担和绝缘子的双重作用，能节约钢材并提高线路绝缘水平，但机械强度较低，一般仅用于较小截面积导线的架空线路。

图 5-2 钢芯铝
绞线的截面

图 5-3 各种杆型在低压架空线路上的应用

1、5、11、14—终端杆 2、9—分支杆 3—转角杆
4、6、7、10—直线杆 8—耐张杆（分段杆） 12、13—跨越杆

5. 拉线和基础 拉线可用来平衡电杆可能出现的侧向拉力，一般用在耐张、转角、终端及分支等承力杆上。另外为了防止强大风力刮倒和覆冰荷载的破坏，或在土质松软地区，为了增强线路电杆的稳定性，应在直线杆上每隔一定距离（一般每隔10根电杆）装设抗风拉线或增强线路稳定性的拉线。如果由于地形限制不能装设拉线，可使用撑杆代替。普通拉线主要由上把、中（腰）把及下（底）把三部分组成，上把与电杆上的拉线抱箍相连或直接固定在电杆上，中把是连接上把与下把的，下把在地下通过拉线基础固定，中把与下把之间装有

调节机构,如花篮螺栓等,可用其调节拉线的松紧。在电杆稳定、土质坚实、不需要调整拉线时,可不装花篮螺栓。

拉线有普通拉线、两侧拉线(或称人字拉线)、四方拉线、过道拉线及自身拉线等。

架空线路的电杆基础是建筑在土壤里面的电杆地下部分,一般采用底盘及卡盘稳固。其作用是防止电杆因受垂直荷重、水平荷重及事故荷重等而产生的上拔、下压甚至倾倒。

当线路通过地质较差的地带时,为便于施工,减少电杆基础的土方量,可采用灌注桩基础,待灌注桩基础达到一定强度后,与地面处电杆连接。

图 5-4 线路用金具
1—球形挂环 2—绝缘子 3—碗头挂板 4—悬垂线夹 5—导线

5.2.2 架空线路的施工

1. 导线在电杆上的排列方式 导线在电杆上有水平、三角形、垂直等排列方式,如图5-5所示。单回线路一般采用三角形或水平排列,三角形排列较为经济。垂直排列方式的可靠性较差,特别是重冰区,原因是下层导线在冰层突然脱落时,上下跳跃,易发生相间闪络。水平排列电杆结构比垂直排列的复杂,投资也大。

导线在电杆上按相序的排列方式:

1)高压电力线路,面向负荷从左侧起 L1、L2、L3。

2)低压线路在同一横担架设时,导线的相序排列,面向负荷从左侧起 L1、N、L2、L3。

3)有保护零线在同一横担架设时,导线的相序排列,面向负荷从左侧起 L1、N、L2、L3、PE。

a) 水平排列 b) 三角形排列 c) 三角形排列 d) 双回路三角形排列 e) 双回路垂直排列 f) 水平排列

图 5-5 导线在电杆上的排列方式
1—电杆 2—横担 3—导线 4—避雷线

4)动力线照明线,在两个横担上分别架设时,动力线在上,照明线在下。

上层横担:面向负荷,从左侧起为 L1、L2、L3;

下层横担:面向负荷,从左侧起为 L1、(L2、L3) N、PE;

在两个横担上架设时，最下层横担，面向负荷，最右边的导线为保护线（PE 线）。

2. 架空线路的安全距离　架空线路的安全距离包括很多方面。架空线路的档距是同一线路上相邻两电杆之间的水平距离，导线的弧垂则是导线的最低点与档距两端电杆上的导线悬挂点之间的垂直距离，如图 5-6 所示。对于各种架空线路，有关规程对其档距、弧垂和对地最小距离都有一些具体的规定。

图 5-6　架空线路的档距、弧垂和对地最小距离

为了保证线路具有一定的绝缘水平，导线和导线间、导线和杆塔间应保持一定的距离。线间距离与线路额定电压的高低及档距的大小有关。在线路的常用档距中，电压与线间距离的关系见表 5-1。

上下横担之间也要满足最小垂直距离要求，见表 5-2。

<table>
<tr><td colspan="6" align="center">表 5-1　架空电力线路最小线间距离</td></tr>
<tr><td rowspan="2">线路电压/kV</td><td colspan="5" align="center">档距/m</td></tr>
<tr><td><40</td><td>40~50</td><td>50~60</td><td>60~70</td><td>70~80</td></tr>
<tr><td>3~10</td><td>0.6</td><td>0.65</td><td>0.7</td><td>0.75</td><td>0.85</td></tr>
<tr><td>≤1</td><td>0.3</td><td>0.4</td><td>0.45</td><td>0.5</td><td>—</td></tr>
</table>

<table>
<tr><td colspan="3" align="center">表 5-2　横担间最小垂直距离</td></tr>
<tr><td>导线排列方式</td><td>直线杆/m</td><td>分支或转角杆/m</td></tr>
<tr><td>高压与高压</td><td>0.8</td><td>0.6</td></tr>
<tr><td>高压与低压</td><td>1.2</td><td>1</td></tr>
<tr><td>低压与低压</td><td>0.6</td><td>0.3</td></tr>
</table>

5.3　电缆线路

5.3.1　电缆的种类与结构

1. 电缆的种类　电力电缆的品种较多，根据绝缘材料、缆芯材料和缆芯数、护层结构特征和使用环境等分为以下几类。

（1）按使用绝缘材料分

1）油浸纸绝缘电缆。油浸纸绝缘电缆又分为黏性浸渍纸绝缘型、不滴流浸渍纸绝缘型、油压、油浸渍纸绝缘型、气压黏性浸渍纸绝缘型等。

2）塑料绝缘电缆。塑料绝缘电缆分为聚氯乙烯绝缘型、交联聚乙烯绝缘型、聚乙烯绝缘型等。

3）橡胶绝缘电缆。橡胶绝缘电缆分为天然橡胶绝缘型、乙丙橡胶绝缘型等。

（2）按缆芯材料和缆芯数分　按缆芯材料不同，有铜芯、铝芯两种电缆。按缆芯数不同，有单芯、双芯、三芯、四芯、五芯电缆等。

（3）按结构特征分

1）统包型。缆芯外层统包绝缘，并置于同一护套内。

2）分相型。主要是分相屏蔽。

3）管钢型。电缆绝缘层外有钢管护套。

4）扁平型。电缆外形呈扁平形。

5）自容型。电缆护套内部有压力。

（4）按使用环境条件分　使用环境条件有地下直埋、地下管道、水下、矿井、高海拔、大高差、多移动、湿热带等多种。

2. 电缆型号的说明及表示　电缆的型号由 8 个部分组成，拼音字母表明电缆的用途、绝缘材料及线芯材料，数字表明电缆外护层材料及铠装包层方式。电缆型号的字母、数字含义详见表 5-3。

表 5-3　电力电缆型号中各符号的含义

项目	型号	含义	旧型号	项目	型号	含义	旧型号
类别	Z	油浸纸绝缘	Z	外护套	22	钢带铠装聚氯乙烯外套	22, 29
	V	聚氯乙烯绝缘	V		23	铠装钢带聚乙烯外套	30, 130
	YJ	交联聚乙烯绝缘	YJ		32	细圆钢丝铠装聚氯乙烯外套	50, 150
	X	橡胶绝缘	X		33	细圆钢丝铠装聚乙烯外套	5, 15
导体	L	铝芯	L		41	粗圆钢丝铠装纤维外	59, 25
	T	铜芯（一般不注）	T				
内护套	Q	铅包	Q		441	双粗圆钢丝铠装纤维外被	
	L	铝包	L				
	V	聚氯乙烯护套	V		241	钢带-粗圆钢丝铠装纤维外被	
特征	P	滴流式	P				
	D	不滴流式	D				
	F	分相铅包式	F				
外护套	02	聚氯乙烯套	—				
	03	聚乙烯套	1, 11				

电力电缆全型号表示示例

ZLQ22 - 1000 - 3×120

铝芯纸绝缘铅包裸
钢带铠装电力电缆
额定电压/V
线芯额定截面积/mm²
三芯

备注	表中"外护套"型号，系按国家标准 CB/T 2952—2008 规定。

3. 电缆的结构　电力电缆主要由导体（线芯）、绝缘层和保护层三部分组成，图 5-7 所示为聚氯乙烯电缆结构示意图。

（1）**导体**　导体即电缆线芯，一般由多根铜线或铝线绞合而成。它的截面形状有圆形、弓形和扇形等。一般截面积较小时为圆形线芯，截面积较大时为扇形或弓形线芯。在线芯截面积相同的情况下，采用扇形或弓形线芯较采用圆形线芯的外径小，降低了线芯绝缘材料和保护层金属的消耗量，散热也较好。

（2）**绝缘层**　绝缘层包在线芯外面，起绝缘（相与间、相与地间）作用。按使用材料不同，通常有纸绝缘、橡胶绝缘和塑料绝缘三种。

（3）**保护层**　分内护层和外护层。内护层起保护绝缘层的作用，可分为铅包、铝包、铜包、不锈钢包和综合护套等，铅内护层耐腐蚀、易弯曲、质软和易于铅封，铝内护层机械强度高、成本低、重量轻、耐振性能好。

外护层保护内护层不受机械损伤和化学腐蚀，由内衬垫层、铠装层、外皮层组成。一般起承受机械外力或拉力的作用，以免电缆受损。铠装层主要有钢带和钢丝两种。

（4）**电缆头**　电缆头包括连接两条电缆的中间接头和电缆终端的终端头（封端头）。电缆头

图 5-7　聚氯乙烯绝缘电缆结构示意图

1—导线　2—聚氯乙烯绝缘
3—聚氯乙烯内护套
4—铠装层　5—填料
6—聚氯乙烯外护套

是电缆线路的薄弱环节，在施工和运行中应特别注意。电缆头的制作工艺要求很严，其制作应由经过培训并考试合格的人员进行。电缆头的制作方法很多，目前热缩式工艺较简单，性能也好，价格低廉，所以在工程中应用广泛。

5.3.2　电缆线路的敷设

1. 电缆线路敷设的一般要求

1）电缆敷设前必须检查电缆表面有无损伤，并测量电缆绝缘电阻，检查是否受潮。低压电缆用 1 000V 兆欧表测试绝缘电阻，合格后方可使用。检查潮气的方法，可将电缆绝缘纸点燃，若纸的表面有泡沫并发出嘶嘶声，即表明有潮气存在，这叫火燃法。

2）严格防止电缆扭伤和过分弯曲，电缆弯曲半径与电缆外径的比值不得小于表 5-4 中的倍数。

表 5-4　电缆弯曲半径与电缆外径比的规定

名　称	倍数	名　称	倍数
油浸纸绝缘多芯电缆（铅包铠装）	15	干绝缘油质铅包多芯电缆	25
油浸纸绝缘多芯电缆（铅包铠装）	30	塑料、橡胶绝缘电缆（有铠装、无铠装）	15、10
油浸纸绝缘多芯电缆（裸铅包或铝包）	20	油浸纸绝缘多芯控制电缆	10

3）垂直或沿陡坡敷设的电缆，在最高与最低点之间的最大允许高差规定见表 5-5。

4）厂房内电缆沿支持物敷设时，其固定点间距离不应大于表 5-6 的规定。

表 5-5　电缆最大允许高差

电压等级		铅护套/m	铝护套/m
35kV 及以下	铠装或无铠装	25	25
		20	25
干绝缘统铅包		100	—

5）在电缆的两端，电缆接头处，隧道及竖井的两端，人井内，交叉拐弯处，穿越铁路、公路、道路的两侧，进出建筑物处应设置标志桩（牌）；标志桩（牌）应规格统一、牢固、防腐；标志桩应注明线路编号、型号、规格、电压等级、起始点等内容，字迹应清晰，不易脱落。

表 5-6　电缆支持点间最大距离

敷设方式	电缆类型		
	塑料护套、铅包、铝包、钢带铠装/m		钢丝铠装电缆/m
	电力电缆	控制电缆	
水平敷设	1.0	0.8	3.0
垂直敷设	1.5	1.0	6.0

6）有黄麻保护层的电缆，敷设在电缆沟、隧道、竖井内应将麻护层剥掉，然后涂防腐漆。敷设时不应破坏电缆沟、隧道的防水层。

7）电缆通过下列地段时，应采用一定机械强度的保护措施，以防电缆受到损伤，一般用钢管保护。

① 引入、引出建筑物、隧道，穿过楼板及墙壁处。

② 通过道路、铁路及可能受到机械损伤的地段。

③ 从沟道或地面引至电杆、设备、墙外表面或室内人容易碰触处，从地面起，保护高度为2m。

保护管埋入地面的深度不应小于150mm，埋入混凝土内的不做规定，伸出建筑物散水坡的长度不应小于250mm。

8）电缆支架的层间允许最小距离应符合表5-7的规定，其净距应不小于两倍电缆外径加100mm，35kV及以上不应小于两倍电缆外径加50mm。

表5-7　电缆支架的层间允许最小距离值

电缆类型和敷设特征		支（吊）架/mm	桥架/mm
控制电缆		120	200
电力电缆	10kV及以下（除6~10kV交联聚乙烯绝缘外）	150~200	250
	6~10kV交联聚乙烯绝缘	200~250	300
	35kV单芯		
	35kV三芯	300	350
	110kV及以上，每层多于1根		
	110kV及以上，每层1根	250	300
电缆敷设于槽盒内		$h+80$	$h+100$

注：h 表示槽盒外壳高度。

9）日平均气温低于表5-8所列数值时，敷设前应通过提高周围温度或采用通过电流法使其预热，但严禁用各种明火直接烘烤，否则不宜敷设。电缆敷设最低允许温度见表5-8。冬季电缆安装敷设的时刻最好选在无风或小风天气的11:00~15:00进行。

表5-8　电缆最低允许敷设温度

电缆类型	电缆结构	最低允许敷设温度/℃
油浸纸绝缘电力电缆	充油电缆	-10
	其他油纸电缆	0
橡胶绝缘电力电缆	橡胶或聚氯乙烯护套	-15
	裸铅套	-20
	铅护套钢带铠装	-7
塑料绝缘电力电缆		0
控制电缆	耐寒护套	-20
	橡胶绝缘聚氯乙烯护套	-15
	聚氯乙烯绝缘聚氯乙烯护套	-10

10）电缆在下列位置时应留有适当的裕度：

① 由垂直面引向水平面处。

② 保护管引入口或引出口处。

③ 引入或引出电缆沟、电缆井、隧道处。

④ 建筑物的伸缩缝处。

⑤ 过河的两侧。

⑥ 接头处。

⑦ 架空敷设到电杆处。

⑧ 电缆头处。

留有裕度的方式一般应使电缆在该处形成倒Ω形或O形，使电缆能伸缩或者电缆击穿后锯断重作连接。

11）电缆保护管在 30m 以下者，管内径不应小于电缆外径的 1.5 倍；超过 30m 者不应小于 2.5 倍。埋于地下的管道或保护管，预埋时应将管口用木塞堵严，防水泥浆流入；敷设后应用沥青膏将管口封住，以便检修或更换电缆。

12）在三相四线制系统中使用的电力电缆，不能采用三芯电缆另加一根单芯电缆或导线，也不能用电缆金属护套等做中性线。必须使用四芯或五芯电缆。在三相三线制系统中，不得将三芯电缆中的一芯接地运行。

13）拖放电缆时，一般应从木盘上端引出，否则应有措施。避免在支架上、地面上摩擦拖拉。拖放速度不宜太快，同时应仔细检查电缆有无机械损伤，如铠装压扁、电缆绞拧、护层拆裂等不妥处。凡有不妥处应标好记号，以便处理。

14）用机具拖放电缆时，其牵引强度不宜大于表 5-9 中数值，以免拉伤电缆，牵引速度不宜超过 15m/min。

表 5-9　电缆最大允许牵引强度

牵引方式	牵引头		钢丝网套		
材质或受力部位	铜芯	铝芯	铅套	铝套	塑料护套
允许牵引强度/MPa	70	40	10	40	7

15）电力电缆接头盒的布置，应符合以下要求：

① 并列敷设时，接头盒的位置应前后错开，错开距离一般为 1m。

② 明设时，接头盒须用强度较高的绝缘板托置，不得使电缆承受应力。如与其他电缆并列敷设，应用耐电弧板予以隔离。绝缘板、电弧板伸出接头盒两端的长度应各不小于 600mm。

③ 直埋时，接头盒的外面应有防止机械损伤的保护盒，一般用铸铁盒，同时盒内注以沥青，以防水分和潮气侵入或冻胀而损坏电缆接头。然后再用槽形混凝土板盖在保护盒上，使之不受压力，或者在该处设置电缆井。

16）电缆敷设后，下列地方应予以固定：

① 垂直敷设或超过 45°倾斜敷设的电缆，应在每一个支架上固定。

② 水平敷设的电缆，应在首尾两端、转弯两侧、接头两侧固定。

17）电缆的固定夹具的形式应统一；固定交流单芯电缆或分相铅套电缆在分相后固定，使用的固定夹具不应有铁件构成的闭合磁路，通常使用尼龙卡子；裸铝（铅）套电缆的固定处，应加橡胶软垫保护。

18）电缆进入电缆沟、隧道、竖井、建筑物、盘柜以及穿入管子时，出入管口一般用沥青膏浇注、封闭。

2. 电缆的敷设方式　电缆敷设一般有四种：①电缆在厂房内沿墙和支架（挂架、桥架）敷设。②电缆直接埋地敷设。③电缆在电缆沟内敷设。④电缆排管敷设。各方式都有其优缺点，应根据电缆数量，周围环境条件等具体情况决定敷设方式。

（1）直接埋地敷设　这种方法是沿已选定的线路挖掘壕沟，然后把电缆埋在里面。电缆根数较少、敷设距离较长时多采用此法。

将电缆直接埋在地下，不需要其他结构设施、施工简单、造价低、节省土建材料。同时，埋在地下，电缆散热也好。但挖掘土方量大，尤其冬季挖冻土较为困难，电缆还可能受土中酸碱物质的腐蚀等。直埋电缆的间距及沟宽示意图如图 5-8 所示。

（2）电缆沟或隧道敷设　在电缆沟或隧道中敷设电缆，电缆根数较多，且敷设距离不长时，多采用此法，如室内电缆工程。八条以上的电缆沟剖面如图 5-9 所示。支架的地脚螺栓应在电缆沟搭模时预先埋好，以免损坏防水层。沟内不应浸水和油污，支架应刷防腐漆。

电缆沟两侧安装支架时，控制电缆及 1kV 的电力电缆与 1kV 以上的电缆，应尽可能在两面分开敷设。电缆沟单面安装支架时，电力电缆应在控制电缆的上方，并且用石棉水泥板隔开。

图 5-8　直埋电缆的间距及沟宽示意图

图 5-9　八条以上的电缆沟剖面

电缆沟及隧道中敷设的电缆，应在引出端、终端以及中间接头和走向有变化处挂标示牌，注明电缆规格、型号、回路及用途，以便维修。当电缆进入室内沟道时，应将防腐麻层剥去（穿管保护除外），以防着火。

（3）排管敷设　排管一般用在与其他建筑物、公路或铁路相交叉的处所。此种方法的优点是：当电缆发生故障时，在人孔内即能修理，既方便又迅速；利用备用的管孔随时可以增设电缆，无需挖开路面；减少外力破坏和机械损伤。其缺点是：工程费用高，需要建筑材料较多；散热不良，需降低截流量（降低15%）；施工复杂。

排管敷设可用陶土管、石棉水泥管或混凝土管等，管子的内部必须光滑。将管子按需要的孔数排成一定形式，排列管子接头应错开，用水泥浇成一整体，如图5-10所示。决定排管的孔数

图 5-10　电缆管块敷设做法示意图（普通型）

时，应考虑到将来发展的需要，可以是2孔、4孔、6孔、9孔等几种形式。

（4）电缆桥架敷设　电力电缆采用金属桥架敷设是一种较新的电缆敷设方式。电力电缆的使用发展较快，尤其对电缆线路多回路、大截面情况，原有的敷设方式就不能适应发展的需要。金属桥架具有承受力大、外形美观、组装和维护简便等优点。因此，近年来被广泛应用于各类工矿企事业室内、外全塑明敷设的电缆线路，线路过涵洞、桥梁以及地下变配电室内的电缆线路大都采用桥架敷设。

电缆桥架是用金属材料制作的金属桥架、金属托盘和金属线槽的统称。以往大都采用固定现场制作，拆装改造很不方便。而现在采用标准化的组合件，根据电缆线路的根数、电缆线路的走向，选用定型部件组装而成，如图5-11所示。

（5）电缆悬挂（吊式）敷设　电缆悬挂（吊式）敷设是用挂架悬吊，是电力电缆在室内外明敷设中以及地下室、地下通道敷设中常用的方式之一，有架空悬吊和沿墙挂架悬挂两种。电缆悬挂敷设具有结构简单、装置周期短、维护更换方便等优点；缺点是影响周围环境。

电力电缆线路的敷设方式有多种，具体选用何种敷设方式，需要根据电缆线路的长短、电缆根数、环境许可以及投资承受力等条件决定。电力电缆各种敷设方式适用范围见表5-10。

图 5-11 电缆桥架

1—支架 2—盖板 3—支臂 4—线槽 5—水平分支线槽 6—垂直分支线槽

表 5-10 电力电缆敷设方式适用范围

敷设场所	敷 设 方 式								
	直埋	电缆沟	隧道	排管	穿管	索吊	吊架	挂架	桥架
厂区外	√	√		√					
厂区内	√	√	√	√		√			
通道路面下	√	√		√	√				
户外变配电所	√	√		√	√				
户内变配电所		√					√	√	√
设备层（间）					√		√		√
地下坑道					√		√	√	
加工车间		√			√	√	√		√

注：表中"√"为适用方式。

5.4 工厂电力线路的接线方式

5.4.1 高压电力线路的接线方式

高压电力线路的接线方式主要有单电源供电、双电源供电和环形供电等几种形式。

1. 单电源供电 主要有放射式和树干式两种。这两种接线方式的对比分析见表 5-11。

表 5-11 放射式接线与树干式接线对比

名称	放射式接线	树干式接线
接线图		

(续)

名称	放射式接线	树干式接线
特点	每个用户由独立线路供电	多个用户由一条干线供电
优点	可靠性高，线路故障时只影响一个用户；操作、控制灵活	高压开关设备少，耗用导线也较少，投资省；易于适应发展，增加用户时不必另增线路
缺点	高压开关设备多，耗用导线也多，投资大；不适应发展，增加用户时，要增加较多线路和设备	可靠性较低，干线故障时全部用户停电；操作、控制不够灵活
适用范围	离供电点较近的大容量用户；供电可靠性要求高的重要用户	离供电点较远的小容量用户；不太重要的用户
提高可靠性的措施	改为双放射式接线，每个用户由两条独立线路供电；或增设公共备用干线	改为双树干式接线，重要用户由两路干线供电；或改为环形供电

2. 双电源供电 主要有双放射式、双树干式和公共备用干线式接线等。

（1）双放射式接线 即一个用户由两条放射式线路供电，如图 5-12a 所示。当一条线路故障或失电时，用户可由另一条线路保持供电，多用于容量较大的重要负荷。

a) 双放射式　　　　　　　b) 双树干式　　　　　　　c) 公共备用干线式

图 5-12　双电源供电的接线方式

（2）双树干式接线 即一个用户由两条不同电源的树干式线路供电，如图 5-12b 所示。供电可靠性高于单电源供电的树干式，而投资又低于双电源供电的放射式，多用于容量不太大且离供电点较远的重要负荷。

（3）公共备用干线式接线 即各个用户由单放射式线路供电，而从公共备用干线上取得备用电源，如图 5-12c 所示。每个用户都可获得双电源，又能节约投资和金属材料，可用于容量不太大的多个重要负荷。

3. 环形供电 图 5-13 采用环形供电接线方式，它实质上是树干式接线的改进，即把两路树干式线路连接起来就构成了环式接线。其优点是所用设备少；各线路途径不同，不易同时发生故障，故可靠性较高且运行灵活；因负荷由两条线路负担，故负荷波动时电压比较稳定。缺点是故障时线路较长，电压损耗大（特别是靠近电源附近段故障时）。因环式线路导线截面积应按故障情况下能担负环网全部负荷考虑，使用的金属材料增加，两个负荷大小相差越悬殊，其材料消耗就越大。所以环式接线适合用电负荷容量相差不大，所处位置离电源都较远，而负荷间彼此较近及设备较重要的用户。由于闭环运行时继电保护整定较复杂，所以正常运行时一般均采用开环运行

图 5-13　环形供电接线方式

方式。

应当指出，供配电系统高压线路的接线方式并不是一成不变的，可根据具体情况在基本类型接线的基础上进行改革演变，以期达到最佳的技术经济指标。对大中型工厂，一般多采用双回路放射式接线或环式接线。

5.4.2　低压电力线路的接线方式

工厂低压供配电线路的基本接线方式可分为放射式、树干式和链式三种，各自的接线特点和适用范围见表5-12。

表5-12　低压电力线路常用的接线方式

名称	放 射 式	树 干 式	链 式
接线图			
特点	每个负荷由单独线路供电	多个负荷由一条干线供电	后面设备的电源引自前面设备的端子
优点	线路故障时影响范围小，因此可靠性较高；控制灵活，易于实现集中控制	线路少，因此金属材料消耗量少，投资省；易适应发展要求	线路上无分支点，适合穿管敷设或电缆线路；节省金属材料消耗量
缺点	线路多，金属材料消耗量大；不适应发展要求	干线故障时影响范围大，因此供电可靠性较低	线路检修或故障时，相连设备全部停电，因此供电可靠性较低
适用范围	供大容量设备，或供要求集中控制的设备，或供要求可靠性高的重要设备	适于明敷线路，也适于供可靠性要求不高的或较小容量的设备	适于暗敷线路，也适于供电可靠性要求不高的小容量设备；链式相连的设备不宜多于5台，总容量不宜超过10kW

应当指出，使用中选择接线方式时，应当综合分析，根据具体情况进行选择，需要注意的是：

1）三种低压线路的基本接线方式各有其优缺点，选用时往往不是单纯地采用哪一种，而是上述几种接线方式组合，总体来说，力求接线简单。运行经验证明，供配电系统如果接线复杂，层次过多，不仅浪费投资，维护不便，还会使故障增多。《供配电系统设计规范》（GB50052—2009）中规定："供配电系统应简单可靠，同一电压等级的配电级数高压不宜多于两级；低压不宜多于三级"。

2）在低压220/380V配电系统中，通常采用放射式和树干式相组合的混合式接线。

3）当动力和照明等单相用电负荷共用一台配电变压器时，其线路应分开，即应各有其低压配电线路，以免影响正常用电和电能的计量。

5.5　导线截面积的选择

5.5.1　导线截面积应满足的条件

为了保证供配电系统安全、可靠、优质、经济地运行，选择导线和电缆截面积时必须满足下列条件：

1. 发热条件　导线在通过正常最大负荷电流（即计算电流）时产生的发热温度，不应超过正常运行时的最高允许温度，以防止因过热而引起导线绝缘损坏或加速老化，见附表18、附表

20、附表21、附表22、附表25、附表26、附表29等。

2. 允许电压损耗 导线在通过计算电流时产生的电压损耗，不应超过正常运行时允许的电压损耗值。对于工厂内较短的高压线路，可不进行电压损耗的校验。

3. 经济电流密度 35kV及以上的高压线路，规定宜选"经济截面"，即按国家规定的经济电流密度来选择导线和电缆的截面积，达到"年费用支出最小"的要求。一般10kV及以下的线路，可不按经济电流密度选择。但长期运行的低压特大电流线路（如电解槽的母线）仍应按经济电流密度选择。

4. 机械强度 导线的截面积应不小于最小允许截面积，见表5-13。由于电缆的机械强度很好，因此电缆不校验机械强度，但需校验短路热稳定度。

表5-13 导线的最小截面积 （单位：mm²）

导线种类	35kV 线路	3~10kV 线路		0.4kV 线路	接户线
		居民区	非居民区		
铝绞线及铝合金线	35	35	25	16	绝缘线4.0
钢芯铝绞线	35	25	16	16	
铜线	35	16	16	直径3.2mm	绝缘铜线2.5

5. 短路时的动稳定度和热稳定度 导线的截面积应满足短路时的动稳定度和热稳定度要求，以保证短路时不至损坏，此内容已在第3章3.4节介绍了。

6. 导体与保护电器的配合 导线的截面积应与熔断器、低压断路器等保护电器配合，以保证当线路上出现过负荷或短路时保护电器能可靠动作。此内容详见第6章中6.2、6.3节。

根据设计经验，低压动力线和10kV及以下的高压线，一般先按发热条件来选择截面积，然后校验机械强度和电压损耗。低压照明线，由于照明对电压水平要求较高，所以一般先按允许电压损耗来选择截面积，然后校验发热条件和机械强度。而35kV及以上的高压线，则可先按经济电流密度来选择经济截面，再校验发热条件、允许电压损耗和机械强度等。按以上经验进行选择，通常便能满足要求。

5.5.2 按发热条件选择导线截面积

电流通过导线时，由于导线存在电阻，必然产生电能损耗，使导体发热。裸导体的温度升高时，会使接头处氧化加剧，增大接触电阻，使之进一步氧化，如此恶性循环，甚至可引发断线事故；绝缘导线和电缆的温度过高时，可使绝缘损坏，甚至引起火灾。

1. 按发热条件选择相线截面积 按发热条件选择三相线路中的相线截面积 A_φ 时，应使其允许载流量 I_{al} 不小于通过相线的计算电流 I_{30}，即

$$I_{al} \geq I_{30} \tag{5-1}$$

所谓导体的允许载流量，就是在规定的环境温度条件下，导体能够连续承受而不致使其稳定温度超过规定值的最大电流。如果导体敷设地点的环境温度与导体允许载流量所采用的环境温度不同，则导体的允许载流量应乘以温度校正系数

$$K_\theta = \sqrt{\frac{\theta_{al} - \theta'_0}{\theta_{al} - \theta_0}} \tag{5-2}$$

式中 θ_{al}——导体正常工作时的最高允许温度；

      θ_0——导体允许载流量所采用的环境温度；

      θ'_0——导体敷设地点实际的环境温度。

在实际工作中，所用的环境温度应是一年之中较高的温度。通常，在室外用当地最热月份每天最高温度的平均值作为环境温度（5年一遇）。在室内，应在室外环境温度基础上再加5℃；

对土中直埋电缆,则取当地最热月地下 $0.8 \sim 1m$ 的土壤平均温度。

例5-1 有一条 380V 三相架空线路,长 100m,所带负荷 $P = 60kW$, $\cos\varphi = 0.8$,环境温度为 35℃,根据允许载流量选择铝导线截面积。

解 首先,计算最大负荷电流:

$$I_{30} = \frac{P}{\sqrt{3} U_N \cos\varphi} = \frac{60 \times 10^3}{\sqrt{3} \times 380 \times 0.8}A = 113.95A$$

其次,根据 $I_{30} = 113.95A$,计算 I_{al},由环境温度为 35℃,由式(5-2)计算出 $K_\theta = 0.88$,则

$$I_{al} \geq \frac{I_{30}}{K_\theta} = \frac{113.95}{0.88}A = 129.5A$$

选择 LJ-25 型导线,最后,由附表 18 查得,LJ-25 型导线在标准温度 25℃下允许载流量 $I_{al} = 135A > 129.5A$。所以选择的导线截面积满足要求。

2. 中性线截面积的选择 选择三相四线制系统的中性线截面积所考虑的因素如下:

(1)不平衡电流 因中性线要通过系统的不平衡电流和零序电流,所以中性线的允许载流量不应小于三相系统的最大不平衡电流。据此,中性线截面积 A_0 应不小于相线截面积 A_φ 的 50%,即

$$A_0 \geq 0.5A_\varphi \tag{5-3}$$

(2)谐波 由于各相的三次谐波电流要通过中性线,所以当三次谐波突出时,可能使中性线电流接近或超过相线中电流,此时中性线的截面积 A_0 宜等于或大于相线截面积 A_φ,即

$$A_0 \geq A_\varphi \tag{5-4}$$

(3)接线方式 若由三相四线制线路引出的两相三线线路和单相线路,因其中性线电流与相线电流相等,所以中性线截面积 A_0 应与相线截面积 A_φ 相同,即

$$A_0 = A_\varphi \tag{5-5}$$

应当指出,鉴于目前供配电系统谐波比较突出以及中性线断线事故较多,所以选择中性线截面积时,宜采用 $A_0 \geq A_\varphi$ 的条件较为安全。

3. 保护线(PE线)截面积的选择 由于三相系统发生单相接地时,单相短路电流要通过保护线,因此保护线要满足短路热稳定度的要求,根据国家标准《低压配电设计规范》(GB50054—2011)的规定,保护线截面积选择如下:

1)当 $A \leq 16mm^2$ 时

$$A_{PE} \geq A_\varphi \tag{5-6}$$

2)当 $16mm^2 < A_\varphi \leq 35mm^2$ 时

$$A_{PE} \geq 16mm^2 \tag{5-7}$$

3)当 $A_\varphi > 35mm^2$ 时

$$A_{PE} \geq 0.5A_\varphi \tag{5-8}$$

例5-2 有一条采用 BLV 型铝芯塑料线明敷的 220/380V 的 TN-S 线路,计算电流为 86A,敷设地点的环境温度为 35℃。试按发热条件选择此线路的导线截面积。

解 此 TN-S 线路为具有单独 PE 线的三相四线制线路,包括相线、N 线和 PE 线。

(1)相线截面积的选择:查附表 21 得,35℃时明敷的 BLV-500 型铝芯塑料线 $A = 25mm^2$ 的 $I_{al} = 90A > I_{30} = 86A$,满足发热条件,故选 $A = 25mm^2$。

(2)N 线截面积的选择:按式(5-3)选 $A_0 = 16mm^2$。

(3)PE 线截面积的选择:按式(5-7)选 $A_{PE} = 16mm^2$。

该线路所选的导线型号规格可表示为 BVL $-500-(3 \times 25 + 1 \times 16 + PE16)$。

5.5.3 按电压损耗条件选择

1. 线路的允许电压损耗 由于线路存在着阻抗,所以在负荷电流通过线路时要产生电压损

耗。按规定，高压供配电线路的电压损耗一般不超过线路额定电压的5%；从变压器低压母线到用电设备受电端上的低压配电线路的电压损耗，一般不应超过用电设备额定电压的5%；对视觉要求较高的照明线路，则为2%~3%。如线路的电压损耗值超过了允许值，则应适当加大导线的截面积，使之满足允许的电压损耗要求。

2. 线路电压损耗的计算 图5-14为带有两个集中负荷的三相线路电路图，图中的负荷电流都用小写 i 表示，各线段电流都用大写 I 表示，各线段的长度、每相电阻和电抗分别用小写 l、r 和 x 表示，各负荷点至线路首端的长度，每相电阻和电抗分别用大写 L、R 和 X 表示。

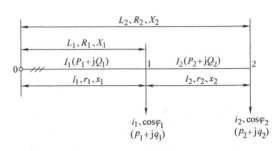

图5-14 带有两个集中负荷三相线路电路图

若电压损耗用各线段中的负荷电流、线段功率、负荷功率来表示，其计算公式如下：

（1）用各线段中的负荷电流表示

$$\Delta U = \sqrt{3} \sum (Ir\cos\varphi + Ix\sin\varphi) = \sqrt{3} \sum (I_a r + I_r x) \tag{5-9}$$

式中　I_a——线段电流的有功分量；

　　　I_r——线段电流的无功分量。

（2）用线段功率 P、Q 表示 因

$$I = P/(\sqrt{3} U_N \cos\varphi) = Q/(\sqrt{3} U_N \sin\varphi) \tag{5-10}$$

所以

$$\Delta U = \frac{\sum (Pr + Qx)}{U_N}$$

（3）用负荷功率 p、q 表示 因

$$i = p/(\sqrt{3} U_N \cos\varphi) = q/(\sqrt{3} U_N \sin\varphi) \tag{5-11}$$

所以

$$\Delta U = \frac{\sum (pR + qX)}{U_N}$$

电压损耗通常用百分数表示，其值为

$$\Delta U\% = \frac{\Delta U}{U_N} \times 100 \tag{5-12}$$

（4）特例 线路实际上是感性的，若线路的感抗可以忽略不计或线路负荷的功率因数接近于1，则称为"无感"线路。其电压损耗的计算公式可以简化为

$$\Delta U = \sqrt{3} \sum (iR) = \sqrt{3} \sum (Ir) = \frac{\sum (pR)}{U_N} = \frac{\sum (Pr)}{U_N} \tag{5-13}$$

对全线的导线型号规格一致的"无感"线路称为"均一无感"线路，其电压损耗的计算分式为

$$\Delta U = \frac{\sum (pL)}{\gamma A U_N} = \frac{\sum (Pl)}{\gamma A U_N} = \frac{\sum M}{\gamma A U_N} \tag{5-14}$$

式中　γ——导线的电导率；

　　　A——导线的截面积；

　　　$\sum M$——线路的所有功率矩之和，$\sum M = \sum (pL) = \sum (Pl)$；

　　　U_N——线路的额定电压。

"均一无感"的三相线路电压损耗百分数为

$$\Delta U\% = \frac{100 \sum M}{\gamma A U_N^2} = \frac{\sum M}{CA} \tag{5-15}$$

式中　C——计算系数，其值见表5-14。

对于"均一无感"的单相线路及直流线路，由于其负荷电流（或功率）要通过来回两根导线，所以总的电压损耗为一根导线电压损耗的2倍，而三相线路的电压损耗实际上就是一根相线的电压损耗，因此这种单相和直流线路的电压损耗百分值为

$$\Delta U\% = \frac{200\sum M}{\gamma A U_N^2} = \frac{\sum M}{CA} \tag{5-16}$$

式中　U_N——线路的额定电压（对单相线路为额定相电压）；
　　　C——计算系数，查表5-14。

对于"均一无感"的两相三线线路，经过推证可得电压损耗百分值为

$$\Delta U\% = \frac{225\sum M}{\gamma A U_N^2} = \frac{\sum M}{CA} \tag{5-17}$$

式中　C——计算系数，查表5-14。

表5-14　公式 $\Delta U\% = \sum M/(CA)$ 的计算系数 C 值

线路额定电压/V	线路接线及电流类别	C 的计算式	计算系数 C/kW·m·mm^{-2}	
			铜　线	铝　线
220/380	三相四线	$\gamma U_N^2/100$	76.5	46.2
	两相三线	$\gamma U_N^2/225$	34.0	20.5
220	单相及直流	$\gamma U_N^2/200$	12.8	7.74
110			3.21	1.94

对于"均一无感"线路，由 $\Delta U\% = \sum M/(CA)$ 可得按允许电压损耗 $\Delta U_{al}\%$ 选择导线截面积的公式为

$$A = \frac{\sum M}{C\Delta U_{al}\%} \tag{5-18}$$

此式常用于照明线路导线截面积的选择。

例5-3　某6kV三相架空线路，采用LJ-50型铝绞线，水平等距排列，线距为0.8m。该线路负荷 $P_{30}=846$kW，$Q_{30}=406$kvar，线路长2.5km。试计算其电压损耗百分值。

解　查附表16，得线路的 $R_0=0.66\Omega$/km，$X_0=0.36\Omega$/km。故线路的电压损耗为

$$\Delta U = (P_{30}R_0 + Q_{30}X_0)/U_N$$
$$= \frac{846\times0.66\times2.5+406\times0.36\times2.5}{6}V$$
$$\approx 294V$$

因此线路的电压损耗百分值为

$$\Delta U\% = 100\Delta U/U_N = 100\times294/6000 = 4.9$$

小于允许电压损耗5%，满足要求。

例5-4　某220/380V线路，采用BLX-500-(3×25+1×16)mm^2 的4根导线明敷，在距线路首端60m处，接有10kW的电阻性负荷，在末端（线路全长85m）接有18kW的电阻性负荷，试计算全线路的电压损耗百分值。

解　查表5-14得，$C=46.2$kW·m/mm^2。

而　　　$\sum M = \sum pL = 10\times60$kW·m $+18\times85$kW·m $=2130$kW·m

故　　　$\Delta U\% = \sum M/(CA) = 2130/(46.2\times25) = 1.84$

完全满足要求。

5.5.4　按经济电流密度选择

经济电流密度就是能使线路的"年费用支出"接近于最小而又适当考虑节约金属材料的导

线和电缆的电流密度值。

导线（含电缆，下同）的截面积越大，电能损耗越小，但线路投资、维修费用和金属材料消耗量要增加。因此从经济方面考虑，导线应选择一个比较经济合理的截面积，既能降低电能损耗，又不致过分增加线路投资、维修管理费用和金属材料消耗量。

图 5-15 是线路年费用 C 与导线截面积 A 的关系曲线。其中曲线 1 表示线路的年折旧费（即线路投资除以折旧年限之值）和线路的年维修管理费之和与导线截面积的关系曲线；曲线 2 表示线路的年电能损耗费与导线截面积的关系曲线；曲线 3 为曲线 1 与曲线 2 的叠加，表示线路的年运行费用（含线路的折旧费、维修费、管理费和电能损耗费）与导线截面积的关系曲线。

由图 5-15 的曲线 3 可以看出，与年运行费最小值 C_a（a 点）相对应的导线截面积 A_a 不一定是很经济合理的导线截面积，因为 a 点附近，曲线 3 比较平坦。如果将导线截面积再选小一些，例如选为 A_b（b点），年运行费用 C_b 增加不多，而导线截面积即有色金属消耗量却显著减少。因此从全面的经济效益来考虑，导线截面积选为 A_b 比选 A_a 更为经济合理。这种从全面的经济效益考虑，即使线路的年运行费用接近于最小而又适当考虑金属材料节约的导线截面积，称为经济截面积，用符号 A_{ec} 表示。

图 5-15 线路年费用与导线截面积的关系曲线

我国现行的经济电流密度规定，见表 5-15。

表 5-15 我国规定的经济电流密度 j_{ec}

线路类别	导体材料	年最大负荷利用小时 T_{max}/h		
		<3000	3000～5000	≥5000
		经济电流密度 j_{ec}/ A·mm^{-2}		
架空线路	铜	3.00	2.25	1.75
	铝	1.65	1.15	0.90
电缆线路	铜	2.50	2.25	2.00
	铝	1.92	1.73	1.54

按经济电流密度选择的导线经济截面积 A_{ec} 的计算公式为

$$A_{ec} = I_{30}/j_{ec} \tag{5-19}$$

式中 I_{30}——线路计算电流。

按上式计算出 A_{ec} 后，应选最接近的标准截面积，但有时为了安全或考虑今后的发展需要，也可选择稍大的截面积。然后校验其他条件，通常校验发热条件和机械强度条件。

例 5-5 某 35kV 变电所经 20km 的 LJ 型架空铝绞线路向工厂的 3000kW 负荷供电，$\cos\varphi = 0.8$，该工厂的年最大负荷利用小时数为 5400h，试选择其经济截面积。

解 （1）线路计算电流为

$$I_{30} = P_{30}/\sqrt{3} U_N \cos\varphi = 3000/(\sqrt{3} \times 35 \times 0.8) \text{A} = 61.8\text{A}$$

（2）确定经济电流密度：由表 5-15 查得 $j_{ec} = 0.9\text{A/mm}^2$。

（3）计算经济截面积为

$$A_{ec} = \frac{I_{30}}{j_{ec}} = \frac{61.8}{0.9} \text{mm}^2 = 68.7\text{mm}^2$$

（4）确定标准截面积：由上述计算确定标准截面积为 70mm^2，即选 LJ-70 型铝绞线。

（5）按发热条件校验：由附表 18 查得 LJ-70 型铝绞线在 25℃ 时的允许载流量 $I_{al} = 265A > I_{30} = 61.8A$，因此满足发热条件。

（6）按机械强度条件校验：由表 5-13 查得 35kV 及以上架空铝绞线的最小截面积 $A_{min} = 35mm^2 < 70mm^2$，因此所选 LJ-70 型铝绞线也满足机械强度要求。

 复习思考题

1. 高低压电力线路的接线方式有哪几种？各有何特点？

2. 架空线路由哪些部分组成？说明各部分的作用。

3. 架空线路导线的排列方式有哪些？高压和低压常采用哪种排列方式？

4. 什么是档距和弧垂？其值大小有何利弊？

5. 电缆线路由哪几部分组成？电缆线路适用于什么场合？简要说明油浸纸电缆和交联聚乙烯电缆的结构。

6. 简要说明电缆敷设的一般要求和敷设方式。

7. 选择导线截面积时应满足哪些条件？通常动力线路应按什么条件选择？照明线路应按什么条件选择？各按什么条件校验？为什么？

8. 导线选择的一般原则和要求是什么？导线型号的选择主要取决于什么？而截面积大小的选择又取决于什么？

9. 选择三相四线制系统的中性线、保护线时，应考虑哪些因素？目前哪种因素起主导作用？

10. 什么是电压降和电压损耗？在企业供配电系统中一般可用电压降纵向分量来计算，为什么？

11. 什么是经济电流密度？如何利用经济电流密度计算经济截面积？这种计算方法适用于什么情况？

12. 某 10kV 变电所采用长 3km 的 LJ 型铝绞线架空线路向企业负荷供电，其线路图如图 5-16 所示。已知该地区最热月平均温度为 35℃，允许电压损耗为 5%，试选择导线截面积并校验。

图 5-16　复习思考题 12 图

13. 某 35kV 变电所采用长 20km 的 LGJ 型钢芯铝线架空线路向某企业供电，企业的计算负荷为 5000kW，$\cos\varphi = 0.8$，年最大负荷利用小时为 4000h，试选择导线截面积并校验。

14. 某 220/380V 动力负荷，其计算电流为 200A，安装地点的环境温度为 35℃，拟采用 BLV 型铝芯塑料线穿钢管埋地敷设。试计算 TN-S 系统的相线和 PE 线截面积及穿线钢管的直径。

第6章
工厂供电系统的过电流保护

6.1 过电流保护的基本知识

6.1.1 过电流保护的基本概念

所谓过电流保护，就是当线路或设备的电流超过规定的允许值时而采取的报警、限幅或自动断开电源等技术措施，用以保证电气线路或设备的安全、可靠运行。造成线路或设备过电流的原因主要有以下几种。

(1) 短路 短路将会给供电系统带来严重的后果，因此要求保护装置应能迅速动作，切除短路故障，并发出事故信号，便于运行维修人员进行事故分析及故障的查找与排除。

(2) 过载 当设备过载时，一般根据设备的过载能力来确定是否切断工作电源。有的设备过载能力很差，比如低压电动机，要求过载时保护装置动作，自动切断电源，防止电动机因长期过热而烧毁；有的设备过载能力比较强，比如油浸式变压器，过载时能长期连续运行，则要求保护装置不应动作于断路器跳闸，只发出预警信号，提醒运行值班人员注意，以便采取相应的措施；对突然断电比过载造成损失更大的线路，其过载保护装置应只动作于发信号而不应动作于跳闸。

(3) 设备起动 设备起动时会造成短时的过电流，此时保护装置不应当动作。因此在整定保护装置的动作阈值时，必须要考虑如何躲过设备的起动电流。

6.1.2 对过电流保护装置的基本要求

(1) 选择性 当供电系统发生故障时，应当由离故障点最近的保护装置动作，切除故障，而供电系统其他部分仍能正常运行，我们把保护装置应满足的这一要求称之为"选择性"；当供电系统发生故障时，若造成上一级保护装置动作，使停电范围扩大，则称之为"失去选择性"。

(2) 可靠性 可靠性指保护装置在应该动作时动作，不能拒动作；在不应该动作时不动作，不能误动作。前者体现"信赖性"，后者体现"安全性"，即可靠性包括信赖性和安全性。为保证保护装置动作的可靠性，接线方案应力求简单，触点回路少。

(3) 速动性 当供电系统发生故障时，为了减轻故障电流对线路和设备的冲击，要求保护装置应能迅速动作，切除故障，以利于非故障线路电压的恢复，提高电力系统运行的稳定性。

(4) 灵敏性 所谓灵敏性，是指保护装置对其保护区域内最小的故障电流反应的灵敏程度。保护装置灵敏性的高低用灵敏系数来衡量，灵敏系数定义为

$$S_p = I_{k \cdot min}/I_{op \cdot 1} \tag{6-1}$$

式中 S_p——保护装置的灵敏系数；

$I_{k \cdot min}$——保护区域内最小的故障电流；

$I_{op \cdot 1}$——保护装置的起动电流折算至一次回路的值。

需要注意的是，对同一保护装置而言，以上4项基本要求往往是相互矛盾的——要想满足选择性，有时需要牺牲速动性，反之亦然；而灵敏性的提高又可能会带来可靠性的下降。因此在实际运行中应根据被保护对象的具体要求而统筹兼顾。对于电力线路，若其保护装置误动作而引起越级跳闸，有可能会造成大面积的停电，因此对选择性要求比较高，而灵敏性要求可低一些；对于电力变压器，由于它是变电所中最为关键的一次设备，对其保护装置的要求则更侧重于灵敏性与速动性。

6.1.3　常用过电流保护装置的类型

（1）熔断器保护　熔断器结构简单、价格低廉，广泛应用于工厂高低压配电系统中，作为线路或设备的短路保护。但它的断流能力低、选择性差、熔体熔断后需要更换熔体的时间，因此恢复供电速度慢，所以对供电可靠性要求较高的场所不宜采用。

（2）低压断路器保护　低压断路器操作方便、保护功能多、可靠性高，广泛应用于低压配电系统中，兼做开关与保护电器。

（3）继电保护　相比较而言，继电保护所需元件多、接线复杂。但它保护功能强、自动化程度高，适用于对供电可靠性要求较高的高压供电系统。

6.2　熔断器保护

6.2.1　熔断器保护的动作特性及选择性配合

熔断器的结构一般由熔体、熔管（或熔体基座）和灭弧装置三部分组成。当电气线路或设备发生过电流时，依靠电流的热效应使熔体熔断，灭弧装置将熔体熔断时产生的电弧迅速熄灭，从而彻底切断线路。熔断器既可用于短路保护，又可用于过载保护，但一般只用于短路保护。短路电流越大，熔断的时间越短；短路电流越小，熔断的时间越长，因此熔断器保护具有反时限特性。熔断器保护的反时限特性曲线，又称熔断器保护的安-秒特性曲线（见图4-23）。

熔断器保护的安-秒特性曲线一般由生产厂家提供，附表11、附表12列出了 RM10 型和 RT0 型熔断器的安-秒特性曲线，可供查阅。由于生产上的原因，即使是同型号、同批次的产品，它们的特性也存在差异，因此熔断器保护特性曲线上的熔断时间应是对应于某一电流下的平均熔断时间，而实际熔断时间与平均值之间最大误差可达 $\pm (30\% \sim 50\%)$，这在校验前后级熔断器之间选择性配合时是要特别注意的。

如图6-1a所示电路，当支线 WL2 发生短路故障时，按保护选择性的要求，应当是 FU2 熔断，而 FU1 不应当熔断。但短路电流既流过 FU2 的熔体，也流过 FU1 的熔体，且熔断器保护的动作电流并不是按照满足前后级之间选择性配合来整定的，这使得短路电流可能远大于 FU1 和 FU2 的动作电流。那怎样保证前后级熔断器之间选择性配合呢？见图6-1b，曲线1为 FU1 的安-秒特性曲线，曲线2为 FU2 的安-秒特性曲线。考虑最严重情况，即曲线1有 -50% 的误差，曲线2有 +50% 的误差，这样将形成两块条形区域。当曲线1条形区域完全位于曲线2条形区域的上方，中间没有交叠时，表明无论短路电流是多大，在计及最大误差后，FU2 的熔断时间总是比 FU1 熔断时间短，因此当 WL2 线路发生短路故障时，FU2 先熔断，切除短路故障，FU1 将不再熔断，从而实现前后级之间选择性配合。

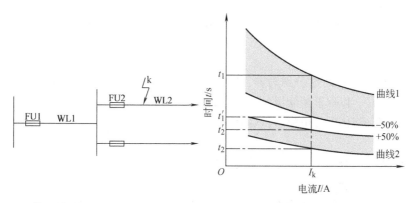

a) 前后级熔断器保护的电力线路　　b) 利用熔断器的反时限特性校验保护的选择性配合曲线

图6-1　熔断器保护之间的选择性配合

6.2.2　熔断器保护的动作电流整定

熔断器保护的动作电流即熔断器熔体的额定电流，其整定原则应满足保护装置动作的可靠性，即应保证设备或线路在正常工作和设备起动时熔体不熔断的要求，并需考虑熔断器与被保护线路是否相配合。其整定原则如下。

1. 按躲过正常工作电流整定

$$I_{N \cdot FE} \geqslant I_{30} \tag{6-2}$$

式中　$I_{N \cdot FE}$——熔体的额定电流；

　　　I_{30}——线路最大负荷电流，对单台设备，取设备的额定电流。

2. 按躲过起动电流整定

（1）对单台电动机或接有多台电动机的配电线路

$$I_{N \cdot FE} \geqslant K I_{pk} \tag{6-3}$$

式中　K——计算系数。考虑到尖峰电流系设备的起动电流，维持时间较短，因此 K 一般小于1，具体取值大小可根据实际运行时设备的起动情况及熔断器的保护特性来定；

　　　I_{pk}——线路尖峰电流，对单台电动机，取电动机的起动电流。

由于熔断器品种繁多，特性各异，式（6-3）整定原则在实际操作中 K 值难以把握，因此GB 50055—2011《通用用电设备配电设计规范》规定：保护交流电动机的熔断器熔体额定电流应大于电动机的额定电流，且其安-秒特性曲线计及偏差后略高于电动机起动电流时间特性曲线。当电动机频繁起动和制动时，熔体的额定电流应加大1~2级。

（2）对电力变压器

$$I_{N \cdot FE} \geqslant (1.5 \sim 2) I_{1N \cdot T} \tag{6-4}$$

式中　$I_{1N \cdot T}$——变压器的一次额定电流。

按式（6-4）整定，主要考虑了以下几个因素：

1）躲过变压器正常运行时允许的过负荷电流，油浸式变压器正常运行时允许过负荷为20%~30%。

2）躲过变压器的励磁涌流。

3）躲过变压器低压侧因电动机自起动引起的尖峰电流。

3. 与被保护线路相配合　熔断器保护还应与被保护的线路相配合，防止线路因短路或过载导致线芯烧断或绝缘层过热软化甚至起火而熔体不熔断的事故。因此还应满足以下条件

$$I_{N \cdot FE} \leqslant K_{OL} I_{al} \tag{6-5}$$

式中　K_{OL}——线路允许过负荷系数，当熔断器只做短路保护时，对电缆和穿管绝缘导线取2.5，对明敷绝缘导线取1.5；当熔断器还兼做过载保护时，一般情况下取1，但在因线路起火会引发火灾或爆炸等恶性事故的场所，为提高熔断器保护的灵敏性，应取0.8；

　　　I_{al}——导线的允许载流量。

整定原则3与整定原则1、2分别确定了熔断器熔体规格的上、下限。在满足要求的情况下，熔体的规格应越小越好，以保证熔断器保护具有足够的灵敏系数。

按上述原则选择好熔体额定电流后，熔断器的规格可按下式确定：

$$I_{N \cdot FU} \geqslant I_{N \cdot FE} \tag{6-6}$$

式中　$I_{N \cdot FU}$——熔断器的额定电流（指熔管或熔体基座的额定电流）。

6.2.3　熔断器保护的灵敏性校验

为了保证熔断器在其保护区域内发生最轻微的短路故障时能可靠地熔断，熔断器保护需有足够的灵敏性，熔断器保护的灵敏系数 S_p 为

$$S_p = I_{k \cdot min} / I_{N \cdot FE} \tag{6-7}$$

式中　$I_{k \cdot min}$——系统在最小运行方式下被保护线路最末端的两相短路电流（小电流接地的电力系统）或单相短路电流（大电流接地的电力系统），一般情况下可取 $S_p \geq 4 \sim 7$。

在低压 TN、TT 系统中，若发生单相接地故障，有可能造成人身间接电击、电气线路损坏甚至引发电气火灾等安全事故，因此熔断器一般还兼做单相接地故障保护，此时式中 $I_{k \cdot min}$ 应取单相接地故障电流。为确保单相接地故障时熔断器能可靠熔断，保障人身与设备的安全，要求此时最低灵敏系数 S_p 按表6-1选取。

表6-1　熔断器做单相接地故障保护时的最低灵敏系数 S_p

熔体额定电流/A		4 ~ 10	12 ~ 32	40 ~ 63	80 ~ 200	250 ~ 500
切除故障回路时间	5s[1]	4.5	5		6	7
	0.4s[2]	8	9	10	11	

[1] 配电线路或仅供给固定式电气设备用电的末端线路，不宜大于5s。

[2] 供电给手持式和移动式电气设备的末端线路或插座回路，不应大于0.4s。

例6-1　夏季天气炎热，居民生活用电量急剧增大，负荷高峰时造成熔断器经常熔断。为免遭停电之苦，有人用铜丝取代熔丝，问这样做有什么危害性？

解　用铜丝取代熔丝，人为加大了熔体的规格，这样做的危害性是：

（1）从式(6-5)看，这有可能使得线路长期过载甚至短路时熔断器不熔断，从而使线路烧毁，甚至会引发火灾等恶性事故。

（2）从式(6-6)看，这有可能造成熔断器的接插件（铜片）和接线端子烧坏而熔体不熔断，使得整个熔断器报废。

（3）从式(6-7)看，这使得保护的灵敏系数降低。当熔断器兼做单相接地故障保护时，有可能发生人身触电等电气安全事故。

6.2.4　熔断器断流能力的校验

衡量熔断器的断流能力就是衡量熔断器的灭弧能力，熔断器的灭弧能力越强，其断流能力就越强。为保证短路时电弧可靠熄灭，迅速开断电路，熔断器需按下列条件校验其断流能力：

$$I_{oc \cdot max} \geq I_{k \cdot max} \qquad (6-8)$$

式中　$I_{oc \cdot max}$——熔断器最大允许开断电流；

　　　$I_{k \cdot max}$——熔断器实际开断电路时所能遇到的最大短路电流（有效值）。对限流式熔断器，取安装地点处三相短路次暂态电流 $I''^{(3)}$；对非限流式熔断器，取安装地点处三相短路冲击电流 $I_{sh}^{(3)}$。

对具有断流能力上下限的熔断器，如 RW4 型跌落式熔断器，若短路电流过小会造成灭弧能力下降，而导致电弧无法及时熄灭，因此除了要按式(6-8)校验其上限条件是否满足外，还需按下式校验其下限是否符合要求：

$$I_{oc \cdot min} \leq I_{k \cdot min} \qquad (6-9)$$

式中　$I_{oc \cdot min}$——熔断器最小允许开断电流；

　　　$I_{k \cdot min}$——系统在最小运行方式下被保护线路最末端的两相短路电流（小电流接地的电力系统）或单相短路电流（大电流接地的电力系统）。当熔断器兼做单相接地故障保护时，为单相接地故障电流。

6.3　低压断路器保护

6.3.1　低压断路器的脱扣装置及其保护特性

低压断路器做保护电器时，它的保护功能是通过所装设的脱扣装置来实现的。低压断路器的脱扣装置按功能可分为过电流脱扣器、热脱扣器、欠电压脱扣器和分励脱扣器；按脱扣的动作原理可分为电磁脱扣器、热脱扣器、电子脱扣器以及智能脱扣器。

（1）电磁脱扣、热脱扣 电磁脱扣的脱扣线圈和热脱扣的发热电阻直接串联于一次电路中，它具有装置简单经济、动作可靠的特点，广泛应用于低压配电电器以及控制电器中，是目前我国低压断路器普遍采用的脱扣方式。缺点是装置灵敏度低，保护性能不够理想。电磁脱扣一般用于短路保护，动作特性为瞬时动作，选择性差，是低压断路器保护难以实现选择性配合的主要原因；热脱扣为反延时动作，用于过载保护，但它的动作特性与电动机过载时的热特性并不完全一致，保护性能也难随人意。

（2）电子脱扣 主要由信号检测与转换环节、逻辑比较与处理环节以及输出执行环节三部分组成。当一次电路发生故障时，首先检测一次电路中过电流和欠电压等故障信号，然后将其转换成电子电路能够处理的物理量，经过逻辑比较与处理后，输出开关信号，驱动执行元件。装设有电子脱扣器的低压断路器具有保护功能完善、动作特性多样、容易实现选择性配合等特点。但它的价格较贵，一般用于低压配电线路首端或接有重要负荷的配电线路。

（3）智能脱扣 采用单片机或微处理器作为控制元件，具有智能化过电流保护功能。

脱扣装置规格的确定与脱扣器类型有关。对直接串联于一次电路的过电流脱扣器，确定其规格时，应使其额定电流不低于线路的计算电流，以保证长期通过最大负荷电流时不至于因过热而损坏。

影响低压断路器动作特性的因素很多，即使是型号规格完全相同的低压断路器，生产厂家不同，特性往往差异很大。因此，低压断路器保护的动作特性曲线一般以生产厂家提供的产品说明为准。同熔断器保护一样，可以利用低压断路器保护的动作特性曲线进行前后级断路器之间以及断路器与熔断器之间选择性配合的校验，在此不再赘述。需要提醒的是，由于低压断路器保护实现选择性配合有时有一定困难，因此 GB 50054—2011《低压配电设计规范》规定：对于非重要负荷，允许采用部分或者无选择性切断。

6.3.2 低压断路器保护的动作电流整定

低压断路器保护的动作电流整定，应满足保护装置可靠性的要求，即应保证设备或线路在正常工作和设备起动时断路器不跳闸，同时要与被保护线路相配合。

1. 过电流脱扣器动作电流的整定

（1）瞬时动作的过电流脱扣器 其动作电流应躲过线路的尖峰电流 I_{pk}，即

$$I_{op(0)} \geq KI_{pk} \tag{6-10}$$

式中 $I_{op(0)}$——瞬时过电流脱扣器的动作电流；

K——计算系数，K 的取值需考虑保护动作的可靠性，并计入电动机的起动电流非周期分量对尖峰电流造成的影响。一般宜取 2~2.5。

（2）短延时动作的过电流脱扣器 其动作电流 $I_{op(s)}$ 也应躲过线路上的尖峰电流 I_{pk}，即

$$I_{op(s)} \geq KI_{pk} \tag{6-11}$$

短延时过电流脱扣器的动作时间有 0.2s、0.4s 和 0.6s 三级，K 的取值只需考虑保证动作的可靠性，无需计入电动机起动电流非周期分量对尖峰电流造成的影响，一般取 $K=1.2$。

（3）长延时动作的过电流脱扣器 其动作电流 $I_{op(l)}$ 只需躲过线路的计算电流 I_{30}，即

$$I_{op(l)} \geq KI_{30} \tag{6-12}$$

为保证动作的可靠性，式中 K 可取 1.1。

（4）过电流脱扣器与被保护线路的配合要求 过电流脱扣器还应与被保护的线路相配合，防止线路因短路或过载导致线芯烧断或绝缘层过热软化甚至起火而断路器不跳闸的事故。因此还应满足以下条件

$$I_{op} \leq K_{oL}I_{al} \tag{6-13}$$

式中 K_{oL}——线路允许短时过负荷系数。对瞬时和短延时过电流脱扣器，一般取 $K_{oL}=4.5$；对长延时过电流脱扣器，取 $K_{oL}=1$；对有爆炸性气体区域内的线路，应取 $K_{oL}=0.8$。

2. 热脱扣器动作电流的整定 热脱扣器用于过载保护，其动作电流 $I_{op \cdot TR}$ 按下式整定：

$$I_{op \cdot TR} \geq KI_{30} \tag{6-14}$$

为保证动作的可靠性，K 可取 1.1。

例 6-2 某生产车间一台卷板机采用熔断器进行短路保护，设备运行时偶尔会造成车间总断路器电磁脱扣器动作，使得整个车间停电。这是什么原因？如何处理？

解 卷板机工作时经常处于正反转切换状态，切换电流大，这给保护装置动作电流的整定及前后级之间选择性配合带来一定困难。从动作特性上看，熔断器保护具有反时限特性，因此有可能从时间上躲过了设备的切换电流；而低压断路器电磁脱扣器为瞬时动作，其动作电流必须躲过切换电流的峰值，再加上保护装置的分散性，这就有可能造成断路器误跳闸。处理措施可以将车间总断路器改为选择型，通过整定脱扣器的动作时间来躲过卷板机正反转切换电流，从而保证保护装置动作的可靠性及前后级之间选择性配合。

6.3.3 低压断路器保护的灵敏性校验

为了保证低压断路器的瞬时脱扣器或短延时脱扣器在其保护区域内发生最轻微的短路故障时能可靠地动作，低压断路器保护需有足够的灵敏性，低压断路器保护的灵敏系数 S_p 应满足下列要求

$$S_p = I_{k \cdot min}/I_{op} \geq 1.3 \tag{6-15}$$

式中　$I_{k \cdot min}$——系统在最小运行方式下被保护线路最末端的两相短路电流（IT 系统）或单相短路电流（TN、TT 系统），当低压断路器仅做电动机短路保护时，应取电动机绕组两相短路电流，当低压断路器兼做单相接地故障保护时，为单相接地故障电流；

I_{op}——瞬时或短延时过电流脱扣器的动作电流。

6.3.4 低压断路器断流能力的校验

为保证低压断路器在开断电路时电弧能可靠地熄灭，需按下列条件校验其断流能力：

$$I_{oc \cdot max} \geq I_{k \cdot max} \tag{6-16}$$

式中　$I_{oc \cdot max}$——低压断路器最大允许开断电流；

$I_{k \cdot max}$——断路器实际开断电路时可能遇到的最大短路电流（有效值）。对动作时间在 0.02s 以上的万能式（DW 型）断路器，$I_{k \cdot max}$ 取三相短路电流周期分量有效值 $I_k^{(3)}$，对动作时间在 0.02s 及以下的塑料外壳式（DZ 型）断路器，$I_{k \cdot max}$ 取三相短路冲击电流有效值 $I_{sh}^{(3)}$。

6.4 继电保护的原理及操作电源

6.4.1 继电保护的基本原理及组成

电力系统发生故障时，总伴随着一些物理量的变化，如线路电流的增加、母线电压的下降、设备温度的升高等。利用故障时系统物理量与正常运行时的差别，可以构成不同原理和不同类型的继电保护装置。如有反映电流变化的带时限过电流保护、电流速断保护以及零序电流保护等；有反映电压变化的低电压保护或过电压保护；还有反映变压器油温及气体变化的温度保护和气体保护等。

虽然继电保护种类很多，但就其基本结构而言几乎是一致的。它们一般由测量变换环节、逻辑比较环节、延时与放大环节和输出执行环节四部分组成，如图 6-2 所示。

（1）**测量变换环节** 对故障线路或设备的物理量进行检测，然后转换成继电器中信号，或转换成逻辑电路能够处理的信号。常用测量元件有电流互感器、电压互感器等。

（2）**逻辑比较环节** 将检测到的故障参数与保护装置的整定阈值进行比较，实行逻辑判断，来决定保护装置是否起动。实现比较功能的，可以是元件，也可以是电路。常用比较元件（又

称起动元件）有过电流继电器、欠电压继电器等。像温度继电器、气体继电器等既是检测元件又是比较元件。

图6-2 继电保护装置功能框图

（3）延时与放大环节 通过时限元件或延时电路实行延时，来满足保护的需要。放大环节主要功能是进行功率放大，用来驱动保护输出。

（4）输出执行环节 根据比较环节发出的逻辑信号，经过整定的延时，动作于断路器跳闸回路及信号系统，完成继电保护装置所担负的任务：正常运行状态时不动作；事故状态时发事故信号，且断路器跳闸；不正常运行状态时发预告信号，断路器一般不跳闸。

6.4.2 起动继电器

继电保护的功能是通过继电器来实现的，按在继电保护中所起作用可分为起动继电器、时间继电器、信号继电器和中间（也称出口）继电器等。当工厂供电系统发生故障或处于不正常运行状态时，大都伴随着电流的增大，所以经常采用过电流继电器做保护装置的起动元件。电流继电器起动后，接通时间继电器，经过整定的延时，时间继电器延时闭合的常开触点闭合，再接通信号继电器和中间继电器，信号继电器驱动信号电路发信号，中间继电器驱动断路器跳闸。

电流继电器作为起动元件，在过电流保护中作用最为关键，要求它动作可靠，并有较高的灵敏度。按工作原理分，有电磁式电流继电器和感应式电流继电器两类。

使过电流继电器能够动作的线圈中通过的最小电流称为继电器的起动电流，也称动作电流，记作 I_{op}。

当过电流继电器动作后，要使它返回到起始位置，必须减小线圈中的电流。使得继电器能够返回到初始位置时线圈中通过的最大电流，称为继电器的返回电流，记作 I_{re}。继电器返回电流与起动电流的比值，称为继电器的返回系数，用 K_{re} 表示，即

$$K_{re} = I_{re}/I_{op} \tag{6-17}$$

返回系数反映了继电器的灵敏程度，返回系数越接近1，表明继电器越灵敏。

继电器动作电流 I_{op} 可以通过改变阻尼弹簧的松紧来调节。阻尼弹簧越紧，反作用力越大，动作电流就越大；反之，动作电流就越小。这种调节方式可以平滑地改变起动电流，但调节范围有限。

6.4.3 继电保护装置的接线方式

继电保护装置的接线方式是指作为检测元件的电流互感器与作为起动元件的电流继电器之间的连接方式。对接线方式的基本要求是能正确地反映一次回路的故障信号，并有足够的灵敏性。为了分析方便，引入接线系数 K_W 概念，它表示实际流入继电器的电流 I_{KA} 与电流互感器二次电流 I_{TA2} 之比，即

$$K_W = I_{KA}/I_{TA2} \tag{6-18}$$

工厂中继电保护装置常用的接线方式有三相星形接线、两相不完全星形接线和电流差接线三种。

1. 三相星形接线 简称星形接线或Y接线。在A、B、C三相上各串一个电流互感器，每个互感器二次侧分别接入一个电流继电器，如图6-3a所示。由于每相均装设有电流继电器，因此它不但可以反映各种不同的相间短路，而且还可以反映中性点直接接地电网的单相短路。这种接线方式主要应用于高压中性点直接接地的电力系统做相间短路保护以及单相接地短路保护，

其接线系数 $K_w = 1$。

a) 星形接线　　　　　　　　　　　　b) 不完全星形接线

图 6-3　保护装置的星形接线和不完全星形接线

2. 两相不完全星形接线　简称不完全星形接线或 V 接线。如图 6-3b 所示，在 A、C 两相上各串一个电流互感器，每个电流互感器二次侧分别接一个电流继电器。与星形接线相比，区别在于 B 相上不装设电流互感器和电流继电器。当一次回路无论发生何种形式的相间短路，电流继电器 KA1、KA2 至少有一个能够反映短路电流，因此这种接线方式能保护所有形式的相间短路，

但当 B 相发生接地故障时，保护装置无法动作，因此不能做中性点直接接地的电力系统单相接地短路保护。对中小型工厂而言，由于高压侧大都为小电流接地的电力系统，发生单相接地时可允许暂时继续运行 2h，因此广泛采用这种接线方式。其接线系数 $K_w = 1$。

3. 电流差接线　如图 6-4 所示，在 A、C 两相上各装设一个电流互感器，将电流互感器二次侧端子按反极性两两相并后接入一电流继电器，因此继电器中反映的电流应为 A、C 两相电流的相量差。这种接线方式能够反映所有形式的相间短路，具体分析如下。

图 6-4　保护装置的电流差接线

（1）当装有互感器相与没装互感器相之间发生两相短路时　即 A、B 相间短路或 B、C 相间短路，此时继电器中反映一倍的短路电流，接线系数 $K_w = 1$。

（2）当装有互感器的两相之间发生短路时　即 A、C 相间短路，此时 A 相电流与 C 相电流大小相等，方向相反。在图示参考方向下，$\dot{I}_c = -\dot{I}_a$，于是有 $\dot{I}_{KA} = \dot{I}_a - \dot{I}_c = 2\dot{I}_a$，因此继电器中反映 2 倍的短路电流，接线系数 $K_w = 2$。

（3）当 A、B、C 三相短路时　由于三相短路电流彼此大小相等，方向相差120°，因此继电器中反映$\sqrt{3}$倍的短路电流，接线系数 $K_w = \sqrt{3}$。

由上述分析可知，该接线方式对不同形式的相间短路，接线系数是不一样的，因此保护装置的灵敏系数也不一样，这不利于保护装置的整定。然而由于这种接线最为简单经济，因此在中小型工厂高压继电保护中也有所应用，特别广泛应用于高压电动机的继电保护。

需要注意的是，无论是采用不完全星形接线还是电流差接线，所有保护装置的电流互感器必须装设在相同的两相上，否则有可能造成越级跳闸事故。如图 6-5 所示，WL1 线路过电流保护装置的电流互感器装设在 A、B 两相上，WL2 线路过流保护装置的电流互感器装设在 B、C 两相上。若 WL1 线路的 C 相与 WL2 线路的 A 相同时发生单相接地故障，两条线路的保护都不动作，造成上一级保护动作，使完好的 WL3 线路停电。如果各条线路的保护装置的电流互感器都装设在 A、C 两相上，当两条线路上发生不同相的接地故障时，只有 A、C 相相间接地故障时跳开两

条线路,而 A、B 或 B、C 相间接地故障时只跳开 A 相或 C 相接地的那条线路,并且对其他完好线路没有影响,使停电范围减至最小。

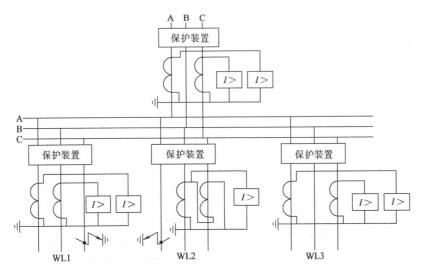

图6-5 过电流保护装置的电流互感器装设在不同两相上造成越级跳闸示意图

例6-3 某水泥厂10kV高压电动机的继电保护装置拟采用电流差接线,由于安装技术人员的疏忽,施工时误将 C 相电流互感器的极性接反,该保护装置能可靠动作吗?为什么?

解 该保护装置不能可靠动作。这是因为当 C 相电流互感器的极性接反时,流入继电器中的电流变成 A、C 两相电流的相量和,即 $\dot{I}_{KA} = \dot{I}_a + \dot{I}_c$。若 A、B 或 B、C 发生相间短路,继电器中反映 1 倍的短路电流,保护装置能够起动;若 A、B、C 发生三相短路,由于 $\dot{I}_A + \dot{I}_C = -\dot{I}_B$,因此继电器中仍然反映 1 倍的短路电流,保护装置同样能够起动;但若是 A、C 两相发生短路,继电器中没有电流,保护装置将不动作。也就是说,此接线方式不能保护所有形式的相间短路。

6.4.4 保护装置的操作电源

保护装置的操作电源是指供电给继电保护装置及其所作用的断路器操动机构的电源。操作电源应能保证在供电系统发生故障时继电保护装置和断路器可靠地动作,并有足够的合闸容量。操作电源分直流和交流两大类。

1. 直流操作电源 直流操作电源的特点是受交流供电系统的影响较小,可靠性高,适用于大中型工厂继电保护回路数多、保护复杂的场合。常用直流操作电源有以下几种形式。

(1)蓄电池组 蓄电池组电源的特点是独立于工厂供电系统,可靠性高。过去多采用铅酸蓄电池组,因其腐蚀性强、维护工作量大,且需一定的占地面积,现已被淘汰。目前广泛应用的是铬镍蓄电池组,它的优点是放电电压平稳、工作性能好、腐蚀性小、运行维护简便,且可装设在控制屏内,无需专用的蓄电池室。

(2)带电容储能的硅整流直流系统 其特点是投资少,维护工作量低,广泛应用于大中型工厂继电保护回路,但可靠性不如蓄电池组。原理如图6-6所示,硅整流器的交流电源可由不同回路的所用变压器供给,电源一回路工作,另一回路备用,可用自动投入装置自动切换。硅整流装置一般装设两组,容量较大的一组(硅整流器Ⅰ)供断路器合闸用;容量较小的一组(硅整流器Ⅱ)供控制、保护及信号电源用。两组硅整流器的直流母线间用电阻 R 和二极管 VD1 隔开,利用二极管的单向导电性,防止断路器合闸回路的故障影响控制与保护电路,电阻 R 起限流作用,保护二极管 VD1。当电力系统发生短路事故时,380V 交流电源电压下降,直流母线电压也相应下降,此时利用并联在保护回路中的电容器组 C_I 与 C_{II} 的储能来使继电保护装置动作,使断路器跳闸。采用电容储能时，各断路器直流控制系统的信号灯应由信号回路供电，使这些元件不消耗电容器的储能。二极管 VD2 和 VD3 的作用就是为了防止 C_I 与 C_{II} 向连接于控制母线上的其他回路放电。

图 6-6 带电容储能的硅整流直流系统

WO—合闸小母线   WC—控制小母线   WF—闪光信号小母线 C_I、C_{II}—储能电容器组

需要注意的是，不同级的继电保护电源应由不同电容器组供给。这样做的原因是，当下级保护Ⅱ（如 10kV 线路保护）的保护区域内发生短路故障，保护装置起动而断路器操动机构失灵时，电容器组 C_{II} 由于长时间放电能量消耗殆尽，这时，作为后备的上一级保护Ⅰ（如 35kV 主变压器保护）可从电容器组 C_I 取得电源，使断路器跳闸，切除故障。

（3）复式整流的直流系统 复式整流的直流系统由电压源型供电器与电流源型供电器两部分组成。电压源型供电器由电压互感器或所用变压器供电，经铁磁谐振稳压器（当稳压要求高时）和硅整流器供电给操作、信号、跳闸电路；电流源型供电器由电流互感器供电，同样经铁磁谐振稳压器和硅整流器供电给上述电路。图 6-7 所示为复式整流的直流系统原理图。

复式整流装置有两个"电源"，能保证在正常及事故情况下向直流系统可靠供电。由于电流互感器容量有限，首先保证信号、操作及断路器跳闸回

图 6-7 复式整流的直流系统

路用电。与电容储能式相比，复式整流装置输出的功率更大，电压稳定性更好。

2. 交流操作电源 交流操作电源一般取自电压互感器或电流互感器二次侧，接线简单、运行维护方便、投资少，广泛应用于中小型工厂高压继电保护装置中。

电压互感器做操作电源应用范围有限，一般仅用于电力变压器的气体继电保护和中性点非直接接地电力网的接地保护，而做短路保护的操作电源不能取自电压互感器。这是因为电压互感器一般容量都很小，且当系统短路时，母线电压严重下降，互感器二次电压也随之下降，这可能导致断路器的操作机构不能正常工作。只有在异常运行状态下母线电压无显著变化时，保护装置的操作电源才可以由电压互感器供给，若容量不足，可增设电容储能装置做跳闸电源的后备。

当系统发生短路时，由电流互感器取得操作电源十分有效，动作方式主要有以下两种。

（1）"直接动作式"电路 将断路器跳闸线圈 YR 与电流互感器构成电流差接线，如图 6-8a 所示，正常运行时，通过 YR 中的电流很小，不足以使断路器跳闸；当一次回路发生短路时，YR 中的电流足够大，使断路器跳闸。这种接线方式虽然简单、经济，但电流互感器二次侧负担较重，保护装置不够灵敏，现已很少采用。

（2）"去分流跳闸"电路 由交流操作电源供电的动作方式大都采用"去分流跳闸"电路，其基本原理如图 6-8b 所示。在正常情况下，继电器 KA 的常闭触点将跳闸线圈 YR 短接，断路器 QF 不会跳闸。而当一次回路发生相间短路时，继电器 KA 动作，其常闭触点断开，使 YR 的短接分流电路被去掉（即"去分流"），从而使断路器跳闸。这种接线简单、经济，灵敏性高，但要求继电器触点的容量足够大，采用 GL 型感应式电流继电器即可满足这一要求。

a)"直接动作式"电路　　　　　　　　　　b)"去分流跳闸"电路

图 6-8　交流操作电源的动作方式

6.5　工厂高压线路的继电保护

6.5.1　保护的配置

按 GB/T 50062—2008《电力装置的继电保护和自动装置设计规范》规定，对 3～66kV 线路的下列故障或异常运行——相间短路、单相接地和过负荷，应装设相应的保护装置。中小型工厂高压供电线路一般不是很长，回路数少，电压等级一般不超过 35kV，属于小电流接地的电力系统，因此其继电保护装置比较简单。

1. 相间短路保护 相间短路保护主要采用带时限的过电流保护和电流速断保护。当过电流保护时限不大于 0.5～0.7s，或保护装置没有配合上的要求时，可不装设电流速断保护。相间短路保护不但动作于发信号，而且还应动作于断路器跳闸。

2. 单相接地保护 小电流接地的电力系统发生单相接地故障时，只有接地电容电流，能暂时继续运行，但必须通过系统所装设的保护装置发出报警信号。单相接地保护有两种。

（1）绝缘监视装置 装设在变配电所高压母线上，动作于发信号。它能判断出系统哪一相发生了接地，但无法判断是哪一条出线发生了接地，缺乏选择性。主要应用于工厂高压出线较少的场合。

（2）零序电流保护 装设在高压线路出线端，具有选择性，应用于工厂高压出线比较多的场合。零序电流保护一般动作于发信号，但当接地故障危及人身和设备安全时，保护装置应动作于跳闸。

3. 过负荷保护 对可能时常出现过负荷的电缆线路，应装设负荷保护。保护装置应带时限动作于发信号；当危及设备安全时，可动作于跳闸。

6.5.2 带时限的过电流保护

带时限的过电流保护，分定时限过电流保护和反时限过电流保护两种。定时限指保护装置的动作时间是固定的，与短路电流大小无关；反时限指动作时间与短路电流大小成反比。

1. 保护装置的接线与工作原理

（1）定时限过电流保护 10～35kV 中性点不接地或中性点经消弧线圈接地的电力系统中，广泛采用不完全星形接线来反映各种相间短路故障。图 6-9a 为这种接线方式的定时限过电流保护原理电路，采用集中表示法绘制。它由电磁式电流继电器 KA1 与 KA2、时间继电器 KT、信号继电器 KS 和中间继电器 KM 等四部分组成。其中 YR1 为跳闸线圈，QF 为断路器操动机构的辅助触点。操作电源采用直流电源。

a) 定时限过电流保护　　　　　　　　　　　　b) 反时限过电流保护

图 6-9 带时限过电流保护的原理电路（按集中表示法绘制）

TA1、TA2—电流互感器　YR1、YR2—跳闸线圈　KA1、KA2—电流继电器

KT—时间继电器　KS—信号继电器　KM—中间继电器

保护装置的工作原理是：当一次回路正常运行时，KA1 与 KA2 不起动，保护装置不动作；当一次回路发生相间短路时，KA1 与 KA2 至少有一个要起动，其常开触点闭合，接通时间继电器 KT 线圈，经过整定的延时后，时间继电器 KT 延时闭合的常开触点闭合，接通信号继电器和中间继电器。信号继电器 KS 动作，其信号指示牌掉下，同时接通音响和灯光信号；中间继电器 KM 动作，接通断路器跳闸线圈 YR，使断路器跳闸。

由于断路器跳闸线圈感抗很大，突然断电时会产生很大的自感电动势，为减轻中间继电器触点的负担，在跳闸回路中串联断路器操动机构的常开触点 QF。当断路器跳闸切除短路故障后，除信号继电器 KS 外，其余继电器逐级开始返回（KS 需手动复位），断路器操动机构的常开触点 QF 先于中间继电器 KM 触点打开，切除自感电动势。

（2）反时限过电流保护 反时限过电流保护由 GL 型感应式电流继电器组成，由电流互感器二次侧直接提供操作电源，图 6-9b 为集中表示法绘制的反时限过电流保护原理电路。当一次回

路发生相间短路时，电流继电器 KA1 与 KA2 至少有一个要起动，经过一定延时后（延时长短与短路电流大小成反比），其常开触点闭合，紧接着常闭触点断开，这时断路器跳闸线圈因"去分流"而得电，从而使断路器跳闸，同时信号牌掉下，指示保护装置已经动作。在短路故障被切除后，继电器自动返回，信号牌则需手动复位。

采用"去分流跳闸"电路应注意，当系统正常运行时，若由于某些意外原因使分流电路断开，则造成断路器误跳闸事故，因此电路应具备断线防护功能。比较图 6-9b 与图 6-8b 可以发现，图 6-9b 的电流继电器增加了一对常开触点，与跳闸线圈 YR 串联，这样即使分流电路断开（如继电器常闭触点由于外界振动等偶然因素松开），也不会造成断路器误跳闸。

按集中表示法绘制的原理电路图又称为归总式电路图，这种图所有电器的组成部件各自归总在一起，适用于电路元件较少的简单电路；当电路元件较多、电路复杂时，宜将所有电器的组成部件按各部件所属回路来分开绘制，这样图面清晰，读图容易。这种电路图称之为分开表示原理电路图，又称为展开式电路图，简称展图。展开图广泛应用于继电保护回路及其他二次系统，图 6-10 即为分开表示法绘制的带时限过电流保护的展开图。

a) 定时限过电流保护   b) 反时限过电流保护

图 6-10 带时限过电流保护的原理电路（按分开表示法绘制）

2. 保护装置的整定

（1）动作时间的整定 带时限过电流保护动作时间的整定应满足"阶梯性"原则，来保证前后级保护装置之间选择性配合的需要。图 6-11 所示为单方向供电辐射式电力线路，当后一级线路 WL2 发生三相短路时，前一级线路 WL1 保护的动作时间 t_1 应比后一级保护的动作时间 t_2 大一个时间级差 Δt，即

$$t_1 \geqslant t_2 + \Delta t \tag{6-19}$$

时间级差 Δt 应越小越好，它包括断路器的动作时间（固有分闸时间 + 灭弧时间）、保护装置中时间继电器可能提前动作的负偏差时间和上一级保护中时间继电器可能滞后动作的正偏差时间；为确保选择性，还应留有一定的裕度。对于定时限过电流保护，可取 $\Delta t = 0.5\text{s}$；对于反时限过电流保护，可取 $\Delta t = 0.7\text{s}$。

（2）动作电流的整定 整定带时限过电流保护的动作电流时，不但要求动作电流应躲过线路上最大负荷电流（包括正常过负荷电流和尖峰电流）$I_{\text{L.max}}$，以保证线路上设备在正常运行以及起动时保护装置不至于误动作，而且还要求保护装置的返回电流也要躲过线路上最大负荷电

流 $I_{\text{L·max}}$，否则有可能造成越级跳闸事故。

如图 6-11 所示，假设该电路前后级都装设了带时限的过电流保护。当 WL2 线路发生相间短路时，按保护选择性的要求，应当是断路器 QF2 跳闸而 QF1 不应当跳闸。但短路电流既流过 KA2，也流过 KA1，且短路电流远大于电流继电器的起动电流，这使得 KA1 与 KA2 同时起动，接通各自的时限元件。由于保护装置 2 动作时间整定得短，保护装置 1 动作时间整定得长（它们之间相差一个级差 Δt），因此保护装置 2 的出口电路先接通，断路器 QF2 跳闸，切除短路故障，这时要求 KA1 应迅速返回，否则再经过时间 Δt 后，保护装置 1 的出口电路也被接通，将使 QF1 误跳闸。考虑最严重情况，即 QF2 跳闸时，线路上其他负荷处于最大负荷运行状态，电流继电器 KA1 也应当可靠地返回，即返回电流应躲过线路上最大负荷电流。

图 6-11 带时限过电流保护装置整定说明图

由此可得，过电流保护装置动作电流的整定公式为

$$I_{\text{op}} = K_{\text{rel}} K_{\text{W}} I_{\text{L·max}} / (K_{\text{re}} K_{\text{i}}) \tag{6-20}$$

式中 I_{op}——保护装置的动作电流；

K_{rel}——保护装置的可靠系数，对电磁式电流继电器取 1.2，对感应式电流继电器取 1.3；

K_{W}——保护装置的接线系数，对不完全星形接线为 1，对电流差接线为 $\sqrt{3}$；

$I_{\text{L·max}}$——线路上最大负荷电流，可取 $(1.5\sim2.0)I_{30}$，I_{30} 为线路计算电流；

K_{re}——电流继电器的返回系数；

K_{i}——电流互感器的电流比。

由上述可知，带时限的过电流保护装置前后级之间选择性配合是依靠动作电流的整定以及前后级动作时间的匹配这两方面来联合保证的。换一个角度看，它实质上是牺牲了保护装置的速动性，来换取保护装置的选择性。

3. 保护装置的灵敏性校验

（1）过电流保护的灵敏系数 按式(6-1)定义，过电流保护的灵敏系数为

$$S_{\text{p}} = K_{\text{W}} I_{\text{k·min}} / (K_{\text{i}} I_{\text{op}}) \tag{6-21}$$

式中 $I_{\text{k·min}}$——系统在最小运行方式下被保护线路最末端两相短路电流。

按 GB/T 50062—2008《电力装置的继电保护和自动装置设计规范》规定，电力线路过电流保护的最小灵敏系数：作主保护时，为 1.5；作后备保护时，为 1.2。

当过电流保护的灵敏系数达不到要求时，可采用下述低电压闭锁的过电流保护。

（2）低电压闭锁的过电流保护 在母线上并联接入一电压互感器 TV，电压互感器二次侧接一个欠电压继电器 KV，将欠电压继电器的常闭触点与过电流保护装置中电流继电器的常开触点串联接入过流保护电路中，如图 6-12 所示。

图6-12 低电压闭锁的过电流保护电路

TV—电压互感器 KV—欠电压继电器

采用低电压闭锁的过电流保护，只有在"线路过电流"和"母线低电压"这两种状态同时存在时，即触点KA、KV皆闭合时，保护装置才能够动作，因此保护装置的动作电流无需按"返回电流躲过线路上的最大负荷电流"来整定，只需按"返回电流躲过线路上的计算电流"整定即可。这是因为：即使返回电流没有躲过线路上的最大负荷电流，继电器KA没有能够返回，但由于最大负荷时母线电压是正常的，因此触点KV是断开的，保护装置是不会动作的。所以低电压闭锁的过电流保护动作电流整定公式与普通过电流保护动作电流整定公式是类似的，只需将式(6-20)中的最大负荷电流$I_{L \cdot max}$换成计算电流I_{30}即可，即

$$I_{op} = K_{rel} K_W I_{30} / (K_{re} K_i) \tag{6-22}$$

由于按上式整定使动作电流减小了，因此保护装置的灵敏性得到提高。

电压继电器的起动值应按躲过正常运行时母线的最低工作电压来整定。

6.5.3 电流速断保护

为保证选择性配合，带时限过电流保护前后级之间相差一个时间级差Δt，这使得越靠近电源端，保护的动作时间越长，而越靠近电源端，短路电流越大。为解决这一矛盾，GB/T 50062—2008规定，当过电流保护动作时间超过0.5~0.7s时，应装设瞬时电流速断保护，简称电流速断保护。

1. 保护装置的接线及工作原理 电流速断保护的接线相当简单，就是将定时限过电流保护中的时间继电器去掉，即电流继电器起动后，其常开触点直接接通信号继电器和中间继电器，信号继电器触点闭合，发速断保护动作的信号；中间继电器触点闭合，接通断路器的跳闸电路。

对反时限过电流保护，由于采用GL型电流继电器，则可利用该继电器的电磁元件来实现速断保护，因此非常简单经济。

2. 保护装置的整定

（1）速断电流的整定 速断保护的动作电流简称速断电流，由于前后级速断保护之间不存在时限上的配合，因此速断保护的选择性只能从动作电流的整定上单方面来保证。即下一级线路无论产生多大的短路电流，上一级线路的速断保护都不应当动作。下一级线路最大的短路电流为系统在最大运行方式下该线路首端的三相短路电流，也就是被保护线路末端的三相短路电流。参见图6-13，即WL2线路首端（相当于WL1线路末端）发生三相短路时，前一级线路WL1的速断保护装置KA1不应当起动，因此速断保护的动作电流应按躲过被保护线路最末端的三相短路电流来整定，整定公式为

$$I_{qb} = K_{rel} K_W I_{k \cdot max} / K_i \tag{6-23}$$

式中 I_{qb}——速断电流；

K_{rel}——可靠系数，对DL型电流继电器取1.2~1.3；对GL型电流继电器取1.4~1.5；

K_W——保护装置接线系数；

K_i——电流互感器的电流比；

$I_{k \cdot max}$——系统在最大运行方式下被保护线路末端三相短路电流。

图6-13　速断保护的整定说明及保护区和死区

（2）速断保护的"死区"　事物总是辩证的，系统某一项性能的提高必然是依靠牺牲其他性能指标为代价的。速断保护虽然满足了保护速动性的要求，但由于速断保护的动作电流是按躲过系统在最大运行方式下被保护线路最末端三相短路电流来整定的，当线路末端发生两相短路时，速断保护将不动作。因此线路末端存在一段速断保护不到的区域，该区域称之为速断保护的"死区"，也就是说，速断保护不能保护线路的全长。

速断保护的保护范围受系统运行方式的影响而变化。一般认为，在最大运行方式下，能保护线路全长的50%即认为保护具有良好的效果；在最小运行方式下，能保护线路全长的15%～20%即可装设。

在中小型工厂，高压线路的距离一般都不长，即使是同一级线路首、末两端的三相短路电流，差别也不是很大，这样按式（6-23）整定，速断保护的保护范围极其有限，因此速断保护一般只用来做线路首端的短路保护（如对电缆出线的电缆头实施短路保护）。

为了弥补死区得不到保护的缺陷，凡是装设有电流速断保护的线路，必须配备带时限的过电流保护。在速断保护区内，速断保护作为主保护，过电流保护作为后备保护；在速断保护的死区内，过电流保护为基本保护。

3. 保护装置的灵敏性校验　一般情况下，保护装置的灵敏性应以故障参数最小值来校验。由于速断保护存在死区，因此最小的短路电流应为线路非死区段末端两相短路电流，但这需要计算速断保护的保护范围，计算繁杂，且速断保护主要任务是用作线路首端的短路保护，因此规定，速断保护的灵敏性以保护安装处（即线路首端）最小的短路电流来校验。速断保护的灵敏系数为

$$S_p = K_W I_{k \cdot min} / K_i I_{qb} \tag{6-24}$$

式中　$I_{k \cdot min}$——线路首端在系统最小运行方式下的两相短路电流。

速断保护要求最低灵敏系数：对电力线路取1.25；对线路-变压器组，取1.5。

4. 过电流保护与电流速断保护的比较　二者相同点都是依靠反映故障电流而动作，保护装置的整定以满足选择性为前提。接线方式通常采用不完全星形接线，共用一套测量元件（电流互感器）和出口元件（中间继电器）。下面从选择性、可靠性、速动性和灵敏性四项基本要求上比较二者之间的不同点，见表6-2。

表 6-2　过电流保护与电流速断保护特点的比较

保护	过 电 流	电 流 速 断
选择性	起动电流按躲过线路最大负荷电流整定，即 $I_{op}=K_{rel}K_W I_{L\cdot max}/(K_{re}K_i)$	起动电流按躲过线路末端最大短路电流整定，即 $I_{qb}=K_{rel}K_W I_{k\cdot max}/K_i$
	装置无选择性起动，外部故障切除后保护装置应返回，需考虑返回系数	装置有选择性起动，只有内部故障时保护装置才动作于跳闸，不需考虑返回系数
	为保证选择性，前后级保护之间应有时限配合	无时限配合，只能靠整定起动电流保证选择性
可靠性	保护区域可延伸至下一级线路	不能保护线路全长，即存在"死区"
	保护范围不受系统运行方式的影响	系统运行方式的改变，会引起保护区域长度的变化
	可靠系数 K_{rel}：对 DL 型电流继电器，取 1.2；对 GL 型电流继电器，取 1.3	可靠系数 K_{rel}：对 DL 型电流继电器，取 1.2～1.3；对 GL 型电流继电器，取 1.4～1.5
速动性	保护装置带时限（定时限或反时限）动作，越靠近电源端，动作时间越长	瞬时动作，只有断路器固有分闸时间和灭弧时间
灵敏性	按系统在最小运行方式下被保护线路末端两相短路电流来校验，要求最低灵敏系数：作主保护，取 1.5；作后备保护，取 1.2	按系统在最小运行方式下保护安装处两相短路电流来校验，要求最低灵敏系数：对电力线路取 1.25；对线路-变压器组取 1.5

6.5.4　零序电流保护

零序电流保护为小电流接地的电力系统发生单相接地故障时的一种保护措施，应用于工厂高压出线比较多的场合。它利用故障线路的零序电流比非故障线路大的特点，实现有选择性地动作于信号，当单相接地故障危及人身和设备安全时，则动作于跳闸，因此又称选择性单相接地保护。

1. 保护装置的接线与工作原理　零序电流保护一般应用于电缆出线，主要元件是零序电流互感器。装设零序电流互感器时应特别注意，应将电缆头的接地线穿过零序电流互感器，使其二次侧所接继电器能够正确地反映接地故障信号，如图 6-14 所示。

零序电流保护的工作原理说明如下：

如图 6-15 所示供电系统，T2 为工厂电源（主变压器二次侧），WB 为工厂高压母线，母线上接有多条高压出线（图中仅画 3 条——WL1、WL2、WL3）。假设 WL1 线路 C 相发生了接地故障（C 相线芯与电缆金属外皮相碰），忽略负荷电流及电容电流在线路上产生的压降，认为全网络 C 相对地电压均为零，则各条线路 C 相对地电容电流也等于零。下面来仔细研究各条线路电容电流的分布。

图 6-14　零序电流保护的接线
1—零序电流互感器　2—电缆
3—接地线　4—电缆头

对非故障线路（如 WL2）而言，C 相电容电流为零，A、B 两相流过自身的电容电流。因此该线路首端所装设的零序电流互感器一次侧流过的零序电流，为该线路 A、B 两相对地电容电流的相量和。也就是说，对非故障线路而言，保护装置反映的是自身的电容电流。根据 1.3 节分析，此零序电流为正常运行时该线路对地电容电流的 3 倍。

对于发生接地故障的 WL1 线路，情况有所变化。由于所有非故障线路电容电流的和并不等于零，即彼此不能互为回路，根据电流连续性原理，这些不平衡的电容电流只能通过故障线路电缆头的接地线，流经故障电缆金属外皮，从故障点再流回系统。由于故障电缆自身电容电流总是由非故障相（图中 A、B 相）流向接地点，再从接地点通过故障相（图中 C 相）流回系统，对零序电流互感器而言，其作用相互抵消。这样，装设于故障电缆的零序电流互感器一次侧流过的零序电流，为所有非故障线路的电容电流之和。该电流反映至互感器二次侧，并流入电流继电器，使其动作发出信号。

图 6-15　单相接地时接地电容电流的分布

1—电缆头　2—接地线　3—电缆金属外皮

T2—变压器二次绕组　WB—高压母线　TAN—零序电流互感器　KA—电流继电器

在变压器二次绕组 T2 中，作为提供系统电容电流的电源，A 相绕组流出各条线路 A 相对地电容电流，B 相绕组流出各条线路 B 相对地电容电流，这些电容电流经故障点后再流回 C 相绕组。

对高压架空出线，若需装设零序电流保护，可采用三个电流互感器组成零序电流过滤器，如图 6-16 所示。其基本工作原理与电缆出线类似。当某条出线发生单相接地故障时，非故障线路的不平衡电容电流总是由接地故障点，通过故障相，流回系统。这样零序电流过滤器二次侧将反映所有非故障线路的电容电流和，电流继电器起动，驱动电路发信号。

图 6-16　零序电流过滤器的接线

2. 保护装置动作电流的整定　零序电流保护的动作电流一般按选择性要求来整定。即当其他线路发生接地故障时，对完好线路来讲，其零序电流保护不能动作。因此零序电流保护的动作电流，应躲过其他线路发生单相接地时在本线路引起的电容电流。即

$$I_{op(E)} = K_{rel}I_C/K_i \tag{6-25}$$

式中　$I_{op(E)}$——零序电流保护的动作电流；

I_C——其他线路发生单相接地时，在被保护线路产生的电容电流；

K_{rel}——可靠系数。保护装置不带时限时，取 4 ~ 5，以躲过被保护线路发生两相短路时所出现的不平衡电流；保护装置带时限时，取 1.5 ~ 2，这时零序电流保护的动作时间应比相间短路的过电流保护动作时间大一个 Δt，以保证选择性；

K_i——零序电流互感器的电流比。

3. 保护装置灵敏性的校验　为了保证自身线路发生单相接地故障时零序电流保护能可靠地动作，保护装置的灵敏性应按被保护线路末端发生单相接地故障时流过接地线的不平衡电容电流作为最小故障电流来校验。而这一电容电流为与被保护线路有电联系的所有线路电容电流 $I_{C\cdot\Sigma}$

与被保护线路自身电容电流 I_C 之差。即保护装置的灵敏系数为

$$S_p = (I_{C.\Sigma} - I_C)/(K_i I_{op(E)})$$ (6-26)

一般要求 S_p 不得低于 1.5。

6.5.5 过负荷保护

按 GB/T 50062—2008《电力装置的继电保护和自动装置设计规范》的要求，对可能时常出现过负荷的电缆线路，应装设过负荷保护。保护装置应带时限动作于发信号；当危及设备安全时，可动作于跳闸。

过负荷保护的接线十分简单，一般采用一相式接线，当一次线路过负荷时，延时动作于发信号，如图 6-17 所示。

过负荷保护的动作电流 $I_{op(OL)}$ 按躲过线路的计算电流来整定，即

$$I_{op(OL)} = (1.2 \sim 1.3)I_{30}/K_i$$ (6-27)

动作时间一般取 $10 \sim 15s$。

图 6-17 线路过负荷保护接线

例 6-4 某工厂总降压变电所（35kV）至 NO.1 车间变电所（10kV）采用电缆线路供电，如图 6-18 所示。已知该电缆线路运行参数：线路长期通过的最大负荷电流（即计算电流）$I_{30} = 148A$；线路由于设备起动等原因引起的短时最大负荷电流 $I_{L.max} = 243A$；线路运行时时常过载，最大过负荷电流 $I_{oL.max} = 186A$。总降压变电所 10kV 母线三相短路电流：最大运行方式下 $I_{k1.max}^{(3)} = 3.2kA$，最小运行方式下 $I_{k1.min}^{(3)} = 2.8kA$；车间变电所 10kV 母线三相短路电流最大运行方式下 $I_{k2.max}^{(3)} = 2.5kA$，最小运行方式下 $I_{k2.min}^{(3)} = 2.2kA$。下级过电流保护装置的动作时间已整定为 0.5s。试（1）为该电缆线路配置继电保护装置，并绘出保护接线的展开图；（2）整定保护装置的动作值；（3）校验保护装置的最低灵敏系数是否满足要求。

图 6-18 工厂高压配电线路示意图

HSS—总降压变电所 STS—车间变电所 M—高压电动机 C—高压电容器组

解 （1）给该电缆线路配置下列继电保护装置

1）过电流保护和电流速断保护。用于保护线路的相间短路。两套保护装置共用一组电流互感器，采用不完全星形接线，电流继电器拟选 DL 型。

2）过负荷保护。该电缆线路最大过负荷系数 $K_{oL.max}$ 为

$$K_{oL.max} = 1 + (186 - 148)/148 \approx 1.26$$

由计算知，过负荷部分最多仅占额定负荷的 26%，设定过负荷时保护装置带时限动作于信号，值班人员可根据线路实际运行情况采取断开部分次要负荷等措施。

3）单相接地故障保护。视工厂高压出线的多少，装设有选择性的零序电流保护。

图 6-19 为该电缆线路过电流保护、电流速断保护和过负荷保护原理接线的展开图（零序电

流保护接线图略）。

图6-19 工厂高压配电线路过电流保护、电流速断保护和过负荷保护综合电路展开图

（2）保护装置的整定：互感器电流比拟选取300/5。

1）过电流保护

起动电流整定 $$I_{op} = K_{rel}K_W I_{L \cdot max}/(K_{re}K_i)$$

其中，$K_{rel} = 1.2$，$K_W = 1$，$K_{re} = 0.8$，$K_i = 300/5$，$I_{L \cdot max} = 243A$

代入数据并计算得 $$I_{op} \approx 6.08A$$

取整定值 $I_{op} = 6A$

动作时间整定：考虑与下一级保护装置的配合，动作时间可整定为 $t = 0.5s + 0.5s = 1.0s$

2）电流速断保护

起动电流整定 $$I_{qb} = K_{rel}K_W I_{k \cdot max}/K_i$$

其中，$K_{rel} = 1.3$，$I_{k \cdot max} = I_{k2 \cdot max}^{(3)} = 2.5kA = 2500A$

代入数据并计算得 $$I_{qb} \approx 54.17A$$

取整定值 $I_{qb} = 54A$

速断电流倍数

$$n_{qb} = I_{qb}/I_{op} = 9$$

3）过负荷保护

起动电流整定值 $$I_{op(OL)} = 1.2I_{30}/K_i$$

代入数据并计算得 $$I_{op(OL)} = 2.96A$$

取整定值 $I_{op(OL)} = 3A$

动作时间可整定为 10s。

（3）灵敏性校验：在最小运行方式下，该线路首、末端两相短路电流 $I_{k1 \cdot min}^{(2)}$ 和 $I_{k2 \cdot min}^{(2)}$ 分别为

$$I_{k1 \cdot min}^{(2)} = \frac{\sqrt{3}}{2} \times 2.8kA \approx 2425A$$

$$I_{k2 \cdot min}^{(2)} = \frac{\sqrt{3}}{2} \times 2.2kA \approx 1905A$$

1）过电流保护的灵敏系数　　　$S_p = K_W I_{k \cdot min} / (K_i I_{op})$

式中，$I_{k \cdot min} = I_{k2 \cdot min}^{(2)} \approx 1905A$

代入数据并计算得　　　$S_p \approx 5.3 > 1.5$

满足要求。

2）速断保护的灵敏系数　　　$S_p = K_W I_{k \cdot min} / (K_i I_{qb})$

式中，$I_{k \cdot min} = I_{k1 \cdot min}^{(2)} \approx 2425A$

代入数据并计算得　　　$S_p \approx 0.75 < 1.25$

由校验知，速断保护的灵敏系数达不到要求，造成这种情况有两个原因：一是工厂高压配电线路比较短，首末两端三相短路电流相差不大（3.2kA、2.5kA）；二是在速断电流整定时考虑了一个可靠系数 $K_{rel} = 1.3$。但作为线路的辅助保护，速断保护的保护范围若能达到线路全长的 15%～20% 即可装设，即使灵敏系数达不到要求也无妨，更何况灵敏系数是按最小短路电流来校验的，在其他运行状态下，电流速断保护还是有保护作用的。

6.6　电力变压器的继电保护

6.6.1　保护的配置

变压器是工厂供电系统中最重要的一次设备，若发生故障将严重影响供电的可靠性，导致工业生产无法正常进行。

变压器的故障及不正常运行方式主要包括：

1）绕组及其引出线的相间短路和中性点直接接地侧的单相接地短路。

2）绕组的匝间短路。

3）外部相间短路引起的过电流。

4）中性点直接接地系统中外部接地短路引起的过电流及中性点过电压。

5）过负荷。

6）油面降低。

7）变压器温度升高或油箱压力升高或冷却系统故障。

针对上述变压器的故障及不正常运行方式，工厂供电系统中一般配置下列保护：

（1）联差动保护或电流速断保护　　并联运行的变压器容量在 6300kV·A 及以上，或单台运行的变压器容量在 10000kV·A 及以上，以及容量在 6300kV·A 及以下单独运行的重要变压器，均应装设联差动保护；对容量在 2000kV·A 及以上的变压器，若装设电流速断保护灵敏系数不满足要求，宜装设联差动保护。当变压器容量小于上述容量界限时，可用电流速断保护代替联差动保护。

（2）带时限的过电流保护　　对于由变压器外部故障引起的过电流，联差动或电流速断保护不到，应装设带时限的过电流保护，并作为联差动保护或速断保护的后备保护。

（3）零序电流保护　　对容量在 400kV·A 及以上、联结组别为 Yyn0 的变压器，可在变压器低压侧中性线上装设零序电流保护，用于保护变压器低压侧单相接地短路，保护装置应带时限动作于跳闸。

（4）过负荷保护　在正常运行情况下变压器有可能过负荷时，应根据过负荷的大小拟装过负荷保护。过负荷保护一般带时限动作于信号，在无经常值班人员的变电所，可动作于跳闸或断开部分负荷。

（5）气体继电保护　用于保护油浸式变压器油箱内的各种故障，其中轻气体保护动作于发信号，重气体保护不但动作于发信号，一般还应动作于断路器跳闸。

6.6.2　联差动保护

变压器联差动保护装置灵敏性高，动作迅速，主要用作大容量变压器绕组、绝缘套管及引出线相间短路主保护，还可用来反映绕组匝间短路，但对变压器外部故障不起保护作用。

1. 保护装置的接线与工作原理　如图6-20所示为变压器差动保护最基本的原理接线图（图中只画出一相）。在变压器一、二次侧装设电流互感器TA1、TA2，电流互感器与差动继电器KD构成"电流差"接线。其工作原理说明如下：当一次电路正常运行时，TA1与TA2的二次侧分别流过负荷电流I_1与I_2，差动继电器中的流过的电流为$I_{KD} = I_1 - I_2$，恰当地选择TA1与TA2的电流比，可使$I_1 \approx I_2$，于是$I_{KD} \approx 0$，此时继电器不起动；当变压器外部发生短路故障，情况分析与正常运行时一样，继电器也不起动。但当变压器内部绕组或引出线发生短路时，TA1二次侧流过短路电流，而TA2二次电流为零，此时继电器中的电流（称为差动电流）很大，从而使继电器起动，差动保护装置动作，发信号并动作，断路器跳闸。

此种差动保护称为联差动保护，保护范围为变压器一、二次侧所装设的电流互感器之间。

对两路35kV进线的大型工厂，其总降压变电所（HSS）经常采用内桥形接线。为了实现差动保护，应在"桥臂"分断断路器的两侧增设电流互感器，该电流互感器与进线侧电流互感器构成"电流和"接线，如图6-21所示。这种接线在正常运行和外部故障时，继电器中流过的电流是各电流互感器二次电流差，近乎等于零。而在保护范围内发生短路时，继电器中流过的电流是各电流互感器二次侧短路电流之和，从而使保护装置起动，断开变压器各侧断路器，切除故障。

在图6-21中，假设电源2停电，"桥臂"分段断路器处于合闸状态，主变压器T1与主变压器T2同由电源1供电，变压器低压侧无电源。当主变压器T2内部发生故障时，流过主变压器T1的差动继电

图6-20　变压器联差动保护单相原理电路

图6-21　内桥形接线变压器纵联差动保护原理电路
KD—差动继电器　I_k—短路电流　K_i—电流互感器电流比

器的电流为零，而流过主变压器T2的差动继电器的电流为故障电流，使主变压器T2的差动保护动作。

由上述可知，纵联差动保护的工作原理是依靠反映变压器高低压侧电流的相量差，来实现变压器内部发生故障时保护装置动作使断路器跳闸，切除故障变压器；变压器正常运行或是外部发生故障时，保护装置不动作。

2. 变压器高低压侧电流相位的校正 为抑制3倍和3的整数倍的高次谐波，工厂供电系统中常采用Yd11型变压器（总降压变电所）或Dyn11型变压器（车间变电所）。以Yd11型变压器为例。由于变压器高压侧（Y侧）的电流滞后低压侧（d侧）电流30°，此时如果两侧的电流互感器仍采用通常的接线方式，则二次电流由于相位不同，会产生差电流流入继电器，这使得变压器正常运行或外部发生故障时，差动保护误动作。为了避免发生这种情况，可将高压侧（Y侧）电流互感器接成三角形，低压侧（d侧）电流互感器接成星形，如图6-22所示。

假设变压器高压侧的三相电流

图6-22 Yd11联结变压器的纵联差动保护接线

分别为 $\dot{I}_A$、$\dot{I}_B$、$\dot{I}_C$，低压侧的三相电流分别为 $\dot{I}_a$、$\dot{I}_b$、$\dot{I}_c$。电流的参考正方向按电工惯例，即一次电流取流进变压器为正，二次电流取流出变压器为正。高压侧电流互感器二次侧的输出电流分别为 $\dot{I}_{A2}$、$\dot{I}_{B2}$、$\dot{I}_{C2}$，低压侧电流互感器二次侧的输出电流分别为 $\dot{I}_{a2}$、$\dot{I}_{b2}$、$\dot{I}_{c2}$。考虑三相对称情况，有

$$\dot{I}_{A2} = (\dot{I}_A - \dot{I}_B)/K_{i1} = \sqrt{3}\,\dot{I}_A/K_{i1} \underline{/30°}$$

$$\dot{I}_{B2} = (\dot{I}_B - \dot{I}_C)/K_{i1} = \sqrt{3}\,\dot{I}_B/K_{i1} \underline{/30°} \qquad (6-28)$$

$$\dot{I}_{C2} = (\dot{I}_C - \dot{I}_A)/K_{i1} = \sqrt{3}\,\dot{I}_C/K_{i1} \underline{/30°}$$

由上式可见，高压侧电流互感器的输出电流超前变压器高压侧电流30°，恰好与变压器低压侧电流互感器输出电流方向相同，这样就将电流的相位校正过来。

此时，变压器高低压侧电流互感器的电流比 K_{i1}、K_{i2} 须满足下式

$$K_{i1} = \sqrt{3}\,K_{i2}/K \qquad (6-29)$$

式中 K——变压器一、二次侧额定电压之比。

3. 纵联差动保护中的不平衡电流及对策

（1）电流互感器电流比选择引起的不平衡电流 电流互感器的电流比是按标准系列生产的，不一定能满足式(6-29)的要求，因此将会有不平衡电流流过差动继电器。对此不平衡电流，可通过调节差动继电器内平衡线圈的匝数来有效抑制。

（2）变压器励磁涌流产生的不平衡电流 变压器的励磁电流仅流过变压器一次绕组，因此将被反映到差动回路中而产生不平衡电流。在正常运行情况下，此电流很小。当外部发生故障时，由于电压的下降，导致励磁电流下降，此时它的影响将更小。

但当变压器空载投入或外部故障切除后电压突然恢复时，情况就不一样了。变压器突加电压时，外加电压被两个量平衡：一是铁心磁通在绕组中所产生的感应电动势，它与磁通的变化率

成正比；一是励磁电流在绕组电阻上的压降，它与励磁电流成正比，也就是与铁心磁通成正比。考虑最严重情况，即突加电压一瞬间（$t=0$ 时），电压瞬时值 $u=0$，磁通的初始值为零。所以此暂态过程中磁通的变化规律与三相短路暂态过程中短路电流的变化规律是一样的。这时铁心磁通包含周期分量 Φ_p 和非周期分量 Φ_{np}，这两个分量在 $t=0$ 时大小相等、方向相反，使合成磁通 $\Phi=0$，保持磁通的连续性。经过半个周期即 0.01s 后，Φ 达到最大值。这使得铁心严重饱和，励磁电流急剧增大，可达变压器额定电流的 8～10 倍，此电流称为变压器的励磁涌流，如图 6-23 所示。

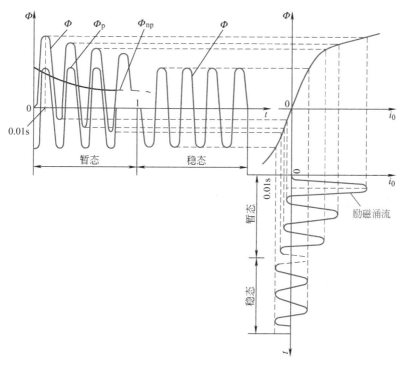

图 6-23　变压器空载合闸时的励磁涌流

励磁涌流经过电流互感器后，将完全流入差动继电器，若不采取措施，将导致保护装置误动作。

为消除励磁涌流的影响，差动继电器铁心上绕有短路线圈。由于励磁涌流非周期分量可近似看作直流电，能够被短路线圈有效抑制，因此差动线圈中的电流只剩下励磁涌流周期分量，其数值将大为减小。

（3）变压器高低压侧电流互感器型号不同产生的不平衡电流　由于变压器高低压侧的电压和电流均不相等，因此所选用的电流互感器型号也不一样，其饱和特性、励磁电流也不同，故在差动回路中将引起不平衡电流。对此不平衡电流，可以通过电流互感器的 10% 误差曲线，合理确定互感器二次侧负荷，将误差控制在一定范围内。

下面简单介绍电流互感器 10% 误差曲线。严格地说，电流互感器的二次电流并不是与一次电流成正比，它们之间总存在一定的误差，该误差的大小不但与电流互感器的饱和程度，即一次电流倍数 n 有关（$n=I_1/I_{1N}$），还与互感器二次侧负荷 Z_{2L} 有关。所谓电流互感器的 10% 误差曲线，是指将误差控制在 10% 时，电流互感器一次电流倍数与二次负荷之间的关系，如图 6-24 所示（各类电流互感器 10% 误差曲线由生产厂家提供）。

（4）调压型变压器调整分接开关时引起的不平衡电流　采用分接开关调压时，实际上是改变变压器的电压比 K。由于差动保护已按照某一变比调整完毕，且差动继电器平衡线圈的匝数在运行时不可能改变，因此该不平衡电流只有在保护装置的整定时予以考虑。

4. 保护装置动作电流的整定 变压器纵联差动保护的动作电流整定原则，除了要满足变压器正常运行或外部发生短路故障时保护装置不应当动作，还应保证变压器空载投入或外部故障切除后电压突然恢复时保护装置也不应当动作。

1）在变压器正常运行情况下，为防止电流互感器二次回路断线而造成差动保护误动作，保护装置的动作电流 $I_{op \cdot KD}$ 应躲过变压器最大负荷电流 $I_{T \cdot max}$，即

$$I_{op \cdot KD} = K_{rel} I_{T \cdot max} / K_i \tag{6-30}$$

图 6-24 电流互感器 10% 误差曲线

2）躲过变压器差动保护范围外部短路时出现的最大不平衡电流 $I_{dsq \cdot max}$，即

$$I_{op \cdot KD} = K_{rel} I_{dsq \cdot max} / K_i \tag{6-31}$$

3）躲过变压器的励磁涌流 $I_{1N \cdot T}$，即

$$I_{op \cdot KD} = K_{rel} I_{1N \cdot T} / K_i \tag{6-32}$$

式中 K_{rel}——可靠系数；

    K_i——零序电流互感器的电流比。

5. 保护装置的灵敏性校验 变压器差动保护的灵敏性，应以变压器二次侧两相短路电流来校验，要求其最小灵敏系数为 2。

6.6.3 电流速断保护

对大型工厂的车间变电所或中、小型工厂变电所，变压器容量一般都不大，可以在其一次侧装设电流速断保护取代纵联差动保护，作为变压器一次绕组及其引出线短路的主保护。

若工厂高压配电线路距离很短，则车间变压器一般不再单独装设继电保护装置，而由高压线路继电保护装置兼任。

变压器速断保护的原理接线与电力线路速断保护的原理接线完全一样（参见 6.5.3 节），但若电源进线为中性点直接接地的电力系统，则保护装置的接线方式应采用三相星形接线。

变压器速断保护的起动电流 $I_{qb(T)}$ 一般按躲过变压器低压侧三相短路电流来整定，即

$$I_{qb(T)} = K_{rel} K_W I_k / K_i \tag{6-33}$$

式中 I_k——变压器低压绕组或引出线发生三相短路时高压侧的线电流值。

变压器速断保护的起动电流还应当躲过变压器空载合闸时的励磁涌流，按上式整定能否满足这一要求，需在实践中加以检验。若不满足，则需对起动电流进行适当的调整。

变压器速断保护的灵敏性以保护安装处两相短路电流来校验，要求灵敏系数 $S_p \geq 1.5 \sim 2$。

变压器电流速断保护的整定值要求较高，它既要躲过变压器低压侧最大的短路电流，又要躲过变压器空载投入时的励磁涌流，所以其保护范围很小，一般只能保护到变压器高压绕组，变压器低压绕组及其引出线保护不到，即它存在"死区"，这是电流速断保护的缺点。但因其接线简单、动作迅速，在过电流保护及气体保护相配合的情况下，可以很好地作为中、小容量变压器的保护。

6.6.4 过电流保护

为了反映变压器外部故障引起的过电流，并做变压器主保护的后备保护，变压器还要装设过电流保护。

1. 保护装置的接线原理

1）对工厂总降压变电所，主变压器大都为 Yd11 型，其过电流保护装置通常采用三相星形接线，这样可以提高保护装置的灵敏性。图 6-25 为 Yd11 型变压器低压侧 a、b 两相短路时高压侧的电流分布。从图中可以看出，B 相的短路电流为 A、C 相的两倍，因此采用星形接线与采用

不完全星形接线相比，保护的灵敏系数提高了一倍。图 6-26 为单电源供电的 Yd11 型变压器过电流保护原理接线，电流互感器装设在变压器一次侧，当变压器内部或二次侧发生短路故障时，保护装置带时限动作而断路器跳闸。

图 6-25 Yd11 型变压器低压侧两相短路时高压侧各相电流分布
（假设变压器高、低压每相绕组匝数比为 1∶1）

图 6-26 Yd11 型变压器的过电流保护原理接线

对具有两路电源进线的工厂总降压变电所，常采用"内桥形"接线。它的过电流保护可采用"和电流"接线方式，即电源侧断路器的电流互感器中的电流与分段断路器的电流互感器中的电流相加后，接入电流继电器，其原理电路如图 6-27 所示。具体工作原理说明如下：当分断断路器 QF3 处于打开状态时，电源 1 供电给主变压器 T1，电源 2 供电给主变压器 T2，"桥臂"上没有电流，此时工作原理与图 6-26 一样。

当电源 2 因检修而停电时，分断断路器 QF3 闭合，电源 1 同时向主变压器 T1 与 T2 供电。若主变压器 T2 发生短路故障，短路电流流经 TA_I、TA_{III} 和 TA_{IV}，由于 TA_{II} 中没有电流，TA_{IV} 二次电流将全部通过 KA2，使保护装置 II 起动，分断断路器 QF3 跳闸，切除故障变压器。而此时 TA_I 和 TA_{III} 二次电流大小相等、方向相反，所以保护装置 I 不起动，QF1 不跳闸，保证对 T1 的可靠供电。

由上分析可知，上述接线不但可以满足保护选择性的要求，还省去了分段断路器的过电流保护装置，从而省去一级整定值，使上下级过电流保护更容易相互配合。

2）对车间变电所或小型工厂变电所，变压器容量一般不大，电压等级也不高，其过电流保护一般采用不完全星形接线，原理电路与电力线路过电流保护一样。但在下列两种情况下，可采用两相三继电器接线，来提高保护装置的灵敏系数。

① 电压等级不超过 10kV、容量达 400kV·A 及以上、联结组别为 Dyn11 的变压器。

② 过电流保护兼做变压器低压侧单相短路保护时。

由图 6-28 中电流分布可知，采用两相三继电器接线较之不完全星形接线相比，灵敏系数提高了一倍。

2. 保护装置的整定

（1）动作时间的整定 对车间变电所，它已是电力系统终端变电所，动作时间可整定为最

图 6-27 "内桥形"接线变压器过电流保护原理电路

T1、T2—主变压器 TA Ⅰ、TA Ⅱ、TA Ⅲ、TA Ⅳ—电流互感器组 I_k—短路电流 K_i—电流互感器电流比

a) Dyn11型变压器低压侧a、b两相短路   b) Yyn0型变压器低压侧b相单相短路

图 6-28 采用两相三继电器接线提高保护装置的灵敏系数

(假设变压器高低压每相绕组匝数比为 1∶1)

低值 0.5s;对总降压变电所,考虑选择性,其变压器过电流保护的动作时间应比车间变电所高一个时间级差 Δt, Δt 取 0.5~0.7s。

(2)起动电流的整定 按返回电流躲过变压器正常运行时允许通过的最大负荷电流来整定,即

$$I_{op} = K_{rel}K_{W}I_{T \cdot max} / (K_{re}K_i) \qquad (6\text{-}34)$$

式中 $I_{T \cdot max}$——变压器正常运行时允许通过的最大负荷电流；

K_{rel}——可靠系数，对电磁式电流继电器取 1.2；对感应式电流继电器取 1.3；

K_{re}——返回系数，取 0.8。

3. 灵敏性的校验 变压器过电流保护的灵敏性按变压器二次侧两相短路电流来校验，要求最小灵敏系数为 1.5。当最小灵敏系数达不到要求时，可采用低电压闭锁的过电流保护。

6.6.5 过负荷保护

变压器过负荷保护采用一相式接线，可与过电流保护合用一组电流互感器。

为防止变压器短时过负荷或外部短路时发出不必要的信号，过负荷保护应带时限动作于发信号。对无经常值班人员的变电所，可动作于跳闸或断开部分负荷。

变压器过负荷保护的动作电流 $I_{op(oL)}$，按躲过变压器一次额定电流 $I_{1N \cdot T}$ 来整定。

$$I_{op(oL)} = (1.2 \sim 1.3)I_{1N \cdot T} / K_i \qquad (6\text{-}35)$$

6.6.6 气体继电保护

气体继电保护旧称瓦斯保护，是变压器主要保护之一，用来反映油浸式变压器内部故障，具有相当高的灵敏性。当变压器内部发生故障时，短路电流使绝缘材料和变压器油受热分解，产生挥发性气体，这些气体从油箱上浮至储油柜。气体继电器就安装在油箱与储油柜之间的连通管上，当气体经过气体继电器时，使得气体继电器动作，接通信号或跳闸电路。

气体继电器有浮筒式、挡板式以及由开口杯和挡板构成的复合式。图 6-29 是带干簧触点的复合式气体继电器，它由油杯、挡板、平衡锤、磁钢和干簧触点等部分组成。当变压器正常运行时，油杯整体浸在变压器油中，油杯与平衡锤保持平衡，此时挡板也处于垂直位置，干簧触点离上、下磁钢都比较远，触点断开，保护装置不动作。

a) 正常工作状态   b) 轻气体动作   c) 重气体动作

图 6-29 FJ3-80 型干簧式气体继电器

1—重锤 2—上、下磁钢 3—干簧触点 4—油杯 5—引出线 6—探针 7—平衡锤 8—触点引出线 9—挡板

当变压器内部发生轻微故障时，变压器油分解产生少量的气体，这些气体淤积在气体继电器上方，使得油杯逐渐从油中露出，在平衡锤的作用下，油杯跌落，上磁钢靠近干簧触点，使触点闭合，这时称之为"轻气体动作"。轻气体只动作于发信号，不动作于断路器跳闸。

当变压器内部发生严重的短路故障时，变压器油温迅速升高，油箱内产生大量的气体，使得油箱内压力剧增。油流与气体从油箱冲向储油柜，将气体继电器的挡板掀起，带动下磁钢靠近干簧触点，使触点闭合，这时称之为"重气体动作"。重气体不但动作于发信号，而且一般还应动

作于断路器跳闸。

气体继电保护的原理接线如图6-30所示。其中 KG 为气体继电器，上触点1、2为轻气体触点，它闭合发轻气体信号；下触点3、4为重气体触点，它闭合接通信号继电器 KS 和中间继电器 KM。KS 触点闭合发重气体信号，KM 触点闭合起动断路器跳闸。由于重气体触点是依靠油流冲动挡板使之动作的，触点接触不稳定，因此电路中 KM 常开触点1、2应有"自保持"环节的作用。连接片 XB 有"信号"与"跳闸"两个位置，当处于"信号"位置时，重气体状态下只发信号不跳闸；当处于"跳闸"位置时，不但发信号，而且断路器跳闸。电阻 R 起限流作用。

图6-30 变压器气体继电保护的原理接线

KG—气体继电器 XB—切换片 R—限流电阻 ~A、~N—交流操作电源

例6-5 试为例6-4中 No.1 车间变电所主变压器配置继电保护并加以整定。已知变压器型号为 S9-2000/10，联结组别为 Dyn11。变压器380V 母线侧三相短路电流：在系统最大运行方式下，$I_{k \cdot max}^{(3)} = 45kA$；在系统最小运行方式下，$I_{k \cdot min}^{(3)} = 36kA$。其他参数同例6-4。

解 根据规程，拟给变压器装设下列保护装置：①电流速断保护——用于保护变压器绕组及引出线的相间短路。②过电流保护——对变压器外部故障引起的过电流进行保护，并作为速断保护的后备保护。③气体继电保护——用来反映变压器各种内部故障。

变压器一次额定电流为

$$I_{1N \cdot T} = \frac{2000}{\sqrt{3} \times 10} A \approx 115.5A$$

（1）速断保护：保护装置采用不完全星形接线，起动元件选用电磁式电流继电器。速断电流按躲过系统在最大运行方式下变压器低压侧的三相短路电流来整定，即

$$I_{qb} = K_{rel} K_W I_{k \cdot max} / (K_i K)$$

式中，可靠系数取 $K_{rel} = 1.3$，互感器电流比选取 $K_i = 200/5 = 40$，K 为变压器一、二次额定电压比，$K = 10/0.4 = 25$，$I_{k \cdot max} = 45kA = 45000A$，接线系数 $K_W = 1$。

代入数据计算得

$$I_{qb} = 58.5A$$

取整定值 $I_{qb} = 60A$。

校验起动值是否躲过变压器励磁涌流：取励磁涌流为 $10I_{1N \cdot T}$，即为 1155A，归算至继电器中的值为 1155A/40 = 28.875A < 60A，速断保护躲过了变压器的励磁涌流。

灵敏性校验：按最小运行方式下保护安装处的两相短路电流进行校验，即

$$S_p = K_W I_{k \cdot min} / (K_i I_{qb})$$

由例6-4知，$I_{k \cdot min}^{(2)} = 0.866 I_{k2 \cdot max}^{(3)} = 1905A$，代入数据计算得

$$S_p \approx 0.8$$

显然，灵敏系数达不到要求。究其原因是：速断保护为满足选择性，其动作电流需按躲过变压器低压侧最大短路电流来整定，而灵敏性却以高压侧最小短路电流来校验。变压器高、低压侧短路电流本来相差就不大（归算至同一侧的值），对大容量变压器，情况更是如此。这就形成矛盾，使得实际工作中速断保护的灵敏系数有时很难满足要求。相应补救措施有：

1）带时限的过电流保护——车间变电所过电流保护动作时间比较短，一般为0.5s，可以很好地用作速断保护的后备保护。

2）依靠气体继电保护配合动作。

3）采用差动保护取代速断保护。

（2）过电流保护：保护装置拟采用不完全星形接线，若校验灵敏系数不满足要求，再改为两相三继电器接线。

动作电流整定：

$$I_{op} = K_{rel}K_W I_{T \cdot max}/(K_{re}K_i)$$

式中，$K_{rel} = 1.2$，$K_W = 1$，取 $I_{T \cdot max} = 2I_{1N \cdot T} = 231A$，$K_{re} = 0.8$，$K_i = 200/5 = 40$。

代入数据计算得

$$I_{op} \approx 8.7A$$

取整定值 $I_{op} = 9A$。

动作时间整定为0.5s。

灵敏性校验：对变压器低压侧单相接地短路引起的过电流，可在变压器低压出线总柜上装设低压断路器实行短路保护，在高压侧保护的整定中将不予以考虑。所以，保护装置的灵敏性可以最小运行方式下低压侧两相短路电流来校验。

系统在最小运行方式下变压器低压侧两相短路电流

$$I_{k \cdot min}^{(2)} = \frac{\sqrt{3}}{2} \times 36kA \approx 31.2kA$$

对Dyn11型变压器，当低压侧a、b两相短路时，高压A、C两相线电流 I_k 为（参见图6-28a）

$$I_k = \frac{31.2}{\sqrt{3} \times 10/0.4}kA \approx 0.72kA$$

灵敏系数

$$S_p = K_W I_k/(K_i I_{op})$$

代入数据计算得

$$S_p = 2$$

满足要求，无需采用两相三继电器接线。

（3）气体继电保护：采用带干簧触点的气体继电器，重气体设定为动作于跳闸。保护装置的接线见图6-30。

6.7 高压电动机的继电保护

6.7.1 概述

高压电动机在运行中可能发生各种故障或处于不正常工作状态。为避免造成电动机损坏，对电压为3kV及以上的高压电动机，应装设以下保护装置。

（1）电流速断保护或纵联差动保护 用来保护电动机绕组及其引出线的相间短路。对容量在2000kW以下的电动机，应装设电流速断保护；对容量在2000kW及以上的电动机，应装设纵联差动保护；对容量虽在2000kW以下但具有6个引出端子的重要电动机，当其电流速断保护灵敏性不满足要求时，也应装设差动保护。

（2）过负荷保护 对在生产过程中易发生过载或起动、自起动条件很差的电动机，应装设过负荷保护。由于电动机过载能力具有反时限特性，故过负荷保护一般采用 GL 型感应式电流继电器。

（3）单相接地保护 当电动机绕组发生单相接地故障时，整个系统的接地电容电流将流经接地故障点，导致电动机铁心烧损，为此应装设单相接地故障保护。

另外，按规程电动机有时还需装设低电压保护；对同步电动机，应装设失磁保护以及转子失步保护和非同步冲击电流保护等。

6.7.2 相间短路保护

1. 电流速断保护 当电动机容量不大时，一般装设电流速断保护来作为电动机的相间短路保护。保护装置可采用电流差接线，若灵敏性不满足要求，可采用不完全星形接线。保护装置应动作于断路器跳闸。

速断保护的动作电流 I_{qb} 按躲过电动机的最大起动电流 $I_{st \cdot max}$ 来整定，即

$$I_{qb} = K_{rel}K_W I_{st \cdot max}/K_i \tag{6-36}$$

式中 K_{rel}——可靠系数。采用 DL 型电流继电器时取 1.4 ~ 1.6；采用 GL 型电流继电器时取 1.8 ~ 2.0。

速断保护的灵敏性以电动机端子处两相短路电流来校验，最小灵敏系数为2。

2. 纵联差动保护 纵联差动保护灵敏性高，保护装置采用不完全星形接线，起动元件既可用差动继电器，也可用 DL 型电流继电器，图6-31 为高压电动机纵联差动保护的原理接线。

差动保护的动作电流应按躲过电动机的额定电流来整定，以防止电动

图6-31 高压电动机纵联差动保护原理接线

机正常工作时电流互感器二次侧断线而导致差动保护误动作。整定公式为

$$I_{op \cdot KD} = K_{rel}I_{N \cdot M}/K_i \tag{6-37}$$

式中 K_{rel}——可靠系数。对 BCH 型差动继电器，取 1.3；对 DL 型电流继电器，取 1.5 ~ 2.0；

$I_{N \cdot M}$——电动机的额定电流。

6.7.3 过负荷保护

过负荷保护可采用一相式接线，若电动机速断保护采用 GL 型电流继电器，则可利用其感应元件实现过负荷保护，保护装置大为简化。过负荷保护应根据负荷特性带时限动作于信号或跳闸。

过负荷保护的动作电流，按躲过电动机额定电流来整定，即

$$I_{op(OL)} = K_{rel}I_{N \cdot M}/K_i \tag{6-38}$$

过负荷保护的动作时间，按躲过电动机起动时间来整定，通常取 10 ~ 16s。

6.7.4 单相接地保护

按国标 GB/T 50062—2008 规定，对电动机单相接地故障，接地电流达5A 以上时，应装设选择性单相接地保护。若单相接地电流达 10A 及以上，保护装置应动作于跳闸。电动机的单相接

地保护（零序电流保护），可由一个电流继电器接于零序电流互感器 TAN 上构成。其原理接线，如图 6-32 所示。

单相接地保护的动作电流 $I_{op(E)}$，按躲过保护区域外（TAN 之前）发生故障时流过 TAN 的电动机本身及其配电电缆的电容电流 $I_{C·M}$ 来整定，即

$$I_{op(E)} = K_{rel}I_{C·M}/K_i \qquad (6-39)$$

式中　K_{rel}——可靠系数，取 4 ~ 5；

　　　K_i——TAN 的电流比。

保护装置灵敏性，以电流 I_C 来校验。I_C 为电动机发生单相接地时，在与电动机定子绕组有电

图 6-32　高压电动机的单相接地保护

联系的所有线路的电容电流总和。最低灵敏系数 S_p 一般要求为 1.5。

6.8　并联电容器的保护

1. 并联电容器保护的一般要求　并联电容器的主要故障形式是短路故障，它可造成电网的相间短路。对于低压并联电容器和容量不超过 450kvar 的高压并联电容器，可装设熔断器作为相间短路保护。对于容量较大的高压并联电容器组，则需采用高压断路器控制，并装设瞬时或短延时过电流保护作为相间短路保护。

如果电容器组装设在含有大型整流设备或电弧炉等"谐波源"的电网上时，电容器组宜装设过负荷保护，带时限动作于信号或跳闸。

电容器对电压十分敏感，一般规定电网电压不得超过电容器额定电压的 10%。因此凡电容器安装处的电网电压可能超过其额定电压 10% 时，应装设过电压保护。过电压保护装置可发出报警信号，或带时限动作于跳闸。

2. 并联电容器短路保护的整定

（1）熔断器保护的整定　采用熔断器来保护并联电容器时，按 GB 50227—2017《并联电容器装置设计规范》规定，其熔体额定电流 $I_{N·FE}$ 不应小于电容器额定电流 $I_{N·C}$ 的 1.37 倍，并且不宜大于其额定电流的 1.5 倍，因此取

$$I_{N·FE} = (1.37 ~ 1.5)I_{N·C} \qquad (6-40)$$

（2）电流继电器的整定　采用电流继电器做相间短路保护时，电流继电器的动作电流 I_{op} 应按下式计算

$$I_{op} = \frac{K_{rel}K_W}{K_i}I_{N·C} \qquad (6-41)$$

式中　K_{rel}——保护装置的可靠系数，取 2 ~ 2.5；

　　　K_W——保护装置的接线系数；

　　　K_i——电流互感器的电流比，考虑到电容器的合闸涌流，互感器一次额定电流宜选为电容器组额定电流的 1.5 ~ 2 倍。

（3）保护灵敏度的校验　并联电容器过电流保护的灵敏度，应按电容器端子上在系统最小运行方式下发生两相短路的条件来校验，即

$$S_P = \frac{K_W I_{k·min}^{(2)}}{K_i I_{op}} \geq 1.5 \qquad (6-42)$$

式中　$I_{k·min}^{(2)}$——在系统最小运行方式下电容器端子上的两相短路电流。

其余符号同式(6-41)。

6.9　工厂微机保护简介

6.9.1　概述

微机保护是微型计算机继电保护的简称，又称数字式继电保护。它将计算机控制技术与通信技术应用于继电保护装置中，使保护的性能更加完善。微机保护一般与变电所远动装置综合在一起，组成微机保护测控系统，实现保护功能与"三遥"（即遥控、遥信和遥测）"四合一"，大大提高了变电所运行与管理的自动化水平。

微机保护测控系统一般采用计算机集散式控制结构，各分立元件可按间隔分层装设在一起，也可分散安装在各个高压开关柜上。元件间通过通信网互联，信息共享，灵活性强，但保护模块的功能是彼此独立的，以防止网络瘫痪影响保护的正常运行。整个系统可由调度端（上位机）实行监控，显示系统运行状态，下发跳、合闸命令等。图6-33为集散式微机保护测控系统结构框图。

图6-33　集散式微机保护测控系统结构图

6.9.2　微机保护结构组成简介

微机保护由微型计算机及输入/输出接口电路组成。

1. 输入接口电路　由于计算机只能处理数字信号，因此来自TA、TV二次侧的信号必须经过一系列处理后才能输入计算机。输入电路主要包括电压形成电路、低通滤波电路及采样与模-数（A-D）转换电路。电压形成电路通过隔离变换器将输入信号的电平转换为计算机模拟输入通道所允许的电平，便于实现模-数（A-D）转换。由于微机保护对各种电磁干扰十分敏感，因此需采用隔离、屏蔽及滤波等技术措施，提高保护装置的抗干扰能力。模拟低通滤波电路就是用来滤去输入信号中的高频成分，便于计算机采样。计算机按一定的频率对信号进行采样后由A-D转换电路将其转换成时间上离散的、幅值上量化了的数字信号，交与计算机处理。图6-34为微机保护输入电路组成及信号流程框图。

图6-34　微机保护输入电路组成及信号流程图

2. 微型计算机　指以微处理器（CPU）为核心的数字逻辑电路及实时处理程序。微型计算机的原理与技术在相关课程中已有专门的阐述，这里只对实现继电保护作用的应用程序略作介绍。

微机保护是用数学运算的方法实现对故障量的分析与判断的，而运算的基础就是时间上离散的、幅值上量化了的数字采样序列。保护装置的首要任务就是要设计这样一个程序或算法，使之在电力系统发生故障时，能够完成继电保护所需的控制逻辑。另外，在故障发生的暂态过程中，电压、电流信号除基波分量外，还含有随时间衰减的直流分量与各种成分的谐波分量。而保护装置的原理一般是基于基波或某些整数次的谐波基础上的，因此在程序设计时，必须考虑如何消除一些不必要的分量给计算结果造成的影响，提高保护装置的可靠性。与模拟滤波相比，这个环节是用程序实现的，称之为"数字滤波"。

由上述可知，保护软件是由完成数字滤波和保护逻辑的各种程序或算法组成的。

3. 输出接口电路 微机保护输出的开关（数字）量经光电隔离后，可根据需要，或接通信号继电器和出口继电器，完成继电保护任务；或接通打印机，打印运行的结果；或接通自检信号电路，发出装置自身故障报警信号等。

为了便于检修，微机保护装置一般采用模块化结构，按电路的特点和功能划分为若干部分，每个部分构成插件形式，如输入回路的模拟输入变换插件、前置模拟低通滤波插件及采样与 A – D 转换插件；输出回路的继电器插件等。

6.9.3 微机保护的特点

微机保护同传统的继电保护装置相比，核心区别就是用一些"无形"的程序或算法取代"有形"的继电器及其连接，完成保护逻辑。因此微机保护具有如下特点。

1）通过程序设计，可使保护装置的整定值依系统的运行状态自动调整。

2）保护装置的动作特性可按设计人员设计的数学模型来确定，这大大提高了保护装置的性能。

3）在现场灵活地改变继电器特性。

4）采用故障录波技术，有利于事故后分析。

5）具有完善的自检能力及自校验功能。

6）能够很容易地将一些新颖的控制理论引入继电保护，可以使继电保护的动作特性得到根本性的改进。

7）可以将微机保护和变电所自动装置及远动化一并考虑，简化二次系统结构，降低成本，提高自动化水平。

目前，微机保护已普遍应用于地区变电所。随着计算机技术的不断普及与发展，微机保护的应用范围更加广泛。一些大型企业，其供电系统也开始装设微机保护装置。

 复习思考题

1. 过电流保护装置的基本要求是什么？

2. 何谓熔断器反时限特性曲线？如何利用熔断器的特性曲线校验前后级熔断器保护之间的选择性配合？

3. 熔断器熔体规格的确定原则有哪几点？熔断器的规格又如何确定？

4. 熔断器保护的灵敏系数是如何校验的？当熔断器仅做线路和设备的过电流保护时，要求最低灵敏系数为多少？当熔断器兼做单相接地故障保护时，对最低灵敏系数又有何要求？

5. 熔断器的断流能力是如何校验的？对限流式熔断器与对非限流式熔断器，校验条件有何不同？为什么？

6. 低压断路器过电流脱扣器的动作电流是如何整定的？热脱扣器的动作电流又是如何整定的？

7. 为什么熔断器保护的动作电流躲过尖峰电流时需乘以一个小于 1 的系数？而低压断路器保护的动作电流躲过尖峰电流时需乘以一个大于 1 的系数？

8. 低压断路器保护的最低灵敏系数要求为多少？如何校验低压断路器的断流能力？

9. 继电保护装置由哪几部分组成？

10. 何谓继电器的起动电流？何谓继电器的返回电流？分别以电磁式与感应式电流继电器为例，说明起动电流是如何调节的。

11. 从动作原理上看，GL型感应式电流继电器由哪两种元件组成？它使得继电器具有何种动作特性？

12. 工厂供电系统继电保护装置的接线方式有哪几种？各用于什么场合？

13. 为什么用作短路保护的交流操作电源不能取自电压互感器？

14. 试说明定时限过电流保护与反时限过电流保护的工作原理。

15. 试从动作时间与动作电流的整定上说明，带时限的过电流保护是如何满足前后级之间选择性配合的。

16. 带低电压闭锁的过电流保护为什么能够提高保护的灵敏性？

17. 速断保护的起动电流是如何整定的？什么叫速断保护的"死区"？如何弥补？

18. 简要说明选择性单相接地保护的工作原理。

19. 变压器纵差动保护的原理是什么？保护范围是什么？与速断保护相比，它有何特点？

20. 对Yd11型变压器的差动保护，为何要进行高低压侧电流相位的校正？如何抑制差动回路中的不平衡电流？

21. 在工厂供电系统中，是什么原因造成变压器速断保护的灵敏系数难以满足要求？为什么还需要装设速断保护？什么时候需用差动保护取代速断保护？

22. 工厂总降压变电所主变压器的过电流保护一般采用什么接线方式？

23. 车间变电所主变压器的过电流保护一般采用什么接线方式？什么情况下可采用"两相三继电器"接线来提高保护的灵敏系数？

24. 变压器气体保护是如何动作的？气体继电器安装在变压器什么位置？

25. 一台新换油的变压器，投入运行时其"轻气体"保护经常动作的原因是什么？

26. 高压电动机的电流速断保护与纵联差动保护各适用于什么场合？

27. 并联电容器需装设哪些保护装置？

28. 微机保护输入电路有哪几部分组成？各有什么作用？

29. 与传统的继电保护相比，微机保护有哪些特点？

30. 某中型工厂No. 2车间变电所主变压器型号为S9 – 1000 – 10/0.4kV，联结组标号为Yyn0。工厂高压配电所至该车间变电所采用电缆线路供电，距离不足100m，如图6-35所示。由于高压配电线路较短，车间变电所不再单独另设继电保护装置，拟在高压配电所出线侧装设继电保护，对高压电缆线路兼对车间变电所主变压器（线路—变压器组）进行保护。已知系统运行参数：高压配电所10kV母线侧三相短路电流为2kA；车间变电所10kV母线侧三相短路电流为1.6kA，380V母线侧三相短路电流为25kA；线路运行时无过负荷现象。

（1）按规定，该"线路—变压器组"需配备哪些保护装置？

（2）对所配置的保护进行整定（过电流保护的起动元件拟采用GL型感应式电流继电器）。

图6-35　工厂"线路—变压器组"接线示意图

第7章

防雷、接地及电气安全

7.1 防雷

7.1.1 过电压及雷电有关概念

1. 过电压的概念 在供电系统的运行过程中，由于雷击、操作、短路等原因，产生危及电气设备绝缘的电压升高，称为过电压。

(1) 过电压的种类 过电压可为内部过电压和外部过电压两大类。由于供用电系统内部进行操作或发生故障，使能量转化或传递而引起的过电压，称为内部过电压，或称为操作过电压；由于大气中雷击放电引起的过电压，称为外部过电压或称为大气过电压。

(2) 过电压的危害 工厂企业中电气设备的安全运行，主要取决于电气设备的绝缘水平和作用于绝缘上的电压。雷云放电能引起变电所母线短路，从而造成重大事故。大气过电压使变电所的设备，特别是变压器"内绝缘"损坏，甚至烧毁变压器和架空线路的导线，造成供用电系统长时间停电的重大事故，影响整个电力系统稳定运行。同时，雷电流通过物体和土壤时产生的电压降还会对周围的人、物造成严重的损害。对于 10kV 以下工厂企业的配电系统，因为电压等级低、防雷措施简单，遭受雷击时就更危险了。所以必须了解过电压产生过程。

2. 大气过电压

(1) 雷电的形成 大气过电压产生的根本原因，是雷云放电引起的。要知道雷电的形成，首先让我们来了解一下雷云的产生。雷雨季节里，太阳把地面一部分水分蒸发为蒸汽，向上升起。由于太阳不能直接使空气变热，所以上部空气仍为冷空气。上升的蒸汽遇到冷空气，凝成水滴，大、小水滴在气流的吹袭下产生摩擦和碰撞，形成带正、负不同电荷的雷云。当带电的雷云临近地面时，由于静电感应，大地感应出与雷云极性相反的电荷，两者组成了一个巨大的电容器。电荷在雷云中的分布不是均匀的，当云中电荷密集处的电场强度达到 25 ~ 30kV/cm 时，就会使附近的空气电离形成导电通道。电荷就沿着这个通道由电荷密集中心向地面发展，称先导放电。当先导放电通道到达地面时，大地的电荷与雷云中的电荷产生强烈的中和，出现了极大的电流，伴随着闪光和雷鸣，这就是主放电阶段。主放电存在时间极短，约为 50 ~ 100μs，电流可达数千安至数百千安，是全部雷电流的最主要部分。主放电的过程是逆着先导通路发生的，其速度约为光速的 1/20 ~ 1/2，当主放电到达云端时，主放电就结束。主放电结束后，云中的残余电荷还会沿着主放电通道进入地面，称为余光放电。此阶段约为 0.03 ~ 0.15s，余光放电电流是雷电流的一部分，约为数百安。

雷云中可能存在几个电荷密集中心，当第一个电荷密集中心的上述放电完成之后，可能引起第二个、第三个中心向第一个中心形成的通道放电。因此，雷电往往是多重性的，称为重复雷击。每次放电相隔 600μs ~ 0.8s，放电数目平均为 2 ~ 3 次，最多曾记录到 42 次。但第二次及以后的放电电流一般较小，不超过 30kA。

(2) 直击雷过电压和感应雷过电压 大气过电压分为直击雷过电压和感应雷过电压。

1) 直击雷过电压。雷电直接对输电线路或电气设备放电，引起强大的雷电流通过线路或设备导入大地，从而产生破坏性很大的热效应和机械效应，这就是直击雷过电压。

2) 感应雷过电压。它是雷电未直接击中电力系统中的任何部分而由雷电对设备、线路或其他物体的静电感应或电磁感应所产生的过电压。这种雷电过电压称为间接雷击电压，也叫感应雷过电压，简称感应雷。

3. 雷电参数

（1）波阻抗 在主放电时，雷电通道充满带电离子，像导体一样，对电流波呈一定的阻抗，称为波阻抗。波阻抗为主放电通道的电压波和电流波的幅值之比。其表达式为

$$Z = U/I$$

式中 U——电压波幅值；

I——电流波幅值；

Z——波阻抗。

（2）雷电波的陡度 主放电时雷电流中由零开始到达幅值所用的时间为 $2 \sim 6\mu s$。由零开始经过电流幅值后，降到电流幅值一半共需用的时间为 $40 \sim 50\mu s$。

（3）雷电流的幅值 雷电流一般指雷击于接地电阻小于 30Ω 的物体时流过物体的电流。当雷直接击中地面时，由于没有人为的接地体，故被击点的电阻很高，约为 100Ω 多一点。此时雷电流只有低接地电阻时的 70% 或更低些。但击中接地电阻小于 30Ω 的物体时，雷电流的幅值超过 200kA 的很少，故雷击地面时的雷电流幅值可按 200kA 的 50%，即 100kA 考虑。

（4）雷暴日（小时） 为了统计雷电的活动情况，我们常采用雷暴日或雷暴小时来表示。通常将工矿企业所在地区及输电线路所通过的地面每年打雷的日数，称为雷暴日，即在一天内只要听到雷声就算一个雷暴日。雷暴小时，就是在一个小时内只要听到雷声就算作一个雷暴小时。据统计，我国大部分地区一个雷暴日约为 3 个雷暴小时。

雷暴日的多少和纬度有关。北回归线（约北纬23.5°）以南是雷电活动最强烈的地区，平均雷暴日达 $80 \sim 133$ 日；北纬23.5°到长江一带约为 $40 \sim 80$ 日；长江以北大部分地区多在 $20 \sim 40$ 日。对几大城市来说，北京、上海、武汉约为 40 日，沈阳约为 30 日，重庆约为 50 日，广州约为 $70 \sim 80$ 日。我们把平均雷暴日少于 15 日的地区叫少雷区，超过 40 日的叫多雷区。

7.1.2 防雷设备

1. 避雷针和避雷线

（1）避雷针 避雷针是防直击雷的有效措施。过去有人认为避雷针的作用是利用它的尖端放电使大地电荷和雷云中电荷悄悄中和而避免形成雷电。但实际运行经验证明，避雷针一般不能阻止雷电的形成，而是将雷电吸引到自己身上来并安全导入地中，从而保护了附近的建筑和设备免受雷击。

避雷针由接闪器、引下线、接地体三部分组成。独立避雷针还需要支持物，后者可以是混凝土杆、木杆或由角钢、圆钢焊接而成。接闪器是避雷针的最重要部分，专用来接受雷云放电，可采用直径为 $10 \sim 20mm$、长为 $1 \sim 2m$ 的圆钢，或采用直径不小于 25mm 的镀锌金属管。引下线是接闪器与接地体之间的连接线，它将接闪器上的雷电流安全引入接地体，所以应保证雷电流通过时不致熔化，引下线一般采用直径为 8mm 的圆钢或截面积不小于 $25mm^2$ 的镀锌钢绞线。如果避雷针本体是采用铁管或铁塔形式，则可以利用其本体做引下线，还可采用预应力钢筋混凝土杆的钢筋做引下线。接地体是避雷针的地下部分，其作用是将雷电流直接泄入大地。接地体埋设深度不应小于 0.6m，垂直接地体的长度不应小于 2.5m，垂直接地体之间的距离一般不小于 5m。接地体一般采用直径为 19mm 的镀锌圆钢。

（2）避雷线 避雷线主要用来保护架空线路，它由悬挂在空中的接地导线、接地引下线和接地体组成。避雷线又称架空地线，它一般采用截面积不小于 $35mm^2$ 的镀锌钢绞线，架设在架空线路上边，接地引下线与接地装置相连接，用于保护架空线路或其他物体免遭直接雷击。避雷线的原理、功能与避雷针基本相同。

（3）避雷带和避雷网 避雷带和避雷网主要用来保护高层建筑物免遭直击雷和感应雷。避雷带和避雷网宜采用圆钢和扁钢，优先采用圆钢。圆钢直径应不小于 8mm；扁钢截面积应不小于 $48mm^2$，其厚度应不小于 4mm。当烟囱上采用避雷环时其圆钢直径应不小于 12mm；扁钢截面积

应不小于$100mm^2$，其厚度应不小于4mm。

以上接闪器均应经引下线与接地装置连接。引下线宜采用圆钢或扁钢，优先采用圆钢，其尺寸要求与避雷带（网）采用的圆钢相同。引下线应沿建筑物外墙明敷，并经最短的路径接地，建筑艺术要求较高的可暗敷，但其圆钢直径应不小于10mm，扁钢截面积应不小于$80mm^2$。

2. 避雷器 避雷器用来防止雷电产生的过电压波沿线路侵入变配电所或其他建筑物内，以免危及被保护设备的绝缘。避雷器应与被保护设备并联，装在被保护设备的电源侧。当线路上出现危及设备绝缘的雷击过电压时，避雷器的火花间隙就被击穿，或由高阻变为低阻，使过电压对大地放电，从而保护了设备的绝缘。

（1）**阀式避雷器** 阀式避雷器又称为阀型避雷器，它由火花间隙和阀片组成，装在密封的磁套内。火花间隙用铜片冲制而成，每对间隙之间用厚0.5～1mm的云母垫圈隔开，如图7-1a所示。正常情况下，火花间隙阻断工频电流通过，但在雷电过电压作用下，火花间隙被击穿放电。阀片是用陶料粘固的电工用金刚砂（碳化硅）颗粒制成的，如图7-1b所示。这种阀片具有非线性特性，

图7-1 阀式避雷器的组成部件及特性

正常电压时，阀片电阻很大，过电压时，阀片电阻变得很小，如图7-1c所示。因此阀式避雷器在线路上出现雷电过电压时，其火花间隙被击穿，阀片能使雷电流顺畅地向大地泄放。当雷电过电压消失、线路上恢复工频电压时，阀片呈现很大的电阻，使火花间隙绝缘迅速恢复而切断工频续流，从而保证线路恢复正常运行。**必须注意**：雷电流流过阀片电阻时要形成电压降，即线路在泄放雷电流时有一定的残压加在被保护设备上。残压不能超过设备绝缘允许的耐压值，否则设备绝缘仍要被击穿。

阀式避雷器中火花间隙和阀片的多少，与工作电压高低成比例。高压阀式避雷器串联很多单元火花间隙，目的是将长弧分割成多段短弧，以加速电弧的熄灭。阀片电阻的限电流作用也是加速灭弧的主要因素。

阀式避雷器除普通型高压阀式避雷器和低压阀式避雷器外，还有一种磁型，即磁吹式避雷器，内部附有磁吹装置来加速火花间隙中电弧的熄灭，从而进一步降低残压，专用来保护重要的或绝缘较为薄弱的设备如高压电动机等。

（2）**排气式避雷器** 排气式避雷器也称为管型避雷器，由产气管、内部间隙和外部间隙等三部分组成，如图7-2所示。产气管由纤维、有机玻璃或塑料制成。内部间隙装在产气管内。一个电极为棒形，另一个电极为环形。

当线路上遭到雷击或感应雷时，雷电过电压使排气式避雷器的内、外间隙击穿，强大的雷电流通过接地装置入地。由于避雷器放电时内阻接近于零，所以其残压极小，但工频续流极大。雷电流和工频续流使管子内壁材料燃烧产生大量灭弧气体，由管口喷出强烈吹弧，使电弧迅速熄

图7-2 排气式避雷器

1—产气管 2—胶木管 3—棒电极
4—圆环形电极 5—动作指示器
s_1—内部间隙 s_2—外部间隙

灭，全部灭弧时间最多0.01s（半个周期）。这时外部间隙的空气恢复绝缘，使避雷器与系统隔离，恢复系统正常运行。

为了保证避雷器可靠工作，在选择排气式（管型）避雷器时，开断电流的上限，应不小于安装处短路电流的最大有效值（考虑非周期分量）；开断电流的下限，应不大于安装处短路电流可能的最小值（不考虑其非周期分量）。

排气式避雷器具有简单经济、残压很小的优点，但它动作时有电弧和气体从管中喷出，因此它只能用于室外架空场所，主要是架空线路上。

（3）保护间隙　保护间隙又称为角型避雷器，其结构如图7-3所示。它简单经济，维修方便，但保护性能差，灭弧能力小，容易造成接地或短路故障，引起线路开关跳闸或熔断器熔断，使线路停电。因此对于装有保护间隙的线路，一般要求装设自动重合闸装置，以提高供电可靠性。

a) 双支持绝缘子单间隙　　b) 单支持绝缘子单间隙　　c) 双支持绝缘子双间隙

图7-3　保护间隙（角型避雷器）

s—保护间隙　s_1—主间隙　s_2—辅助间隙

保护间隙的安装是一个电极接线路，另一个电极接地。但为了防止间隙被外物（如鼠、鸟、树枝等）短接而造成接地或短路故障，必须在其公共接地引下线中间串入一个辅助间隙。这样既使主间隙被外物短接，也不致造成接地或短路。保护间隙只用于室外且负荷不重要的线路上。

（4）金属氧化物避雷器　金属氧化物避雷器又称为压敏避雷器，它是一种没有火花间隙只有压敏电阻片的阀式避雷器。压敏电阻片是由氧化锌或氧化铋等金属氧化物烧结而成的多晶半导体陶瓷元件，具有理想的阀特性。在工频电压下，它呈现极大的电阻，能迅速有效地阻断工频续流，因此无需火花间隙来熄灭由工频续流引起的电弧，而且在雷电过电压作用下，其电阻又变得很小，能很好地泄放雷电流。目前金属氧化物避雷器已广泛用于低压设备的防雷保护。随着其制造成本的降低，它在高压系统中的应用会越来越广泛。

7.1.3　防雷措施

1. 架空线路的防雷措施　架空线路的防雷措施，总结起来就是通常所说的4道防线。

（1）装设避雷线　这是第1道防线，它用来防止线路遭受直接雷击。一般63kV及以上的架空线路需沿全线装设避雷线。35kV的架空线路一般只在经过人口稠密区或进出变电所的一段线路上装设，而10kV及以下线路上一般不装设避雷线。

（2）加强线路绝缘或装设避雷器　为使杆塔或避雷线遭受雷击后线路绝缘不致发生闪络，应设法改善避雷线的接地，或适当加强线路绝缘，或在绝缘薄弱点装设避雷器，这是第2道防线。例如采用木横担、瓷横担，或采用高一级电压的绝缘子，或顶相用针式而下面两相改用悬式绝缘子（一针二悬），以提高10kV架空线路的防雷水平。

（3）利用三角形排列的顶线兼做防雷保护线　在线路上遭受雷击并发生闪络时也要不使它发展为短路故障而导致线路跳闸，这是第3道防线。例如，对于3～10kV线路，可利用三角形排列的顶线兼做防雷保护线。在顶线绝缘子上加装保护间隙，当雷击时，顶线承受雷击，击穿保护间隙，对地泄放雷电流，从而保护了下面两相导线。

（4）装设自动重合闸装置（ARD）　为使架空线路在因雷击而跳闸时也能迅速恢复供电，可装设自动重合闸装置（ARD），这是第4道防线。

必须说明：并不是所有架空线路都必须具备以上4道防线。在确定架空线路的防雷措施时，要全面考虑线路的重要程度、沿线地带雷电活动情况、地形地貌特点、土壤电阻率高低等条件，进行经济技术比较，因地制宜，采取合理的防雷保护措施。

为了防止雷击低压架空线路时雷电波侵入建筑物，对低压架空进出线，应在进出处装设避雷器并与绝缘子铁脚、金具连在一起接到电气设备的接地装置上。当多回路进出线时，可仅在母线或总配电箱处装置一组避雷器或其他形式的过电压保护设备，但绝缘子铁脚、金具仍接到接地装置上。进出建筑物的架空金属管道，在进出处应就近接到接地装置上或者单独接地，其冲击接地电阻不宜大于30Ω。以上规定是对第3类防雷建筑物而言。对第2类防雷建筑物另有更严格的规定。

2. 变配电所的防雷措施

（1）在电源进线处装设避雷器 主变压器高压侧装设避雷器，要求避雷器与主变压器尽量靠近安装，相互间最大电气距离不超过表7-1的规定。同时，避雷器的接地端与变压器的低压侧中性点及金属外壳均应可靠接地。

表7-1 阀式避雷器至3~10kV主变压器的最大电气距离

雷雨季节经常运行的进线路数	1	2	3	≥4
避雷器至主变压器的最大电气距离/m	15	23	27	30

（2）3~10kV高压配电装置及车间变配电所的变压器 要求它在每路进线终端和各段母线上都装有避雷器。避雷器的接地端与电缆头的外壳相连后须可靠接地。图7-4所示为3~10kV高压配电装置避雷器的装设。

图7-4 3~10kV高压配电装置避雷器的装设

（3）在低压侧装设避雷器 在多雷区、强雷区及向一级防雷建筑供电的YynO和Dyn11联结的配电变压器，应装设一组低压避雷器。

3. 高压电动机的防雷措施 高压电动机的绝缘水平比变压器低。因此，高压电动机对雷电波侵入的防护应使用性能较好的FCD型磁吹阀式避雷器或金属氧化物避雷器，并尽可能安装在靠近电动机处。也要根据电动机容量大小、雷电活动强弱和运行可靠性要求等确定保护。

4. 建筑物的防雷措施 建筑物按其重要性、使用性质、发生雷击事故的可能性及其后果分为三类。

第一类防雷建筑物：因电火花而引起爆炸，造成巨大破坏和人身伤亡的建筑物，如制造、使用或储存大量爆炸物质（如炸药、火药等）的建筑物。

第二类防雷建筑物：电火花不易引起爆炸或不致造成巨大破坏和人身伤亡的建筑物。

第三类防雷建筑物：一般是指高度在15m及以上的烟囱、水塔等孤立的高耸建筑物，如年平均雷暴日数不超过15的地区，高度可为20m及以上。

按GB 50057—2010规定，各类防雷建筑物应在建筑物上装设防直击雷的接闪器，避雷带、网应沿表7-2所示的屋角、屋脊、屋檐和屋角等易受雷击的部位敷设。

表7-2 建筑物易受雷击的部位

序号	屋面情况	易受雷击的部位	备注
1	平屋面		1. 图上圆圈 "●" 表示雷击率最高的部位，实线 "——" 表示易受雷击部位，虚线 "----" 表示不易受雷击部位
2	坡度不大于1/10的屋面		
3	坡度大于1/10且小于1/2的屋面		2. 对序号3、4所示屋面，在屋脊有避雷带的情况下，当屋檐处于屋脊避雷带的保护范围内时，屋檐上可不再装设避雷带
4	坡度不小于1/2的屋面		

(1) 第一类防雷建筑物的防雷措施

1) 防直击雷。装设独立避雷针或架空避雷线（网），使被保护建筑物及其风帽、放散管等突出屋面的物体均处于接闪器的保护范围内。避雷网格尺寸不应大于5m×5m或6m×4m。独立避雷针和架空避雷线（网）的支柱及其接地装置，至被保护建筑物及与其有联系的管道、电缆等金属物之间的距离，架空避雷线（网）至被保护建筑物屋面和各种突出屋面物体之间的距离，均不得小于3m。接闪器接地引下线的冲击接地电阻 $R_{sh} \leqslant 10\Omega$。当建筑物高于30m时，还应采取防侧击雷的措施。

2) 防雷电感应。建筑物内外的所有可产生雷电感应的金属物件均应接到防雷电感应的接地装置上，其工频接地电阻 $R_E \leqslant 10\Omega$。

3) 防雷电波侵入。低压线路宜全线采用电缆直接埋地敷设。在入户端，应将电缆的金属外皮、钢管接到防雷电感应的接地装置上。当全线采用电缆有困难时，可采用水泥电杆和铁横担的架空线，并使用一段电缆穿钢管直接埋地引入，其埋地长度不应小于15m。在电缆与架空线连接处，还应装设避雷器。避雷器、电缆金属外皮、钢管及绝缘子铁脚、金具等均应连接在一起接地，其冲击接地电阻 $R_{sh} \leqslant 10\Omega$。

(2) 第二类防雷建筑物的防雷措施

1) 防直击雷。宜采取在建筑物上装设避雷网（带）或避雷针或由其混合组成的接闪器，使被保护的建筑物及其风帽、放散管等突出屋面的物体均处于接闪器的保护范围内。避雷网格尺寸不应大于10m×10m或12m×8m。接闪器接地引下线的冲击接地电阻 $R_{sh} \leqslant 10\Omega$。当建筑物高于45m时，还应采取防侧击雷的措施。

2) 防雷电感应。建筑物内的设备、管道、构架等主要金属物，应就近接至防直击雷的接地装置或电气设备的保护接地装置上，可不另设接地装置。

3) 防雷电波侵入。当低压线路全长采用埋地电缆或敷设在架空金属线槽内的电缆引入时，在入户端应将电缆金属外皮和金属线槽接地。低压架空线改换一段埋地电缆引入时，埋地长度也不应小于15m。位于平均雷暴日少于30日/年地区的建筑物，可采用低压架空线直接引入建筑物内，但在入户处应装设避雷器，或设2~3mm的保护间隙，并与绝缘子铁脚、金具连接在一起接到防雷装置上，其冲击接地电阻 $R_{sh} \leqslant 10\Omega$。

(3) 第三类防雷建筑物的防雷措施

1) 防直击雷。也宜采取在建筑物上装设避雷网（带）或避雷针或由其混合组成的接闪器。避雷网格尺寸不应大于20m×20m或24m×16m。接闪器接地引下线的冲击接地电阻 $R_{sh} \leqslant 30\Omega$。当建筑物高于60m时，还应采取防侧击雷的措施。

2) 防雷电感应。为防止雷电流流经引下线和接地装置时产生的高电位对附近金属物或电气线路的反击，引下线与附近金属物和电气线路的间距应符合规范的要求。

3）防雷电波侵入。对电缆进出线，应在进出端将电缆的金属外皮、钢管等与电气设备的接地相连接。当电缆转换为架空线时，应在转换处装设避雷器。电缆金属外皮和绝缘子铁脚、金具等应连接在一起接地，其冲击接地电阻 $R_{sh} \leqslant 30\Omega$。进出建筑物的架空金属管道，在进出处应就近连接到防雷或电气设备的接地装置上或单独接地，其冲击接地电阻 $R_{sh} \leqslant 30\Omega$。

7.2 电气装置的接地

7.2.1 接地的有关概念

1. 接地和接地装置 电气设备的某金属部分与土壤之间做良好的电气连接，称为接地。

（1）接地的类型 接地的类型有保护接地和工作接地两种。保护接地是将电气设备中平时不处在电压下，但可能因绝缘损坏而呈现电压的所有部分接地。因为这种接地是保护人身安全的，故而称为保护接地，也叫作安全接地。在供电系统中，凡运行所需的接地称为工作接地，如电源中性点的直接接地或经消弧线圈的接地以及防雷设备的接地等。各种工作接地都有各自的功能，例如电源中性点的直接接地，能在运行中维持三相系统中相线对地电压不变；电源中性点经消弧线圈接地，能在系统单相接地短路时消除接地点的断续电弧，防止系统出现过电压；防雷设备的接地，为实现对雷电流的泄放等。此外，还有为进一步确保保护接地可靠性而设置的重复接地。

（2）接地装置 埋入地中与大地土壤直接接触的金属物体，称为接地体或接地极。专门为接地而装设的接地体，称为人工接地体。兼作接地体用的直接与大地接触的各种金属构件、金属管道及建筑物的钢筋混凝土基础等，称为自然接地体。连接接地体及电气设备接地部分的导线，称为接地线。接地体和接地线总称为接地装置。由若干接地体在大地中互相连接而组成的总体，称为接地网。

2. 保护接地 接地的一个主要目的是保护人身安全。

（1）接触电压与跨步电压 人站在发生接地故障的电气设备旁边，手触及设备的外露可导电部分，则人所接触的两点（如手和脚）之间所呈现的电位差，称为接触电压 U_{tou}，如图 7-5 所示。人在接地故障点周围行走，两脚之间所呈现的电位差，称为跨步电压 U_{step}，如图 7-5 所示。

图 7-5 接触电压和跨步电压

（2）保护接地的形式 保护接地的形式有如下两种。

1）一种是设备的外露可导电部分经各自的 PE 线分别直接接地，例如 TT 系统和 IT 系统。过去，我们都把这种形式叫作保护接地，如图 7-6a 所示。

2）另一种是设备的外露可导电部分经公共的 PE 线或 PEN 线接地，例如 TN 系统。这种形式，以前曾称为保护接零，如图 7-6b 所示。

（3）重复接地 在电源中性点直接接地的 TN 系统中，为确保公共 PE 线或 PEN 线安全可靠，除在电源中性点进行工作接地外，还必须在 PE 线或 PEN 线的一些地方进行必要的重复接地，如图 7-6c 所示。

当未进行重复接地时，在 PE 线或 PEN 线发生断线并有设备发生一相接地故障时，接在断线后面的所有设备外露可导电部分都将呈现接近于相电压的对地电压，这是很危险的。

图 7-6 保护接地与重复接地

7.2.2 电气装置的接地和接地电阻

1. 接地装置的装设

（1）一般要求 在设计和装设接地装置时，首先应充分利用自然接地体，以节约投资，节约钢材，但输送易燃易爆物质的金属管道除外。如果实地测量所利用的自然接地体电阻已能满足要求而且又满足热稳定条件时，可不必再装设人工接地装置（发电厂、变电所除外），否则应装设人工接地装置作为补充。

电气设备的人工接地装置的布置，应使接地装置附近的电位分布尽可能地均匀，以降低接触电压和跨步电压，保证人身安全。如接触电压和跨步电压过大，应采取措施。

（2）自然接地体的利用 建筑物的钢结构和钢筋、起重机的钢轨、埋地的金属管道以及敷设于地下而数量不少于两根的电缆金属外皮等，均可作为自然接地体。变配电所则利用它的建筑物钢筋混凝土基础作为自然接地体。

利用自然接地体时，一定要保证良好的电气连接。

（3）人工接地体的装设 人工接地体有垂直埋设和水平埋设两种基本结构形式。

最常用的垂直接地体为直径 50mm、长 2.5m 的钢管。如果采用直径小于 50mm 的钢管，则机械强度较小，易弯曲，不适于采用机械方法打入土中；如采用直径大于 50mm 的钢管，例如直径由 50mm 增大到 125mm 时，流散电阻仅减少 15%，而钢材消耗则大大增加，经济上不合算。如果采用的钢管长度小于 2.5m，流散电阻增加很多；而钢管长度大于 2.5m 时，则难于打入土中，而流散电阻减小也不显著。由此可见，采用上述直径为 50mm、长度为 2.5m 的钢管是最为经济合理的。为了减少外界温度变化对流散电阻的影响，埋入地下的垂直接地体上端距地面不应小于 0.5m。

为了减小建筑物的接触电压，接地体与建筑物的基础间应保持不小于 1.5m 的水平距离，一般取 2~3m。

（4）防雷装置的接地要求 避雷针宜装设独立的接地装置，而且避雷针及其接地装置，与被保护的建筑物和配电装置之间应保持足够的安全距离，以免雷击时发生反击闪络事故，安全距离的要求与建筑物的防雷等级有关，但最小间距一般不应小于 3m。

为了降低跨步电压，防护直击雷的接地装置距离建筑物出入口及人行道，不应小于 3m。当小于 3m 时，应采取下列措施之一。

1）水平接地体局部埋深不小于 1m。

2）水平接地体局部包以绝缘物，例如涂 50~80mm 厚的沥青层。

3）采用沥青碎石路面，或在接地装置上面敷设厚 50~80mm 的沥青层，其宽度超过接地装置 2m。

4）采用"帽檐式"或其他形式的均压带。

2. 接地电阻及其要求 接地电阻是接地体的流散电阻与接地线和接地体电阻的总和。由于接地线和接地体的电阻相对很小，可略去不计，因此可认为接地电阻就是指接地体流散电阻。工频接地电流流经接地装置所呈现的接地电阻，称为工频接地电阻；雷电流流经接地装置所呈现的接地电阻，称为冲击接地电阻。

3. 接地电阻的测量 接地装置敷设后应进行接地电阻的测量，工厂动力单位也应当在运行中经常进行接地电阻的检查和测定。接地电阻的大小是决定接地装置是否合乎要求的重要条件。

（1）接地电阻测量仪 接地电阻测量仪的种类很多，有电桥型、电位计型、晶体管型等种类，这些测量仪器使用简单，携带方便，所受干扰较小，测量过程安全可靠，因而应用很广。

ZC-8型接地电阻测量仪由手摇发电机、电流互感器、滑线电阻和检流计组成，由于ZC-8型仪表不需外加电源，通过本身的手摇发电机就能产生交变的接地电流，所以又称接地摇表。接地电阻测量仪本身备有3根测量用的软导线，可接在仪器上的E、P、C 3个接线端钮上。测量时，E端钮的导线连接在被测量的接地体上，P端钮的导线接在接地棒上（P端钮常称为电压极，接地棒又称探针），C端钮与辅助接地体相连（C端钮常称作电流极），可以根据具体情况，将接地棒和辅助接地体插到远离接地体一定距离的土壤中，三者可为直线，也可以为三角形。将倍率转换到所需要的量程上，用手摇发电机以120r/min的速度转动手柄时，测量仪的指针趋于平衡，读取到刻度盘上的数值乘以倍率即为实测的接地电阻值。

（2）伏特计与安培计法 这种接地电阻测量的方法准确度高，测量时接通电源，接地电流沿被测接地体和辅助接地体构成回路，电压表的读数可近似看作通过被测接地装置的对地电压，因此被测接地电阻为

$$R = \frac{U}{I}$$

为了测得比较准确的结果，要求测量用变压器容量为5~10kV·A，二次电源电压可为65~220V，接地电流一般采用30~120A，测量用变压器不能接地，通常可采用电焊机变压器；电压表应采用高内阻的电压表，如真空管电压表，以减少该支路的分流作用。对于单个接地体，辅助接地应远离被测接地体40m之外，辅助接地体采用钢管，直径为25~50mm，长度为2.5~3m；采用圆钢，直径为25mm、长度和钢管相同；至于接地棒，采用直径为25mm、长度为1m左右的圆钢或钢管均可。

按上述要求测量时，就能得到被测接地系统精确的接地电阻值。这种方法的缺点是准备工作和测量工作比较麻烦，需要独立的交流电源，需要装设辅助接地体。

7.3 静电的防护及防爆和防腐蚀

7.3.1 静电及其防护

1. 工业静电的产生与危害

（1）产生静电的内因

1）物质逸出功不同。任何两种固体物质，当其紧密接触时，在接触面上就会产生电子转移现象。这是由于多种物质逸出功不同的缘故。所谓逸出功，就是使电子脱离原来物质表面所需要做的功。两种物质接触，逸出功较小的一方失去电子，逸出功较大的另一方就获得电子。电子转移的结果，在接触面上就形成了达到某种电动势平衡的双电层。例如，玻璃与丝绸摩擦，玻璃总是带正电，丝绸却带负电，就是它们逸出功不同的缘故。

2）物质电阻率不同。由电阻率高的的物质制成的物体，其导电性很差，使物体上多（或少）电子的区域难以具备失去（或获得）电子的机会，这就构成了静电荷积聚的条件。例如，绝缘物体上吸附了带电灰尘，电荷难以通过绝缘体泄掉，从而使物体对外显示了带电性。

必须指出，水是静电良导体，但当少量水混在绝缘油品中，因为水滴与油品相对流动时就要产生静电，反而会使油品静电量增加。金属是良导体，但当它被悬空后（即与大地绝缘），它就

和绝缘体一体，金属也会带静电。

3）物质的介电常数不同。介电常数也称电容率，在具体条件下，物体的电容与电阻结合起来，决定了静电的消散规律。介电常数大的一般电阻率低。例如，液体相对介电常数大于20，一般说来采取一定的措施，在贮运过程中，都不大可能积累静电。

（2）产生静电的外因

1）紧密接触与分离。两种物质紧密接触并快速分离，就会形成电子转移，即形成了双电层。如果分离过程足够快，即使是两个导体，也同样可以带电。"摩擦带电"就是这个道理。静电能量就是通过紧密接触迅速分离的过程，将外部能量转变为静电能量，并贮存在物体之中。

2）附着带电。某种极性的离子或带电粉尘附着到与地绝缘的物体上，能使该物体带上静电或改变其带电状况。物体获得电荷的多少，取决于物体对地电容及周围条件，如：空气温度、物体形状等影响均能限制电荷增加。人在有带电微粒的场所活动后，由于带电微粒吸附人体，人体就因此而带电。

3）感应起电。在工业生产中，带静电物体能使附近不相连的导体如金属管道、零件表面的不同部位出现电荷，这就是静电感应的缘故。

4）极化起电。绝缘体在静电场内，其内部和外表能出现电荷，是极化作用的结果。例如在绝缘的容器内盛装带电物体，容器外壁也因此极化产生电荷，就是这个原因。

5）流动带电。利用管路输送液体，液体与管路等固体接触时，在液体和固体的接触面形成双电层，双电层中的一部分电荷被带走而产生静电。

6）喷出带电。粉体、液体和气体从截面很小的出口喷出时，这些流动物体与喷口激烈摩擦，同时流体本身分子之间又相互碰撞，会产生大量的静电。

7）飞沫带电。喷在空中的液体，由于扩散和分离，出现了许多由细小液滴组成的新的液面，因而产生静电。

在现代工业生产中，静电的产生可能是由某种原因而造成的，但更多的可能是由多种原因综合作用的结果。

（3）静电的危害 在现代工业化生产中，静电可以造成危害。静电火花可能引起火灾和爆炸；静电的产生还会妨碍生产；静电还可能直接给人以电击等。这些危害中，由静电引起的火灾和爆炸是最严重的。静电电量虽然不大，但因其电压很高而容易产生火花放电。如果所在场所有易燃物品，又有易燃物品形成的爆炸性混合物，包括爆炸性气体和液体蒸气，以及爆炸性粉尘等，就可能由静电火花引起火灾和爆炸。因此，现代工业生产中，必须消除静电的危害。

2. 静电的防护 现代工业生产中，消除静电的危害有两个主要途径。其一是创造条件加速生产过程中所产生静电的泄放或中和，限制静电的积累，使其不超过安全限度。其二是控制生产工艺过程，限制静电的产生。

第一种方法包括两种措施，即泄放法和中和法。供电系统接地、生产环境增湿、加入抗静电剂、涂导电涂层等均属于泄放法。运用各种形式的中和器，清除静电危害的方法属于中和法。中和法还包括材料选择、工艺设计、设备结构等方面所采取的措施。

（1）防止形成危险性混合物 静电引起火灾或爆炸的条件之一是有爆炸性混合物存在。控制措施有：以不可燃介质代替可燃介质，降低爆炸性混合物的浓度；为防止爆炸混合物的形成，可以使爆炸混合物的浓度低于爆炸下限，在爆炸和火灾危险场所采用通风装置，及时排出爆炸性混合物，防止静电火花引起的火灾或爆炸。

（2）工艺控制 工艺控制是指工艺上采取相应的措施，用以限制和避免静电的产生和积累，最常用的方法有：控制液体的流速；增强静电电荷的衰减；利用材质的搭配控制产生静电。

（3）防静电接地 防静电接地是消除导体上静电的最简单、最常用和最有效的方法，主要用来防止导体上贮存静电，同时也限制了带电物体的电位上升或由此而产生的静电放电，以及防止静电感应的危险。

防静电的接地方式，随物体导电性能的不同而不同。凡是可能产生静电和带电的金属导体，以及有可能受到静电感应的金属导体，均应采取直接接地。

对于不同对象，其接地方法有所不同。例如室外大型固定油罐一般都装有避雷接地，可不必单独安装静电接地，但应有两处以上的接地部位。而移动设备，例如铁路槽车和油罐汽车，都应利用设置在车体的专用接地导体进行静电接地等。

此外，有些工厂还应采用生产环境增加湿度、生产过程添加化学防静电剂以及采用专用静电消除器装置，以减小静电的危害。对特殊要求的场所，还必须采取相应措施，消除人体静电带电的危害，诸如工作人员人体接地、穿防静电工作服、工作鞋等。

7.3.2　防爆

化工企业生产的原料和产品大多数是易燃易爆的物质，如氢气、一氧化碳、氨气、甲烷和乙炔等，其生产过程一般是高温、高压操作，这些都是形成着火和爆炸的条件。因此防爆在化工企业具有特别重要的意义。必须采取措施，防止由工厂供配电电气设备和线路引起爆炸或火灾事故。

1. 危险场所的基本概念及划分　化工生产中，起火与爆炸往往是同时发生的，故统称危险场所。火灾和爆炸在一定的条件下才能发生，而条件与物质的一些物理性质有关。

（1）基本概念

1）闪点、自燃温度。液体表面的蒸气与空气形成混合物后，碰上明火，会发生短促的闪火现象而不引起液体本身燃烧，这时的温度叫作闪点。若继续升高液体的温度，点火后不但有闪火现象而且使液体燃烧，这时的温度叫作燃点。如果加热到足够高的温度，虽然不接触火焰，也能自行燃烧，这就是液体的自燃现象，发生自燃的最低温度叫自燃温度，也叫作自燃点。

2）爆炸极限。可燃气体、易燃液体、闪点低于或等于场所环境温度的可燃气体、可燃粉尘或可燃纤维等，统称为爆炸危险物质。这些物质与空气混合后不一定就发生爆炸。通常将爆炸危险物质与空气形成的在爆炸极限范围内的混合物称爆炸性混合物。场所一般指建筑物，以室为单位，露天装置以区域视为场所范围。爆炸危险场所是指能形成爆炸性混合物或爆炸性混合物能侵入，有爆炸危险的区域。若有可燃物质，以致有火灾危险的区域称为火灾危险场所。

（2）危险场所的划分　爆炸危险场所按爆炸性物质的物态，分为气体爆炸危险场所和粉尘爆炸危险场所两类。

1）爆炸性气体环境的分区。根据爆炸性气体环境出现的频率和持续时间不同，可分为0区、1区和2区三个区域等级。

① 0区。是连续出现爆炸性混合气体环境，或预计长期出现或短期频繁地出现爆炸性气体环境的区域。

② 1区。是指在正常操作时，预计会周期地出现爆炸性气体环境的区域。

③ 2区。在正常操作时，预计不会出现爆炸性气体环境，即使发生也仅可能是不频繁并短时出现的区域。

2）可燃性粉尘环境的分区。根据可燃性粉尘/空气混合物出现的频率和持续时间及粉尘层厚度，可燃性粉尘环境可分为20区、21区和22区三个区域等级。

① 20区。在正常运行过程中可燃性粉尘连续出现或经常出现，其数量足以形成可燃性粉尘与空气混合物和/或可能形成无法控制和极厚的粉尘层的场所及容器内部。

② 21区。在正常运行过程中，可能出现粉尘数量足以形成可燃性粉尘与空气混合物但未划入20区的场所。该区域包括，与充入或排放粉尘点直接相邻的场所、出现粉尘层和正常操作情况下可能产生可燃浓度的可燃性粉尘与空气混合物的场所。

③ 22区。在异常条件下，可燃性粉尘云偶尔出现并且只是短时间存在、或可燃性粉尘偶尔出现堆积或可能存在粉尘层并且产生可燃性粉尘空气混合物的场所。如果不能保证排除可燃性粉尘堆积或粉尘层时，则应划分为21区。

爆炸危险场所的范围越小越好，越有利于安全生产。其范围一般由下列参数决定：易燃物质的泄出量增大、泄出爆炸性混合气体的浓度高、爆炸下限低、闪点低、密度比空气大、液体温度在闪点以上等都会引起爆炸危险场所的范围扩大。易燃物质的泄出量不变，泄出速度增高或者通风量增大，会缩小爆炸危险场所的范围。

2. 防爆电气设备的分类 电气设备经常出现的火花、电弧及过热，对化工、天然气及炼油生产的易燃易爆物质是很危险的，为了适应化工防爆要求，设计出各种类型的防爆电气设备，防爆电气设备分为两类。

1）煤矿井下用电气设备。

2）工厂用电气设备。工厂用防爆电气设备根据其结构和防爆性能的不同可分为：隔爆型、增安型、本质安全型、正压型、充砂型、充油型、无火花型、特殊型等。

防爆电气设备的铭牌上注有类型标志，并在设备外壳上设置有明显清晰的凸纹标志。

3. 防爆电气设备的选型 防爆电气设备的类型各不相同，选型时应根据爆炸危险场所的类别、分区、电气设备的种类、使用条件等，按防爆电气设备的不同规定来选择。

4. 爆炸危险场所电气设备的安装及使用 爆炸危险场所的电气设备，根据实际情况，应尽量把大部分用电设备，特别是正常运行时可能发生火花的电气设备，布置在危险性较小或非爆炸危险的场所，做到经济合理，安全可靠。在满足工艺生产及安全的情况下，应尽量减少防爆电气设备的使用量，并应尽量少用携带式电气设备。

（1）使用正压型电气设备及通风系统时的要求

1）通风系统必须用非燃性材料制成，其结构应坚固，连接应严密，并不得有阻碍气流的死角。

2）电气设备应与本身的通风、充气系统联锁，运行前必须先通风，使通过的气体量不小于电气设备及其本身通风、充气系统容积的5倍时，才能接通电气设备的主电源。

3）在运行过程中，进入电气设备及其通风、充气系统内的气体，不应含有爆炸危险物质或其他有害物质。在运行过程中，电气设备及其通风、充气系统内的风压不应低于2.67kPa正压，若正压低于1.33kPa，应自动断开电气设备的主电源或发出信号。

4）通风过程排出的废气，不应排入有爆炸危险的场所；若采取措施，能有效地防止火花和炽热质点从电气设备及其系统吹出时，可将废气排入2区场所内。

5）对于闭路通风的正压型电气设备及其通风系统，应供给清洁气体，以补充循环过程中的漏损，保持通风系统内的风压。

6）电气设备外壳及其通风充气系统的小门或盖子应采取联锁装置或加警告标志等安全措施，防止在运行中打开。

充油型电气设备，除有专门结构外，一般应在没有振动、不会倾斜和固定安装情况下使用。

（2）采用非防爆型电气设备作隔墙机械传动时的要求

1）安装电气设备的房间，应采用非燃烧体的实体墙与危险场所隔开。

2）应采用通过隔墙由填料密封的传动轴转动。

3）安装电气设备房间的出口，应通向非爆炸和无火灾危险的场所；当安装电气设备的房间必须与爆炸危险场所相通时，应对爆炸危险场所保持相对的正压。

变配电所和控制室一般应布置在爆炸危险场所范围以外，当为正压室时，也可布置在1区、2区内。

（3）爆炸危险场所电气线路的设计和安装要求

1）电气线路应在危险性较小的场所或离释放源较远的地方敷设。例如：当气体、蒸气比空气重时，电气线路应在较高处敷设或直接埋地，架空敷设时宜用电缆桥架。电缆沟敷设时沟内充砂，并宜设置有效的排水措施。当气体、蒸气比空气轻时，电气线路宜在较低处敷设或电缆沟敷设。电气线路宜在爆炸危险建筑物的墙外敷设。敷设电力线路的电缆或穿线钢管，在穿过不同场所之间的墙或楼板处的孔洞时，应采用非燃性材料严密堵塞。

2）在爆炸危险场所内，低压电力、照明电路用的绝缘导线和电缆的额定电压，不得低于工作电压，且不应低于500V。敷设电气线路时宜避开可能受到机械损伤、振动、腐蚀以及可能受热的地方，如不能，应采取措施。

3）高压配线应采用交联聚乙烯、聚乙烯、聚氯乙烯或合成橡胶及护套的电缆。在1区内应采用铜芯电缆，在2区内也应尽量采用铜芯电缆，当采用铝芯电缆时，必须有可靠的铜铝过渡接头等措施。选用电缆应考虑环境腐蚀、鼠类或白蚁危害以及周围环境温度及用电设备进线方式等因素。

高压电缆明敷时，对可能受到机械损伤处，应加适当的防护措施。在各级危险场所内，严禁有中间接头。

对3~10kV电缆线路，应装设零序保护。在1区内保护装置宜动作于跳闸，在2区内宜作用于信号报警。

7.3.3 电气设备的防腐蚀

在化工厂、车间及周围环境的空气中经常含有大量的氯、苯、硫化氢、氯化氢等气体以及硫酸的酸雾，还有盐碱的粉尘等。这些物质具有强烈的腐蚀性，腐蚀电气设备，损坏设备绝缘。由于化工生产的连续性，即使个别电气元件由于被腐蚀而损坏，也会造成整个工段或整个车间停产，甚至波及全厂。因此，化工厂必须加强用电设备的巡视维护，采取一定的措施来解决电气设备防腐问题。

1. 变电所防腐蚀措施

1）变电所中配电屏的铝母线、开关、互感器、仪表的接头很多，接头处的接触电阻由于接头被腐蚀会加大，加剧了接头的发热，最后导致损坏。为此应将所有的电气接头涂以中性凡士林予以密封。导线接头用聚乙烯和黑胶布绝缘带包扎，屏上的角钢支架和钢板屏面都用清漆涂刷。电气设备中铜铝连接较为常见，这种接头极易受化工气体腐蚀而接触不良，可采用电力脂涂在铜铝不同的材质的接触面上，既可防腐蚀，而且有利于导电，效果很好。

2）变电所10kV的穿墙套管电瓷部分，由于酸雾和粉尘的污染，经常放电闪络；套管的铜质穿心螺杆两端和导线连接处，由于腐蚀使接触电阻增加，烧断接头处导线。因此，可将穿心螺杆拿掉，用一根壁厚为3~4mm的硬塑料管代替，管子在穿墙套管两端各留出40mm以加强绝缘，然后将引入线从塑料管中穿过，导线不切断。这样即可消除上述现象。

2. 供电线路防腐蚀

1）化工厂架空导线采用裸铝线时，导线表面会逐渐形成一种粉状物质并剥落下来，使导线的导电性能和机械强度都不断下降。因此，在化工企业有腐蚀性气体及酸雾的环境中应采用聚乙烯绝缘的导线，接头处用聚乙烯和黑胶布包带包裹，避免腐蚀性气体进入。

2）线路的绝缘子最好采用高一级电压等级的绝缘子，并且每年对绝缘子予以清洗，并涂以专用的有机硅油，使尘土不再堆积，提高了绝缘的水平。其线路的横担最好采用镀锌角钢。

3）各车间的电力线路除防爆车间和地下埋设管线外，可采用硬聚氯乙烯管配线，管内应多穿一根导线作为用电设备接零或接地保护用。

3. 用电设备防腐蚀

1）接触器为了防腐蚀，可浸入绝缘油内，但热继电器浸入油中后，其动作值应通过试验重新调整。

2）化工企业中空气压缩机、冷冻机、离心机等所使用的大型电动机多为开启式电动机，这些电动机停车后，空气中含有酸碱盐的水分容易凝结在电动机绕组中，常使绝缘电阻降至很低，甚至接近零，影响再次开车。因此，在电动机停车后，应在电动机的进排风处接灯泡予以烘烤，避免绝缘电阻下降。

3）要彻底解决防腐蚀问题，应选用化工防腐蚀电器。

4. 防腐蚀型电气设备的分类 引起电气设备腐蚀除了化学腐蚀性物质外，还有其他的环境因素，如高温、潮湿、太阳辐射等因素。因此，防腐蚀型电气设备的使用环境条件分为6类。

（1）气候条件 分为户内、户外两种。应考虑高温、低温、相对湿度、高气压、低气压、太阳辐射、热辐射、凝露雨雪、冰雹、结霜等因素。

（2）特殊气候 如热辐射，如工业用炉旁的电气设备所受到的热辐射；周围空气的运动，如排风机排风时空气的运动；降雨以外的水，如人工冲洗喷水。

（3）生物条件 指霉菌、真菌、啮齿动物和其他危害产品的动作条件。

（4）化学活性物质条件 即化学腐蚀性物质。

（5）机械活性物质条件 包括砂、漂尘与降尘。

（6）机械条件 是指振动、冲击之类的环境影响。

我国防腐蚀电气设备的产品品种和数量很多，有防腐低压配电装置、防腐灯具、防腐变压器、防腐电缆桥架等。

7.4 电气安全

7.4.1 电流对人体的伤害

1. 触电原因 人体触电事故，往往是由于操作人员麻痹大意、违反电气操作规程所致；或是由于电气设备绝缘损坏、接地不良；或是进入高压线路的接地短路点以及遭雷击等原因。

2. 电流对人体的伤害 电流对人体的伤害与许多因素有关。电流对人体的危害主要与下列因素有关。

（1）电流大小 电流越大，伤害越大。一般情况下，感知电流为1mA（工频），摆脱电流为10mA，致命电流为50mA（持续1s以上），安全电流为30mA。

（2）触电时间 触电时间超过0.2s时，致颤电流值急剧降低。人的心脏每收缩、扩张一次，中间约有0.1s的间歇，在这个间歇内心脏对电流最为敏感。触电时间越长，危害越大。

（3）电流性质 目前世界上通常采用50Hz和60Hz的工频交流电。这个频率区间对于设计电气设备比较合理，但从安全角度看，50~100Hz的电流对人体危害最为严重。

（4）电流路径 电流对人体的伤害程度主要取决于心脏受损的程度，而这与电流流过人体的路径有关，电流从手到脚特别是从手到胸对人最为危险。

（5）健康状况 人体的健康状况和精神正常与否，是决定触电伤害程度的内在因素。

3. 安全电压和人体电阻 安全电压就是不致危及人身安全的电压。我国规定的安全电压等级有42V、36V、24V、12V、6V。

7.4.2 人体触电形式及触电防护

人体触电方式有单相触电、两相触电、跨步电压触电、静电触电等。根据人体触电的情况将触电防护分为直接触电防护和间接触电防护两类。

（1）直接触电防护 这是指对直接接触正常带电部分的防护，例如对带电导体加隔离栅栏或加保护罩等。

（2）间接触电防护 这是指对故障时可带危险电压而正常时不带电的外露可导电部分的防护，例如将正常不带电的外露可导电部分接地，并装设接地故障保护，用以切断电源或发出报警信号等。

7.4.3 脱离电源的方法

使触电者尽快脱离电源，是救治触电者的第一步，也是最重要的一步，可采取以下措施。

1）如果开关距离救护人较近，应迅速地拉掉开关，切断电源。

2）如果开关距离救护人很远，可用绝缘手钳或带有干燥木柄的刀、斧、铁锹等将电线切断，但应防止被切断的电源线触及人体。

3）当导线搭在触电者身上或压在身下时，可用干燥的木棒、竹竿或其他带有绝缘手柄的工具，迅速将电线挑开，但绝不能直接用手或用导电的物件去挑电线，以防触电。

4）如果触电者衣服是干燥的，而且电线并非紧缠在其身上时，救护人员可站在干燥的木板上，用一只手拉住触电人的衣服将他拉离带电体，但这种方法只适用于低压触电的情况。

5）如果人在高空触电，还需采用安全措施，以防电源切断后，触电者从高空掉下致残或致死。

7.4.4 触电急救

触电者的现场急救，是抢救过程中的最关键的一步。如处理及时和正确，就可能使触电而呈假死的人获救；反之，则可能带来不可弥补的后果。因此，从事电气工作人员必须熟悉和掌握触电急救技术。

1. 急救处理 当触电者脱离电源后，应立即根据具体情况，迅速对症救治，同时尽快请医生前来抢救，如需要时也可报120急救中心协助救护。触电者脱离电源后正确的急救方法如下：

1）如果触电者的伤害并不严重，神志尚清醒，只是有些心慌，四肢发麻，全身无力，或者虽一度昏迷，但未失去知觉时，都要使之安静休息，不要走路，并密切观察其病变。

2）触电伤员如神志不清者，应就地仰面躺平，且确保气道通畅，并用5s时间，呼叫伤员或轻拍其肩部，以判定伤员是否丧失意识。禁止摇动伤员头部呼叫伤员。

3）如果触电者的伤害较严重，失去知觉，应在10s内用看、听、试的方法（见图7-7），判定伤员呼吸心跳情况。

看——看伤员的胸部、腹部有无起伏动作；

听——用耳贴近伤员的口鼻处，听有无呼气声音；

图7-7 看、听、试

试——试测口鼻有无呼气的气流。再用两手轻试一侧（左或右）喉结旁凹陷处的颈动脉有无搏动。

如果触电者呼吸微弱或停止时，应立即通畅触电者的气道以促进触电者呼吸或便于抢救；若停止呼吸，但心脏微有跳动时，应采取口对口（鼻）人工呼吸法；如果虽有呼吸，但心脏停搏，应采取胸外心脏按压法抢救。

4）如果触电者伤害得相当严重，心跳和呼吸都已停止，人完全失去知觉时，则需要采用口对口（鼻）人工呼吸和胸外心脏按压两种方法同时进行。如果现场仅有一人抢救时，可交替使用这两种方法，先胸外挤压心脏4~8次，然后口对口吹气2~3次，再挤压心脏，又口对口吹气，如此循环往复地进行操作。

人工呼吸和胸外心脏按压，应尽可能在现场就地进行，只有在现场危及安全时，才可将触电者移到安全地方进行急救。在运送医院途中，也应不间断地进行人工呼吸或心脏按压，直到触电者复苏或医护人员前来救治为止。

2. 通畅气道

1）使触电者仰面躺在平硬的地方，解开其领扣、围巾、紧身衣和裤带。如发现触电者口内有食物、假牙、血块等异物，可将其身体及头部同时侧转，迅速用一个手指或两个手指交叉从口角处插入，从中取出异物，操作中要注意防止将异物推到咽喉深处（见图7-8）。

2）通畅气道可采用仰头抬颏法（见图7-9）。用一只手放在触电者前额，另一只手的手指将其下颌骨上抬起，两手协同将头部推向后仰，舌根随之抬起，气道即可通畅。严禁用枕头或其他物品垫在伤员头下头部抬高前倾，会更加重气道阻塞，且使胸外按压时流向脑部的血流减少，甚至消失。

3. 口对口（鼻）人工呼吸法 人工呼吸的目的是用人工的方法来代替肺的呼吸活动，供给

将触电者放置于仰卧位

畅通呼吸道

[注意点]抢救者跪于触电者颈侧。将触电者
手臂举过头，拉直双腿，注意保护颈部。最好能
解开触电者上衣。

[注意点]手指不要压迫触电者颈前部、
颏下软组织，以防压迫气道，不要使颈部
过度伸展。

图7-8　放置触电者　　　　　　　　　图7-9　仰头抬颏法

氧气，排出二氧化碳。各种人工呼吸法中，口对口人工呼吸法效果最好，而且操作简单，易于掌握。步骤如下：

1) 通畅气道。

2) 救护者位于触电者头部一侧，一只手捏紧触电者的鼻孔（防止漏气），并用这只手的外缘压住额部，另一只手托住其颈部，将颈上抬。使头部自然后仰，解除舌根后缩造成的呼吸困难，如图7-10a所示。

3) 救护者做深呼吸后，用嘴紧贴触电者的嘴（中间可垫一层纱布或薄布）大口吹气，约持续2s，同时观察触电者胸部的隆起程度，以确定吹气量的大小，一般以胸部略有起伏为宜，如图7-10b所示。如果胸腹起伏过大，说明吹气太多，容易吹破肺泡；如果胸腹无起伏或起伏太小，则吹气不足，应适当加大吹气量。

4) 吹气完毕换气时，应立即离开触电者的嘴，并放开捏紧的鼻孔，让其自动向外呼气，约持续3s，如图7-10c所示。这时应注意观察触电者胸部的复原情况，侧听口鼻处有无呼气声，从而判断呼吸道是否阻塞。

a) 解除呼吸困难　　　　　　　　b) 吹气2s　　　　　　　　c) 呼气3s

图7-10　人工呼吸法

按照上述步骤连续不断地进行抢救，直到触电者恢复自主呼吸为止。对成年人每分钟吹气14~16次，大约5s一个循环。对儿童每分钟吹气18~24次，不必捏紧鼻孔，可以使一部分空气漏掉，吹气量要减少，防止肺泡破裂。也可采用口对鼻吹气，方法与口对口吹气相似，只是此时应使触电者嘴唇紧闭，防止漏气。

4. 胸外心脏按压法

1) 使触电者仰卧在硬板或平整的硬地面上，松开衣裤。救护者跪跨在触电者腰部两侧。

2) 救护者将一只手的掌根按于触电者前胸，中指指尖对准颈根凹陷下边缘，另一只手压在该手背上呈交叠状，肘关节伸直，靠体重和臂与肩部的用力，向触电者脊柱方向慢慢压迫胸骨，令胸廓下陷3~4cm，使心脏受压，心室的血液被压出，流至触电者全身各部，如图7-11a、b所示。

3) 双掌突然放松，依靠胸廓自身的弹性，使胸腔复位，让心脏舒张，血液流回心室。放松时，交叠的两掌不要离开胸部，只是不加力而已，如图7-11c、d所示。重复图7-11c、d步骤，每分钟60次左右。在做胸外心脏按压时，位置必须准确，接触胸部只限于手掌根部，手指应向

上，不可全掌着力。

a) 手掌根按于触电者前胸　　b) 挤压手势　　c) 胸外心脏按压　　　d) 胸腔复位

图 7-11　胸外心脏按压法

5. 救治要坚持到底　实施人工呼吸、胸外心脏按压等抢救方法，要坚持不断，即使在送往医院的途中也不能停止。抢救过程中，要不断观察触电者，如触电者皮肤由紫变红，瞳孔由大变小，说明救治收到效果；如触电者嘴唇、眼皮会动，或喉嗓间有吞咽东西的动作，说明触电者已经有一定的呼吸能力，这时应暂时停止几秒，观察其是否能自主呼吸和心脏是否跳动；如果触电者不能自主进行呼吸或者呼吸很微弱，应继续进行人工呼吸和胸外心脏按压，直到能正常呼吸为止。在触电者呼吸未恢复正常以前，无论什么情况，都不能中止抢救。

复习思考题

1. 什么叫内部过电压和大气过电压？
2. 什么叫直接雷过电压和感应雷过电压？什么叫雷电波侵入？
3. 波阻抗与哪些因素有关？
4. 内部过电压产生的原因有哪些？
5. 避雷针有什么作用？什么叫作接闪器？为什么说避雷针实质上就是引雷针？
6. 简述阀式避雷器和排气式避雷器的主要构件和工作原理。
7. 雷电危害对供电系统主要表现在哪几个方面？
8. 避雷器的主要功能是什么？阀式避雷器由哪些基本部件组成？简述阀片电阻特性。
9. 一般工厂 6～10kV 高压架空线路有哪些防雷措施？
10. 一般工厂变配电所有哪些防雷措施？
11. 什么叫安全电流？它与哪些因素有关？
12. 什么叫直接触电防护？什么叫间接触电防护？
13. 什么叫接地？什么叫接地体？什么叫接地装置？
14. 什么是人工接地体？什么是自然接地体？
15. 什么叫接地电流？什么叫对地电压？
16. 什么叫接触电压？什么是跨步电压？
17. 什么叫工作接地？什么是保护接地？什么是重复接地？重复接地的作用是什么？为什么同一低压供电系统中不能同时采用保护接地和保护接零？
18. 什么是接地电阻？人工接地的接地电阻主要指哪部分电阻？
19. 什么叫防爆电气设备？防爆电气设备有哪些类型？
20. 什么是静电？它是如何产生的？产生静电的根本原因是什么？
21. 静电对电气设备有什么危害？防静电的措施具体有哪些？防静电接地的主要作用是什么？
22. 防腐蚀的电气设备有哪些？防腐蚀的措施有哪些？
23. 发现触电者，首先要脱离电源，脱离电源时有注意哪些事项？
24. 有人触电，发现后如何急救处理？
25. 什么是心肺复苏法？

第8章
工厂供配电系统的二次回路和自动装置

8.1　工厂供配电系统的二次回路概述

随着电子技术、微机技术、通信技术的广泛应用，工厂供配电系统的二次回路和自动装置已发生了深刻变革，在电力运行和安全中变得越来越重要。

二次回路是指用来控制、指示、监测和保护一次电路运行的电路。二次回路又称二次系统。按功能不同，二次回路可分为断路器控制回路、信号回路、保护回路、监测回路和自动化回路，为保证二次回路的用电，还有相应的操作电源回路等。二次回路与继电保护一样，要求有良好选择性、反应迅速、灵敏度高、稳定可靠。

二次回路图主要有二次回路原理图、二次回路原理展开图、二次回路安装接线图。二次回路原理图主要用来表示继电保护、断路器控制、信号等回路的工作原理，如图8-1所示。二次回路原理展开图是将二次回路中的交流回路与直流回路分开来画。二次回路安装接线图画出了二次

图8-1　供配电系统的二次回路原理图

回路中各设备的安装位置及控制电缆和二次回路的连接方式，是现场施工安装、维护必不可少的图样。

原理图或原理展开图通常是按功能电路如控制回路、保护回路、信号回路来绘制的，而安装接线图是以设备如开关柜、继电器屏、信号屏为对象绘制的。

二次回路布线应符合下列要求：

1）按图施工，接线正确。

2）导线与电气元件间采用螺栓连接、插接、焊接或压接等，均应牢固可靠。

3）盘柜内的导线不应有接头导线，芯线应无损伤。

4）电缆芯线和所配导线的端部均应标明其回路编号，编号应正确、字迹清晰且不易脱色。

5）配线应整齐清晰、美观，导线绝缘应良好、无损伤。

6）每个接线端子的每侧接线宜为1根，不得超过2根；对于插接式端子，不同截面的两根导线不得接在同一端子上；对于螺栓连接端子，当接两根导线时中间应加平垫片。

7）二次回路接地应设专用螺栓。

8.2　高压断路器控制和信号回路

8.2.1　概述

高压断路器的控制回路就是控制（操作）断路器分、合闸的回路。操动机构有手动式、电磁式、液压式和弹簧储能式。电磁式操动机构只能采用直流操作电源，手动式和弹簧储能式可交直流两用，但一般采用交流操作电源。

信号回路是用来指示一次回路运行状态的二次回路。信号按用途分，有断路器位置信号、事故信号和预告信号等。

断路器位置信号用来显示断路器正常工作的位置状态。红灯亮，表示断路器处于合闸通电状态；绿灯亮，表示断路器处于分闸断电状态。

事故信号用来显示断路器在事故情况下的工作状态。红灯闪光，表示断路器自动合闸通电；绿灯闪光，表示断路器自动跳闸断电。此外，事故信号还有事故音响信号和光字牌等。

预告信号是在一次电路出现不正常状态或发现故障苗头时发出的报警信号。例如电力变压器过负荷或者油浸式变压器轻气体动作时，就发出区别于上述事故音响信号的另一种预告音响信号（用电铃、电笛区别），同时光字牌亮，指示出故障性质和地点，以便值班员及时处理。

对断路器的控制和信号回路有下列主要要求：

1）应能监视控制回路保护装置（熔断器）及其分、合闸回路完好性，以保证断路器正常工作，通常采用灯光监视的方式。

2）分、合闸操作完成后，应能使命令脉冲解除，即能断开分、合闸的电源。

3）应能指示断路器正常分、合闸的位置状态，并在自动合闸和自动跳闸时有明显指示信号。通常用红、绿灯的平光来指示断路器的合闸和分闸的正常位置，而用红、绿灯的闪光来指示断路器的自动合闸和跳闸。

4）断路器的事故跳闸回路，应按"不对应原理"接线。当断路器采用手动操动机构时，利用手动操动机构的辅助触点与断路器的辅助触点构成"不对应"关系，即操动机构（手柄）在合闸位置而断路器已跳闸时，发出事故跳闸信号。当断路器采用电磁操动机构时，则利用控制开关的触点与断路器的辅助触点构成"不对应"关系，即控制开关（手柄）在合闸位置而断路器已跳闸时，发出事故跳闸信号。

5）对有可能出现不正常工作状态或故障的设备，应装设预告信号。预告信号应能使控制室的中央信号装置发出音响和灯光信号，并能指示故障地点和性质。通常用电铃做预告音响信号，用电笛做事故音响信号。

8.2.2　手动式断路器的控制和信号回路

手动式断路器的控制和信号回路原理如图8-2所示。

合闸时，推上操作手柄使断路器合闸。这时断路器的辅助触点QF3-4闭合，红灯RD亮，指示断路器已经合闸通电。由于有红灯RD的电阻及限流电阻R2，跳闸线圈YR虽有电流通过，但电流很小，不会跳闸。红灯RD亮，还表示跳闸回路及控制回路电源的熔断器FU1和FU2是完好的，即红灯RD同时起

图8-2　手动式断路器控制和信号回路

WC—控制小母线　　WS—信号小母线　　GN—绿色信号灯

RD—红色信号灯　　R—限流电阻　　YR—跳闸线圈

（脱扣器）　KM—出口继电器触点

QF1～6—断路器QF的辅助触点

QM—手动操作机构的辅助触点

着监视跳闸回路完好性的作用。

分闸时，扳下操作手柄使断路器分闸。这时断路器的辅助触点 QF3-4 断开，切断跳闸回路，同时辅助触点 QF1-2 闭合，绿灯 GN 亮，指示断路器已经分闸断电。绿灯 GN 亮，还表示控制回路电源的熔断器 FU1 和 FU2 是完好的，即绿灯 GN 起着监视控制回路完好性的作用。

在正常操作断路器分、合闸时，由于操动机构辅助触点 QM 与断路器辅助触点 QF5-6 是同时切换的，所以事故信号回路（信号小母线 WS 所供的回路）总是断路的，不会错误地发出灯光、音响信号。

当一次电路发生短路故障时，继电保护装置动作，其出口继电器触点 KM 闭合，接通跳闸回路（QF3-4 原已闭合），使断路器跳闸。随后 QF3-4 断开，红灯 RD 灭，并切断 YR 的电源；同时 QF1-2 闭合，绿灯 GN 亮。这时操动机构的操作手柄虽然在合闸位置，但其黄色指示牌下掉，表示断路器自动跳闸。在信号回路中，由于操作手柄仍在合闸位置，其辅助触点 QM 闭合，而断路器已事故跳闸，QF5-6 返回闭合，因此事故信号接通，发出灯光和音响信号。当值班员得知事故跳闸信号后，可将断路器操作手柄扳至分闸位置，这时黄色指示牌随之返回，事故灯光、音响信号也随之解除。

控制回路中分别与指示灯 GN 和 RD 串联的电阻 R1 和 R2，除了具有限流作用外，还有防止指示灯座短路时造成控制回路短路，避免断路误跳闸或误合闸的作用。

8.2.3 电磁式断路器的控制和信号回路

电磁式断路器的控制和信号回路原理如图 8-3 所示。

其操作电源采用直流系统，控制开关采用双向自复式并具有保持触点的 LW5 型万能转换开关，其手柄正常为垂直位置（0°）。顺时针扳转 45°为合闸操作（ON），手松开即自动返回（复位），保持合闸状态。逆时针扳转 45°为分闸操作（OFF），手松开也自动返回，保持分闸状态。图中控制开关 SA 两侧虚线上打黑点（·）的触点，表示该触点在此位置接通。SA 两侧的箭头（→）指示 SA 手柄自动返回的方向。表 8-1 是图 8-3 所示控制开关 SA 的触点图表，可供读图参考。

合闸时，将控制开关 SA 的手柄顺时针扳转 45°。这时触点 SA1-2 接通，合闸接触器 KO 通电（其中 QF1-2 原已闭合），其主触点闭合，使电磁合闸线圈 YO 通电动作，使断路器合闸。合闸完成后，控制开关 SA 自动返回，其触点 SA1-2 断开，切断合闸回路；同时 QF3-4 闭合，红灯 RD 亮，指示断路器已经合闸，并监视着跳闸线圈 YR 回路的完好性。

图 8-3 电磁式断路器的控制和信号回路

WC—控制小母线 WL—灯光指示小母线 WF—闪光信号小母线
WS—信号小母线 WAS—事故音响信号小母线 WO—合闸小母线
SA—控制开关 KO—合闸接触器 YO—电磁合闸线圈
YR—跳闸线圈 KM—出口继电器触点
QF1~6—断路器 QF 的辅助触点 GN—绿色信号灯
RD—红色信号灯 ON—合闸操作方向 OFF—分闸操作方向

表8-1 图8-3所示控制开关SA的触点图表

SA触点编号			1-2	3-4	5-6	7-8	9-10
手柄位置	分闸后	↑		×			
	合闸操作	↗	×		×		
	合闸后	↑			×		×
	分闸操作	↖		×		×	

注:"×"表示触点接通。

分闸时,将控制开关SA的手柄逆时针扳转45°,这时其触点SA7-8接通,跳闸线圈YR通电(其中QF3-4原已闭合),使断路器分闸。分闸完成后,控制开关SA自动返回,其触点SA7-8断开,断路器辅助触点QF3-4这时也断开,切断跳闸回路;同时触点SA3-4闭合,QF1-2也闭合,绿灯GN亮,指示断路器已经分闸,并监视着合闸接触器KO回路的完好性。

由于红绿信号灯兼有监视分、合闸回路完好性的作用,长时间运行,耗能较多。因此为减少操作电源中储能电容器能量的过多消耗,故另设灯光指示小母线WL+,专用来接入红绿信号灯,储能电容器的能量只用来供电给控制小母线WC。对蓄电池直流系统,可不设小母线WL+。

当一次电路发生短路故障时,继电器保护动作,其出口继电器触点KM闭合,接通跳闸线圈YR回路(其中QF3-4原已闭合),使断路器跳闸。随后QF3-4断开,使红灯RD熄灭,并切断跳闸回路。同时QF1-2闭合,而SA尚在合闸后位置,其触点SA5-6闭合,从而接通闪光信号小母线WF(+),使绿灯GN闪光,表示断路器已自动跳闸。由于断路器自动跳闸,SA仍在合闸位置,其触点SA9-10闭合,而断路器却已跳闸,其触点QF5-6返回闭合,因此事故音响回路接通,在绿灯GN闪光的同时,并发出音响信号(电笛响)。当值班员得知事故跳闸信号后,可将控制开关SA的手柄扳向分闸位置,即逆时针扳转45°后松开让其自动返回,使SA的触点与QF的触点恢复对应关系,这时全部事故信号立即解除。

8.2.4 弹簧储能式断路器的控制和信号回路

弹簧操作机构是利用预先储能的合闸弹簧释放能量,使断路器合闸。合闸弹簧由交直流两用电动机拖动储能,也可手动储能。以其能量消耗低,无渗漏,环境适应性强等特点近年来得到了广泛应用,尤其在126kV及以下电压等级的高压断路器中应用较多,在252kV开关中的使用也在不断增加,550kV开关也早有应用。

图8-4是采用CT7型弹簧操作机构的断路器控制和信号回路原理图,其控制开关采用LW2或LW5型万能转换开关,操作过程如下所述。

图8-4 采用弹簧操作机构的断路器控制和信号回路

WC—控制小母线 WS—信号小母线 WAS—事故音响信号小母线 SA—控制开关 SB—按钮 SQ—储能位置开关 YO—电磁合闸线圈 YR—跳闸线圈 QF1~6—断路器辅助触点 M—储能电动机 GN—绿色指示灯 RD—红色指示灯 KM—继电保护出口触点

合闸前，先按下按钮 SB，使储能电动机 M 通电（位置开关 SQ3 原已闭合），从而使合闸弹簧储能。储能完成后，SQ3 自动断开，切断 M 的回路，同时位置开关 SQ1 和 SQ2 闭合，为分合闸做好准备。

合闸时，将控制开关 SA 手柄扳向合闸（ON）位置，其触点 SA3 - 4 接通，合闸线圈 YO 通电，使弹簧释放，通过传动机构使断路器 QF 合闸。合闸后，其辅助触点 QF1 - 2 断开，绿灯 GN 灭，并切断合闸电源；同时 QF3 - 4 闭合，红灯 RD 亮，指示断路器在合闸位置，并监视着跳闸回路的完好性。

分闸时，将控制开关 SA 手柄扳向分闸（OFF）位置，其触点 SA1 - 2 接通，跳闸线圈 YR 通电（其中 QF3 - 4 原已闭合），使断路器 QF 分闸。分闸后，QF3 - 4 断开，红灯 RD 灭，并切断跳闸回路；同时 QF1 - 2 闭合，绿灯 GN 亮，指示断路器在分闸位置，并监视着合闸回路的完好。

当一次电路发生短路事故时，保护装置动作，其出口继电器 KM 触点闭合，接通跳闸线圈 YR 回路（其中 QF3 - 4 原已闭合），使断路器 QF 跳闸。随后 QF3 - 4 断开，红灯 RD 灭，并切断跳闸回路；同时，由于断路器是自动跳闸，SA 手柄仍在合闸位置，其触点 SA9 - 10 闭合，而断路器 QF 已经跳闸，QF5 - 6 闭合，因此事故音响信号回路接通，发出事故跳闸音响信号。值班员得知此信号后，可将 SA 手柄扳向分闸位置（OFF），使 SA 触点与 QF 的辅助触点恢复对应关系，从而使事故跳闸信号解除。

储能电动机 M 由按钮 SB 控制，从而保证断路器合在发生持续短路事故的一次电路上时，断路器自动跳闸后不会重复地误合闸，因而不需另设电气"防跳"（防止反复跳、合闸）的装置。

8.2.5 低压断路器微机保护装置（智能脱扣器）

目前世界主要低压断路器生产厂家大量采用微机保护装置，断路器微机保护装置又称智能脱扣器，它可取代老的脱扣器，还有的直接安装在断路器内成为一体，采用了微机保护装置的断路器又叫智能型断路器。

智能脱扣器使断路器实现了遥测、遥控、遥信和遥调等功能。现在智能脱扣器都采用单片机、DSP 等微处理器作为逻辑处理的基础，其发展趋势之一是功能越来越多，除了传统的脱扣功能外，还有脱扣前报警功能、线路参数检测功能以及试验功能；另外一种趋势是采用现场总线技术，把设备的网络化作为目标。

1. 智能脱扣器的组成原理 智能脱扣器包括采样电路、中央处理单元（微处理器及其外围电路）、键盘显示电路、通信电路、执行机构等几个部分。

（1）采样电路 采样电路实现的功能是将外部的电流、电压信号经过互感器、滤波、幅值调整等环节后送到微处理器 A - D 采样通道口，在这些环节要注意以下几个问题：

1）互感器的选择。互感器的作用是将线路中幅值很大的电信号线性地转换成可以处理的电信号，其转换的线性度和精度将直接影响关键数据的可信度，这些数据是智能脱扣器工作的基础。常用的电流互感器有铁心和空心两种，铁心型互感器在处理小电流时线性度很好，但大电流时铁心容易饱和，从而出现线性失真，测量范围小；空心型在处理大电流时线性度好，测量范围广，但小电流时易受干扰，也会出现线性失真，测量误差大。然而智能脱扣器电流测量范围从几百安到几十千安，变化范围很大，要想在整个测量范围内不失真，线性度好，最好采用两种类型互感器相互结合的方法。

2）幅值调整环节。由于电流的测量范围很大，而微处理器 A - D 转换参考电压一般很小，采用多量程转换的方法，每一种量程中信号送到 A - D 转换口的幅值最大值都稍小于 3.3V，硬件上根据信号幅值大小采用不同的输送通道，当然实现这个功能还要经软件层面的判断。

（2）中央处理单元 CPU 芯片通常只有拇指盖大小，内部集成 A - D 转换通道、温度传感器、FLASH 存储器、Watch Dog 监视器、通信接口等。这使控制系统的外围元器件少、电路简单，从而提高了稳定性和抗干扰能力。

（3）键盘显示电路　键盘显示电路可通过外接移位寄存器，控制数码管或独立 LED。

（4）执行机构　执行机构可采用永磁体的电磁铁，正常工作时在永磁体作用下保持吸合状态，当执行电路接收到 CPU 发出的脉冲控制信号时，触发达林顿管使线圈通有电流而产生反向磁通，在反力弹簧的作用下铁心打开，带动断路器分断。

2. 智能脱扣器的软件设计　智能脱扣器的软件设计基于小波分析和 FFT 的改进算法，小波算法在采样过程中检测到可疑信号点后，由 FFT 算法进行有效值判断，如果没有超过门槛值，则可疑信号点无效，回到小波算法中继续寻找采样可疑点；如果有效值超过门槛值，则认为可疑点有效，根据保护条件输出相应信号。其数据处理的流程，如图 8-5 所示。

脱扣器的设计难点有：①电磁兼容性设计。②短路时瞬时动作出口时间的要求。③工作电源的获取及分闸电磁铁的驱动。④软件平台的设计。⑤适应小型化结构的设计。

随着高性能、低价格芯片的不断涌现，在保留传统设备优点的基础上，智能脱扣器在保护的多样性、判断准确性和抗干扰性、自诊断保护、实时通信和显示等方面将较大的改进。

图 8-5　智能脱扣器数据处理流程图

8.3　电测量仪表与绝缘监测装置

8.3.1　电测量仪表

为了监视供配电系统一次设备（电力装置）的运行状态和计量供配电系统消耗的电能，保证供配电系统安全、可靠、优质和经济合理地运行，供配电系统的电力装置中必须装设一定数量的电测量仪表。

电测量仪表按其用途分，有常用测量仪表和电能计量装置两类。前者是对一次电路的电力运行参数进行经常测量、选择测量和记录的仪表，后者是对供配电系统进行技术经济考核分析和对电力用户电量进行测量、计量的仪表，即各种类型的电能表（又称电度表）。

1. 常用测量仪表　按 GB/T 50063—2017《电力装置电测量仪表装置设计规范》规定，对常用测量仪表及其选择有下列要求：

1）常用测量仪表应能正确反映电力装置运行工况的电气参数和绝缘状况。

2）交流回路指示仪表的综合准确度不应低于 2.5 级（误差 ±2.5%）；直流回路指示仪表的综合准确度不应低于 1.5 级。

3）1.5 级和 2.5 级的常用测量仪表，应配用不低于 1.0 级的互感器。

4）指针式测量仪表测量范围宜保证电力设备额定值指示在仪表标度尺的 2/3 处（此时仪表精度最高）。对可能过负荷运行的电力设备和回路，测量仪表宜选用过负荷仪表。对重载起动的电动机和有可能出现短时冲击电流的电力设备和回路，宜采用具有过负荷标度尺的电流表。双向电流的直流回路和双向功率的交流回路，应采用具有双向标度尺的仪表。

2. 电能计量装置　电能计量装置包括各种类型电能表、计量用电压/电流互感器及其二次回路、电能计量柜（箱）等。

我国电力行业标准 DL/T 448—2016《电能计量装置技术管理规程》将运行中的电能计量装置按计量对象的重要程度和管理需要分为五类：

Ⅰ类电能计量装置：220kV 及以上贸易结算用电能计量装置，500kV 及以上考核用电能计量装置，计量单机容量300MW及以上发电机发电量的电能计量装置。

Ⅱ类电能计量装置：110（66）~220kV贸易结算用电能计量装置，220~500kV考核用电能计量装置。计量单机容量100~300MW发电机发电量的电能计量装置。

Ⅲ类电能计量装置：10kV~110（66）kV贸易结算用电能计量装置，10~220kV考核用电能计量装置。计量100MW以下发电机发电量、发电企业厂（站）用电量的电能计量装置。

Ⅳ类电能计量装置：380V~10kV电能计量装置。

Ⅴ类电能计量装置：220V单相电能计量装置。

3. 电能计量装置的技术要求

（1）电能计量装置的接线方式

1）接入中性点绝缘系统的电能计量装置，应采用三相三线有功、无功或多功能电能表。接入非中性点绝缘系统的电能计量装置，应采用三相四线有功、无功或多功能电能表。

2）接入中性点绝缘系统的电压互感器，35kV及以上的宜采用Yy方式接线；35kV以下的宜采用Vv方式接线。接入非中性点绝缘系统的电压互感器，宜采用Y_0y_0方式接线。其一次侧接地方式和系统接地方式相一致。

3）低压供电，计算负荷电流为60A及以下时，宜采用直接接入电能表的接线方式；计算负荷电流为60A以上时，宜采用经电流互感器接入电能表的接线方式。

4）对三相三线制接线的电能计量装置，其2台电流互感器二次绕组与电能表之间宜采用四线连接。对三相四线制连接的电能计量装置，其3台电流互感器二次绕组与电能表之间宜采用六线连接。

（2）准确度等级

1）各类电能计量装置应配置的电能表、互感器的准确度等级不应低于表8-2所示值。

表8-2　电能计量装置准确度等级

电能计量装置类别	准确度等级			
	有功电能表	无功电能表	电压互感器	电流互感器[①]
Ⅰ	0.2S	2	0.2	0.2S
Ⅱ	0.5S	2	0.2	0.2S
Ⅲ	0.5S	2	0.5	0.5S
Ⅳ	1	2	0.5	0.5S
Ⅴ	2	—	—	0.5S

① 发电机出口可选用非S级电流互感器。

2）电能计量装置中电压互感器二次回路电压降应不大于其额定二次电压的0.2%。

（3）电能计量装置的配置原则

1）贸易结算用的电能计量装置原则上应设置在供用电设施产权分界处；在发电企业上网线路、电网经营企业间的联络线路和专线供电线路的另一端应设置考核用电能计量装置。

2）经互感器接入的贸易结算用电能计量装置应按计量点配置电能计量专用电压、电流互感器或者专用二次绕组，并不得接入与电能计量无关的设备。

3）Ⅰ类电能计量装置、计量单机容量在100MW及以上发电机组上网贸易结算电量的电能计量装置和电网企业之间购销电量的110kV及以上电能计量装置，宜配置型号、准确度等级相同的计量有功电量的主副两只电能表。

4）35kV以上贸易结算用电能计量装置的电压互感器二次回路，应不装设隔离开关辅助触点，但可装设快速断路器；35kV及以下贸易结算用电能计量装置的电压互感器二次回路，计量点在电力用户侧的应不装设隔离开关辅助触点和快速断路器，计量点在电力企业变电站侧的可装设快速断路器。

5）安装在电力用户处的贸易结算用电能计量装置，35kV 电压供电的用户，应配置全国统一标准的电能计量柜或电能计量箱。未配置计量柜（箱）的，其互感器二次回路的所有接线端子、试验端子应能实施封印。

6）贸易结算用高压电能计量装置应具有符合 DL/T 566—1995 要求的电压失压计时功能。

7）互感器二次回路的连接导线应采用铜质单芯绝缘线。对电流二次回路，连接导线截面积应按电流互感器的额定二次负荷计算确定，至少应不小于 4mm²。对电压二次回路，连接导线截面积应按允许的电压降计算确定，至少应不小于 2.5mm²。

8）互感器额定二次负荷的选择应保证接入其二次回路的实际负荷在 25% ~ 100% 额定二次负荷范围内；电流互感器额定二次负荷的功率因数应为 0.8 ~ 1.0；电压互感器额定二次负荷的功率因数应与实际二次负荷的功率因数接近。

9）电流互感器额定一次电流的确定，应保证其在正常运行中的实际负荷电流达到额定值的 60% 左右，至少应不小于 30%。否则应选用高动热稳定电流互感器，以减小变比。

10）为提高低负荷计量的准确性，应选用过载 4 倍及以上的电能表。

11）经电流互感器接入的电能表，其额定电流宜不超过电流互感器额定二次电流的 30%，其最大电流宜为电流互感器额定二次电流的 120% 左右。

12）执行功率因数调整电费的用户，应配置计量有功电量、感性和容性无功电量的电能表；按最大需量计收基本电费的用户，应配置具有最大需量计量功能的电能表；实行分时电价的用户，应装设具有多复费率计量功能的电能表。具有正、反向送电的计量点应配置计量正向和反向有功电量以及四象限无功电量的电能表。

13）带有数据通信接口的电能表，其通信协议应符合 DL/T645 及其备案文件的要求。

4. 各类电能表的基本知识

1）低压单相负荷配置电能表

$$电能表 = \frac{用户报装容量}{电压 \times 功率因数}$$

2）低压三相负荷配置电能表及电流互感器

$$电能表 = \frac{用户报装容量}{电压 \times \sqrt{3} \times 功率因数}$$

如容量过大，即应配置 380V · 5A 电能表带适当容量的电流互感器。

3）电能计量装置接线如图 8-6 所示。

5. 电能表自动抄表系统介绍 电能表自动抄表简称 ARM（Automatic Reading Meter），是供电部门将安装在用户处的电能表所记录的用电量等数据通过遥测、传输和计算机系统汇总到营业部门，代替人工抄表的自动化系统。

随着科技的进步及经济的发展，电能计量、电费核算及收缴的及时性和准确性已成为用电企业的重要课题，而无线抄表系统是实现配电自动化的重要一步，并有助于提高电力系统用电管理的水平，其功能原理如图 8-7 所示。

系统硬件框图如图 8-7a 所示，8 路脉冲输入信号来自 8 个单相脉冲电能表。工作时，单片机只需定时测量输入的脉冲，再根据脉冲数与用电量之间的比例关系即可得到用户的用电量。

图 8-7a 中点画线框内的单片机数据采集部分是整个系统的核心部分，通过软件的编辑可实现数据采集、数据保存、数据发送和控制命令的接收以及其他数据掉电保护等重要功能。

用于配电线路电能计量的远程监测装置如图 8-7b 所示。

6. 变配电装置中各部分仪表的配置要求

1）在电力用户的电源进线上，或经供电部门同意的电能计量点，必须装设计费的有功电能

a) 单相电能表的接线图(跳线表)

b) 单相电能表的接线图(顺线表)

c) 三相三线电能表的接线图

d) 三相四线电能表的接线图

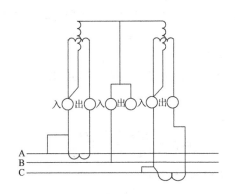

e) 三相三线电能表带互感器的接线图

图 8-6　电能计量装置接线

表和无功电能表，而且宜采用全国统一标准的电能计量柜。为了解负荷电流，进线上还应装设一只电流表。

2) 变配电所的每段母线上，必须装设电压表测量电压。在中性点非有效接地系统（即小接地电流系统）中，各段母线上还应装设绝缘监测装置。出线很少时，绝缘监视装置可不装设。

3) (35~110)/(6~10)kV 的电力变压器，应装设电流表、有功功率表、无功功率表、有功电能表和无功电能表各一只，装在哪一侧视具体情况而定。(6~10)/(3~6)kV 的电力变压器，在其一侧装设电流表、有功和无功电能表各一只；(6~10)/0.4kV 的电力变压器，在高压侧装设电流表和有功电能表各一只；如为单独经济核算单位的电力变压器，还应装设一只无功电能表。

4) 3~10kV 配电线路，应装设电流表、有功电能表和无功电能表各一只。如不是送往单独经济核算单位时，可不装无功电能表。当线路负荷在 5 000kV·A 及以上时，可再装设一只有功功率表。

5) 380V 的电源进线或变压器低压侧，各相应装一只电流表。如果变压器高压侧未装电能表，低压侧还应装设有功功率表一只。

6) 低压动力线路上，应装设一只电流表。低压照明线路及三相负荷不平衡率大于15%的线

a) 系统硬件框图

b) 配电线路电能计量远程监测装置

图 8-7　无线抄表系统功能框图

路上，应装设三只电流表以分别测量各相电流。如需计量电能，一般应装设一只三相四线有功电能表。对三相负荷平衡的动力线路，可只装设一只单相有功电能表，实际电能按其计数的 3 倍计量。

7）并联电力电容器组的总回路上，应装设三只电流表，分别测量各相电流，并装设一只无功电能表。

图 8-8 是 6～10kV 高压线路上装设的电测量仪表电路图。图 8-9 是低压 220/380V 照明线路上装设的电测量仪表电路图。关于电测量仪表的结构原理可参考《电工测量与仪表》等教材或书籍。

a) 接线图

b) 展开图

图 8-8　6～10kV 高压线路电测量仪表电路图

TA1、TA2—电流互感器　TV—电压互感器　PA—电流表

PJ1—三相有功电能表　PJ2—三相无功电能表　WV—电压小母线

图 8-9 220/380V 照明线路电测量仪表电路图

TA1 ~ TA3—电流互感器 PA1 ~ PA3—电流表 PJ—三相四线有功电能表

8.3.2 绝缘监测装置

绝缘监测装置用于小接地电流的系统中，以便及时发现单相接地故障，设法处理，以免故障发展为两相接地短路，造成停电事故。

绝缘监测装置可采用 3 个单相双绕组电压互感器和 3 只电压表，也可采用 3 个单相三绕组电压互感器或一个三相五芯柱三绕组电压互感器，按图 8-9 所示接线。采用 Y_0 联结的二次绕组，其中 3 只电压表均接各相的相电压。当一次电路的某一相发生接地故障时，电压互感器二次侧对应相的电压表指零，而其他两相的电压表读数则升高到线电压。由指零的电压表所在相即可得知该相发生了单相接地故障，但不能判明是哪一条线路发生了故障，因此这种绝缘监测装置是无选择性的，只适用于高压出线路数不多的系统，或作为有选择性的单相接地保护的一种辅助装置。该线路适合装设在允许短时停电的供电系统中。

电压互感器采用开口三角形（△）联结的辅助二次绕组，构成零序电压过滤器，供电给一个过电压继电器。在系统正常运行时，开口三角形（△）的开口处电压接近于零，继电器不会动作。但当一次电路发生单相接地故障时，开口三角形（△）的开口处将出现近 100V 的零序电压，使电压继电器动作，发出报警的灯光信号和音响信号。

图 8-10 所示电路，还可通过电压换开关 SA，测量一次电路的三个线电压。

作为绝缘监视用的三相电压互感器不能是三芯柱的，而必须是五芯柱的，是因为单相接地在电压互感器铁心中引起的三相零序磁通是同相的，不可能在三芯柱的铁心内形成闭合回路，零序磁通只能经铁心附近的气隙闭合，如图 8-11a 所示。零序磁通也就不可能与互感器的二次绕组及辅助二次绕组交链，因此在二次绕组及辅助二次绕组内不会感应零序电压，从而无法反映一次侧的单相接地故障。而五芯柱的电压互感器，由于单相接地而在其铁心中引起的三相零序磁通，可通过互感器的两边柱形成闭合回路，如图 8-11b 所示，因此可在互感器二次绕组内感应零序电压，使电压继电器 KV 动作（见图 8-10），从而实现一次系统的绝缘监视。

图 8-10　6～35kV 小电流接地系统的绝缘监测装置电路图

TV—电流互感器　QS—高压隔离开关及其辅助触点　SA—电压转换开关　PV—电压表

KV—电压继电器　KS—信号继电器　WC—控制小母线　WS—信号小母线　WFS—预告信号小母线

a) 三相三芯柱铁心　　　　　　　　　b) 三相五芯柱铁心

图 8-11　电压互感器中的零序磁通

8.4　低频减载和备用电源自动投入装置

在要求供电可靠性较高的变配电所中，通常设有两路或以上的电源进线，或者设有自备电源。在工厂的车间变电所低压侧，大多设有与相邻车间变电所相连的低压联络线。如果作为备用电源的线路上装设备用电源自动投入装置，则在工作电源线路突然断电时，利用失电压保护装置使该线路的断路器跳闸，而备用电源线路的断路器则在备用电源自动投入装置作用下迅速合闸，使备用电源投入运行，从而大大提高供电的可靠性，保证对用户的不间断供电。

备用电源自动投入装置可以是继电保护装置，也可以是可编程序控制器（PLC）。

8.4.1　继电式备用电源自动投入装置

继电式备用电源自动投入装置的原理电路如图 8-12 所示。

（1）正常工作状态　断路器 QF1 合闸，电源 WL1 供电；而断路器 QF2 断开，电源 WL2 备用。QF1 的辅助触点 QF1 3-4 闭合，时间继电器 KT 动作，其触点是闭合的，但由于断路器 QF1 的另一对辅助触点 QF1 1-2 处于断开状态，因此合闸接触器 KO 不会通电动作。

图 8-12　备用电源自动投入装置的原理电路

QF1—工作电源进线 WL1 上的断路器　QF2—备用电源进线 WL2 上的断路器　KT—时间继电器　KO—合闸接触器　YO—QF2 的合闸线圈

（2）备用电源自动投入 当工作电源 WL1 断电引起失电压保护动作使断路器 QF1 跳闸时，其辅助触点 QF1 3-4 断开，使时间继电器 KT 断电。在其延时断开触点尚未断开前，由于断路器 QF1 的辅助触点 QF1 1-2 闭合，接通合闸接触器 KO 回路，使之动作，接通断路器 QF2 的合闸线圈 YO 回路，使 QF2 合闸，从而使备用电源 WL2 投入运行。在 KT 的延时断开触点经延时（0.5s）断开时，切断 KO 合闸回路。QF2 合闸后，其辅助触点 QF2 1-2 断开，切断 YO 合闸回路。

图 8-13 是一种适用于 TN-S 低压配电系统双路电源的自动互投装置原理电路图，该装置为 XLS -□- 1A 型，安装在落地式动力配电箱内，它利用装设在电源进线上的两台接触器 KM1 和 KM2 来实现互投。正常情况下，断路器 QF1、QF2 和刀开关 QS1、QS2（图 8-13 中未示出）都是闭合的。将旋转开关 SA1 旋至闭合位置，则接触器 KM1 通电动作，其主触头闭合，工作电源投入运行。为使备用电源处于备用状态，应将旋转开关 SA2 也旋至闭合位置。但由于接触器 KM2 的线圈回路串有 KM1 的闭合辅助触头，在 KM1 吸合状态下这对常闭触头是断开的，因此 KM2 不会通电动作，其主触头不会闭合，备用电源仍是断开的。当工作电源断电时，接触器 KM1 失电返回，断开工作电源；同时其常闭触头返回闭合，使接触器 KM2 通电动作，其主触头闭合，使备用电源自动投入。反之，如果备用电源又发生断电，则接触器 KM2 又失电返回，并使 KM1 通电动作，又投入工作电源。

图 8-13 XLS -（200、400、600）- 1A 型双路电源自动互投装置的原理电路

QF—断路器 KM—接触器 SA—旋转开关 TA—电流互感器
PA—电流表 PV—电压表 WH—白色信号灯 GN—绿色信号灯

该装置中两只白色信号灯 WH1、WH2，用于电源有电指示；两只绿色信号灯 GN1、GN2，用于工作电源指示。

该装置一般用于 TN-S 系统。当用于 TN-C 系统中时，可将 N 线的母线与 PE 线的母线短接。

8.4.2 PLC 构成的低频减载和备用电源自动投入装置

由于继电器触点要经常分合动作，容易损坏，降低了供电的可靠性，并增加了设备维护的工作量；同时，各继电器之间大量的连接导线不仅使调试检修困难，还使变电站各部分难以形成一个完整的自动化系统。因此，传统的机械触点继电器显然已不能满足变电站自动化对继电保护装置的要求。经过近几年的发展，目前 10kV 及以上变电所普遍采用微机保护和自动装置。重要负荷，如电厂用电、化工企业用电系统，都采用快切装置。快切装置在 20 世纪 90 年代中期采用集成电路构成，目前广泛应用微机技术。微机快切装置电源切换有并联切换、串联切换两种方式；启动形式有手动、低电压、失电压、保护等；实现方式有快切、慢切、同步捕捉、残压闭锁等。

可编程序控制器（PLC）作为微机式配电控制器，其主要特点是用内部已定义的各种辅助继电器（每个 PLC 可有多达上千个内部继电器）代替传统的机械触点继电器，又通过软件编程方式用内部逻辑关系代替实际的硬件连接线。正因为这一特点，将 PLC 引入继电保护装置中，一

方面可以克服使用传统继电器所带来的种种弊端；另一方面，又可兼容基于传统继电器的设计思想和技术方案，尤其是对于逻辑关系较为复杂的触点信号处理及操作出口控制，采用 PLC 编程能使方案设计工作变得更加简单方便。PLC 装置具有低频减载和备用电源自动投入的双重功能。

1. 低频减载装置　图 8-14 为 SEPAM 数字式多功能继电器组成的低频减载装置功能框图。从图中可看出，这基本上与微机保护典型框图相同，稍有区别的是，该装置将计算机继电器逻辑电路分解成保护功能继电器组和 PLC 两个部分。根据不同保护对象（主变压器差动保护、母线保护、电容器保护、线路保护等），由不同保护功能继电器群组合，使装置分成若干标准型号，其中所有的单个功能元件均遵循正逻辑法则，在 PLC 中定义动作节点。例如，一个过电压元件动作，在

图 8-14　SEPAM 装置功能框图

PLC 中就有一个相应的常开节点闭合（0→1），而一个失电压元件动作，反映在 PLC 中也是一个相应的常开节点闭合（0→1）。PLC 编程使用的是与传统二次电路图相似的梯形图法，存放程序的 EEPROM（可编程只读存储器）为外插接式，便于随时修改设计方案。

（1）低频减载功能　按照规程，变电站中应装设足够数量的自动低频减载装置。当电力系统因事故发生功率缺额时，必须由自动低频减载装置断开一部分次要负荷，以防止频率过度降低，并使之很快恢复到一定数值，保证系统的稳定运行和重要负荷的正常工作。为了保证动作的准确性，低频减载装置至少需具备下列功能：

1）为防止在系统短路过程中，由于短路功率突增使频率突降可能引起的误动作，低频动作出口需具有频降变化率（$\mathrm{d}f/\mathrm{d}t$）闭锁功能。

2）为防止在自动重合闸或备用电源自动投入过程中，由于失电压间隔可能引起的误动作，低频动作的出口延时需独立可调。

3）可以根据重要程序分别决定哪些负荷接入基本段（快速动作段）及其应属于什么频率级，又有哪些负荷接入后备段（长时限动作段）及其应该定多长的出口延时，并且这些接入和整定工作可在不停电的情况下进行。

（2）PLC 低频减载程序　目前，10kV 馈线保护装置选用 SEPAM S07 型，该型号的保护功能继电器组除了线路保护必配的过电流、速断、零序过电流元件之外，还包括两个名字分别为 F561、F562 的低频元件，借助这两个元件可编制出符合上述要求的 PLC 低频减载程序，如图 8-15 所示。

1）F561 整定值与 F562 整定值之差为 Δf，T1 整定值为 Δt。当系统频率在 Δt 内从高于

图 8-15　线路保护 PLC 程序的低频减载部分

F561 整定值降到低于 F562 整定值时，说明频降变化率 $\Delta f/\Delta t$ 过高，造成系统低频的原因可能是短路功率突增或系统突然失电，而不是负荷过重，此时低频动作出口被闭锁，反之则由继电器 K7 产生 1 个出口脉冲命令作用于跳闸。

2）程序中专门设计了 1 个特殊后备延时出口，其作用是，无论 $\Delta f/\Delta t$ 为何值，只要系统频率低于动作频率整定值（F562）并在一定时间内（T3 整定值）无法恢复，出口动作将负荷切除。该特殊功能可根据实际情况用 PLC 的 1 个内部开关 KP1 来决定取舍。

需要说明的是，PLC 中的保护功能继电器 F561、F562 节点动作值以及时间继电器 T1、T2、T3 和内部开关 KP1，均可通过手持编程器在系统运行时进行整定设置；开关量信号输入节点 I2、I3 的状态仅取决于装置的信号输入接口与电源小母线之间的连接片是否连通，运行人员只需通过合上相应的连接片就可决定负荷是接入低频基本段还是低频后备段。用 PLC 内部开关代替外部连接片具有同样效果，采用外部连接片仅仅是为直观起见。

在编制低频减载程序时，传统继电器的动作时间和返回系数概念在梯形图中被理想化了，之所以能这么处理，主要得益于 PLC 的微电脑属性。PLC 中的程序是循环执行的，每两次执行之间的时间间隔（循环周期）由整个装置从采样到滤波到数据处理等各环节的时序配合决定（SEPAM 装置为 13.3ms），但程序本身执行 1 次的时间以微秒计，是完全可以忽略的。显然，如果在梯形图中将继电器节点放在相应线圈的后面，节点动作时间可认为是零。这一点也是使复杂的低频减载功能得以简单实现的重要因素。

图 8-16 某变电站 110kV 侧接线结构

2. 备用电源自动投入 图 8-16 所示变电站是某地区电网 110kV 系统的 1 个末端站，双回进线供电，其 110kV 侧的接线结构如图中所示（隔离开关省略未画）。

（1）备用电源自动投入方案 备用电源自动投入方案按下列 4 种运行方式设计。

1）方式 1。1 号进线供两台变压器，2 号进线备用，此时断路器 502、500 "合" 位，504 "分" 位，如果 1 号进线失电压，断开 502、合上 504。

2）方式 2。2 号进线供两台变压器，1 号进线备用，此时断路器 504、500 "合" 位，502 "分" 位，如果 2 号进线失电压，断开 504、合上 502。

3）方式 3。1 号、2 号进线各供一台变压器，此时断路器 502、504 "合" 位，500 "分" 位，如果 1 号进线失电压，断开 502、合上 500。

4）方式 4。1 号、2 号进线各供一台变压器，此时断路器 502、504 "合" 位，500 "分" 位，如果 2 号进线失电压，断开 504、合上 500。

（2）控制程序要求 备用电源自动投入的控制程序必须符合如下一些具体要求。

1）4 种运行方式的备用电源自投功能可分别投用或退出。

2）出口只动作 1 次。

3）只有在工作电源断开后才投入备用电源。

4）当变电站发生过电流故障引起进线失电压时，备用电源自投功能应该闭锁，待故障电流消除后自动延时复归。这里要注意，过电流故障是否跳开进线断路器由故障保护程序决定。

考虑到上述运行方式和具体要求，选择 4 台 SEPAM B04 型装置，每台对应 1 种运行方式。利用该型装置保护功能继电器组中的低电压元件（UAB、UBC、UCA）、过电压元件（UAB，整定值可低于额定电压）分别判断 1 号、2 号进线电压和桥断路器 500 两边的母线电压是否失电压；又利用其中两台装置中的过电流元件分别判断进线断路器 502、504 是否流过故障电流。对应于运行方式 1 和方式 3 的 PLC 程序逻辑框图如图 8-17 所示（因为两侧对称关

图 8-17 运行方式 1 和方式 3 的备用电源自动
投入程序框图

系，图中省略运行方式2和方式4），每种运行方式用1个内部开关KP来投退，由图可见，装置之间只需少量的外部导线通过I/O口，就可将各程序连接起来构成一个完整的备用电源自动投入系统，并且这样的系统模块化程度高，便于运行管理。

内置PLC的继电保护装置在变电站的设计安装调试过程及随后的运行情况表明：PLC所具有的高度灵活性能为及时解决调试过程中出现的问题提供最佳方案；PLC的运行稳定性和动作准确性高，使继电保护更可靠；PLC编程技术容易掌握，而程序本身与传统的继电保护设计图十分吻合，使设计人员能充分发挥专长；应用PLC的继电保护设备更加标准化，选型和使用方便。

8.5　供配电系统成套保护装置

8.5.1　电力线路的自动重合闸装置（ARD）

电力运行经验表明，电力系统的短路故障特别是架空线路上的短路故障大多是暂时性的，这些故障在断路器跳闸后，多数能很快地自行消除。例如雷击闪络或鸟兽等造成的线路短路故障，在雷击过后或鸟兽烧死之后，线路大多能恢复正常运行。因此如采用自动重合闸装置（ARD），使断路器在跳闸后，经很短时间又自动重新合闸送电，可大大提高供电可靠性，避免因停电而给国民经济带来的巨大损失。

自动重合闸装置按其操作方式分，有机械式和电气式；按组成元件分，有机电型、晶体管型和微机型；按重合次数分，有一次重合式、二次重合式和三次重合式。

供配电系统中的ARD，一般是一次重合式，因为一次重合式比较简单经济，而且基本上能满足供电可靠性的要求。运行经验证明，ARD的重合成功率随着重合次数的增加而显著降低。对架空线路来说，一次重合成功率可达60%～90%，而二次重合成功率只有15%左右，三次重合成功率仅3%左右。因此一般用户的供配电系统中只采用一次重合闸。

图8-18是一次自动重合闸的原理电路。

（1）手动合闸　按下合闸按钮SB1，合闸接触器KO通电动作，接通合闸线圈YO回路，使断路器合闸。

（2）手动跳闸　按下跳闸按钮SB2，接通跳闸线圈YR回路，使断路器跳闸。

（3）自动重合闸　当线路上发生短路故障时，保护装置动作，其出口继电器触点KM闭合，接通跳闸线圈YR的回路，使断路器跳闸。断路

图8-18　电气一次ARD的原理电路

QF—断路器　YR—跳闸线圈　YO—合闸线圈　KO—合闸接触器
KAR—重合闸继电器　KM—保护装置出口继电器触点
SB1—合闸按钮　SB2—跳闸按钮

器跳闸后，其辅助触点QF3-4闭合，同时重合闸继电器KAR起动，经短延时（一般为0.5s）接通合闸接触器KO回路，接触器KO又接通合闸线圈YO回路，使断路器重新合闸，恢复供电。

实际的ARD电路有继电式、PLC式，不论哪一种ARD电路，都应满足下列基本要求：

1）用控制开关或遥控装置断开断路器时，ARD不应动作。

2）如果是一次电路出现故障使断路器跳闸时，ARD应该动作。但是ARD只应重合一次，因此应有防止断路器多次重合于永久性故障的一次电路上的"防跳"措施。

3）ARD动作后，应能自动返回，为下一次动作做好准备。

4）ARD应与继电保护相配合，使继电保护在ARD动作前或动作后加速动作。大多采取重合闸后加速保护装置动作的方案，使ARD重合于永久性故障上时，快速断开故障电路，缩短故

障时间，减轻故障对系统的危害。

8.5.2 供配电系统的远动装置

随着工业生产的发展和科学技术的进步，有些企业特别是大型企业供配电系统的控制、信号和监测工作，已由人工管理、就地监控发展为远动化，实现"四遥"：遥控、遥信、遥测、遥调。

供配电系统实现远动化以后，不仅可以提高供配电系统管理的自动化水平，还可在一定程度上实现供配电系统优化运行，能够及时处理事故，减少事故停电时间，更好地保证供配电系统的安全、经济运行。

供配电系统的远动装置一般采用高可靠性的工控型微型计算机来实现。

微机控制的供电系统远动装置由调度端、执行端及联系两端的信号通道等三部分组成，如图8-19所示。

图8-19 微机控制的供电系统远动装置框图

1. 调度端 调度端由操纵台和数据处理用微机组成。

操纵台包括：①供配电系统模拟盘，其上绘有供配电系统主接线图，主接线图上每台断路器都安装有分、合闸指示灯。在事故跳闸时，分闸指示灯还要闪光，并有光字牌指出跳闸的具体部位，同时发出音响信号。②数据采集和监控用计算机系统一套，包括：主机一台，用来直接发出各种指令进行操作；打印机一台，可根据指令随时打印所需的数据资料；彩色显示器一台，用于显示系统全部或局部的工作状态、有关数据以及各种操作命令和事故状态等。③若干路就地常测入口，通过数字表，将信号输入计算机，并用以随时显示企业电源进线的电压、频率和功率等。④通信接口，用来完成与数据处理用微机之间的通信联络。

数据处理用微机的功能主要有：①根据所记录的全天半小时平均负荷绘出企事业用电负荷曲线。②按企业有功电能、功率因数及最大需电量等计算其每月总电费。③统计企业高峰负荷时间的用电量。④根据需要，统计各配电线路的用电情况。⑤统计和分析系统的运行情况及事故情况等。

2. 信号通道 信号通道是用来传递调度端操纵台与执行端控制箱之间往返的信号用的通道，一般采用带屏蔽的电话电缆。控制距离小于1km时，也可以采用控制电缆或塑料绝缘导线。通道的敷设一般采用树干式，各车间变电所通过分线盒与之相连，如图8-20所示。

3. 执行端 执行端是采用逻辑电路和继电保护装置组成的成套控制箱。每一个被控点至少要装设一台。终端控制箱的主要功能是：

（1）遥控 对断路器进行远距离分、合闸操作。

图8-20 远动装置信号通道敷设示意图

（2）遥信 一部分反映被控断路器的分、合闸状态以及事故跳闸的报警，另一部分反映事故预告信号，可实现过负荷、过电压、油浸变压器气体保护及超温等报警。

（3）遥测 包括电流、电压等常测或选测以及有功和无功电能的遥测等。

（4）遥调 如通过远距离调节变压器的分接头位置，实现电力变压器的带负荷调压。

8.5.3 电力系统故障录波装置

20世纪60年代末，我国电力系统开始应用以光电转换为原理、120胶片为记录载体的故障录波器，录波器在电网故障及继电保护动作行为分析方面发挥着越来越重要的作用。特别是20世纪80年代中期以来，随着计算机技术引入继电保护领域，故障录波器更有了迅猛发展。目前，微机型故障录波器已经完全取代了光电式录波器，成为电网故障信息记录的主力，在许多重大事故的调查和分析中发挥了重要作用。

1. 录波器的功能定义 电力供应从发电、输电到配电是一个复杂的过程，对电网的运行管理部门及大工业用户来讲，实时、完整、准确地记录这一过程中发生的各种情况是十分必要的。这些记录应作为一个系统来综合考虑，以实现信息记录和管理的规范化，这些记录包括：①故障动态记录；②功率记录，事件记录；③电能质量记录（频率，电压和谐波含量）；④相角测量记录。

电力系统的故障动态记录可分为三种。

（1）高速故障记录 用于记录因短路故障或系统操作引起的，由线路分布参数作用的，在线路上出现的电流及电压暂态过程。

（2）故障动态过程记录 记录因大扰动引起的系统电流、电压及其导出量，主要用于监测继电保护与自动装置的动作行为。现在系统中运行的各种故障录波器多属此类。

（3）长过程动态记录 用于记录线路的潮流、母线电压及频率等。

运行经验表明，除上述需要的记录之外，还有必要监视并记录直流系统和交流量的干扰情况及谐波分布情况，以便为分析不明原因的器件损坏和误动提供帮助。这需要大幅度提高采样速率，有赖于硬件技术的进步和认识的提高。

对于其他几种记录，由于数据的采集速率、记录长度、处理方式及用途都不尽相同，因而不宜也不可能全由继电保护专用故障录波器承担。

因此，故障录波器的主要功能应是继电保护及自动装置动作行为的分析、电网故障的分析、运行状态记录和监测。

在变电站自动化中，故障录波器应独立于自动化系统，如需要，可将有关信息通过串口送至自动化或监控系统。因数据采集目的和网络作用不同，不宜将需记录的信息分散采集，以保持数据的准确性和完整性。尤其不宜将各类开关量一部分送录波器，一部分直送自动化或监控系统。

2. 记录信息的定位 故障情况下的电网信息与保护自身的工作信息，都是事故分析中极为重要的第一手资料。虽然录波器可以录制保护及自动装置动作的开关量，但大量的数据信息仍在保护及自动装置自身的报文中，二者不可相互替代。为安全、经济并便于实现，电网信息应由分散布置的网络化管理的故障录波器来完成，保护动作行为等信息则应由保护及自动装置自身解决（如新型微机保护中的录波插件）。特别是当前各种型号的故障录波器都未解决好的通道录波问题，其最佳解决途径是依靠收发信机自行解决。因为只有选频后的高频信息，才真正决定高频保护的动作行为，录波器中简单的检波回路显然难当此任。大机组有关信息的采集和记录也是如此。但对保护及自动装置出口接点的动作信息，则应由独立于保护及自动装置的录波系统来记录。电网信息与保护自身工作信息分别上网，由站端的后台分析软件综合处理后上传。

因此，新一代故障录波器应将提高录波器记录性能的重点放在对电网信息（如电压、电流、频率、有功、无功、谐波等）以及非继电保护装置自身信息的采集和录制上（如开关辅助触点，保护及自动装置的出口触点和告警触点等）。对动态长过程的记录要给予特别重视。

3. 录波数据的安全性 在故障录波器的诸多性能中，数据的安全性无疑是极为重要的。对录波数据安全性的要求不能只依赖于管理，而应首先在技术上采取有效措施。录波数据的安全性主要是指事故后获取记录信息的能力。具体体现在三个方面：

（1）完整性 保证长过程或连续故障时高密度录波数据的能力。

（2）机要性 数据抵御各种因素（包括人为因素）破坏的能力。

（3）可用性 事故后查看和调用录波数据的能力。

为此，新一代故障录波器应采取如下措施：

1）扩充存储容量，保证长过程或连续故障时高密度录波数据，使其保持完整性。

2）采用高速总线，实现数据的实时、快速、安全转存。

3）分区存放跳闸与非跳闸信息。跳闸信息的安全性应类似于"黑匣子"，未授权不可擦除，必要时可占用非跳闸信息的记录区域。

4. 录波数据的真实性　录波器的使命决定了它必须保证所采集数据的真实性。这一点对故障再现和仿真研究，乃至进一步利用故障数据资源十分重要。

故障录波器与微机保护在硬件电路和软件设计思想上最大的不同点在于，微机保护必须在规定的时间内完成数据的采集、分析、判断并输出判断结果；而录波器的故障判别较之保护可大大简化，CPU 主要用于保证数据的真实性和安全性，其他有关工作可留待后台分析软件处理。

此外，故障时微机保护的首要任务是尽力排除各种"干扰"判明故障，因此硬件上和软件上都要采取措施，因而软件滤波在保护的 CPU 时间分配中占有较大比重。故障录波器为保证数据的真实性，应尽可能少滤波。

5. 采样精度、同时性及存储容量　GPS 的出现，为统一全网时钟、实现各点录波数据的综合分析提供了方便。可是不同的对时方式对全网时钟的统一影响很大。为实现真正意义上的全网时标统一和采样的同时性，应直接以 GPS 对时信号控制采样脉冲，以解决现有 GPS 对时方法下网内各录波器之间 3 ~ 5ms 的误差，将误差控制在 1ms 以下。此外还有反映故障时的暂态过程的高速采样速率不宜低于 20kHz，长度不宜小于 1s。实现智能采样，对系统振荡、重合及直流量等，根据实际情况自动调整采样速率。开关量分辨率不低于 1ms。

录波器的存储容量通常由两部分决定，一是数据缓冲区，二是信息上网之前的中间载体——硬盘的容量。应保证在任何情况下不因容量不足或转存速度慢而导致录波失败。存储容量不足时应能报警。作为分析电网故障和继电保护及自动装置动作行为的有力工具，录波器的采样精度应高于继电保护的采样精度，至少要相同。而目前国产保护装置的采样精度一般为 14 位，使用中的录波器除个别型号外，大多为 12 位。因而新型录波器的采样精度不宜低于 16 位，并应按采样精度高于保护装置的原则，随硬件技术的发展而不断提高。

6. 录波器的启动　录波器的启动方式应灵活多样，至少应能满足下列要求。

1）可设定的电网参数变化启动，包括反映幅值、变化率及频率的越限启动。

2）由用户自定义的外部触发启动，包括保护及自动装置的动作出口触点、开关的辅助触点等，以记录和分析开关偷跳及任何系统的无故障跳闸。

3）用开关量的上升沿及下降沿做启动量。

4）可将直流量的变化用作启动量，门槛可整定。

5）可手动或通过外部命令（如主站遥控等）启动。

6）扩充启动前的信息记录宽度（可由用户自定义）。

7. 数据记录格式及输出方式　影响故障录波器组网功能提高的最大障碍在于不同型号录波器的数据记录格式和通信规约不统一。为充分发挥网络效益，新型录波器应做到：

1）采用标准数据记录格式，对 CCITT、COMTRADE、专用规约等提供转换软件，能与其他故障分析设备交换数据。

2）具有多个 RS-232 及 RS-485 接口，可同时向变电站监控系统和本站保护信息管理系统传送数据；内置 modem，能直接与远方工程师站沟通。

3）可通过 64kbit/s 标准数字接口接入数字微波或光纤。

4）采用高性能的数据压缩软件，打包传送，以降低通信时间，提高传输效率。

8. 关于录波器的网络功能　网络功能应是新型故障录波器区别于现有录波器的最为重要的方面。为提高网络利用率，网络应能实现故障信息远传与保护及自动装置日常运行监测的双重作用。

该网络应用中需注意以下几点：

1）录波器分散布置，网络化管理。

2）采用多任务操作系统，近期通过电力系统专用电话网，远期通过三级数据网，将省级调度管辖的所有保护及自动装置和故障录波的故障信息及自检信息在省级调度和地级调度的监视屏幕上实时显示。

3）数据传送原则为：故障后自动传输；跳闸信息优先于采样数据；故障信息优先于自检信息；启动但无跳闸信息的厂站等待召唤。

4）新型录波装置应能实现除交流部分以外的远方定期检验。

5）设计之初即对网络的安全性给予充分关注。

6）正确处理与计算机监控系统的关系，正确处理与 EMS、SCADA 等系统的关系，独立于自动化系统，并解决好与变电站自动化的衔接。

9. 后台分析软件　如果仅仅用于采集数据，录波器的投资效益显然不能令人满意。没有经过分析的数据不可能提供超越数据本身的信息。微机型故障录波器较之于光电式录波器的优势之一就是它可从记录信息中获取更多有价值的东西。根据运行实践，后台分析软件应为调度自动化和生产管理现代化提供下列功能：

1）能自动综合双端数据进行故障测距。

2）事故后，于规定时间内综合电网各点保护及自动装置和录波器的报文，形成故障报告。报告应包括事故简述、故障时间、故障设备、故障类别、测距结果、保护及自动装置动作情况、开关量动作清单、各故障量的数据及计算结果等。

3）通过规约转换与其他故障分析设备交换数据。

4）将记录的电流、电压及导出的阻抗和各序分量形成相量图，并显示阻抗变化轨迹。

5）对故障数据进行谐波分析。

6）由用户自定义打印参数。

7）具备完善的数据库管理功能。

10. 其他

1）录波容量应充分考虑开关量，以满足录取各类保护及自动装置出口触点和开关位置触点的需求。

2）硬件采用模块化设计，以便用户不同组合与升级。

3）取消单台录波器的测距功能，由后台分析软件解决精确测距问题。

4）取消录波屏上的显示器和打印机。运行值班人员所需信息可在当地监控获得，调试等工作可通过外接便携机进行。

5）提高录波器工作电源的可靠性。宜采用直流供电 + UPS 的供电方式。

6）提高可靠性指标，实现 10000h 无故障，力争做到免维护。

7）采用图形化界面，丰富报警信息，全汉化提示。

高水平的电网事故和继电保护动作行为分析离不开高性能的故障录波器。具有强大网络功能和通信能力的拥有丰富后台分析软件支持的新一代高可靠性录波装置，必将取代现有的孤立录波器，成为市场的主流，实现故障信息管理的系列化、规范化，为调度自动化和生产管理现代化服务。

8.6　二次回路安装接线图

8.6.1　二次回路的接线要求

按 GB50171—2012《电气装置安装工程　盘、柜及二次回路接线施工及验收规范》规定，二次回路的接线应符合下列要求：

1）应按有效图样施工，接线应正确。

2）导线与电气元件间采用螺栓连接、插接、焊接或压接等，且均应牢固可靠。

3）盘、柜内的导线不应有接头，芯线应无损伤。

4）电缆芯线和所配导线的端部均应标明其回路编号，编号应正确，字迹应清晰，不易脱色。

5）配线应整齐、清晰、美观，导线绝缘应良好。

6）每个接线端子的每侧接线宜为1根，不得超过2根。对于插接式端子，不同截面的两根导线不得接在同一端子中；螺栓连接端子接两根导线时，中间应加平垫片。

盘、柜内电流回路配线应采用截面积不小于2.5mm²、标称电压不低于45V/750V的铜芯绝缘导线；其他回路截面积不应小于1.5mm²；电子元件回路、弱电回路采用锡焊连接时，在满足载流量和电压降及有足够机械强度的情况下，可采用不小于0.5mm²截面积的绝缘导线。

用于连接门上电器、控制台板等可动部位的导线，还应符合下列要求：

1）应采用多股软导线，敷设长度应有适当裕度。

2）线束应有外套塑料缠绕管保护。

3）与电器连接时，端部应压接终端附件。

4）在可动部位两端应固定牢固。

引入盘、柜内的电缆及其芯线应符合下列要求：

1）引入盘、柜的电缆应排列整齐，编号清晰，避免交叉，并应固定牢固，不得使所接的端子承受机械应力。

2）铠装电缆在进入盘、柜后，应将钢带切断，切断处应扎紧，钢带应在盘、柜侧一点接地。

3）屏蔽电缆的屏蔽层应接地良好。

4）橡胶绝缘芯线应外套绝缘管保护。

5）盘、柜内的电缆芯线接线应牢固、排列整齐，并留有适当裕度。备用芯线应引至盘、柜顶部或线槽末端，并应注明备用标识，芯线导体不得外露。

6）强电与弱电回路不应使用同一根电缆，并应分别成束分开排列。

二次回路导线的应用还需注意：在油污环境，应采用耐油的绝缘导线；在日光直射的环境，橡胶或塑料导线应采取防护措施，如穿金属管或蛇皮管保护；在易受机械损伤的地方，需穿金属管保护。

8.6.2 二次回路安装接线图的绘制

1. 安装接线图的绘制要求 安装接线图是用来表示成套装置或设备中各元器件之间连接关系的一种图形。

二次回路的接线图主要用于二次回路的安装接线、线路检查、维修和故障处理。在实际应用中，安装接线图通常与电路图和位置图配合使用。

安装接线图有时也与接线表配合使用。接线表的作用与安装接线图相同，只是绘制形式不同。

安装接线图和接线表一般都应表示出各个项目即元件、器件、部件、组件和成套设备等的相对位置、项目代号、端子号、导线号、导线型号和截面等内容。

2. 安装接线图的绘制方法

（1）二次设备的表示方法 由于二次设备都是从属于某一次设备或一次电路的，而一次设备或一次电路又从属于某一成套装置，因此为避免混淆，所有二次设备都必须按GB/T 5094.2—2018《工业系统、装置与设备以及工业产品 结构原则与参照代号 第2部分：项目的分类与分类码》规定，标明其项目种类代号。

项目是电气技术领域中应用广泛的一个重要名词，其内涵非常丰富。在电气图中，通常用一个图形符号表示的基本件、部件、组件、功能单元、设备、系统等，称为项目。项目的大小可能相差很大，如电容器、端子板、发电机、电源装置、电力系统等都可称为项目。

项目代号是用以识别图、表图、表格中和设备上的项目种类，并提供项目的层次关系、种类、实际位置等信息的一种特定的代码，是电气技术领域中极为重要的代号。由于项目代号是以一个系统、一套成套装置或一个单一设备的依次分解为基础来编定的，它建立了图形符号与实物间一一对应的关系，因此可以用来识别、查找各种图形符号所表示的元件、装置和设备以及它们的隶属关系、安装位置等。

（2）接线端子及其表示方法　屏（柜）外的导线或设备与屏上的二次设备相连时，必须经过端子排。端子排由专门的接线端子板组装而成。

接线端子板分为普通端子、连接端子、试验端子和终端端子等形式。

1）普通端子板。它用来连接由屏外引至屏上或由屏上引至屏外的导线。

2）连接端子板。它装有横向连接片，可与邻近端子板相连，用来连接有分支的二次回路导线。

3）试验端子板。它用来在不断开二次回路的情况下，对仪表、继电器进行试验，如图8-21所示的两个试验端子，将工作电流表 PA1 与电流互感器 TA 连接起来。当需要换下工作电流表 PA1 进行校验时，可用另一只备用电流表 PA2 分别接在试验端子的接线螺钉 2 和 7 上，如图上虚线所示。然后拧开螺栓 3 和 8，拆下电流表 PA1 进行校验。PA1 校验完毕后，再接在螺栓 3 和 8 上，然后拆下 PA2，整个电路又恢复原状运行。

4）终端端子板。它是用来固定或分隔不同安装项目的端子排。

在二次回路安装接线图中，端子排中各种形式端子板的符号标志，如图8-22所示。端子排的项目代号为 X，其前缀符号为"："。

图8-21　试验端子板的结构与应用

图8-22　端子排标志图例

实际上，所有电气设备上都有接线端子，其端子代号应与设备上端子标记相一致。如果设备的端子没有标记时，应在图上设定设备的端子代号。

（3）连接导线的表示方法　二次回路安装接线图上端子之间的连接导线有下列两种表示方法。

1）连续线表示方法。端子之间的连接导线用连续线表示，如图8-23a 所示。

2）中断线表示方法。端子之间的连接关系，不直接连接线条，而只在需相连的两个端子处分别标注对面端子的代号，以表示这两个端子之间有连接导线相连。这种标号的方法称为"相对标号法"或"对面标号法"，如图8-23b 所示。

用连续线表示法来绘制端子之间的连接线，有时显得过于繁杂，因此在不致引起误解的情况下，也可将导线组、电缆等用加粗的线条来表示。不过现在在配电装置二次回路安装接线图上

a) 连续线表示法　　　　　　　b) 中断线表示法

图 8-23　连接导线的表示方法

大多采用中断线表示法（即相对标号法）来表示连接导线，因此这种表示法显得简明清晰，对安装接线和维护检修都很方便。

　　某高压线路二次回路的展开式原理电路图如图 8-24 所示，图 8-25 就是用中断线表示法表示的该线路二次回路安装接线图。由于仪表、继电器屏的安装接线是在其背面进行的，所以仪表、继电器屏的接线图通常是绘成背面接线图，以便于按图安装接线。

8.6.3　二次回路实用展开图

　　二次回路图是电力系统安装、运行的重要图样资料，一般有三种：<u>电路原理图</u>、<u>展开图</u>和<u>安装接线图</u>。在日常维护运行和检修试验中经常使用这些图样，而最常用的就是展开图，这是因为展开图使用方便，便于了解装置的工作原理和动作过程。但有时也需要知道仪表、继电器等二次设备端子接线和具体走向，这时只用单一的展开图就不能满足要求了。

　　二次回路实用展开图，是在常规

图 8-24　某高压线路二次回路展开式原理电路图

展开图的基础上加工而成的，除保留原展开图中标号外，根据安装图的内容进行如下增添：

　　1）回路中注明了二次设备安装的实际位置。二次设备安装单位的编号及该设备的顺序写在展开图原有的二次设备的名称符号上端。

　　2）回路中标明了二次设备端子编号。二次设备的背面端子编号在展开图中标明。

　　3）增添了设备明细表。为了解二次设备的基本结构及有关参数，把各二次设备的型号用表格形式集中说明。

　　4）回路中注明了端子排序号。实用展开图不但把端子排绘制在该图上，而且把端子排上的编号也在实用展开图的回路中标明，使屏上设备与端子排的连接情况更加明了地展示出来。

　　为读图方便，图中设备端子编号用细线字，回路代号及端子排编号用粗体字（若不是蓝图可以用红字表示），以示区别。

　　不难看出这种实用展开图的主要特点是把一般展开图的优点反映出来了，同时又把安装图中的重点，如二次设备的实际位置、连接关系及定向标志、设备型号等在图中也反映出来了。

图 8-25　某高压线路二次回路安装接线图

实用展开图主要有以下几个优点：

1）查线方便，避免了展开图和安装图相互对照使用的麻烦，可一图多用。

2）读图方便，容易掌握。

3）分析问题快而准。该图不但能清楚地分析工作原理，而且把每个设备端子来龙去脉标示清楚。

这种二次回路实用展开图能够帮助我们迅速排除故障，会给运行、检修、试验人员带来很大的方便。

8.7 信息技术在供配电管理中的应用

8.7.1 电力管理现代化应用的发展阶段

从电力行业信息技术应用的过程来看可分为三个阶段：20 世纪 60～70 年代属于第一阶段，电力工业的信息技术应用从生产过程自动化起步，首先应用在发电厂自动监测/监制和变电站自动监测/监控方面。第二阶段是 20 世纪 80～90 年代的专项业务应用阶段，即电网调度自动化、电力负荷控制、计算机辅助设计、仿真系统等应用开始深入广泛开展，某些应用达到了较高的水平，管理信息系统则刚刚起步，并经历了失败较多的痛苦过程。20 世纪 90 年代后进入了第三阶段，即信息技术应用进一步发展到综合应用，由操作层向管理层延伸，实现管理信息化，建立各级企业的管理信息系统，同时其他专项应用系统也进一步发展到更高的水平。

电力企业信息化包括生产过程自动化和管理信息化。到目前为止，各地电力企业在发电厂计算机控制、变电站自动化、电网调度自动化、电力负荷管理、管理信息系统、计算机辅助设计、计算机仿真、科研试验等领域有了一定的应用，取得了较高的水平。

8.7.2 加强用电管理现代化与新技术应用的解决方案

1. 信息系统应用框架 电力市场是电力系统运行、负荷管理、供用电合作、通信和计算机系统的总和，通过电力交易的方法实现其自身的运作。因此电力市场的运作是一项综合技术，需要一整套准确、可靠的电测与电量计量系统与高效的信息处理系统（如调配、监视系统、结算系统）和一个公用的开放的数据仓库平台，并需建立一系列适应市场机制要求的管理规则和制度。

2. 底层数据采集系统 电力测量设备与电能计量装置不仅关系到结算的准确性，涉及各利益主体的经济效益，而且对系统的运行具有参考和指导意义。运营管理人员对采集的电网运行参数、电量等数据进行分析、评价，可以及时采取措施，调整发供配电方式，不断提高电网运行的经济性。

目前广泛运用的电力计量装置主要有五大系列。

（1）全电子系列电能表 三相电子式多功能电能表选用精确可靠的有功、无功电能双向计量芯片，配合先进的微处理器进行数据处理、通信和显示，完成三相有功正反向多费率电能量计量，三相无功四象限多费率电能量计量，三相有功正反向多费率最大需量测量，三相无功四象限多费率最大需量测量，三相电压、三相电流、三相有功功率、无功功率、功率因数、断相记录，负荷曲线记录以及远红外抄表和 RS-485 总线远程数据通信等功能。

（2）预付费系列电能表 预付费电能表广泛应用在各类预付费售电管理系统中，作为用户侧电能计量仪表，具有预付电费储存、计算、查询、报警、控制负荷的作用。

预付费电能表是用以测量、监控和管理有功电能的智能化仪表。采用大规模集成电路完成预付费电能表的各项功能和数据的存储与传输；采用加密逻辑 IC 卡及动态加密方法，确保用电数据的安全性；具有防窃电、电表状况监控和用电数据回抄等功能。

（3）复费率系列电能表 复费率系列电能表采用专用高性能的 CPU 芯片，应用 SMT 制造工艺，具有四费率及总电量和需量计量、负荷曲线记录、断电时间记录、电量冻结等功能，且具有计量精确、功能齐全、性能可靠、抗干扰能力强的特点。

（4）载波系列电能表 单相电子式载波电能表、单相电子式载波分时电能表、三相电子式载波电能表等。

电力载波采集终端（一带四或一带八）采用扩频压缩载波通信技术，以大规模集成电路为核心，完成电能脉冲的采集转换和存储，可对供电线路质量进行监控，并能通过低压配电网与载波集中器、管理中心计算机进行双向电力线载波通信。

当有多块带脉冲输出的电表如电子式电能表，安装在同一个表箱内时，使用采集终端方式是最经济的载波自动抄表方案之一，用户可根据实际情况选择一带四户或一带八户。

3. 中层信息处理系统 信息处理系统是一个覆盖企业或主要业务领域的辅助管理的人机系

统，是一个由各种基础数据信息、通信网络设备和系统软件组成的集成化系统。其信息直接由在线测量与计量系统传输或由其他部门报送，在信息系统内进行来自各方面信息数据的保存、加工、处理、统计、分析等工作，可为企业管理者的分析、决策提供准确可靠的依据。

目前在供电企业用电管理部门运用较广泛的信息系统有：客户服务管理信息系统（包含营业管理、电费与预付费管理、计量与用检管理、客户自助查询等子系统）；电能量管理系统（供电经济指标考核系统、需求侧管理系统），需求侧管理系统主要功能包括自动抄表系统、负荷预测与管理系统等；配网自动化管理系统；客户呼叫中心系统等。

电力客户服务管理信息系统如图 8-26 所示。

图 8-26 电力客户服务管理信息系统

8.7.3 电力负荷预测管理系统

负荷预测就是根据历史负荷值，在满足一定精度的情况下预测未来某特定时间段的负荷值。根据不同的预测目的，负荷预测可分为超短期、短期和中长期的预报。一般说来，一小时以内的负荷预测为超短期负荷预测，用于安全监视、预防性控制和紧急状态处理；日负荷和周负荷预测为短期负荷预测，分别用于安排日调度计划和周调度计划，包括确定机组的起停、水火电的协调、联络线交换功率、负荷经济分配、水库调度和设备检修等；月至年的负荷预测为中期负荷预测，主要确定水库的运行方式和设备大修计划等；进行电源规划和发展时，需要数年至数十年的长期负荷预测。

电力系统负荷预测是实现电力系统安全、经济运行的基础，对一个电力系统而言，提高电网运行的安全性和经济性，改善电能质量，都依赖于准确的负荷预测。因此，负荷预测的关键是提高准确度。此外，从发展来看，负荷预测也是我国实现电力市场的必备条件，具有重要的理论意义和实用价值。

电力负荷是一个随机的非平稳过程，由许多独立的随机分量组成，但是影响系统负荷的各因素中大部分具有规律，从而为实现有效的预测奠定了基础。

负荷预报的方法多种多样，包括线性回归、时间序列、卡尔曼滤波、人工神经网络、模糊推理等，这些方法从简单到复杂，但总体看来，目前尚无一个固定的方法可以适用于一切负荷预测，并保证优于其他方法。所以，在实际应用中，要对负荷实际变化规律及影响因素做细致的分析。

图8-27 电力负荷预测管理系统原理

电力负荷预测管理系统原理，如图8-27所示。

负荷预测系统的基本功能有：

1）完成超短期（1h内）的负荷预测。

2）完成24时、48时、96时和指定时间间隔的短期日负荷预测。

3）完成周（168h）负荷预测。

4）完成月、季、年的中长期负荷预测。

负荷预测系统特点有：

1）能够独立运行，提供标准的输入/输出接口。

2）考虑气象因素（降雨、降雪、风速、气压、湿度、温度等）的影响。

3）考虑节假日及特殊事件、相关经济因素的影响。

4）提供多种模型供选择，以满足不同地区、不同规模和不同负荷构成的地区电网的负荷预测需要，并提供模型参数的在线修正功能。

5）提供历史、实时、预测负荷曲线、表格的查询、修改功能。

8.7.4 配网自动化管理系统

配网自动化管理系统是一个涉及供电企业运行管理、设备管理、用户服务等方面的计算机集成系统。它以配电自动化实时环境、地理信息系统（GIS）、综合性数据库系统等为基础，组成多个相对独立应用功能的子系统，包括配网自动化、配电工作管理、故障投诉管理、自动作图和设备管理（AM/FM）、负荷管理、配网分析系统等，以实现配网管理自动化，优化配网运行，提高供电可靠性，为用户提供优质服务。配网自动化管理系统包括配网自动化系统及配网管理系统两大部分。

1. 配网自动化系统 配网自动化系统的主要功能是正常运行时的数据采集与实时监控。具体包括数据采集（遥测、遥信）、报警、事件顺序记录、事故追忆、远方控制、远方调节、分析运行工况趋势、历史数据存储和制表打印、事件记录、实现线路动态着色、馈线保护的远方投切、与自动绘图/设备管理/地理信息系统（GIS）综合集成监测配电网故障。

2. 配网管理系统 它是配网自动化系统的运行管理中心，该部分是数据管理和图形管理、历史数据和实时数据、电网运行数据和用户数据、电网规划设计、施工和运行数据高度集成化的系统，包括以下部分内容：

（1）自动绘图/设备管理/地理信息系统（GIS） 这是建设配网管理系统的平台和基础，配网分布广泛、数据量大，GIS将配网管理系统的实时控制和离线应用有机结合，形成一个具有空间概念（地理环境）和基础信息（配网资料及用户资料）的基础数据库。

（2）故障定位与隔离 故障定位与隔离是配网管理系统最基本的功能，对用户投诉故障及自动报警故障进行分析，在地理图形上显示停电区域，列出受停电影响的设备清单，分析停电原因，确定故障位置，将故障部分与正常部分隔离，对停电用户尽快抢修或用其他手段尽快恢复供电，使停电时间缩到最短。

（3）运行参数管理 运行参数管理主要针对配电变压器及大用户进行负荷管理。任意设定采集时间间隔，对负荷、电压等进行实时监测，对运行参数进行实时监控，通过运行参数管理的手段，直接了解运行情况，实时、真实地反映用电状况，进行负荷预报，提高配电网运行的经济性和可靠性。

(4) 电能计费 电能计费系统分别计算入网费和出网费。对从现场采集来的电量进行分析，了解各时段电量变化；对远方厂站采集的数据进行统计、结算，方便生成各种统计、分析报表。

配网管理系统软件包括供电计划、负荷预报、状态估计、调度员潮流。它利用网络数据库中的实时量测分析、计算出全网运行状态，指导电力系统运行调度。扩充应用软件有无功优化、电压控制、故障诊断与恢复、短路电流计算与保护整定、最优潮流、安全分析、三相潮流分布、调度员培训等部分。

配网自动化管理系统是优化网络结构、简化保护和运行管理程序、提高供电可靠性和电能质量的有效措施。通过对单个自动化装置进行技术改造，使设备微机化、性能软件化、信号数字化、功能集成化、通信设备完善化，从而使系统具备综合功能，达到如下目标：

1）减少停电时间，提高供电可靠性和电压合格率。

2）提高客户服务水平，改善企业的服务质量，树立优良的社会信誉。

3）降低电能损耗，节省总体投资。

4）加强设备管理水平，提高设备利用率。

5）建立先进的配网调度中心和抢修中心，减少配电检修维护费用，降低配网运行成本。

6）全面实现信息资源共享，为配网规划与设计提供实时信息，为用电报装提供高压用户的最新资料。

8.7.5 其他系统

1. 客户呼叫中心系统 随着用电量及用电规模的增加，公众对电力部门的工作效率、服务质量的要求越来越高。客户要求足不出户就能够查询和办理相关业务，得到专家咨询，获得全面服务，已成为趋势。呼叫中心能高效、快速地为客户提供多种服务，实现企业成本最小化和利润最大化，满足电力企业提高服务质量的要求。呼叫中心是将电信网、计算机网和信息技术集成融合，并与企业业务系统集成为一体的综合信息服务平台。

呼叫中心支持多种接入方式，如电话、传真、E-MAIL、WEB 等方式。

2. 高层数据仓库与开放平台 日常的各种业务应用系统生成了大量的数据信息，这些不同的数据信息各自存放在不同的应用系统数据库内，这些数据信息若用于决策支持则会带来显著的效果。

8.8 二次系统的检修

8.8.1 二次回路的运行检查

1. 正常巡视检查

1）检查直流系统的绝缘是否良好，各装置的工作电源是否正常。

2）检查各断路器控制开关手柄位置与开关位置及灯光信号是否相对应，压板和转换开关位置是否正确。

3）检查事故信号、预告信号的音响及光字牌显示是否正常。

4）检查各保护及自动装置连接片的投退与调度命令是否相符，各熔丝、刀开关、转换电器的工作状态是否与实际相符，有无异常响声，感应型继电器铝盘转动是否正常，继电器触点有无大的抖动及磨损，线圈及附加电阻有无过热现象。

5）检查仪表指示是否正常，有无过负荷。

6）检查信号继电器掉牌是否在恢复位置，继电器触点有无卡住、变位倾斜、烧伤以及脱轴、脱焊等情况。

7）检查二次设备有无异常声响、发热、冒烟以及烧焦等异常气味。

2. 特殊巡视及检查

1）高温季节应加强巡视。

2）当开关事故跳闸后，应对保护及自动装置进行重点巡视检查，并详细记录各保护及自动装置的动作情况。

3）高峰负荷以及恶劣天气应加强对二次设备的巡视。

4）对某些二次设备进行定点，定期巡视检查。

3. 继电保护装置的运行维护 在继电保护装置的运行维护工作中，应注意下列事项：

1）在继电保护运行过程中，发现异常现象时，应加强监视并向主管部门报告。

2）继电保护动作跳闸后，应首先检查保护动作情况并查明原因，在恢复送电前应将所有的掉牌信号全部复归。

3）维修工作中如涉及保护装置，应与继电保护专业部门联系。

4）值班员对保护装置的操作，一般只允许接通或断开压板、切换开关及卸装熔丝等工作。

5）在二次回路上工作应遵守电业安全工作规定。

6）二次回路上工作必须有符合现场实际的图样，不能单凭主观记忆去进行。

4. 摇测二次回路绝缘 摇测项目有：电流回路对地，电压回路对地，直流回路对地，信号回路对地，正极对跳闸回路，各回路间等。如需测所有回路对地，应将它们用线连接起来摇测。摇测二次回路绝缘的注意事项如下：

1）断开本路交直流电源。

2）断开与其他回路的连线。

3）拆除电流回路接地点。

4）摇测完毕后恢复原状态。

5. 交直流不能共用一条电缆 交直流回路是各自的独立系统，直流回路是绝缘系统，而交流回路则是接地系统。因此，交直流回路不能共用一条电缆。若共用一条电缆，两者之间容易发生短路或发生互相干扰，降低直流回路电阻。

8.8.2 二次回路的典型故障处理

（1）开关红、绿灯不亮 原因如下：

1）灯泡灯丝断。

2）控制熔断器熔断、松动或接触不良。

3）灯光监视回路（包括灯座，附加电阻，断路器辅助触点）接触不良或断线。

4）控制开关触点接触不良。

5）防跳继电器电流线圈烧断。

6）跳闸或合闸线圈接触不良或断线。

7）开关跳、合闸回路的闭锁触点粘接。

8）其他二次回路断线。

注意：查找二次回路故障一定要由两人进行检查处理。

（2）开关不能合闸 原因如下：

1）合闸熔断器烧断或松动。

2）合闸电源电压过低。

3）控制把手有关触点接触不良。

4）合闸时设备或线路故障，保护发出跳闸脉冲。

5）断路器机械故障。

（3）开关不能跳闸 开关不能跳闸时应采取措施将开关退出运行，即将此开关以旁路开关代替，若无旁路可通知用户准备停电，开关退出运行以后，若能手动跳闸，则属电气回路故障，有可能是控制开关触点、断路器辅助触点接触不良及二次回路断线所致。

（4）断路器跳闸后电笛不响 当断路器事故跳闸后，电笛不响时，首先按事故信号试验按钮,电笛仍响,则说明事故信号装置故障,这时,应检查冲击继电器及电笛是否断线或接触不良,电源熔断器是否烧断或接触不良,若按试验按钮电笛响,则应检查控制开关把手和断路器的不对应起动回路,包括断路器辅助触点(或位置继电器触点)、控制开关触点及辅助电阻等。

8.8.3 电气二次设备状态检修(CBM)介绍

1. 概述 电气二次设备主要包括继电保护及自动装置、故障录波器、就地监控和远动装置,它们正常可靠运行是保障电网稳定和电力设备安全的基本要求。在实际运行中,因电气二次设备造成的系统故障时有发生。因此,实行电气二次设备状态检修,来保证二次设备的可靠运行,以适应电力发展的需要。

电气二次设备状态检修是通过设备状态监测技术和设备自诊断技术,结合二次设备运行和检修历史资料,对二次设备状态做出正确评价,根据状态评价结果科学安排检修时间和检修项目。

2. 状态检修体制

(1)状态检修体制的演变 设备检修体制是随着社会生产力的发展和科学技术的进步而不断演变的。由第一次产业革命时的事后检修/故障检修(Break Maintenance,BM)/(Corrective Maintenance,CM),发展到19世纪第二次产业革命的预防性检修(Prevention Maintenance,PM)。预防性检修又经过多年的发展,根据检修的技术条件、目标的不同而出现不同的检修方式。主要有以时间为依据,预先设定检修工作内容与周期的定期检修(Time Based Maintenance,TBM),或称计划检修(Schedule Maintenance,SM);以可靠性为中心的检修(Reliability Centered Maintenance,RCM),RCM是一种以用最低的费用来实现机械设备固有可靠性水平为目标的检修方式;到1970年,美国杜邦公司首先倡议状态检修(Condition-based Maintenance,CBM),也叫预知性维修(Predictive Diagnostic Maintenance,PDM)。这种检修方式以设备当前的工作状况为依据,通过状态监测手段,诊断设备健康状况,从而确定设备是否需要检修或最佳检修时机。状态检修的目标是:减少停运(总检修)时间,提高设备可靠性和可用系数,延长设备寿命,降低运行检修费用,改善设备运行性能,提高经济效益。进入21世纪,随着微机保护和微机自动装置自诊断技术的广泛使用,电气二次设备的状态监测无论是在技术上还是在经济方面都比较容易做到。随着集成型自动化系统的发展,二次设备和电缆的数量大大减少,克服常规保护状态监测存在的困难。设备管理信息系统(MIS)在电力系统的广泛使用,为电气二次设备实行状态检修提供了信息支持。电气二次设备的状态监测将有助于变电站综合自动化的发展并逐渐获得广泛应用。

(2)状态检修的定义 状态检修可以简单定义为在设备状态监测的基础上,根据监测和分析诊断的结果科学安排检修时间和项目的检修方式。它有三层含义:设备状态监测;设备诊断;检修决策。状态监测是状态检修的基础;设备诊断是以状态监测为依据,综合设备历史信息,利用神经网络、专家系统等技术来判断设备健康状况。

就电气设备而言,其状态检修内容不仅包括在线监测与诊断,还包括设备运行维护、带电检测、预防性试验、故障记录、设备管理、设备检修、设备检修后的验收等诸多工作,最后要综合设备信息、运行信息、电力市场等方面信息做出检修决策。

在电厂、变电站检修决策时要考虑电网运行状态,如用电的峰段与谷段、发电的丰水期与枯水期;要考虑设备所在单元系统其他设备的运行状态,以系统为单元检修比只检修单台设备更合理;要考虑电力市场的需要;要进行决策风险分析。

前些年,电力系统实行以预防性计划检修为主的检修体制,这种检修体制暴露出的问题是设备缺陷较多的检修不足,设备状态较好的又检修过剩,主要依靠检修规程来确定检修项目导致盲目检修等。随着社会经济的发展、科技技术水平的提高,目前已逐步向预知性的状态检修体制过渡。

3. 电气二次设备状态检修

(1)二次设备的状态监测内容 状态检修的基础是设备状态监测。状态监测主要监测二次设备工作的正确性和可靠性,并进行寿命估计。电气二次设备的状态监测对象主要有:交流测量系统；直流操作、信号系统；逻辑判断系统；通信系统；屏蔽接地系统等。交流测量系统良好状态包括 TA、TV 二次回路绝缘良好、回路完整，测量元件完好；直流系统良好状态包括直流动力、操作及信号回路绝缘良好、回路完整；逻辑判断系统状态监测内容包括硬件逻辑判断回路和软件功能。

与电气一次设备不同的是电气二次设备的状态监测对象不是单一的元件，而是一个单元或一个系统。监测的是各元件的动态性能，有些元件的性能仍然需要离线检测，如 TA 的特性曲线等。因此，电气二次设备的离线检测数据也是状态监测与诊断的依据。

（2）二次设备的状态监测方法　与电气一次设备相比，电气二次设备的状态监测不过分依靠传感器。因此，电气二次设备的状态监测无论是在技术上还是在经济方面都更容易做到。

微机保护和微机自动装置的自诊断技术的发展、变电站故障诊断系统的完善为电气二次设备的状态监测奠定了技术基础。保护装置内各模块具有自诊断功能，对装置的电源、CPU、I/O 接口、A-D 转换器、存储器等插件进行巡查诊断，可以采用比较法、编码法、校验法、监视定时器法、特征字法等故障测试的方法，对保护装置可通过加载诊断程序，自动地测试每一台设备和部件。

4. 电气二次设备状态检修若干问题

（1）电气二次回路监测问题　目前，保护装置微机化，容易实现状态监测。但电气二次回路由若干继电器和连接各个设备的电缆所组成，点多又分散，要通过在线监测继电器触点的状况、回路接线的正确性等则很难，也不经济。对电气二次回路应重点从设备管理的方面着手，如设备的验收管理、离线检修资料管理，结合在线监测，来诊断其状态。

（2）电力系统二次设备的电磁抗干扰监测问题　由于大量微电子器件、高集成电路在电气二次设备中的广泛应用，电气二次设备对电磁干扰越来越敏感，极易受到电磁干扰。电磁波对二次设备干扰造成采样信号失真、自动装置异常、保护误动或拒动、甚至损坏元件。

对二次设备进行电磁兼容性考核试验是二次设备状态检修的一项很重要的工作，对不同厂站的干扰源、耦合途径、敏感器件要进行监测、管理，如对二次设备屏蔽接地状况检查，微机保护装置附近使用移动通信设备（如手机）的管理等。

（3）二次设备状态检修与一次设备状态检修的关系　一次设备的检修与二次设备检修不是完全独立的，许多情况下二次设备检修要在一次设备停电检修时才能进行。在做出二次设备状态检修决策时要考虑一次设备的情况，做好状态检修技术经济分析，既要减少停电检修时间，减少停发（供）电造成的经济损失，减少检修次数，降低检修成本，又要保证二次设备可靠正确工作。

（4）二次设备状态检修与设备管理信息系统（2SB-MIS）的关系　许多厂站建立了设备管理信息系统（2SB-MIS），对设备的运行情况、缺陷故障情况、历次检修试验记录等进行管理，信息共享，这些信息是做出状态检修决策的重要依据之一。要实现二次设备状态检修，需要完善设备管理信息系统（2SB-MIS）。

电气二次设备实行状态检修是电力系统发展的需要，有助于变电站综合自动化。微机保护和微机自动装置的自诊断技术的广泛使用，电气二次设备的状态监测无论是在技术上还是经济上都比较容易做到。随着集成型自动化系统的发展，二次设备和电缆的数量大大减少。

 复习思考题

1. 什么是二次回路？它包括哪些部分？

2. 二次回路布线应符合哪些要求？

3. 对断路器的控制和信号回路有哪些主要要求？什么是事故跳闸信号的"不对应原理"？

4. 试分别分析图 8-2～图 8-4 所示三种操作机构的断路器控制信号回路在其一次电路发生故障时的动作程序和信号指示情况。

5. 根据智能脱扣器所要实现的功能，硬件可分为哪几部分，分别实现什么功能？

6. 对常用测量仪表和电能计量仪表各有哪些主要要求？一般 6～10kV 配电线路上装设哪些仪表？220/380V 的动力线路和照明线路上一般各装设哪些仪表？并联电容器组总回路上一般装设哪些仪表？

7. 作为绝缘监视用的 $Y_0/Y_0/\triangle$ 联结的三相电压互感器，为什么要用 5 芯柱的而不能用 3 芯柱的？绝缘监视装置与单相接地保护各有什么特点？各适合于什么情况？

8. 什么是备用电源自动投入装置？试分析图 8-13 所示低压双电源互投装置电路的工作原理。

9. 什么是自动重合闸（ARD）？试分析图 8-18 所示电路的工作原理。

10. 什么是远动装置？微机控制的远动装置由哪几部分组成？各部分的主要功能是什么？

11. 电力系统故障录波装置记录有哪些内容？分几种类型？

12. 二次回路的安装接线应符合哪些要求？什么是连接导线的"相对标号法"？二次回路接线图中的标号" $= A3 + W5 - P2 : 7$ "中各符号代表什么含义？

13. 某供电部门给高压并联电容器组的线路上，装有一只无功电能表和 3 只电流表，如图 8-28 所示。试按中断线表示法（即相对标号法）在图 8-28b 上标注出图 8-28a 所示的仪表和端子排的端子代号。

a) 原理电路图

X 端子排		
TA1:S1	1	
TA2:S1	2	
TA1:S2	3	
TA2:S2	4	
WV(A)	5	
	6	
WV(B)	7	
	8	
WV(C)	9	
	10	

b) 安装接线图(待标号)

图 8-28　复习思考题 13 的原理电路图和安装接线图

14. 二次回路的运行检查分别检查哪几方面问题？

15. 什么是二次回路状态检修？它有哪三层含义？

16. 信息技术在供配电管理中的应用对二次回路的发展有什么影响？

第9章

工厂的电气照明

9.1 电气照明的基本知识

9.1.1 概述

电气照明设计是工厂供电设计的组成部分。良好的照明是保证安全生产、提高劳动生产率和产品质量、保护职工视力健康的必要条件。因此，合理的照明设计应符合适用、安全和保护视力的要求，并力求营造光色和谐、独特美观的环境效果。根据日常生活工作、活动场所或特定的需求性质，电气照明可分为一般照明、工作照明、应急照明、混合照明和特殊照明。

（1）一般照明 凡是日常生活、工作车间室内以及公共场所所需要的大面积照明都属于一般照明。一般照明是应用最普遍的照明，对光照辐射方向没有特殊要求，对光照度要求也不高，只要使光照范围内能达到均匀的所需亮度即可。

（2）工作照明 是指工作、学习或其他特殊需要的照明，又称局部照明，例如机床灯、钳工工作台灯、医院手术台上的无影灯等均属于工作照明，它要求有足够的集中亮度，通常均采用聚集反光罩以缩小光照范围，提高亮度。

（3）应急照明 是指因用电事故或其他原因造成停电而为应急需要的临时照明，又称事故照明。应急照明只要求达到一般照明的光照度，目的是为安全提供必需的少量电照明。

（4）混合照明 是一般照明与工作照明混合应用的照明。在工厂、车间、企业等均采用混合照明。

（5）特殊照明 是指运用各种辅助设施以满足特殊需要的照明。

9.1.2 电气照明的基本知识

（1）光通量（Φ） 光源在单位时间内向周围空间辐射的使人眼产生光感的辐射能，称为光通量，简称光通，用符号 Φ 表示。其单位为流［明］（lm）。

（2）发光强度（I） 光源在某一特定方向上单位立体角内辐射的光通量，称为光源在该方向上的发光强度，简称光强，符号为 I。其单位为坎［德拉］（cd）。对向各方向均匀辐射光通量的光源，各方向的光强相等，其值为

$$I = \frac{\Phi}{\omega} \tag{9-1}$$

式中 Φ——光源在 ω 立体角内辐射出的总光通量（lm）；

ω——光源发光范围的立体角，$\omega = \frac{A}{r^2}$，r 为球的半径（m），A 是与立体角相对应的球表面积（m^2）。

（3）照度（E） 受照物体单位面积上接收到的光通量称为照度，符号为 E，单位为勒［克斯］（lx）。它指被照面上的光照强弱程度，以单位面积被照面上的光通量密度来表示，其值为

$$E = \frac{\Phi}{A} \tag{9-2}$$

式中 Φ——光均匀辐射到物体表面的光通量（lm）；

A——受照表面积（m^2）。

在照明设计中，照度是一个很重要的物理量。

（4）亮度（L） 光源在给定方向单位投影面上的发光强度称为亮度，符号为 L，单位为坎

［德拉］每平方米（cd/m²），用公式表示为

$$L = \frac{I_q}{A\cos\alpha} = \frac{I\cos\alpha}{A\cos\alpha} = \frac{I}{A} \qquad (9\text{-}3)$$

式中 I_q——物体在观察方向上的发光强度（cd）；

$\quad\quad I$——发光强度（cd）；

$\quad\quad A$——发光体面积（m²）；

$\quad\quad \alpha$——视线与受照面法线之间的夹角。

说明亮度的示意图如图9-1所示。

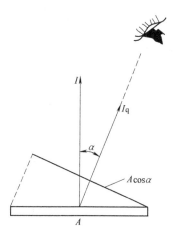

图9-1 说明亮度的示意图

9.1.3 物体的光照性能

当光通量 Φ 投射到物体上时，一部分光通量 Φ_ρ 从物体表面反射回去，一部分光通量 Φ_α 被物体所吸收，余下的光通量 Φ_τ 则透过物体，如图9-2所示。

为表征物体的光照性能，特引入以下3个参数。

（1）光谱反射比 曾称反射率或反射系数，符号为 ρ。其定义为反射光通量 Φ_ρ 与投射光通量 Φ 之比，即

$$\rho = \Phi_\rho/\Phi \qquad (9\text{-}4)$$

（2）光谱吸收比 曾称吸收率或吸收系数，符号为 α。其定义为吸收光通量 Φ_α 与投射光通量 Φ 之比，即

$$\alpha = \Phi_\alpha/\Phi \qquad (9\text{-}5)$$

（3）光谱透射比 曾称透射率或透射系数，符号为 τ。其定义为透射光通量 Φ_τ 与投射光通量 Φ 之比，即

$$\tau = \Phi_\tau/\Phi \qquad (9\text{-}6)$$

以上3个参数之间有如下关系：

$$\rho + \alpha + \tau = 1 \qquad (9\text{-}7)$$

在照明技术中应特别注重光谱反射比这一参数，因为它直接影响工作面上的照度。

图9-2 光通投射到物体上的情形

Φ_ρ—反射光通量 $\quad\Phi_\alpha$—吸收光通量 $\quad\Phi_\tau$—透射光通量

9.1.4 光源的色温和显色性

（1）光源的色温 当光源的发光颜色与把黑体（能全部吸收光能的物体）加热到某一温度所发出的光色相同（或相似）时，该温度称为光源的色温。色温用热力学温度 T 来表示，单位是开［尔文］（K）。

光源的色温是灯光颜色给人直观感觉的度量，与光源的实际温度无关。不同的色温给人不同的冷暖感觉，高色温有凉爽的感觉，低色温有温暖的感觉。在低照度下采用低色温的光源会感到温馨愉快；在高照度下采用高色温的光源则感到清爽舒适。在比较热的地区宜采用高色温的电光源，在比较冷的地区宜采用低色温的电光源。色温与感觉的关系见表9-1。

表9-1 不同照度、不同色温下光源色调的感受

照度/lx	光源的色调感觉		
	暖色（<3300K）	中间色（3300～5300K）	冷色（>5300K）
≤500	愉快的	中间的	阴冷的
>500～≤1000	刺激的	愉快的	中间的
>1000～≤2000			
>2000～≤3000			
>3000	不自然的	中间的	愉快的

由此看来在不同的照度下，光源的色调给人的感受也不同。在一般情况下，低照度时宜采用较低色温的光源，可取得舒适的暖色调，而高色温光源用在强照度的场合则使人比较舒爽。

（2）光源的显色性能 不同光谱的光源照射同一物体时，该物体会显现不同的颜色。我们把光源对被照射物体颜色显现的性质，叫作光源的显色性，并用显色指数表示光源显色性能和视觉上失真程度好坏的指标。将日光的显色指数定为100，其他光源的显色指数均小于100，符号是 Ra。Ra 越小，色差越大，显色性也越差，反之显色性越好。

国际照明委员会（CIE）用显色指数把光源的显色性分为优、良、中、差4组，作为辨别光源显色性能的等级标准，见表9-2。

表9-2 显色性的等级标准

显色性组别	优	良	中	差
显色指数 Ra	100~80	79~60	59~40	39~20

显色性是选用光源的一项重要因素，对显色性要求高的照明更是如此。例如，艺术品、高档衣料等的展示销售，为避免颜色失真，就不宜采用显色性较差的电光源。

9.2 工厂常用的电光源和灯具

9.2.1 工厂常用的电光源的类型、特性及其选择

1. 工厂常用的电光源的类型 将电能转换为光能的器具称为电光源。电光源按其发光原理可分为热辐射光源和气体放电光源两大类。

热辐射光源是利用物体加热时辐射发光的原理所做成的光源，如白炽灯、卤钨灯等。气体放电光源是利用气体放电发光的原理所做成的光源，如荧光灯、高压汞灯、高压钠灯、金属卤化物灯等。

（1）热辐射光源

1）白炽灯。它是靠钨质灯丝通过电流加热到白炽状态从而引起热辐射发光。白炽灯显色性好，光谱连续，结构简单，易于制造，价格低廉，使用方便，因此几乎遍及了照明各个领域。但它的发光效率低，使用寿命比较短，经不起振动。

2）卤钨灯。它是在白炽灯泡内充入含有一定比例卤化物（如碘化物或溴化物）的物质，利用卤钨循环来提高发光效率（见图9-3）。

图9-3 卤钨灯
1—灯脚 2—钼箔 3—钨质灯丝 4—支架 5—石英玻管（内充微量卤素）

"卤钨循环"原理是指，普通白炽灯在使用过程中由于从灯丝蒸发出来的钨（W）沉积在灯泡内壁上导致玻璃管体黑化，降低了透光性，使发光效率逐步下降，也减少了钨丝的使用寿命。而卤钨灯由于灯管内充有卤素（碘化物或溴化物），因此钨分子在管壁与卤素作用，生成气态的卤化物，卤化物就由管壁向灯丝迁移。当卤化物进入灯丝的高温（1600℃以上）区域后，就分解为钨分子和卤素，钨分子就沉积在灯丝上。当钨分子沉积的数量等于灯丝蒸发出来的钨分子数量时，就形成相对平衡状态。这一过程就称为卤钨循环。由于存在卤钨循环，所以卤钨灯的玻璃管就不易发黑，而且其发光效率也比白炽灯高，卤钨灯的灯丝损耗极少，使其使用寿命较之白炽灯大大延长。

为了使卤钨循环能顺利进行，管型卤钨灯需水平安装，并且不容许采用任何人工冷却措施（如电扇吹），否则将严重影响灯管的寿命。由于卤钨灯工作时管壁温度可高达600℃，所以不能与易燃物靠近。卤钨灯耐振性差，但显色性好，使用方便，常见的卤钨灯为碘钨灯。

（2）气体放电光源

1）荧光灯。俗称日光灯，它是利用汞蒸气在外加电压作用下产生弧光放电，发出少许可见光和大量紫外线，这些紫外线在激励灯管内壁涂覆的荧光粉，使之再发出大量的可见光。

荧光灯的接线如图9-4所示，图中S是辉光启动器。它有两个电极，一个为棒形电极，另一个弯成U形的电极是双金属片。当荧光灯接上电压后，辉光启动器首先产生辉光放电，致使双金属片加热伸开，造成两极短接，从而使电流通过灯丝。灯丝加热后发射电子，并使管内的少量汞气化。图中L是镇流器，它实质上是铁心电感线圈。当辉光启动器两极短接使灯丝加热后，辉光启动器停止辉光放电，双金属片冷却收缩，从而突然断开灯丝加热回路，这就使镇流器两端感生很高的电动势，连

图9-4 荧光灯的接线
S—辉光启动器 L—镇流器

同电源电压加在灯管两端，使充满汞蒸气的灯管击穿，产生弧光放电。由于灯管起燃后，管内电压降很小，因此又要借助镇流器来产生很大一部分电压，来维持灯管稳定的电流。荧光灯的发光效率比白炽灯高得多，寿命长，但是它的显色性较差，特别是它的频闪现象容易使人眼疲劳和发生错觉。

2）高压汞灯。它是上述荧光灯的改进产品，又称高压水银荧光灯，属于高气压的汞蒸气放电光源。高压汞灯不需要辉光启动器来预热灯丝，但它必须与相应功率的镇流器L串联使用，其接线如图9-5所示。工作时，其第一主电极与辅助电极（触发极）间首先击穿放电，使管内的汞蒸发，导致第一主电极与第二主电极间击穿，发生弧光放电，使管壁的荧光质受激，产生大量的可见光。高压汞灯的光效高，寿命长，但启动时间较长，显色性较差。

3）高压钠灯。高压钠灯利用高气压的钠蒸气放电发光，其光谱集中在人眼视觉比较敏感的区间，因此其光效比高压汞灯还高一倍，且寿命长，但显色性更差，启动时间也较长。其接线与高压汞灯相同。

图9-5 高压汞灯的接线
1—第一主电极 2—第二主电极
3—辅助电极（触电极） 4—限流电阻

4）金属卤化物灯。金属卤（碘、溴、氯）化物灯是在高压汞灯的基础上为改善光色而发展起来的光源，不仅光色好，而且光效高。

它的发光原理是在高压汞灯内添加某些金属卤化物，靠金属卤化物的循环作用，不断向电弧提供相应的金属蒸气。金属原子在电弧中受电弧激发而辐射该金属的特征光谱线，选择适当的金属卤化物并控制它们的比例，可制成各种不同光色的金属卤化物灯。

2. 各种电光源的主要技术特征 表征电光源优劣的主要性能指标有：光效、寿命、色温、显色性、启动、再启动的性能等。在实际选用时，首先应考虑光效高、寿命长，其次才考虑显色性、启动性能等。气体放电光源比热辐射光源光效高、寿命长，能制成各种不同光色，在工厂照明中应用日益广泛。

部分常用电光源的主要技术特征见表9-3。

表9-3 部分常用电光源的主要技术特性比较

特性参数	白炽灯	卤钨灯	荧光灯	高压汞灯 （普通型）	高压钠灯 （普通型）	金属卤 化物灯	单灯 混光灯
额定功率/W	15 ~ 1000	500 ~ 2000	6 ~ 125	50 ~ 1000	35 ~ 1000	125 ~ 3500	100 ~ 800
发光效率/（lm·W^{-1}）	10 ~ 15	20 ~ 25	40 ~ 90	30 ~ 50	70 ~ 100	60 ~ 90	40 ~ 100
平均使用寿命/h	1000	1000 ~ 1500	1500 ~ 5000	2500 ~ 6000	12000 ~ 24000	500 ~ 3000	10000

9

（续）

特性参数	白炽灯	卤钨灯	荧光灯	高压汞灯（普通型）	高压钠灯（普通型）	金属卤化物灯	单灯混光灯
色温/K	2400～2920	3000～3200	3000～6500	4400～5500	2000～4000	4500～7000	3100～3400
一般显色指数（Ra）	97～99	95～99	75～90	30～50	20～25	65～90	60～80
启动稳定时间	瞬时	瞬时	1～3s	4～8min	4～8min	4～8min	4～8min
再启动时间	瞬时	瞬时	瞬时	5～10min	10～15min	10～15min	10～15min
功率因数	1	1	0.33～0.52	0.44～0.67	0.44	0.4～0.6	0.4～0.6
频闪效应	无	无	有	有	有	有	有
表面亮度	大	大	小	较大	较大	大	较大
电压变化对光通量影响	大	大	较大	较大	大	较大	较大
环境温度对光通量影响	小	小	大	较小	较小	较小	较小
耐振性能	较差	差	较好	好	较好	好	好
所需附件	无	无	镇流器 辉光启动器	镇流器	镇流器	镇流器 触发器	镇流器 触发器

3. 工厂常用电光源类型的选择 照明光源宜采用荧光灯、白炽灯、高强气体放电灯（包括高压汞灯、高压钠灯、金属卤化物灯）等，不推荐采用卤钨灯、长弧氙灯等。工厂常用电光源的适用场所见表9-4。

表9-4 常用电光源的适用场所

光源名称	适用场所	光源名称	适用场所
白炽灯	1. 要求不高的生产厂房、仓库 2. 局部照明和事故照明 3. 要求频闪效应小的场所，开、关频繁的地方 4. 需要避免气体放电灯对无线电设备或测试设备产生干扰的场所 5. 需要调光的场所	荧光灯	1. 悬挂高度较低而需要较高照度的场所 2. 需要正确识别色彩的场所
		管形氙灯	宜用于要求照明条件较好的大面积场所，或在短时间需要强光照明的地方。一般悬挂高度在20m以上
		金属卤化物灯	厂房高，要求照度较高、光色较好的场所
卤钨灯	1. 照度要求较高，显色性要求较好，且无振动的场所 2. 要求频闪效应小的场所 3. 需要调光的场所	高压钠灯	1. 需要照度高，但对光色无特殊要求的地方 2. 多烟尘的车间 3. 潮湿多雾的场所

9.2.2 常用灯具的分类及选择与布置

1. 工厂常用灯具的类型 灯罩和灯罩里面的灯泡合在一起称为照明器或称灯具。因为裸灯泡发出的光是向四周散射的。为了更好地利用灯泡所发出来的光通量，同时又要防止眩光，所以在灯泡上再加装了灯罩，使光线按照人们的需要进行分布，灯具的特征有如下三个主要方面。

（1）光强分布曲线 也称配光曲线。灯具的这一特征主要取决于灯罩的形状和材料。一个光源配上了灯罩后，其光通就要重新分配，称灯具的配光。为了表明灯具的光强在空间各方向上的分布，可用光强分布曲线来描述。图9-6示出了几种灯具配光曲线的主要形状，它们可做如下分类：

1）均匀配光。光线在各方向的发光强度大致相

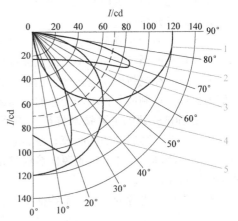

图9-6 配光曲线之主要形状

1—正弦分布型 2—广照型 3—漫射型
4—配照型 5—深照型

等。其特性是这种灯具不带反射器或带平面反射器。如乳白色玻璃圆球灯属于此种配光。

2）深照配光。光线的最大发光强度出现在0°～40°内，而其最小的光通量则出现在50°～90°内。如镜面深照型灯具属于此种配光。

3）广照配光。光线的最大发光强度出现在50°～90°内，而其最小值出现在0°～40°内，称为广照配光。深照型或广照型配光通常具有镜面反射器。

4）余弦配光。光线在空间各点的发光强度的近似值符合公式 $I_\alpha = I\cos\alpha$ 关系的称为余弦配光。此种配光大多数是带有珐琅质反射器的灯具，如搪瓷配照型灯和珐琅质万能型灯。

（2）灯具的效率　灯具的光通量与光源光通量的比值，称为灯具的效率。在灯罩重新分配光源的光通量时，应有一部分光通量被其吸收，引起光通量的损失，所以效率通常为0.5～0.9。该值用于评价灯具的经济性，它的大小与灯罩的材料性质、形状以及光学的中心位置有关。

（3）保护角　用于衡量灯罩保护人眼不受光源照明部分耀眼的程度，以减少眩光的作用。保护角是通过灯丝炽热的水平线与连接炽热体的最外点和灯罩边界线的夹角，如图9-7所示。

保护角 γ 由如下关系式决定：

$$\tan\gamma = \frac{2h}{D+d} \qquad (9-8)$$

式中　h——灯丝炽热体的水平线与灯罩边界水平线的高度；

D——灯罩边界的直径；

d——灯丝炽热体的直径。

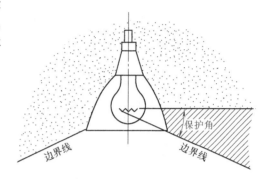

图9-7　灯具的保护角

保护角完全取决于灯罩的形式。就限制眩目作用的要求，现行人工照明规程中规定有灯具的最低悬挂高度，见表9-5。

表9-5　室内一般照明灯具的最低悬挂高度

光源种类	灯具型式	灯具遮光角/（°）	光源功率/W	最低悬挂高度/m
白炽灯	有反射罩	10～30	≤100	2.5
			150～200	3.0
			300～500	3.5
	乳白玻璃漫射罩	—	≤100	2.0
			150～200	2.5
			300～500	3.0
荧光灯	无反射罩	—	≤40	2.0
			>40	3.0
	有反射罩	—	≤40	2.0
			>40	2.0
高压汞灯	有反射罩	10～30	<125	3.5
			125～250	5.0
			≥400	6.0
	有反射罩带格栅	>30	<125	3.0
			125～250	4.0
			≥400	5.0
金属卤化物灯、高压钠灯、混光光源	有反射罩	10～30	<150	4.5
			150～250	5.5
			250～400	6.5
			>400	7.5
	有反射罩带格栅	>30°	<150	4.0
			150～250	4.5
			250～400	5.5
			>400	6.5

由上所述可知，灯具的光照特性（配光曲线、效率、保护角等），绝大部分取决于所采用灯罩的材料及其结构形式。

2. 灯具的结构特点分类 工厂企业常按灯具的结构特点分为以下五种类型。

（1）开启型 其光源与灯具外界的空间相通，如一般的配照灯、广照灯、深照灯等。

（2）闭合型 其光源被透明罩包合，但内外空气仍能流通，如圆球灯、双罩型灯、吸顶灯等。

（3）密闭型 其光源被透明罩密封，内外空气不能对流，如防潮灯、防水防尘灯等。

（4）增安型 其光源被高强度透明罩密封，且灯具能承受足够的压力，能安全地应用在有爆炸危险介质的场所，或称为防爆型。

（5）隔爆型 其光源被高强度透明罩封闭，但不是靠其密封性来防爆，而是在灯座的法兰与灯罩的法兰之间有一隔爆间隙。当气体在灯罩内部爆炸时，高温气体经过隔爆间隙被充分冷却，从而不致引起外部爆炸性混合气体爆炸，因此隔爆型灯也能安全地应用在有爆炸危险介质的场所。

3. 工厂常用灯具类型的选择 灯具形式通常是按照车间或生产场地的环境特征、厂房性质和生产条件对光强分布和限制眩光的要求以及安全、经济的原则选择。优先选择开启式灯具，并减少采用装有格栅、保护罩等附件的灯具。根据工作场所的环境条件，分别采用下列各种灯具。

1）空气较干燥和少尘的室内场所，可采用开启型的各种灯具。至于是采用配照型、广照型还是深照型或其他类型的灯具，则依室内高度、生产设备的布置及照明的要求而定。

2）特别潮湿的场所，应采用防潮灯或带防水灯头的开启式灯具。

3）有腐蚀性气体和蒸气的场所，宜采用耐腐蚀性材料制成的密闭式灯具。如果采用开启式灯具，则其各部分应有防腐蚀和防水的措施。

4）在高温场所，宜采用带有散热孔的开启式灯具。

5）有尘埃的场所，应按防尘的防护等级分类来选择合适的灯具。

6）装有锻锤、重级工作制桥式起重机等振动、摆动较大场所的灯具，应有防振措施和保护网，防止灯泡自动松脱掉下。

7）在易受机械损伤场所的灯具，应加保护网。

8）有爆炸危险场所使用的灯具，应遵循 GB50058—2014《爆炸危险环境电力装置设计规范》的有关规定。灯具防爆结构的选型见表9-6。

表9-6 灯具防爆结构的选型

爆炸危险的分区		1 区		2 区	
灯具防爆结构		隔爆型	增安型	隔爆型	增安型
电气设备	固定式灯	适用	不适用	适用	适用
	移动式灯	慎用	—	适用	—
	携带式电池灯	适用	—	适用	—
	指示灯类	适用	不适用	适用	适用
	镇流器	适用	慎用	适用	适用

4. 灯具布置的方案选择 室内灯具的布置，既要实用、经济，又要尽可能协调、美观。一般照明灯具通常有两种布置方案。

（1）均匀布置 灯具有规律地对称均匀分布，并不考虑车间设备位置而使全车间的面积上具有均等的照度，如图9-8a所示。

一般均匀照明的灯具布置方案如图9-9所示。在矩形布置方案中（见图9-9a），$l = l'$即正方形布置时，照度最均匀；在菱形布置方案中（见图9-9b），当 $l' = \sqrt{3}\,l$ 即灯具呈等边三角形时，照度分布最均匀。

（2）选择布置　灯具的布置与生产设备的位置有关，大多按工作面对称布置，力求使工作面获得最有利的光照并消除阴影，如图9-8b所示。

由于均匀布置较之选择布置更为美观，且使整个车间照度较为均匀，所以在既有一般照明又有局部照明的场所，其一般照明宜采用均匀布置。

a) 均匀布置　　　　　　　　　b) 选择布置

图9-8　一般照明的灯具的布置方案

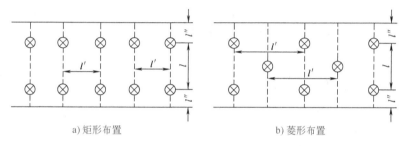

a) 矩形布置　　　　　　　　　b) 菱形布置

图9-9　灯具的均匀布置

（注：虚线为桁架）

（3）灯具间的布置距离　灯具间的距离，应按灯具光强的分布、悬挂高度、房屋结构及照度要求等多种因素而定。为了使工作面上获得较均匀的照度，较合理的距高比（即灯间距离 l 与灯在工作面上的悬挂高度 h 的比值）一般不要超过各种灯具所规定的距高比，例如 GC1-A-1、GC1-B-1 型工厂配照灯（装220V、150W白炽灯）的最大允许距高比为1.25（参考附表40），其他灯具布置的距高比见表9-7。

表9-7　各种照明器布置的距高比值

照明器	l/h 值	照明器	l/h 值
配照型	0.88～1.14	圆球灯	1.45～1.33
深照型	1.23～1.50	简式荧光灯	1.28～1.33
高纯铝深照型	0.85～1.02	嵌入式格栅荧光灯	1.05～1.12
搪瓷罩斜照型	1.28～1.38	隔爆型防爆灯	1.46～1.71
搪瓷罩卤钨灯	1.25～1.40	光照型防水防尘灯	0.77～0.88

从整个车间获得较为均匀的照度考虑，最边缘一列灯具离墙的距离 l''（见图9-9）为：靠墙有工作面时，可取 $l'' = (0.25～0.3)l$；靠墙为通道时，可取 $l'' = (0.4～0.6)l$；l 为灯具间距离，对矩形布置，可取其纵向灯距与横向灯距的几何平均值。

例9-1　某车间的平面面积为36m×18m，桁架的跨度为18m，桁架之间相距6m，桁架下弦离地5.5m，工作面离地0.75m。拟采用 GC1-A-1 型工厂配照灯（装220V、150W白炽灯）做车间的一般照明。试初步确定灯具的布置方案。

解　根据车间的建筑结构，一般照明灯具宜悬挂在桁架上。如果灯具下吊0.5m，则灯具的悬挂高度（在工作面上的高度）为

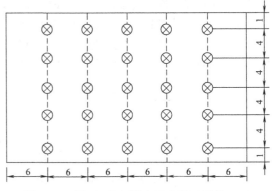
图 9-10 例 9-1 的灯具布置方案（单位：m）

$$h = 5.5\text{m} - 0.5\text{m} - 0.75\text{m} = 4.25\text{m}$$

由附表 40 可知，GC1-A-1 型灯具的最大距高比 $l/h = 1.25$，因此灯具间的最大合理距离为

$$l \leqslant 1.25h = 1.25 \times 4.25\text{m} \approx 5.3\text{m}$$

根据车间的结构和以上计算所得的合理灯距，初步确定灯具布置方案如图 9-10 所示。该布置方案的灯距（几何平均值）为

$$l = \sqrt{4 \times 6}\text{m} \approx 4.9\text{m} < 5.3\text{m}$$

但此布置方案能否满足照明，尚待进一步计算照度来检验。

9.3 工厂电气照明的照度计算

9.3.1 工厂电气照明的照度标准

附表 37、附表 38 列出了 GB50034—2013 关于工作场所作业面上的照度标准值及一般生产工作面上和部分生产、生活场所照度标准值。这里的照度标准，为平均照度范围值。一般情况下，应取照度范围的中间值。

凡符合下列条件之一时，应取照度范围的高值：①Ⅰ～Ⅴ等级的视觉作业，当眼睛至识别对象的距离大于 500mm 时。②连续长时间紧张的视觉作业，对视觉器官有不良的影响时。③识别对象在活动面上，识别时间短促而辨认困难时。④视觉作业对操作安全有特殊要求时。⑤识别对象反射比小时。⑥当作业精度要求较高时，且产生差错会造成很大损失时。

凡符合下列条件之一时，应取照度范围的低值：①进行临时性工作时。②当精度或速度无关紧要时。

9.3.2 照度的计算

当照明方案（即灯具的形式、悬挂高度及布置方案）初步确定后，就应该根据初步拟定的照明方案，计算工作面上照度，检验是否符合照度标准的要求。也可以初步确定灯具形式和悬挂高度，再根据工作面上照度标准要求来确定灯具数目，然后确定布置方案。

照度的计算方法主要有利用系数法、概算曲线法、比功率法和逐点计算法等，这里主要介绍利用系数法和比功率法两种方法。

1. 利用系数法

（1）利用系数的概念　利用系数是受照表面上的光通量与房间内光源总光通量之比，它考虑了光通量的直射分量和反射分量在水平面上产生的总照度，多用于计算均匀布置照明器的室内一般照明。利用系数 u 可用下式表示：

$$u = \frac{\Phi_1}{N\Phi} \tag{9-9}$$

式中　Φ_1——工作水平面上的光通量（lm）；

Φ——每一照明器产生的光通量（lm）；

N——房间内所布置灯数。

利用系数 u 与下列因素有关：

1）与灯具的形式、光效和配光曲线有关。灯具的光效越高，光通量越集中，利用系数也越高。

2）与灯具的悬挂高度有关。灯具悬挂越高，反射光通量越多，利用系数也越高。

3）与房间的面积及形状有关。房间的面积越大，越接近于正方形，则由于直射光通量越多，利用系数也越高。

4）与墙壁、顶棚及地面的颜色和洁污情况有关。颜色越淡、越洁净，反射光通量越多，因此利用系数也越高。表9-8为各种情况下墙壁、顶棚及地面的光谱反射比近似值，供参考。

表9-8　墙壁、顶棚及地面的反射比近似值

反射面情况	光谱反射比 ρ（%）
刷白的墙壁、顶棚，窗子装有白色窗帘	70
刷白的墙壁，但窗子未挂窗帘，或挂深色窗帘；刷白的顶棚，但房间潮湿；墙壁和顶棚虽未刷白，但洁净光亮	50
有窗子的水泥墙壁、水泥顶棚；木墙壁、木顶棚；糊有浅色纸的墙壁、顶打棚；水泥地面	30
有大量深色灰尘的墙壁、顶棚；无窗帘遮蔽的玻璃窗；未粉刷的砖墙；糊有深色纸的墙壁、顶棚；较脏污的水泥地面，广漆、沥青等地面	10

（2）利用系数的确定　由附表41所列GC1-A-1、GC1-B-1型工厂配照灯的利用系数表可以看出，利用系数值应按墙壁、顶棚和地板的光谱反射比及房间的受照空间特征来确定。房间的受照空间特征用参数"室空间比"（RCR）来表征。

如图9-11所示，一个房间按受照情况不同可分为3个空间：上面为顶棚空间，即从顶棚至悬挂的灯具开口平面的空间；中间为室空间，即从灯具开口平面至工作面的空间；下面为地板空间，即工作面以下的空间。对于灯具为吸顶式或嵌入式的房间，则无顶棚空间；而工作面为地面的房间，则无地板空间。

图9-11　计算室空间比（RCR）的说明图

室空间比按下式计算：

$$\text{RCR} = \frac{5h_{RC}(l+b)}{lb} \tag{9-10}$$

式中　h_{RC}——室空间高度；

　　　l——房间的长度；

　　　b——房间的宽度。

（3）利用系数法计算工作面上的平均照度　由于灯具在使用期间，光源（灯泡）本身的光效要逐渐降低，灯具也要陈旧脏污，受照场所的墙壁、顶棚也有污损的可能，从而使工作面上的光通量有所减少，因此在计算工作面上的照度时，应计入一个小于1的减光系数（维护系数），见表9-9。因此工作面上的实际平均受照度按下式计算：

$$E = \frac{uKN\Phi}{A} \tag{9-11}$$

式中 u——利用系数；

$\quad\quad N$——灯数；

$\quad\quad \Phi$——每盏灯发出的光通量；

$\quad\quad A$——受照房间平面面积；

$\quad\quad K$——减光系数（维护系数）。

表9-9 减光系数（维护系数）值

环境污染特征	类 别	灯具每年擦洗次数	减光系数 K
清洁	仪器、仪表的装配车间，电子元器件的装配车间，实验室，办公室，设计室	2	0.8
一般	机械加工车间，机械装配车间，织布车间	2	0.7
污染严重	锻造车间，铸造车间，碳化车间，水泥厂球磨车间	3	0.6
室外	道路和广场	2	0.7

例9-2 试计算例9-1所初步确定的灯具布置方案（见图9-10）在工作面上的平均照度。

解 该车间的室空间比为

$$RCR = \frac{5 \times 4.25 \times (36 + 18)}{36 \times 18} = 1.77$$

假设车间顶棚的光谱反射比 $\rho_c = 50\%$，墙壁的光谱反射比 $\rho_w = 30\%$，地板的光谱反射比 $\rho_f = 20\%$，因此运用插入法可由附表41查得利用系数 $u \approx 0.69$。又由表9-9取减光系数 $K = 0.7$，再由附表39查得灯具所装220V、150W白炽灯泡的光通量 $\Phi = 2090lm$。而由图9-10知灯数 $N = 25$。因此按式(9-11)可求得该车间水平工作面上的平均照度为

$$E_{av} = \frac{0.69 \times 0.7 \times 25 \times 2090}{36 \times 18} lx = 38.9lx$$

2. 比功率法

（1）比功率的概念 照明光源的比功率，就是每单位被照面积所需的光源安装功率，可以表示为

$$p_0 = \frac{p_\Sigma}{A} = \frac{NP_N}{A} \tag{9-12}$$

式中 P_N——每一灯泡功率；

$\quad\quad N$——总的灯数；

$\quad\quad A$——受照房间总的水平面积。

附表42列出采用工厂配照灯的一般照明的比功率参考值，供参考。

（2）按比功率法估算照明灯具安装功率或灯数：如果已知比功率 p_0 和车间的平面面积，则车间一般照明的总安装功率为

$$p_\Sigma = p_0 A \tag{9-13}$$

每盏灯的光源功率为

$$P_N = \frac{p_\Sigma}{N} = \frac{p_0 A}{N} \tag{9-14}$$

例9-3 试用比功率法确定例9-1所示车间所装灯具的灯数。设要求的平均照度 $E_{av} = 30lx$。

解 由 $h = 4.25m$，$E_{av} = 30lx$ 及 $A = 648m^2$，查附表42得 $p_0 = 6W/m^2$。因此该车间一般照明总的安装功率应为

$$p_\Sigma = 6 \times 648\text{W} = 3888\text{W}$$

因此应装 GC1-A-1 型配照灯的灯数为

$$N = \frac{p_\Sigma}{p_N} = \frac{3888}{150} \approx 26$$

按比功率法计算出的灯数比前面按利用系数法确定的灯数略多一些。

9.4 工厂电气照明系统

当照明的形式、功率、数量及布置方式确定以后，并经照度计算满足照明标准时，应进一步进行照明系统设计，包括供电电压的选择、工作照明和事故照明供电方式的确定、照明负荷计算及导线截面积选择等。

9.4.1 供电方式

1. 工作照明的供电方式 工厂企业变电所及各车间的正常工作照明，一般由动力变压器供电。如果有特殊需要可考虑由照明专用变压器供电。

2. 事故照明的供电方式 事故照明一般应与常用照明同时投入，以提高照明器的利用率。但事故照明应有独立供电的备用电源，当工作电源发生故障时，由自动投入装置自动将事故照明切换到备用电源供电。

3. 供电电压及保护装置

1）普通照明一般采用额定电压 220V，由 380/220V 三相四线制供电。

2）在触电危险性较高的场所，所采用的局部照明应采用 36V 以下的安全电压。

3）用熔断器保护照明线路时，熔断器应安装在相线上，而在公共 PE 线和 PEN 线上，不得安装熔断器。熔断器熔体电流与照明线路计算电流的比值取为 1，而高压灯宜取 1.5。

9.4.2 电气照明的平面布线图

为了表示电气照明的平面布线情况，设计时应绘制平面布线图。图 9-12 是某机械加工车间（一角）一般照明的电气平面布线图。

图 9-12 机械加工车间（一角）一般照明的电气平面布线图

按 09DX001 号标准图集《建筑电气工程设计常用图形和文字符号》规定，照明灯具标注的格式为

$$a - b \frac{cdL}{e} f \tag{9-15}$$

式中　a——灯数；

　　　b——灯具型号或编号；

　　　c——每盏灯具的灯泡数；

　　　d—— 一灯泡功率（W）；

　　　e——灯具安装高度（m），对吸顶灯表示为"—"；

　　　f——灯具安装方式代号，见表9-10；

　　　L——光源种类代号，见表9-11。

表 9-10　灯具安装方式的标注代号

序号	名　　称	新代号	旧代号
1	线吊式、自在器线吊式	SW	X
2	链吊式	CS	L
3	管吊式	DS	G
4	壁装式	W	B
5	吸顶式	C	—
6	嵌入式	R	R
7	顶棚内安装	CR	PR
8	墙壁内安装	WR	QR
9	支架上安装	S	J
10	柱上安装	CL	Z
11	座装	HM	—

表 9-11　光源种类代号

名　　称	新代号	旧代号
白炽灯	IN	B
卤（碘）钨灯	I	L
荧光灯	FL	Y
高压汞灯	Hg	G
高压钠灯	Na	N
金属卤化物灯	HL	JL
氙灯	Xe	X
混光灯	ML	H

在照明平面布线图上，还在灯具符号旁标注其平均照度，如⑤⓪表示平均照度为50lx。

9.4.3　照明供电系统导线截面积的选择

由于电压偏差对照明光源的影响十分显著，电压偏高，将使光源寿命大大缩短，而电压偏低，又将使照度显著下降。因此照明线路的导线截面积通常先按允许电压损耗选择，再校验发热条件和机械强度。照明线路的允许电压损耗一般为2.5%～5%。

按允许电压损耗计算导线截面积的公式为

$$A = \frac{\sum M}{C \Delta U_{al} \%} \tag{9-16}$$

式中　C——计算系数，见表5-14；

　　　$\sum M$——线路中负荷功率矩之和（kW·m）；

　　　$\Delta U_{al} \%$——允许电压损耗百分值。

复习思考题

1. 什么叫光强、照度和亮度？其常用单位各是什么？什么叫配光曲线？

2. 什么叫色温？什么叫显色性？

3. 照明的种类有哪些？照明的方式有哪些？

4. 常用的电光源可以分为几类？

5. 白炽灯的特点有哪些？

6. 常用的荧光灯有哪些种类？

7. 分别叙述荧光高压汞灯、钠灯、金属卤化物灯、氙灯的特性。

8. 什么是灯具？工厂照明常用灯具有哪些？

9. 什么是灯具的配光曲线、保护角、光效率？

10. 灯具的分类方法有哪几种？灯具的选择原则是什么？灯具布置的基本要求有哪些？

11. 什么叫照明光源的利用系数，它与哪些因数有关？

12. 试说明电气照明平面布线图上灯具旁标注的 $9-GC5\dfrac{1\times200\times IN}{6.5}DS$ 中各组文字符号和数字的含义。

13. 某产品装配车间的平面面积为 $12m\times30m$，桁架跨度为 $12m$，相邻桁架间距为 $6m$，桁架距地高度为 $5m$，工作面距地 $0.8m$，拟采用 GC1-A-1 型配照灯（$220V$，$150W$ 白炽灯）作为车间的一般照明，灯具下吊 $0.5m$，车间顶棚、墙壁和地板的光谱反射比分别为 50%、30%、20%，减光系数为 0.7，试用利用系数法确定灯数，并进行合理布置。

14. 试用比功率法求上题灯数。

第10章
工厂供电系统的运行与管理

10.1 工厂供电系统的电能节约

10.1.1 节约用电的意义

节约资源、保护环境是世界各国共同关心的重大课题，节约用电就是采取技术上可行、经济上合理和对环境保护无碍的一切措施，尽可能地消除用电过程中的电能浪费，提高电能利用率。节约用电的意义如下：

(1) 缓解电力供需矛盾　节约用电就相当于节约煤炭、水力、石油等一次能源，既能缓解电力供需矛盾，又使能源合理使用，也减轻交通运输的紧张。

(2) 节省投资　节约用电就节约了国家用于发电、输配电及用电设备和线网的投资，有助于国民经济的发展。

(3) 提高企业经济效益　节约用电减少了企业的电费支出，降低了生产成本，提高了企业的经济效益。

(4) 促进企业发展　推动企业采用新技术、新材料、新设备、新工艺，加速技术改革，促进企业的技术发展，提高企业的经营管理水平。

(5) 履行电气技术工作者的责任　节约用电既能强化每个电气从业人员的职业责任感，也能展示设计、制造、施工、管理的综合水平。

10.1.2 工厂电能节约的一般措施

节约用电是工业企业长期而艰巨的任务，要搞好工厂的电能节约工作，必须大力提高工厂供配电水平，这就需要从工厂供配电系统的科学管理和技术改造及节能技术培训方面采取措施。

1. 加强工厂电能节约系统的科学管理

(1) 加强能源管理，建立和健全管理机构和制度　对于工厂的各种能源（包括电能），要进行统一管理。工厂不仅要建立一个精干的能源管理机构，形成一个完整的管理体系，而且要建立一套科学的能源管理制度，能源管理的基础是能耗定额管理。不少工厂的实践证明，实行能耗的定额管理和相应的奖惩制度，对开展工厂节电节能工作有巨大的推动作用。

(2) 实行计划用电提高能源利用率　电能是一种特殊的商品。由于电能对国民经济影响极大，所以国家必须实行宏观调控，计划用电就是宏观调控的一种手段。工厂用电应按其与地方电网供电部门达成的供电合同实行计划用电，对工厂内部供电系统来说，各车间用电也要按工厂下达的指标实行计划用电。为了加强用电管理，各车间、工段的供电线路上宜装设电能表计量，以便考核。对工厂的各种生活用电和职工家庭用电，也应装表计量。

(3) 实行负荷调整，提高供电能力　负荷调整（简称调荷），就是根据供电系统的电能供应情况及各类用户的不同用电规律，合理地安排和组织各类用户的用电时间，以降低负荷高峰、填补负荷低谷（即所谓"削峰填谷"），充分发挥发、变电设备的能力，提高电力系统的供电能力。现在已在部分电网、部分地区实行的峰谷分时电价和丰枯季节电价，就是运用电价这一经济杠杆对用户用电进行调控的一项有效措施。负荷调整是一项带全局性的工作，也是宏观调控的一种手段。由于工业用电在整个电力系统中占的比重最大，所以电力系统调荷的主要对象是工业用户。工厂的调荷主要有下列一些措施：①错开各车间的上下班时间、进餐时间等，使各车间的高峰负荷时间错开，从而降低工厂总的负荷高峰。②调整厂内大容量设备的用电，使之避开高峰负荷时间用电。③调整各车间的生产班次和工作时间，实行高峰让电等。实行负荷调整，"削峰填谷"，可提高变压器的负荷率和功率因数，这样既提高了供电能力，又节约了电能。

（4）实行经济运行方式，全面降低系统能耗　所谓经济运行方式，就是能使整个电力系统的电能损耗减少、经济效益提高的一种运行方式。例如对于负荷率长期偏低的电力变压器，可以考虑换用较小容量的电力变压器。如果运行条件许可，两台并列运行的电力变压器，可以考虑在低负荷时切除一台。同样地，对负荷率长期偏低的电动机，也可以考虑换用较小容量的电动机。但是负荷率具体低到多少时才宜于"以小换大"或"以单换双"，就需要通过计算决定。

（5）加强运行维护，提高设备的检修质量　节电工作与供电系统的运行维护和检修质量有着密切的关系。例如电力变压器通过检修，消除了铁心过热的故障，就能显著降低铁损，节约电能。又如电动机通过检修，使转子与定子间的气隙均匀或减小，或者减小转轴的转动摩擦，都能降低电能损耗。再如解决好线路接触不良、严重发热的问题，不仅能保证安全供电，而且电能损耗也得以减少。对于其他的动力设施，加强维护保养，减少水、气、热等能源的跑、冒、滴、漏，也能直接节约电能。从广义节能的概念来说，所有节约原材料和维护好生产的设备、措施，都属于节电节能的范畴。

2. 搞好工厂供配电系统的技术改造

（1）逐步更新淘汰低效高能耗的供用电设备　以高效节能的电器设备来取代低效高能耗的用电设备，是节电节能的一项基本措施，其经济效益十分明显。

（2）改造不合理的供配电系统，降低线路损耗　对现有不合理的供配电系统进行技术改造，能有效地降低线路损耗，节约电能。例如将迂回配电的线路，改为直配线路；将截面积偏小的导线更换为截面积稍大的导线，或将架空线改为电缆；将绝缘破损、漏电较大的绝缘导线予以换新；在技术经济指标合理的条件下将配电系统升压运行；改选变、配电所所址，分散装设变压器，使之更加靠近负荷中心等，都能有效降低线损，收到节电的效果。

（3）选用高效节能产品，提高设备的负荷率　这也是节电的一项基本措施。例如选用节能型电力变压器，并合理确定其容量，使之接近于经济运行状态，这是比较理想的。如果变压器的负荷率长期偏低，则应按经济运行条件考核，适当更换较小容量的变压器。对电动机及其他用电设备也是一样，应选用节能型，而且容量的大小应当合适，长期轻载运行是很不经济的。如果感应电动机长期轻载运行，其定子绕组原为三角形联结，则可将它改为星形联结，这样每相绕组承受的电压只有原来的承受电压的 $1/\sqrt{3}$，从而使定子旋转磁场降为原来旋转磁场的 $1/\sqrt{3}$，电动机的铁损相应减小。但应注意，此时电动机转矩只有原来转矩的 $1/3$。如果长期轻载运行的电动机定子绕组不便改为星形联结，可使电动机定子绕组每相由原来 3 个并联支路改为 2 个并联支路，如图 10-1 所示，每个支路承受的电压只有原来支路电压的 $2/3$，从而使定子铁心中的磁通减少，使铁损降低。如果电动机所带负载的生产工艺条件许可，还可将绕线转子电动机的转子绕组改为励磁绕组，使之同步化运行，这可以大大提高功率因数，收到明显的节电效果。

（4）改革落后工艺，改进操作方法　生产工艺不仅影响到产品的质量和产量，而且影响到产品的耗电量。例如在机械加工中，有的零件加工工艺以铣代刨，就可使耗电量减少 50% 左右。改进操作方法也是节电的一条有效途径。例如在电加热处理中，电炉的连续作业就比间歇作业消耗的电能要少。

（5）采用无功补偿设备，人工提高功率因数　当采取各种技术措施提高设备的负荷率、减少无功功率消耗量后，企业电网

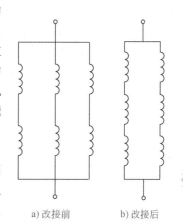

a) 改接前　　b) 改接后

图 10-1 感应电动机定子绕组每相由 3 个并联支路改接为 2 个并联支路

的功率因数尚达不到规定的要求时（一般规定功率因数不得低于0.9），则应考虑采用无功补偿设备，提高功率因数。无功补偿设备主要有同步补偿机和并联电力电容器。同步补偿机是一种专用于改善功率因数的同步电动机，调节其励磁电流，可以起到补偿无功功率的作用；并联电力电容器是一种专用于改善功率因数的电容器。并联电容器与同步补偿机相比，因并联电容器无旋转部分，具有安装简单、运行维护方便、有功损耗小以及组装灵活及扩容方便等优点，所以并联电容器在一般工厂供电系统中应用最为普遍。GB50052—2009《供配电系统设计规范》明确规定：当采用提高自然功率因数措施后，仍达不到电网合理运行要求时，应采用并联电力电容器作为无功补偿装置。通过技术经济比较，当采用同步电动机作为无功补偿装置确实合理时，也可采用同步电动机作为无功补偿装置。

3. 搞好节能技术培训　节能技术培训是搞好节能工作的前提，是企业提高能源使用率、取得较好经济效益的重要措施。除了参加上级主管部门的培训外，还应充分利用"节能宣传周"等有利时机，开展形式多样的宣传教育活动。如：结合生产实际组织编写节能基础资料，进行基础教育和基本功训练；根据各岗位特点开展岗位练兵活动；进行节能知识竞赛、节能基础理论考试和实际操作考核，使操作人员持证上岗等。

要切实做好工厂的节电节能工作，单靠少数节能管理人员或电气工程技术人员是不行的。一定要动员全厂职工乃至职工家属都树立节电节能的意识。只有人人重视节能，时时注意节能，处处做到节能，在全厂上下形成一种节电节能的新风尚，才能真正开创工厂节电节能的新局面。

10.2　工厂供电系统无功补偿

10.2.1　并联电容器的接线

工厂供配电系统无功补偿的并联电容器大多采用三角形联结，只是少数容量较大的高压电容器组除外。而低压并联电容器绝大多数是做成三相的，且内部已接成三角形。

3个电容为 C 的电容器采用三角形联结，容量为 $Q_{C(\triangle)} = 3\omega CU^2$，式中 U 为三相线路的线电压。如果3个电容为 C 的电容器采用星形联结，则容量为 $Q_{C(Y)} = 3\omega CU_\varphi^2$，式中 U_φ 为三相线路的相电压。由于 $U = \sqrt{3}\,U_\varphi$，因此 $Q_{C(\triangle)} = 3Q_{C(Y)}$。这是并联电容器采用三角形联结的一个优点。另外电容器采用三角形联结时，任一电容器断线，三相线路仍得到无功补偿；而采用星形联结时，一相断线时，断线的那一相将失去无功补偿。

但是也必须指出，电容器采用三角形联结时，任一电容器击穿短路时，将造成三相线路的两相短路，短路电流很大，有可能引起电容器爆炸。这对高压电容器特别危险。如果电容器采用星形联结，情况就完全不同。图10-2a为电容器星形联结时正常工作的电流分布，图10-2b为电容器星形联结时而A相电容器击穿短路时的电流分布和相量图。

a) 正常时的电流分布　　　　　　　　　b)A相电容器击穿短路时的电流分布和相量图

图 10-2　三相线路中电容器星形联结时的电流分布

电容器正常工作时（见图10-2a）：

$$I_A = I_B = I_C = U_\varphi/X_C \tag{10-1}$$

式中　X_C——电容器的电抗；

　　　U_φ——相电压。

当 A 相电容器击穿短路时（见图 10-2b）：

$$I_\mathrm{A}' = \sqrt{3}\, I_\mathrm{B}' = \frac{\sqrt{3}\, U_\mathrm{AB}}{X_\mathrm{C}} = \frac{3U_\varphi}{X_\mathrm{C}} = 3I_\mathrm{A} \tag{10-2}$$

由上式可知，电容器采用星形联结，在其中一相电容器击穿短路时，其短路电流仅为正常工作电流的 3 倍，因此相对比较安全。所以 GB50053—2013《20kV 及以下变电所设计规范》规定：高压电容器组应采用中性点不接地的星形接线，低压电容器组可采用三角形接线或星形接线。

10.2.2　并联电容器的装设位置

并联电容器在供电系统中的装设位置，有高压集中补偿、低压集中补偿和单独就地补偿三种方式，如图 10-3 所示。

图 10-3　并联电容器在供电系统中的装设位置和补偿效果

1. 高压集中补偿　高压集中补偿是将高压电容器组集中装设在工厂变配电所的 6～10kV 母线上。这种补偿方式只能补偿 6～10kV 母线以前线路上的无功功率，而母线后的厂内线路的无功功率得不到补偿，所以这种补偿方式的经济效果较后两种补偿方式差。但这种补偿方式的初始投资较少，便于集中运行维护，而且能对工厂高压侧的无功功率进行有效的无功补偿，以满足工厂总功率因数的要求，所以这种补偿方式在一些大中型工厂中应用相当普遍。

图 10-4 是接在变配电所 6～10kV 母线上的集中补偿的并联电容器组接线图。这里的电容器组采用三角形联结，装在成套电容器柜内。为了防止电容器击穿时引起相间短路，所以三角形联结的各边，均接有高压熔断器保护。

图 10-4　高压集中补偿的电容器组接线图

由于电容器从电网上切除时有残余电压，残余电压最高可达电网电压的峰值，这对人身是很危险的，因此必须装设放电装置。图10-4中的电压互感器TV一次绕组就是用来放电的。为了确保可靠放电，电容器组的放电回路中不得装设熔断器或开关。

按GB50053—2013规定，高压电容器装置宜设置在单独房间内。当采用非可燃介质的电容器且电容器组容量较小时，可设置在高压配电室内。

2. 低压集中补偿 低压集中补偿是将低压电容器集中装设在车间变电所的低压母线上。这种补偿方式能补偿变电所低压母线以前包括变压器及其前面高压线路和电力系统的无功功率。由于这种补偿方式能使变电所主变压器的视在功率减小，从而可选较小容量的主变压器，因此比较经济。特别是供电部门对工厂的电费制度通常实行的是两部电费制（一部分是按每月实际用电量计算电费，称为电度电费，另一部分是按装用的变压器容量计算电费，称为基本电费），主变压器容量减小，基本电费就减少了，可使工厂的电费开支减少，所以这种补偿方式在工厂中应用非常普遍。

低压电容器柜一般可安装在低压配电室内，与低压配电屏并列装设；只在电容器柜较多时才需考虑单设一房间。

图10-5是低压集中补偿的电容器组接线图。这种低压电容器组，都采用三角形联结，通常利用220V、15~25W的白炽灯的灯丝电阻来放电（也有用专用的放电电阻来放电的），这些放电白炽灯同时也作为电容器组正常运行的指示灯。

3. 单独就地补偿 单独就地补偿，又称个别补偿或分散补偿，是将并联电容器组装设在需进行无功补偿的各用电设备旁边。这种补偿方式能够补偿安装部位以前的所有高低压线路和变压器中的无功功率，所以其补偿范围最大，补偿效果最好，应予优先采用。但是这种补偿方式总的投资较大，且电容器组在被补偿的用电设备停止工作时，它也将一并被切除，因此其利用率较低。这种单独就地补偿方式特别适于负荷平稳、经常运转而容量又大的设备，如大型感应电动机、高频电炉等，也适用于容量虽小但数量多且长时间稳定运行的设备，如荧光灯等。对于供电系统中高压侧和低压侧基本无功功率的补偿，仍宜采用高压集中补偿和低压集中补偿的方式。

图10-6是直接接在感应电动机旁的单独就地补偿的低压电容器组接线图。这种电容器组通常就利用用电设备本身的绕组电阻来放电。

图10-5 低压集中补偿的电容器组接线图

图10-6 感应电动机旁单独就地补偿的低压电容器组接线图

在工厂供电系统中，实际上多是综合应用上述各种补偿方式，以求经济合理地达到总的无功补偿要求，使工厂电源进线处在最大负荷时的功率因数不低于规定值，高压进线时功率因数一般不得低于0.9。

10.2.3　并联电容器控制

并联电容器的控制有手动投切和自动调节两种控制方式。

1. 手动投切的并联电容器　采用手动投切，具有简单经济、便于维护的优点，但不便调节容量，更不能按负荷变动情况进行补偿，以达到理想的补偿要求。

具有下列情况之一时，宜采用手动投切的无功补偿装置：①补偿低压基本无功功率的电容器组。②补偿常年稳定的无功功率的电容器组。③长期投入运行的变压器或变配电所内投切次数较少的高压电动机及高压电容器组。

对集中补偿的高压电容器组，采用高压断路器进行手动投切（见图10-4）。

对集中补偿的低压电容器组，可按补偿容量分组投切。图10-7a是利用接触器进行分组投切的电容器组，图10-7b是利用低压断路器进行分组投切的电容器组。

对单独就地补偿的电容器组，如图10-6所示，利用控制用电设备的断路器或接触器进行手动投切。

a) 利用接触器分组投切　　　b) 利用低压断路器分组投切

图10-7　手动投切的低压电容器组

2. 自动调节的并联电容器
具有自动调节功能的并联电容器组，称为无功自动补偿装置。采用自动补偿装置可以按负荷变动情况适时进行无功补偿，达到较理想的无功补偿要求，但其投资较大，且维修比较麻烦，因此凡可不用自动补偿或采用自动补偿效果不大的场合，均不必装设自动补偿装置。

具有下列情况之一时，宜装设无功自动补偿装置：①为避免过补偿，装设无功自动补偿装置在经济上合理时。②为避免轻载时电压过高，造成某些用电设备损坏而装设无功自动补偿装置在经济上合理时。③只有装设无功自动补偿装置才能满足在各种运行负荷的情况下的电压偏差允许值时。由于高压电容器采用自动补偿时对电容器组回路中的切换元件要求较高，价格较贵，且维护检修比较困难，因此当补偿效果相同或相近时，宜优先选用低压自动补偿装置。

低压无功自动补偿装置的原理电路，如图10-8所示。电路图中的功率因数自动补偿控制器按电力负荷的变化及功率因数的高低，以一定的时间间隔（10~15s），自动控制各组电容器回路中接触器的投切，使电网的无功功率自动得到补偿，保持功率因数在0.95以上，而又不致过补偿。

图10-8　低压无功自动补偿装置的原理电路

10.2.4　并联电容器的运行维护

1. 并联电容器的投入和切除　并联电容器在供电系统正常运行时是否投入，主要视供电系统的功率因数或电压是否符合要求而定。如果功率因数过低或电压过低时，则应投入电容器或增加电容器投入量。

并联电容器是否切除或部分切除，也主要视系统的功率因数或电压情况而定。如果变配电所母线电压偏高（如超过电容器额定电压10%）时，则应将电容器切除或部分切除。

当发生下列情况之一时，应立即切除电容器：①电容器爆炸。②接头严重过热。③套管闪络放电。④电容器喷油或起火。⑤环境温度超过40℃。

如果变配电所停电，也应切除电容器，以免突然来电时，母线电压过高，使电容器击穿。

在切除电容器时，须从仪表指示或指示灯来检查其放电回路是否完好。电容器组从电网切除后，应立即通过放电回路放电。高压电容器放电时间应不短于5min，低压电容器放电时间应不短于1min。为确保人身安全，人体接触电容器之前，还应采用短接导线将所有电容器两端直接短接放电。

2. 并联电容器的维护　并联电容器在正常运行中，值班员应定期检视其电压、电流和室温等变化，并检查其外部，看看有无漏油、喷油、外壳膨胀等现象，有无放电声响和放电痕迹，接头有无发热现象，放电回路是否完好，信号灯是否指示正常等。对装有通风装置的电容器室，还应检查通风装置各部分是否完好。

10.3　工厂电气设备的运行维护

10.3.1　电气设备的安全运行

1. 保证安全的组织措施　在变电所（发电厂）的电气设备或电力线路上工作时，应严格执行国家行业标准《电业安全工作规程》，要切实做好各项保证电气安全的组织措施，即：工作票制度，工作许可制度，工作监护制度，工作间断、转移和终结制度。

（1）工作票制度　在电气设备上工作，必须得到许可或命令方可进行。工作票制度是准许在电气设备上（或线路上）工作的书面命令，是工作班组内部以及工作班组与运行人员之间为确保检修工作安全的一种联系制度。工作票制度的目的是使检修人员、运行人员都能明确自己的工作责任、工作范围、工作时间、工作地点；在工作情况发生变化时如何进行联系；在工作中必须采取哪些安全措施，并经有关人员认定合理后全面落实。除一些特定工作外，凡在电气设备上进行工作的，均须填写工作票。

1）工作票的种类及使用范围。工作票分为第一种工作票和第二种工作票，其格式见附表43、附表44。

第一种工作票的使用范围如下：

① 在高压设备上工作需要全部停电或部分停电者。

② 在高压室内的二次接线、照明等回路上的工作，需要将高压设备停电或做安全措施者。

第二种工作票的使用范围如下：

① 带电作业和在带电设备外壳上工作者。

② 在控制屏、低压配电屏和配电箱电源干线上工作者。

③ 在二次接线回路上工作，无需将高压设备停电者。

④ 在转动中的发电机、同期调相机的励磁回路或高压电动机转子电阻回路上工作者。

⑤ 非当值值班人员用绝缘棒和电压互感器定相或用钳形电流表测量高压回路电流者。

此外，其他工作可口头或电话命令，如事故抢修工作，不用填写工作票，但值班员要将发令人、工作负责人及工作任务详细记入操作记录簿中。无论口头还是电话命令，其内容必须清楚正确，受令人要向发令人复诵核对无误后方可执行。

2）工作票的填写与签发。工作票要用钢笔或圆珠笔填写，一式两份，应正确清楚，不得任意涂改。工作负责人可以填写工作票。

工作票签发人应由本所内熟悉本所技术人员水平和设备情况，熟悉电业安全工作规程的生产领导人或电气技术人员担任。工作许可人不得签发工作票。工作票签发人员名单应当面公布。

工作负责和允许办理工作票的值班员（工作许可人）应由主管生产的领导当面批准。工作票签发人不得兼任所签发任务的工作负责人。工作票签发人必须明确所签发任务的必要性、安全性以及工作票上所填安全措施是否完备，所派工作负责人和工作班人员是否适当和足够，精神状态是否良好。

一个工作负责人只能发给一张工作票。工作票上所列的工作地点，以一个电气连接部分为限。如果需作业的各设备属于同一电压，位于同一楼层，同时停送电，又不会触及带电体时，则允许几个电气连接部分共用一张工作票。在几个电气连接部分依次进行不停电的同一类型的工作，如对各设备依次进行校验仪表的工作，可签发一张（第二种）工作票。若一个电气连接部分或一个配电装置全部停电时，对与其连接的所有不同地点的设备的工作，可发一张工作票，但要详细写明主要工作内容。几个班同时进行工作时，工作票可发给一个总负责人，在工作班成员栏内只填明各班的负责人，不必填写工作人员名单。

3）工作票的执行。两份工作票中的一份必须经常保存在工作地点，由工作负责人收执，另一份由值班员收执，按值移交。值班员应将工作票号码、工作任务、工作许可时间及完工时间记入操作记录簿中。在开工前工作票内标注的全部安全措施应一次做完，工作负责人应检查工作票所列的安全措施是否完备和值班员所做的安全措施是否符合现场的实际情况。

第一种工作票应在工作前一日交给值班员。若变电所离工区较远，或因故更换新工作票，不能在工作前一天将工作票送到，工作票签发人可根据自己填好的工作票用电话全文传达给变电所的值班员，值班员应做好记录，并复诵核对。若电话联系有困难，也可在进行工作的当天预先将工作票交给值班员。临时工作可在工作开始之前交给值班员。第二种工作票应在进行工作票工作的当天预先交给值班员。第一、二种工作票的有效时间以批准的检修期为限。对于第一种工作票，至预定时间工作尚未完成，应由工作负责人办理延期手续。延期手续应由工作负责人向值班负责人申请办理，主要设备检修延期要通过值班长办理。工作票有破损不能继续使用时，应填补新的工作票。

需变更工作班的成员时，须经工作负责人同意。需要变更工作负责人时，应由工作票签发人将变动情况记录在工作票上。若扩大工作任务，必须由工作负责人通过工作许可人，并在工作票上增添工作项目。若需变更或增设安全措施，必须填写新的工作票，并重新履行工作许可手续。

执行工作票的作业，必须有人监护。在工作间断、转移时执行间断、转移制度。工作终结时，执行终结制度。

（2）工作许可制度 为了进一步确保电气作业的安全进行，完善保证安全的组织措施，对于工作票的执行，规定了工作许可制度，即未经工作许可人（值班员）允许不准执行工作票。

工作许可人（值班员）认定工作票中安全措施栏内所填的内容正确无误且完善后，去施工现场具体实施。然后会同工作负责人在现场再次检查必要的接地、短路、遮栏和标示牌是否装设齐备，并以手触试已停电并已接地和短路的导电部分，证明确无电压，同时向工作负责人指明带电设备的位置及工作中的注意事项。工作负责人确认后，工作负责人和工作许可人在工作票上分别签名。完成上述许可手续后，工作班方可开始工作。

工作许可人、工作负责人任何一方不得擅自变更安全措施；值班人员不得变更有关检修设备的运行接线方式，工作中如有特殊情况需变更时，应事先取得对方的同意。

（3）工作监护制度 工作监护制度是指工作人员在工作过程中必须受到监护人一定的指导和监管，以及时纠正不安全的操作和其他的危险误动作。特别是在靠近有电部位工作及工作转移时，监护工作更为重要。

工作负责人同时又是监护人。工作票签发人或工作负责人可根据现场的安全条件、施工范围、工作需要等具体情况，增设专人进行监护工作，并指定被监护的人数。

工作期间、工作负责人（监护人）若因故需离开工作地点时，应指定能胜任的人员临时代替监护人的职责，离开前将工作现场情况向指定的临时监护人交代清楚，并告知工作班人员。原工作班负责人返回工作地点时，也履行同样的交接手续。若工作负责人需长时间离开现场，应由原工作票签发人变更新工作负责人，并进行认真交接。

专职监护人不得兼做其他工作。在下列情况下，监护人可参加班组工作：

1）全部停电时。

2）在变电所内部分停电时，只有在安全措施可靠，工作人员集中在一个工作地点，工作人员连同监护人不超过三人时。

3）所有室内、外带电部分均有可靠的安全遮栏，完全可以做到防止触电时。

完成工作许可手续后，工作负责人（监护人）应向工作班人员交代现场的安全措施、带电部位和其他注意事项。工作负责人（监护人）必须始终在工作现场，对工作班人员的安全认真监护，及时纠正违反安全的动作，防止意外情况发生。

所有工作人员（包括监护人），不许单独留在室内和室外变电所高压设备区内。若工作需要一个人或几个人同时在高压室内工作，如测量极性、回路导通试验等，必须满足两个条件：一是现场的安全条件允许；二是所允许工作的人员要有实践经验。监护人在这项工作之前要将有关安全注意事项做详细指示。

值班人员如发现工作人员违反安全规程或发现有危及工作人员安全的任何情况，均应向工作负责人提出改正意见，必要时暂时停止工作，并立即向上级报告。

（4）工作间断、转移和终结制度 工作间断制度是指当日工作因故暂停时，如何执行工作许可手续、采取哪些安全措施的制度。工作间断时，后继工作人员应从工作现场撤离，所有安全措施保持不变，工作票仍由工作负责人执存。间断后继续工作时，无需通过工作许可人。每日收工，应清扫工作地点，开放已封闭的道路，并将工作票交回值班员。次日复工时，应得到值班员许可，取回工作票，工作负责人必须重新认真检查安全措施是否符合工作票要求后，方可工作。若无工作负责人或监护人带领，工作人员不得进入工作地点。

在工作期间，若需要紧急合闸送电时，值班员在确认工作地点的工作人员已全部撤离，报告工作负责人或上级领导，并得到他们的许可后，可在未交回工作票的情况下合闸送电，并应采取下列措施：

1）拆除临时遮栏、接地线和标示牌，恢复常设遮栏，换挂"止步，高压危险！"的标示牌。

2）必须在所有通道派专人守候，以便告诉工作班人员"设备已经合闸送电，不得继续工作"，守候人员在工作票未交回以前，不得离开守候地点。

工作转移制度是指每转移一个工作地点，工作负责人应采取哪些安全措施的制度。在同一电气连接部分用同一工作票依次在几个工作地点转移工作时，全部安全措施由值班员在开工前一次做完，不需再办理转移手续，但工作负责人在转移工作地点时，应向工作人员交代带电范围、安全措施和注意事项。

工作终结制度是指工作结束时，工作负责人、工作班人员及值班员应完成哪些规定的工作内容之后，工作票方可终结的制度。全部工作完毕后，工作班应清扫、整理现场。工作负责人应先周密检查，待全体人员撤离工作地点后，再向值班人员讲清所检修的项目、发现的问题、试验的结果、存在的问题等，并同值班人员共同检查设备状况、有无遗留物件、是否清洁等，然后再工作票上填明工作终结时间。经双方签名后，工作票方告终结。已结束的工作票，保存三个月。

2. 保证安全的技术措施 在全部或部分停电的电气设备上工作时，为了保证人身安全，作业前必须执行保证安全的技术措施。

（1）停电 工作地点必须停电的设备如下：

1）检修的设备。

2）与工作人员在进行工作中正常活动范围的距离小于表10-1规定的设备。

3）在44kV以下的设备上进行工作，上述安全距离虽大于表10-1规定，但小于表10-2的规定，同时又无安全遮栏的设备。

表10-1　工作人员正常工作的活动范围
与带电设备的距离

电压等级 /kV	安全距离/m
10 及以下	0.35
20 ~ 35	0.6
44	0.9
60 ~ 110	1.5

表10-2　设备不停电时的安全距离

电压等级/kV	安全距离/m
10 及以下	0.7
20 ~ 35	1.0
44	1.2
60 ~ 110	1.5

4）带电部分在工作人员后面或侧面，无可靠安全措施的设备。将检修设备停电，必须将各方面的电源完全断开（任何运行中的星形联结设备的中性点，必须视为带电设备）。禁止在只经断路器断开电源的设备上工作。必须拉开隔离开关，使各方面至少有一个明显的断开点。与停电设备有关的变压器和电压互感器，必须从高、低压两侧断开，防止向停电检修设备反送电。

为防止已断开的断路器误合闸，应取下断路器控制回路的熔断器或者关闭汽、油阀门等。对一经合闸有可能送电到停电设备的隔离开关，其操作把手必须锁上。

（2）验电　停电后，还应检验已停电设备有无电压。这样可以明显地验证设备是否确无电压，以防出现带电装设接地线或带电合接地刀开关等恶性事故。

验电时，必须用电压等级合适而且合格的验电器，在检修设备进出线两侧各相分别验电。验电前，应先在有电设备上进行试验，确证验电器良好。

高压验电必须戴绝缘手套。验电时应使用相应电压等级的专用验电器。

（3）装设接地线　当验明设备确无电压后，应立即将检修设备接地并三相短路。这是保护工作人员在工作地点防止突然来电的可靠安全措施，同时设备的剩余电荷也会因接地而放尽，而且还可以消除因线路平行、交叉等引起的感应电压或大气过电压造成的危害。

对于可能送电至停电设备的各方面或可能产生感应电压的停电设备，都要装设接地线，即做到对来电侧而言，始终保证工作人员在接地线的后侧。所装接地线与带电部分距离应符合有关规定。

装有接地刀开关的设备停电检修时应合上接地刀开关以代替接地线。当接地刀开关有缺陷需检修时，应另行装设接地线代替该接地刀开关，才可拉开接地刀开关进行检修。

装设接地线时，必须先接接地端，后接导体端，这样做的好处是停电设备若还有剩余电荷或感应电荷时，因接地而将电荷放尽，不会危及人身安全。同理，拆除接地线的顺序与装设接地线的顺序相反。为了进一步确保操作人员的人身安全，要求拆、装接地线时，均应使用绝缘棒或戴绝缘手套。

接地线在装设前应经过详细检查，禁止使用不符合规定的导线做接地线和短路之用。

接地线必须用专用的线夹固定在导体上，严禁用缠绕的方法进行接地和短路。

（4）悬挂标示牌和装设遮栏　工作人员在验电和装设接地线后，应在一经合闸即可送电到工作地点的开关和刀开关的操作把手上，悬挂"禁止合闸，有人工作！"的标示牌，或应在线路开关和刀开关的操作把手上悬挂"禁止合闸，线路有人工作！"的标示牌，标示牌的悬挂和拆除，应按调度员的命令执行。

部分停电的工作，当安全距离不能满足要求时，应装设临时遮栏，用以隔离带电设备，并限制工作人员的活动范围，防止在工作中高压带电部分的危险接近。临时遮栏可用干燥木材、橡胶或其他坚韧绝缘材料制成，装设应牢固，并悬挂"止步，高压危险！"的标示牌。因工作特殊需要，35kV及以下设备的临时遮栏，可用绝缘挡板与带电部分直接接触，挡板的绝缘性能应符合规定。

在室内高压设备上工作，应在工作地点两旁间隔、对面间隔的遮栏上和禁止通行的过道上悬挂"止步，高压危险！"的标示牌。可以更明确地警戒工作人员不要误入带电间隔的高压导电部分或附近，从而保证安全。

室外设备大都没有固定的围栏，设备布置也不像室内一样集中。为了更好地警戒检修工作地点，限制检修工作人员活动范围，应在工作地点四周用绳子做好围栏，将检修设备围起来，指定检修人员在围栏内进行检修工作，围栏上应悬挂适当数量的"止步，高压危险！"的标示牌。标示牌必须朝向围栏里面（即面向检修人员）。

在工作地点悬挂"在此工作"的标示牌，这样可以提示检修工作人员，防止走错间隔。

在工作人员上下用的铁架或梯子上，应悬挂"从此上下！"的标示牌，在邻近其他可能误登的结构上，应悬挂"禁止攀登，高压危险"的标示牌。

各种安全遮栏、标示牌、接地线等都是为了保证检修工作人员的人身安全和设备安全运行而做的安全措施，任何工作人员在工作中都不能随便移动和拆除。如确因工作需要，须变动上述安全措施的内容或做法时，必须征得工作许可人的同意，工作完成后，应立即恢复原来状态并报告工作许可人。

10.3.2 电气设备的巡视检查

1. 电气设备巡视检查的规定

（1）执行《电业安全工作规程》有关规定

1）经企业领导批准允许单独巡视高压设备的值班人员和非值班人员巡视高压设备时，不得进行其他工作，不得移开或超过遮栏。

2）雷雨天气需要巡视室外的高压设备时，应穿绝缘靴，并不得靠近避雷器和避雷针。

3）高压设备发生接地时，室内不得接近故障点4m以内，室外不得接近故障点8m以内。进入上述范围以内人员必须穿绝缘靴，接触设备外壳和构架时应戴绝缘手套。

4）巡视配电装置时，进出高压室必须随手将门锁好。

5）高压室的钥匙至少应有三把，由变电值班人员负责保管，按值移交。一把专供紧急时使用，一把专供值班人员使用，还有一把可以借给许可单独巡视高压设备的人员或工作负责人使用，但必须登记签名并当日交回。

6）新进人员和实习生不可单独巡视检查。

7）维护班进行红外线测温、继保巡视等，必须执行工作票制度。

（2）值班人员进行巡视检查时的注意事项

1）须随身携带巡视记录小册子，按照站内规定的巡视检查线路进行检查，防止漏查设备。巡视前应了解站内设备负荷分配及设备健康情况，以便有重点地进行仔细检查。

2）在设备检查中，要做到"四细"，即细看、细听、细嗅、细摸（指不带电设备外壳），严格按照设备运行规程中的检查项目逐项检查，防止漏查缺陷。

3）对查出的缺陷和异常情况，应在现场做好记录并及时汇报值长，当值进行分类，详细记在相应的记录簿上。对严重缺陷及紧急异常情况，班、所长应立即复查分析，并向主管部门和有关调度汇报。必要时应加强对设备薄弱环节的监视，采取相应措施，并填写缺陷单上报。

4）巡视时遇有严重威胁人身和设备安全的情况，应按事故处理有关规定进行处理。

5）巡视检查人员要做到五不准：不准做与巡视无关的工作；不准移开或越过遮栏；不准嬉笑、打闹；不准交谈与巡视无关的内容；不准观望巡视范围以外的外景。

2. 电气设备巡视检查的方法　变电所电气设备的巡视检查方法：可通过运行人员的目测、耳听、鼻嗅、手触等感官为主要检查手段，发现运行设备的缺陷及隐患。也可使用工具和仪表，进一步探明故障性质。

常用的巡视检查方法有以下四个方面：

（1）目测法 目测法就是值班人员用肉眼对运行设备可见部位的外观进行观察来发现设备的异常现象，如变色、变形、位移、破裂、松动、打火冒烟、渗漏油、断股断线、闪络痕迹、异物搭挂、腐蚀污秽等，都可以通过目测法检查出来。因此，目测法是设备巡查最常用的方法之一。

（2）耳听法 变电所的一、二次电磁设备（如变压器、互感器、继电器、接触器等），正常运行通过交流电后，其绕组铁心会发出均匀节律和一定响度的"嗡嗡"声。运行值班人员应该熟悉掌握声音特点，当设备出现故障时，会夹着杂音，甚至有"噼啪"的放电声，可以通过正常时和异常时的音律、音量的变化来判断设备故障的发生和性质。

（3）鼻嗅法 电气设备的绝缘材料一旦过热会使周围空气产生一种异味。这种异味对正常巡查人员来说是可以嗅别出来的。当正常巡查嗅到这种异味时，应仔细巡查观察、发现过热的设备与部位，直至查明原因。

（4）手触法 对带电的高压设备，如运行中的变压器、消弧线圈的中性点接地装置，禁止使用手触法测试。对不带电且外壳可靠接地的设备，检查其温度或温升时需要用手触试检查。二次设备发热、振动等可以用手触法检查。电气设备的最高允许温度见表10-3。

表10-3 电气设备的最高允许温度参考值

被测设备及部位		最高允许温度/℃	被测设备及部位		最高允许温度/℃
油浸变压器	接地端子	75	互感器	接线端子	75
	本体	90		本体	90
断路器	接线端子	75	母线接头处	硬铝线	70
	机械结构部分	110		硬铜线	75
隔离开关	触头处	65	电容器	接线端子	75
	接线端子	75		本体	70

注：本表仅供参考，具体设备以现场运行规程规定为准。

3. 电气设备巡视检查的范围和周期

（1）定期性巡视

1）主变压器、调相变压器、并联电抗器4h检查1次。

2）控制室设备、操作过的设备、带有紧急或重要缺陷的设备、调相机及其励磁机、内冷泵、外冷泵、油泵、油箱、水箱，在接班时应检查。

3）变电所所有设备24h检查3次。

4）每周1次关灯巡视检查导线接点及绝缘子的异常情况。对污秽严重的变电所户外设备，在雨天、雾天、放电严重时要增加巡视次数。

5）每天检查、测量蓄电池温度、密度、电压。

6）每星期一试验1次重合闸装置，测1次母差不平衡电流值；每天试验1次高频通道。

7）继电保护二次连接片每月核对1次。

8）所长每周进行1次对全所设备的巡视检查。

（2）经常性巡视

1）监视调相机及其励磁机的电源、电压，水泵、油泵的温度、压力，并按规程规定及时调整或采取必要措施。

2）监视各级母线电压、频率，监视并调整调相机出力，监视主变压器有载分接头位置，投切电容器、电抗器。监视各线路、主变压器的潮流，防止过负荷。

3）监视直流系统电压、绝缘，以保证设备及保护动作的可靠性。

（3）特殊性巡视

1）严寒季节，应重点检查充油设备油面是否过低，导线是否过紧，接头有无裂开、发热等现象，绝缘子有无积雪结冰，管道有无冻裂等现象。

2）高温季节，重点检查充油设备油面是否过高，油温是否超过规定。检查变压器有无油温过高（允许油温85℃，允许温升55℃）及接头发热、蜡片熔化等现象。检查变压器冷却系统，检查开关室、母线室、蓄电池室排风机及事故用轴流风扇。检查导线是否过松。

3）大风时，重点检查户外设备底部附近有无草堆杂物、油毛毡等，检查导线振荡情况，接头有无异常情况，安全措施是否松动。

4）大雨时，检查门窗是否关好，屋顶、墙壁有无漏渗水现象。

5）冬季重点检查防小动物进入室内的措施有无问题。修复破损门窗缝隙要小，电缆竖井室内出口封堵要严密，控制室、电缆层封墙、电缆出线孔封堵要严密。进入高压室要随手关门。应放好鼠药，做好冬季安全大检查。

6）雷击后检查绝缘子、套管有无闪络痕迹，检查避雷器动作记录器并将动作情况填入专用记录中。平时要做好记录，做到现场数字、记录器、记录簿数据保持一致。

7）大雾霜冻季节和污秽地区，重点检查设备瓷质绝缘部分的污秽程度，检查设备的瓷质绝缘有无放电电晕等异常情况，必要时关灯检查。

8）事故后重点检查信号和继电保护动作情况、故障录波仪动作情况，检查事故范围内的设备情况，如导线有无烧伤、断股，设备的油位、油色、油压等是否正常，有无喷油异常情况，绝缘子有无烧闪、断裂等情况。

9）高峰负荷期间重点检查主变压器、线路等回路的负荷是否超过额定值，检查过负荷设备有无过热现象。主变压器严重过负荷时，应每小时检查1次油温，监视回路触头示温片是否熔化，根据主变压器规程监视主变压器，汇报网调和有关调度，开启备用冷却器，转移负荷，监视发热点，用轴流风扇吹主变压器等。

10）雷雨季节，要注意检查绝缘子积露、放电现象。

11）新设备投入运行后，应每半小时巡视1次，4h后按正常巡视，对主设备投入后的正常巡视要延长到24h后，新设备投入运行后重点检查有无异常声，接点是否发热、有无漏油渗油现象等。主变压器投入后瓦斯下浮子改接信号，24h后方可投跳。

12）每年结合季节特点进行安全大检查，发动群众对设备进行全面彻底检查，不留死角清除隐患。安全大检查要将查思想、查纪律、查规程制度、查领导结合起来。

4. 设备缺陷及其划分　运行设备含处于备用状态的设备，因自身或相关功能而影响设备或系统正常运行的异常现象称为设备或该装置的缺陷。按其对运行影响的程度分为紧急、重大和一般缺陷三类。

紧急缺陷是指设备发生异常状态，严重威胁安全运行，若不立即处理，就可能造成停电事故和设备损坏事故的缺陷。

重大缺陷是指对设备安全运行有一定威胁，但尚能坚持运行一段时间的缺陷。

一般缺陷是指设备有异常现象，目前不影响正常运行，但长期运行会使设备逐步损坏或影响正常运行，继而发展为重大和紧急缺陷的缺陷。

缺陷管理的程序是：发现缺陷→记录缺陷→核定缺陷→汇报缺陷→处理缺陷→消除缺陷。

10.3.3　变电所电气事故的处理

1. 变电所电气事故处理的原则

1）迅速限制事故发展，消除事故的根源，解除对人身和设备安全的威胁。

2）注意所用电的安全，设法保持所用电源正常。

3）事故发生后，根据表计、保护、信号及自动装置动作情况进行综合分析、判断，做出处理方案。处理中应防止非同期并列和系统事故扩大。

4）在不影响人身及设备安全的情况下，尽一切可能使设备继续运行。

5）在事故已被限制并趋于正常稳定状态时，应设法调整系统运行方式，使之合理，让系统恢复正常。

6）尽快对已停电的线路恢复供电。

7）做好主要操作及操作时间的记录，及时将事故处理情况报告有关领导和系统调度员。

8）水电厂发生事故后，处理时应考虑对航运的影响。

2. 电气事故处理的一般规定

1）发生事故和处理事故时，值班人员不得擅自离开岗位，应正确执行调度、值长、值班长的命令，处理事故。

2）在交接班手续未办完而发生事故时，应由交班人员处理，接班人员协助、配合。在系统未恢复稳定状态或值班负责人不同意交接班之前，不得进行交接班。只有在事故处理告一段落或值班负责人同意交接班后，方可进行交接班。

3）处理事故时，当值系统调度员是系统事故处理的指挥人，值长是全所事故处理的领导和组织者，电气值班长是变电所电气事故处理的领导和组织者。电气值班长应接受值长指挥，值长和值班长均应接受系统调度员指挥。

4）处理事故时，各级值班人员必须严格执行法令、复诵、汇报、录音和记录制度。发令人发出事故处理命令后，要求受令人复诵自己的命令，受令人应将事故处理的命令向发令人复诵一遍。如果受令人未听懂，应向发令人问清楚。命令执行后，应向发令人汇报。为便于分析事故，处理事故时应录音。事故处理后，应记录事故现象和处理情况。

5）事故处理中，若下一个命令需根据前一命令执行情况来确定，则发令人必须等待命令执行人的亲自汇报后再定。不能经第三者传达，不准根据表计的指示信号判断命令的执行情况（可作为参考）。

6）发生事故时，各装置的动作信号不要急于复归，以便查核，便于事故的正确分析和处理。

3. 电气事故处理的程序

（1）判断故障性质　根据计算机 CRT 图像显示、光字牌报警信号、系统中有无冲击摆动现象、继电保护及自动装置动作情况、仪表及计算机打印记录、设备的外部象征等进行分析、判断故障性质。

（2）判断故障范围　设备故障时，值班人员应到故障现场，严格执行安全规程，对设备进行全面检查。母线故障时，应检查断路器和隔离开关。

（3）解除对人身和设备安全的威胁　若故障对人身和设备安全构成威胁，应立即设法消除，必要时可停止设备运行。

（4）保证非故障设备运行　对未直接受到损害的设备要认真进行隔离，必要时启动备用设备。

（5）做好现场安全措施　对于故障设备，在判明故障性质后，值班人员应做好现场安全措施，以便检查人员进行检修。

（6）及时汇报　值班人员必须迅速、准确地将事故处理的每一阶段情况报告给值长或值班长，避免事故处理发生混乱。

10.4　工厂供电设备倒闸操作

10.4.1　概述

电气设备具有运行、热备用、冷备用和检修四种状态。运行状态是指断路器、隔离开关均已合闸，设备与电源接通，处在运行中的状态。热备用状态是指隔离开关在合闸位置，但断路器在断开位置，电源中断，设备停运，即只要将断路器手动或自动合闸，设备即投入运行的状态。冷备用状态是指断路器、隔离开关均处在断开位置，设备停运，即欲使设备运行，需将隔离开关合闸，然后再合断路器。检修状态是指断路器、隔离开关都在断开位置，并接有临时地线（或合上接地刀开关）设好遮栏，悬挂好标示牌，设备处于检修的状态。当电气设备由一种状态转换为另一种状态或改变系统的运行方式时，都需要进行一系列的倒闸操作。

1. 倒闸操作的内容　倒闸操作有一次设备的操作，也有二次设备的操作，其操作内容如下：

1）拉开或合上某些断路器和隔离开关。

2）拉开或合上接地刀开关（拆除或挂上接地线）。

3）拉开或装上某些控制回路、合闸回路、电压互感器回路的熔断器。

4）停用或加用某些继电保护和自动装置及改变定值等。

5）改变变压器或消弧线圈的分接开关。

2. 倒闸操作的安全　在倒闸操作过程中应严格遵守规定，不能随意操作。若发生操作事故，可能导致设备损坏、人身伤亡。因此，倒闸操作必须严格执行安全规程的要求，以确保操作的安全。倒闸操作的安全规程主要包括以下方面。

1）倒闸操作必须执行操作票制度。操作票是值班人员进行操作的书面命令，是防止误操作的安全组织措施。1000V 以上的电气设备在正常运行情况下进行任何操作时，均应填写操作票。每张操作票只能填写一个任务。

2）倒闸操作必须有两人进行（单人值班的变电所可由一人执行，但不能登杆操作及进行重要的和特别复杂的操作）。一人唱票、监护，另一人复诵命令、操作。监护人的安全等级（或对设备的熟悉程度）要高于操作者。特别重要和复杂的倒闸操作，由熟练的值班员操作，值班负责人或值班长监护。

3）严禁带负荷拉、合隔离开关。为了防止带负荷拉、合隔离开关，在进行倒闸操作时应遵循下列顺序：

① 停电拉闸必须先用断路器切断电源，检查断路器确在断开位置后，先拉负荷侧隔离开关，后拉母线侧隔离开关。

② 送电时则应先合母线侧隔离开关，再合负荷侧隔离开关，最后合断路器。

4）严禁带地线合闸。

5）操作者必须使用必要的、合格的绝缘安全用具和防护安全用具。用绝缘棒拉、合隔离开关或经传动机构拉、合隔离开关和断路器时，均应戴绝缘手套。雨天在室外操作高压设备时，要穿绝缘鞋。绝缘棒应有防雨罩。接地网的接地电阻不符合要求时，晴天也要穿绝缘鞋。装卸高压熔断器时，应戴护目镜和绝缘手套，必要时使用绝缘夹钳，并站在绝缘垫和绝缘台上。登高进行操作应戴安全帽，并使用安全带。

6）在电气设备或线路送电前，必须收回并检查所有工作票，拆除安全措施，拉开接地刀闸或拆除临时接地线及警告牌，然后测量绝缘电阻，合格后方可送电。

7）有雷雨时，禁止倒闸操作和更换熔断体，高峰负荷时避免倒闸操作。运行经验表明，如果在运行中能够认真执行电气安全的组织措施和技术措施，在执行倒闸操作任务时，注意力集中，严格遵守电气设备操作的规定，就能有效地防止操作事故的发生。

10.4.2　操作票制度及执行

电气系统和设备的倒闸操作种类繁多，内容极广，操作步骤和方法不一，操作路径也各有不同，所以容易发生误操作事故。根据误操作事故分析表明，大部分操作事故是由于没有执行操作票制度，或者填写倒闸操作票不正确，如操作内容不正确及操作步骤颠倒，或操作人员使用操作票不当（如已执行的操作项目未做记录）造成的。为了保证倒闸操作的正确性，必须首先正确填写好操作票，并在监护下操作。在填写操作票时，思想要集中，做到顺序不乱，项目不漏，字迹清晰，同时应根据设备的一次及二次回路的情况和设备的地点，统筹考虑一条正确的操作路径，免得往返奔跑，重复劳动，影响操作进度。

1. 操作票的填写及注意事项

1）操作票应用钢笔或圆珠笔填写，票面应清楚整洁，不得任意涂改。操作票要按编号顺序使用，作废的操作票应盖上"作废"字样的图章。操作任务栏中应填写设备的双重名称，即填写设备的名称及编号。操作项目填写完毕、操作票下方仍有空格时，应盖上"以下空白"字样的图章。

2）操作票操作项目的内容。

① 拉、合相应的断路器和隔离开关。

② 检查断路器和隔离开关的实际位置。

③ 装拆临时接地线，应注明接地线的编号。

④ 送电前应收回并检查所有工作票，检查接地线是否拆除。

⑤ 装上或取下控制回路或电压互感器的熔断器。进行断路器检修、在二次回路及保护装置上工作、倒母线过程中以及断路器处于冷备用时都需要取下操作回路的熔断器。电压互感器的停运、检修等也要取下其熔断器。

⑥ 切换保护回路连接片。在运行方式改变时，继电保护装置试验、检修、保护方式变更等情况均需要切换（即启用或停用）连接片。

⑦ 测试电气设备或线路是否确无电压。

⑧ 检查负荷分配。在并列或解列、用旁路断路器代送电、倒母线时，均应检查负荷分配是否正确。

3）操作票使用的技术术语。

① 断路器、隔离开关的拉合操作用"拉开""合上"。

② 检查断路器、隔离开关的实际位置用"确在合位""确在开位"。

③ 拆装接地线用"拆除""装设"。

④ 检查接地线拆除用"确已拆除"。

⑤ 装上、取下控制回路和电压互感器回路的熔断器用"装上""取下"。

⑥ 保护连接片切换用"启用""停用"。

⑦ 检查负荷分配用"负荷指示正确"。

⑧ 验电用"三相验电，验明确无电压"。

4）可不填写操作票的操作。

① 事故处理。处理事故时，为了能迅速断开故障点，缩小故障范围，以限制事故的发展，及时恢复供电，故无需填写操作票。

② 拉合断路器的单一操作。

③ 拉开接地刀闸或拆除全厂（所）仅有的一组接地线。

上述三种情况要记入操作记录簿内。

5）特殊情况下的操作票填写。单人值班的变电所，操作票由发令人用电话向值班员传达。值班员按指令填写操作票，并向发令人复诵，经双方核对无误后，将双方姓名填入操作票上（"监护人"签名处填入发令人的姓名）。

2. 倒闸操作的基本原则 变电所电气运行人员在进行电气设备倒闸操作时，应遵循以下基本原则：

（1）停送电操作原则

1）拉、合隔离开关及断路器停、送电时，必须检查并确认断路器在断开位置（倒母线例外，此时母联断路器必须合上）。

2）严禁带负荷拉、合隔离开关，所装电气和机械防误闭锁装置不能随意退出。

3）停电时，首先断开断路器，然后拉开负荷侧隔离开关，最后拉开母线侧隔离开关；送电时，先合上电源侧隔离开关，再合上负荷侧隔离开关，最后合上断路器。

4）手动操作过程中，发现误拉隔离开关时，不准把已拉开的隔离开关重新合上，只有用手动蜗轮传动的隔离开关，在动触头未离开静触头刀刃之前，允许将误拉的隔离开关重新合上，不再操作。

（2）母线倒闸操作原则

1）母线停电后需要做安全措施者，应验明母线无电压后，方可合上该母线的接地隔离开关或设备接地线。

2）向检修后或处于备用状态的母线充电时，充电断路器有速断保护时，应优先加用；无速断保护时，其主保护必须加用。

3）母线送电时，应先将母线电压互感器投入；母线停电时，应先将母线上的所有负荷转移完，再将母线电压互感器停运。

4）母线倒闸操作时，先给备用母线充电，检查两组母线电压相等，确认母联断路器已合好，取下其控制熔断器，然后进行母线隔离开关的切换操作。母联断路器断开前，必须确认负荷已全部转移，母联断路器电流表指示为零，再断开母联断路器。

5）母线倒闸操作过程中，应检查差动继电器的动作情况，当有"差动继电器同时动作"信号来时（同一线路的两母线隔离开关都合上，或一隔离开关拉开后，该隔离开关联动的差动继电器不返回），不允许断开母联断路器。否则，母联断路器断开后，若两母线的电压不完全相等，使两电压互感器二次侧流过环流，会将二次侧熔断器熔断，造成保护误动或烧坏电压互感器。

（3）变压器停、送电原则

1）双绕组升压变压器停电时，应先拉开高压侧断路器，再拉开低压侧断路器，最后拉开两侧隔离开关。送电时的操作顺序与此相反。

2）双绕组降压变压器停电时，应先拉开低压侧断路器，再拉开高压侧断路器，最后拉开两侧隔离开关。送电时的操作顺序与此相反。

3）三绕组升压变压器停电时，应依次拉开高、中、低压侧断路器，再拉开三侧隔离开关。送电时的操作顺序与此相反。

4）三绕组降压变压器停、送电的操作顺序与三绕组升压变压器相反。

总体来说，变压器停电时，先拉开负荷侧断路器，后拉开电源侧断路器。送电时的操作顺序与此相反。

3. 倒闸操作的程序 电气设备倒闸操作的程序一般包括如下几个步骤。

（1）布置和接受任务 在电气设备需要进行倒闸操作前，值（班）长应先布置操作任务，并讲清楚操作的目的和操作设备的状况。操作人员接到操作任务后，应复诵一遍后将此任务记入操作簿内，并做好操作前的准备工作，待接到操作命令后再进行操作。

（2）填写操作票 填写操作票的目的是拟订具体的操作内容和顺序，防止在操作过程中发生顺序颠倒或漏项。操作人接受任务后，根据操作任务，查对模拟系统图和实际运行方式，认真填写操作票或由计算机调用典型操作票。

（3）审核标准 操作人填好操作票后，先自审一遍并签字，然后交监护人、值班长、值长逐级审核，无误后，分别在操作票上签字批准。

（4）模拟操作 经值班长批准，可进行模拟操作，即监护人和操作人在模拟图上进行操作预演。监护人按操作票的项目顺序唱票，操作人在模拟图上进行操作，以核对操作票的正确性。

（5）发布操作命令　所有准备工作就绪后，值长或值班长向监护人下达正式的操作命令，监护人重复操作命令，值长或值班长认为正确无误后，下达命令"对，执行"，并在操作票上填入发令时间。

（6）现场操作　监护人和操作人携带操作工具进入现场。操作前，先核对被操作设备的名称和编号，应与操作票相同，核对断路器、隔离开关实际位置及辅助设备状况（信号灯、表计指示、继电器、联锁装置等状况），然后进行操作。当监护人认为操作人站立位置正确，使用的安全用具合乎要求时，监护人按操作票的顺序及内容高声唱票，操作人应再次核对设备的名称和编号，确认无误后，复诵一遍，监护人确认无误后，发出命令"对，执行"。此时，操作人按照命令进行操作，监护人记录开始操作的时间。每操作完一项，在操作项目顺序号上打"√"，依次操作后续各项。操作人在操作过程中，监护人还应监视其操作方法是否正确。对计算机控制的配电装置操作，敲动计算机键盘上的相关键，由计算机按事先输入的操作程序自动对配电装置进行操作，上述(2)～(6)可省略。

（7）发现操作票有错误时的处理　操作人在执行操作票的过程中，若发现操作票填写的内容有错误，应拒绝执行，同时，应立即向调度或现场负责人报告，提出不能执行的理由并指出错误之处，但不得私自涂改。

现场负责人得到操作人所提出的不能执行的理由后，应立即与现场实际情况核对，经检查证明确实有错误，同意操作人重新填写正确的操作票，方可继续进行操作。

操作人在执行操作票的过程中，若对操作票填写的内容有疑问，应立即停止操作，并向值班调度员或值班负责人报告，弄清问题后，再进行操作。不准擅自更改操作票，不准随意解除闭锁装置。

（8）复查设备　操作人在监护人的监护下，检查操作结果。如断路器隔离开关的位置、表计指示、信号指示、联锁装置等，以检查操作过的设备是否正常。已执行的操作票保存三个月。

（9）汇报　按照操作票已全部操作完毕后，监护人向发令人汇报，并汇报操作开始和结束的时间。发令人认可后，由操作人在操作票上盖"已执行"图章。

（10）记录　监护人将操作任务、起始和终结时间计入操作记录本中。

4. 倒闸操作注意事项

1）在倒闸操作前，必须了解系统的运行方式、继电保护及自动装置等情况，并应考虑电源、负荷的合理分布以及系统运行方式的调整情况。

2）在电气设备送电前，必须收回并检查有关工作票，拆除安全措施如拉接地刀开关或拆除临时短路接地线及标示牌，然后测量绝缘电阻。在测量绝缘电阻时，必须隔离电源，进行放电。此外，还应检查隔离开关和断路器应在断开位置。

3）在倒闸操作前应考虑继电保护及自动装置整定值的调整，以适应新的运行方式的需要，防止因继电保护及自动装置误动作或拒绝动作而造成事故。

4）备用电源自动投入装置、重合闸装置、自动调节励磁装置必须在所属主要设备运行前退出运行，在所属主设备送电后投入运行。

5）在进行电源切换或电源设备倒母线时，必须先将备用电源自动投入装置撤除，待操作结束后再重新投入。

6）在进行同期并列操作时，应注意防止非同期并列，若同步表指针在零位摆动，则不得进行并列操作。

7）在倒闸操作中，应注意分析表计的指示。

8）在下列情况下，应将断路器操作电源切断，即取下该断路器的直流操作熔断器：①在检查断路器时；②二次回路及保护装置上有人工作时；③在操作隔离开关前；④在继电保护故障时；⑤油断路器缺油或无油时。

9）操作时应使用合格的安全工具（如验电器等），以防止因安全工具耐压不合格而在工作时造成人身或设备事故。

10）根据多年的操作经验，为防止误操作事故的发生，可从以下方面严格把关。

① 操作准备关。调度人员通知填票时，必须明确操作目的、停电范围及运行方式的变更，考虑测量、保护与自动装置相应变化，并将操作中所用的安全用具，如绝缘靴、绝缘手套、拉闸杆、验电器、接地线、遮栏绳、钥匙、应用器材等准备好；遇较复杂的操作应提前研究，做好操作准备。

② 操作票填写关。接到填票通知后，将通知操作任务逐项填写在操作任务栏内，综合操作命令，参照现场运行规程，逐一拟订操作步骤。

操作票原则上由副值填写，正值审查。

操作票写错时，不准涂改，可作废再写。一张操作票填不下时，用另一张操作票接下来填写，但第一张操作票下角，应写"接下页"字样。

③ 接令关。当接到调度操作命令后，正值应将拟好的票与调度仔细核对，核对后应再重复一遍，待调度认为无误后，方可执行操作；如调度没有事前通知填写，下令立即操作时，要随听随记随复述，然后从头复述一遍，记录下令时间和下令人。若本电站操作对系统有关联时，应向调度询问明确，若对操作有疑问应同调度员共同研究解决。

④ 模拟盘预演关。模拟盘要经常保持与运行方式相符，将拟订好的操作票，正、副值二人在模拟盘（或图）上预演，核对无误后，再进行操作。例如，挂地线时要在模拟盘上标出地线位置；紧急命令或单一操作可不预演，但事后要变更模拟盘位置。

⑤ 操作监护关。严格按前述现场操作要求进行操作监护。

⑥ 操作质量关。

a. 操作开关时，应检查指示灯、仪表、开关位置指示器；合闸后检查电流变化情况。

b. 操作刀开关时，拉刀开关则检查三相应全拉开，销子要锁好。合刀开关则检查三相要同期，解除要良好，单极刀开关安全钩要钩好。

c. 主要解列操作，应检查负荷分配情况。

d. 挂接地线时，应先接接地端，后接导体端；拆接地线时，顺序相反。接地端要牢固，接地点不准用绑线缠绕，不允许用短路线代替接地线；挂接地线时接地线不能触及人体。

e. 对一经合闸即可送电的刀开关，要将刀开关销子锁好或绑好。

10.4.3 倒闸操作管理

1. 倒闸操作现场必须具备的条件

1）变电所的电气设备必须标明编号和名称，字迹清楚、醒目，不得重复，设备有传动方向指示、切换指示，以及区别相位的漆色，接地闸刀垂直连杆应漆黑色或黑白环色。

2）设备应达到防误要求，如不能达到，须经上级部门批准。

3）各控制盘前后、保护盘前后、端子箱、电源箱等均应标明设备的编号、名称，一块控制盘或保护盘有两个及以上回路时要划出明显的红白分界线。运行中的控制盘、保护盘盘后应有红白遮栏。

4）变电所内要有和实际电路相符的电气一次系统模拟图和继电保护图。

5）变电所要备有合格的操作票，还必须根据设备具体情况制订现场运行规程、操作注意事项和典型操作票。

6）要有合格的操作工具和安全用具（如验电器、验电棒、绝缘棒、绝缘手套、绝缘靴、绝缘垫等），接地线及存放架（钩）上均应编号并对号入座。

7）要有统一的、确切的调度术语、操作术语。

8）值班人员必须经过安全教育、技术培训，熟悉业务和有关规程制度，经上岗考试合格，方可上岗担任副值、正值或值班长，接受调度命令进行倒闸操作或监护工作。

9）值班人员如调到其他变电所值班时也必须按上述规定执行。

10）新进值班人员必须经过安全教育和技术培训3个月，培训后由所长、培训员考试合格经工区批准才可担任实习副值，但必须在双监护下才能进行操作。

11）值班人员在离开值班岗位1～3个月的要重新回到原岗位时，必须复习规程制度并经所长和培训员考问合格后，方可上岗工作；离开值班岗位3个月以上者，须经上岗考核合格，方能上岗。

2. 倒闸操作管理及规定

（1）倒闸操作管理一般原则

1）系统内的倒闸操作，应根据调度范围划分，实行分级管理。

2）凡系统中运行设备或备用设备进行倒闸操作，均应根据值班调度员发布的操作命令票（任务票）或口头命令执行。严禁没有调度命令擅自操作。

3）对调度所管辖范围内的设备，只有值班调度员有权发布其倒闸操作命令和改变它的运行状态。在发布和接受调度操作命令时，必须互报单位、姓名，严格执行发令、复诵、录音汇报和记录制度，并使用统一的调度术语和操作术语。发令、受令双方应明确"发令时间"和"结束时间"，以表示操作开始和终结。

（2）值班人员在倒闸操作中的责任和任务　严格遵守规程制度，认真执行操作监护制，正确实现电气设备状态的改变，保证发电厂、变电站和电网安全、稳定经济地连续运行。这就是电力系统各级调度及电气值班人员倒闸操作中的责任和任务。

（3）合、解环操作　合环操作必须相位相同，操作前应考虑合环点两侧的相位差和电压差，并估算合环潮流，解环操作应先检查解环点的有功、无功潮流，以确保合、解环系统各部分电压在规定范围内，各环节潮流的变化不超过继电保护、系统稳定、设备容量等方面的限额。

（4）隔离开关操作　隔离开关操作必须在断路器拉开后进行，其操作规定如下：

1）在手动合隔离开关时，要迅速果断，碰刀要稳，不可用力过大，以防止损坏支持绝缘子。合闸时若发现弧光（误合闸），应将刀闸迅速合好。隔离开关一经合上，不得再强行拉开，因带负荷拉开隔离开关，会使弧光扩大，后果将更严重。这时只能用断路器切断该电路后，才允许将误合的隔离开关拉开。

2）在手动拉开隔离开关时，要缓慢谨慎，先要看清是否为要拉开的隔离开关，再看触头刚分开时有无电弧产生，若有电弧应立即合上，若无电弧应迅速拉开。在切断小容量变压器的空载电流、一定长度架空线路和电缆线路的充电电流时，也会有电弧产生。此时应与上述情况相区别，迅速将隔离开关断开，以利于灭弧。

3）隔离开关经操作后，必须检查其"开""合"位置，防止因操作机构有缺陷，致使隔离开关没有完全分开或没有完全合上的现象发生。

（5）断路器操作

1）对于装有手动合闸机构的断路器，一般情况下不允许带负荷手动合闸。因为手动合闸速度慢，易产生电弧，但特殊情况下例外。

2）遥控操作断路器时，不可用力过大，以免损坏控制开关，也不可返回太快，以防断路器来不及合闸。

3）断路器经操作后，必须从各方面判断断路器的触头位置是否真正与外部指示相符合，除了从仪表指示和信号灯判断断路器触头的实际位置外，还应到现场检查其机械位置指示。

4）断路器合闸前，应检查继电保护已按规定投入。断路器合闸后，应确认三相均已接通，自动装置按规定设置。

5）断路器使用自动重合闸装置时，应按现场规定考虑其开断容量，当断路器切断故障电流

10

的次数，按规定尚有一次时，若需继续运行，应停用该断路器的自动重合闸装置。

6）断路器分闸前，应考虑所带负荷的安排。

7）断路器操作时，当遥控失灵，并且现场规定允许进行近控操作时，必须三相同时操作，不得进行分相操作。

（6）变压器操作　变压器投入运行时，一般先从电源侧充电，然后合上负荷侧开关；变压器停电时，操作顺序相反。向空载变压器充电时，充电开关有完备的继电保护，并保证有足够的灵敏度，同时应考虑励磁涌流对系统继电保护的影响。变压器充电或停电时，各侧中性点应保持接地。

在运行中的各变压器，其中性点接地的数目和地点，应按继电保护的要求设置。运行中的变压器中性点接地开关如需倒换，则应先合上另一台变压器的中性点接地开关，再拉开原变压器的中性点接地开关。

（7）消弧线圈的操作　凡网络的电容电流数值超过下述规定的极限电流值时，均需采用补偿装置接地，如消弧线圈等。6~10kV 网络极限电容电流 $I_C \geqslant 30A$；20~60kV 网络极限电容电流 $I_C \geqslant 10A$。

为避免网络中线路跳闸时产生谐振，或在断线时产生过电压，消弧线圈应该调整为过补偿运行方式。

消弧线圈隔离开关的拉开或合上，均必须确认在该系统中不存在接地故障的情况下进行，而改变分接头位置时，必须将消弧线圈退出运行后再进行。

（8）母线操作

1）向母线充电时，应使用具有反映各种故障类型的速动保护的断路器（母联、旁路或线路断路器）进行，迫不得已需用隔离开关向母线充电时，必须确认母线绝缘正常。

2）用变压器向 220kV、110kV 母线充电时，变压器中性点必须接地。向不接地或经消弧线圈接地系统的母线充电时，应防止出现铁磁谐振或母线三相对地电容不平衡而产生异常过电压。如果有可能产生铁磁谐振，应先带适当长度的架空线路或采用其他消谐措施。

3）进行倒母线时，母联断路器应合上并改为非自动。装有母差保护的变电所，应注意母差保护方式的调整。

（9）线路操作

1）线路停电前，应正确选择解列点或解环点，并应考虑减少系统电压波动。对馈电线路，一般先拉开受电端断路器，再拉开送电端断路器。送电顺序相反。对 220kV 及以上超高压长距离线路，还应考虑拉开空载线路时充电功率的影响（尤其是电压波动大引起的过电压）等。

2）线路送电，断路器必须有完备的继电保护，并保证有足够的灵敏度。空载线路充电应考虑充电功率可能引起的电压波动，以及线路末端电压升高对变压器的影响。

3）110kV 及以上电压等级的线路，送端电源变压器中性点必须至少有一个接地点。

4）新建或检查后相位可能变动的线路投入运行时，应进行核相工作。

（10）高压跌落式熔断器操作

1）一般情况下不允许带负荷操作，而对容量在 200kV·A 及以下的配电变压器，允许高压侧的熔断器分、合负荷电流。

2）停电操作时，先拉开中间相，再拉边相；送电时，先合边相，后合中间相。若遇刮风天气停电时，应先拉背风相，再拉中间相，最后拉迎风相；送电时操作顺序与停电时相反，先合迎风相，再合中间相，最后合背风相。

3）尽量避免在下雨天或打雷时进行操作。

10.4.4　倒闸操作中的误操作

1. 误操作事故类型　电气误操作事故多发生在 10kV 及以下系统，约占 50% 以上。主要有以下几种类型：①误拉、合断路器或隔离开关；②带负荷拉、合隔离开关；③带电合接地刀开关或带电挂接地线；④带地线合闸；⑤非同期并列；⑥操作人员走错间隔。以上几种占电气误操作事故的80%以上。除此之外，防止操作人员高空坠落、误登带电架构、人身触电等，也是倒闸操作中必须重视的。

2. 误操作事故原因

（1）人员违章　不严格执行操作票制度，违章操作，是发生恶性电气误操作事故的根本原因，主要表现如下：

1）认为操作简单，不填写操作票或者填写了操作票也不带到现场，事后补填操作票或补打钩，应付检查；有的不按操作票顺序操作，跳项或漏项操作造成事故。

2）不唱票，不复诵，不核对设备名称编号，监护制流于形式。操作人和监护人错位，不履行各自的职责，实际上往往变成单人操作，失去监护。

3）模拟图与现场实际不符。运行状态变了，模拟图没有及时变更，或倒闸操作前根本就不核对。

4）交接班制度没有得到严格执行，不对口交接。接班人员不按岗位要求认真检查设备状态，不查看有关安全工具情况和运行记录，在没有认清设备实际状态的情况下，盲目操作。

5）运行人员对电力调度规程、电业安全工作安规等规定的一些基本概念理解不准确。

6）运行检修人员误碰误动。检修中刀开关试分合的操作缺乏规范化管理，职责不清，措施不完善，操作中没有监护；刀开关电动操作按钮没有使用双重名称编号，电动按钮缺乏防误碰措施，操作后操作电源没有及时断开等，留下误操作隐患。

（2）组织措施不到位

1）单人操作或无票操作。

2）操作票填写不认真；审核不细、不严，造成操作票本身存在错误。

3）虽有操作票，但未认真核对设备的名称与编号，没有认真唱票，认真复诵。

4）解锁钥匙管理不严，擅自使用解锁钥匙进行操作。

5）现场操作监护不力或形同虚设。

6）操作人员对日常简单操作不以为然，粗心大意，冒险重复习惯性违章操作；在调度命令不清晰、不准确的情况下，凭主观猜测和臆断操作。

7）操作人员怀疑防误装置卡涩、失灵就私自拆除或强行解除闭锁，致使一些防误装置退出运行而失去防误功能。

8）设备验收阶段组织不到位，发生误操作。

9）技术规程不完善，各种制度不健全。

10）继电保护措施票执行不严，二次回路拆线不彻底，连接片投退不完全，在保护调试中，因误动、误碰引起保护或开关误动事故。

（3）技术措施不完善

1）无闭锁装置或闭锁装置功能不全、闭锁失灵。

2）防误装置管理不到位，防误装置的运行规程，特别是万用钥匙的管理规定不完善，在执行中不严肃认真。防误装置检修维护工作的责任制不落实，造成防误装置完好率不高。

3）技术培训没跟上，运行人员不了解防误装置的原理、性能、结构和操作程序。

4）在微机防误闭锁检修或非正常运行方式下，随意使用解锁钥匙。

5）在实际程序闭锁的方式下，取消了电气闭锁，造成解锁的时候失去电气闭锁防误这道防线。

6）微机防误装置没有统一的试验标准，不能在检修维护中确定装置是否良好。

（4）生产、基建交叉界限不清

1）基建移交生产后，因种种原因需要变更运行方式，未履行必要的运行许可手续。

2）施工、检修人员未经运行人员许可，擅自操作运行设备。

3. 防止误操作事故的措施

（1）防止误操作事故的一般措施

1）认真接受调度命令，复诵无误做好记录并录音。

2）严格执行填票、模拟审核、发令唱票、高声复诵、严格监护、前后检查等一系列制度，不得疏忽。

3）实际操作之前认真做好模拟操作，发现问题及时修改。

4）操作中应加强监护，倒闸操作应实施双重监护，即除了票面上的监护人外还应由值班长或站长和技术人员负责担任第二监护人。特别重大的操作还应有上级领导在场，并制订相应的安全措施。

5）操作中应严格按照倒闸操作票的顺序进行操作，每操作完一项应按规定做一个记号"√"，并记录相应的时间。

6）操作中发生疑问时，应立即停止操作，并向值班调度员或值班负责人询问清楚后方可继续操作。

7）进行保护及二次回路操作时，应先看清图纸，正确理解并确定所操作回路的功能及应操作的具体端子和连接片，操作中应严格监护。投退保护时除了要考虑其出口回路的端子和连接片外，还应考虑相关回路，如启动失灵回路、远方切负荷、远方跳闸回路的端子和连接片。

8）继电保护和二次回路图样应完整正确，并与现场设备一致。保护盘、控制盘和其他盘及背面均应标明其名称和编号，盘上的每个连接片和端子均应注明其功能和编号。一块屏上有多套保护和装置时，每个保护或装置之间应有明显的分界线。应在每套保护装置的连接片和端子排附近适当的地方，标明该保护装置在各种运行方式下投退操作时必须操作的端子和连接片。

9）变电所一次系统模拟图应与现场设备完全一致，每次操作及交接班应进行核对检查。当现场设备的运行状态发生变化时，模拟图也应做相应的变化；装设临时接地线时，相应在模拟图板上设好标志。

10）每个设备均有双重编号，即设备的"名称和编号"，其字迹应清楚、醒目，不得重复。

11）设备的防误操作装置必须齐全，功能完好，并长期投入运行。就地操作的隔离开关和接地开关均应加锁。

12）在运行状态下的断路器把手上要加装防护罩，在有就地操作按钮的开关机构箱门上要加锁。

13）加强运行人员的安全和技术培训，不断提高安全意识和技术水平，达到"三熟三能"。"三熟"是指：熟悉设备、系统和基本原理；熟悉操作和事故处理；熟悉本岗位的规程和制度。"三能"是指：能正确地进行操作和分析运行状况；能及时地发现故障及排除故障；能掌握一般的维修技能。

14）加强运行管理，不断完善有关规章制度，保证做到正确、具体、符合实际，避免在技术指导上出错误。发生事故要按"事故四不放过"的原则执行：事故原因未查清不放过；事故责任人未受到处理不放过；事故责任人和广大群众没有受到教育不放过；事故制订的切实可行的整改措施未落实不放过。

15）由于500kV变电所二次接线比较复杂，因此二次回路上的工作除填用两种工作票外，还应填写安全措施票，以便将工作所需要的安全措施和所要停用的保护装置的端子和连接片填写清楚。

（2）防止带负荷拉、合隔离开关的措施

1）隔离开关的操作把手和操动机构箱应有正确、醒目的编号。

2）操作前认真填票、审票，操作中集中精力，加强监护，防止走错间隔或动错设备。

3）操作隔离开关前认真检查本间隔断路器的位置，在确认本间隔断路器已断开的条件下才能操作隔离开关。

4）要保证断路器与隔离开关之间的电气闭锁和机械闭锁装置处于完好状态。每次设备停电检修试验时均应把闭锁装置作为一项主要内容进行检修和试验，只有该项试验和其他检修项目均验收合格后，设备才能投入运行。发现闭锁装置不正常时，应立即上报缺陷，并督促有关人员或单位尽快处理。

5）倒母线操作母线侧隔离开关前，应检查母联断路器及其两侧隔离开关均已合上，并将母联断路器的跳闸电源小开关（熔断器）断开。

6）当某重要间隔的断路器因某原因出现"分闸闭锁"时，需要用旁路断路器代替该间隔断路器。只有在旁路断路器带上负荷后，同时断开旁路断路器和故障断路器的跳闸电源小开关的情况下才能拉开故障断路器两侧的隔离开关，退出故障断路器。

7）在对设备停送电操作时，除了要认真检查断路器的位置外，还要严格遵循：停电操作必须先拉负荷侧隔离开关，后拉母线侧隔离开关；送电操作必须先推上母线侧隔离开关，后推上线路侧隔离开关的顺序，尽量减少误操作。

（3）防止带接地线合闸的措施

1）加强接地线管理，按编号使用和放置接地线。

2）送电操作前应检查本单元接地线均已拆除，接地开关处于拉开状态，具备送电条件。

3）装拆接地线（拉合接地开关）均应在一次系统模拟图、交接班日志和工作票及操作票上做好记录。交接班检查时应在现场认真核对接地线和接地开关的编号和数量，发现疑问应及时确认。

4）手动操作500kV所有接地开关采用单相操作方式，因此在填写倒闸操作票时要分相填写，以防漏拉某相接地开关的情况发生。拆除接地线也应一相一相地拆，拆除完毕后检查三相确已拆除，然后将三根接地线按编号放回原处。

5）对于一经操作就有可能送电到检修地点的隔离开关，其操动机构应加锁，并应在其操作把手上挂"禁止合闸，有人工作"的标示牌，断开这些隔离开关的三相动力电源小开关或释放其操作能源。

6）要保持隔离开关与接地开关之间的机械闭锁和电气闭锁装置完好。每次检修时应对闭锁装置进行检修和试验，不合格者不能投入运行。平常发现闭锁装置有问题时应及时记录并上报缺陷，督促处理。

（4）防止带电挂地线或带电合接地开关的措施

1）装设接地线或合接地开关时，至少应有两人同时进行。首先应该核对设备的编号，并检查相关的断路器和隔离开关均处于断开位置，然后用合格的验电器在开关两端分别验明三相确无电压后，装上接地线或合上接地开关。

2）接地开关（在未采用微机防误闭锁装置时）的操动机构应加锁，开锁时应认真核对接地开关的编号，以防误入带电间隔。

3）要保证接地开关与隔离开关之间的机械闭锁处于完好状态。

4）接地开关的防误闭锁装置应保持完好，操作接地开关时不得随意使用解锁装置，更不能将防误闭锁装置拆下。发现防误闭锁装置不能打开时，应先认真核对该防误闭锁装置是否为应操作的防误闭锁装置，以及闭锁条件是否满足。如果确实需要使用解锁装置或采取其他措施时，应得到所（站）长或技术负责人的同意。防误闭锁装置出现故障时应立即上报并督促处理。

（5）防止误断、合断路器的措施

1）断、合断路器之前应认真核对其名称和编号。

2）操作时应加强监护，当监护人确认操作人所操作的断路器正确并下令操作之后，操作人才能进行操作。

3）接受调度下达的操作命令时要正确理解其操作意图，并按规定复诵和录音。

4）断路器的就地控制箱里面的"远方-就地"控制把手正常时应放在"远方"位置，以防就地误断、合断路器。

5）事故处理时应保持清醒的头脑。发生事故后，应尽快通知值班长、站长和技术负责人到控制室，以便加强监护，正确处理事故。

 复习思考题

1. 节约电能对工业和国民经济有何重要意义？

2. 什么叫负荷调整？工厂有哪些主要的调荷措施？

3. 什么叫经济运行方式？电力变压器如何考虑经济运行？

4. 什么叫提高自然功率因数？什么叫无功功率的人工补偿？为什么工厂通常采用并联电力电容器来进行无功补偿？

5. 并联电容器组采用三角形联结与星形联结各有哪些优缺点？各适用于什么情况？为什么容量较大的高压电容器组宜采用星形联结？

6. 高压集中补偿、低压集中补偿和单独就地补偿各有哪些优缺点？各适用什么情况？各采取什么放电措施？对高低压电容器的放电各有何要求？

7. 并联电容器组在什么情况下应予以投入？在什么情况下应予以切除？

8. 电气设备巡视检查的方法有哪些？

9. 变电所电气事故处理的原则是什么？事故处理的一般规定有哪些？事故处理的程序是怎样的？

10. 什么是电气设备的工作票制度？

11. 第一、二种工作票的使用范围各是什么？工作票签发人应由什么人担任？

12. 什么是电气设备的运行、热备用、冷备用和检修状态？

13. 倒闸操作的内容有哪些？倒闸操作的注意事项有哪些？

14. 断路器操作的注意事项是什么？

15. 变压器操作的注意事项是什么？

16. 线路操作的注意事项是什么？

17. 在采用高压隔离开关－断路器的电路中，送电时应如何操作？停电时又应如何操作？

18. 误操作事故类型有哪些？防止误操作事故的一般措施有哪些？

19. 防止带负荷拉、合隔离开关的措施有哪些？

20. 防止带地线合闸的措施有哪些？防止带电挂地线或带电合接地开关的措施有哪些？

21. 防止误断、合断路器的措施有哪些？

10

附　　录

附表1　常用电气图形符号

图形符号	符号说明	图形符号	符号说明
- - -	直流		动合（常开）触点 （1）开关和转换开关（2）继电器
～	交流		动断（常闭）触点 （1）开关和转换开关（2）继电器
V	两个绕组 V 形（60°）联结		多极开关（单线表示）
Y	星形联结的三相绕组		多极开关（多线表示）
Y	中性点引出的星形联结的三相绕组		隔离开关；负荷隔离开关
△	三角形联结的三相绕组		带自动释放功能的负荷隔离开关
⊔	开口三角形联结的三相绕组		导线间绝缘击穿
●	导线的连接		隔离开关
⏚	接地一般符号		熔断器
∕∕∕ 3	导线、电缆一般符号		跌开式熔断器
	电缆密封终端头		熔断器式开关
⚡	故障（表示假定故障位置）		避雷器 （1）阀式避雷器 （2）排气式避雷器
⚡	闪络、击穿		火花间隙 接触器 （1）在非动作位置触点断开 （2）在非动作位置触点闭合
E-\	按钮开关（不闭锁）有弹性返回的动合（常开）触点		
E-\	按钮开关（不闭锁）有弹性返回的动断（常闭）触点		
E-\ \	按钮开关（不闭锁）有弹性返回的动合（常开）和动断（常闭）触点		
	位置开关，限位开关的动合（常开）触点	(1) (2)	
	位置开关，限位开关的动断（常闭）触点		

（续）

图形符号	符号说明	图形符号	符号说明
形式 (1)　形式 (2)	操作器件的一般符号		具有两个铁心和两个二次绕组的电流互感器
	缓慢释放（缓放）继电器的线圈		在一个铁心上具有两个二次绕组的电流互感器
	缓慢吸合（缓吸）继电器的线圈		双绕组变压器
	热继电器的发热元件		
	气体继电器		三绕组变压器
	高、低压断路器		
	先断后合的转换触点		三相变压器，星形-有中性点引出的星形
	延时闭合的动合触点		三相变压器，星形-三角形联结
	延时断开的动合触点		
	延时闭合的动断触点		具有有载分接开关的三相变压器，星形-三角形联结
	延时断开的动断触点		
	延时动合触点		三绕组变压器，两个星形联结，第三个绕组为开口三角形联结
	热继电器的触点		
			电阻器
	电机一般符号，*用下述字母代替，如 G 表示发电机，M 表示电动机等	○　⊘	变电所，配电所 （1）规划的 （2）运行的
		□　▨	发电站
	三相笼型异步电动机		屏、台、箱、柜一般符号
			动力或动力—照明配电箱
	三相绕线转子异步电动机		照明配电箱（屏）
		⊠	事故照明配电箱（屏）
			多种电源配电箱（屏）
	电抗器，电感线圈		带熔断器的刀开关箱
			刀开关箱
	电流互感器		熔断器箱

（续）

图形符号	符号说明	图形符号	符号说明
—（	插座的一般符号	↘	带接地插孔的三相插座
		○	电杆的一般符号（A—杆种或所属部门，B—杆长，C—杆号）
—K	带接地插孔的单相插座	◯•	引上杆（小黑点表示电缆）

附表 2　用电设备组的需要系数、二项式系数及功率因数值

用电设备组名称	需要系数 K_d	二项式系数		最大容量设备参数 $x^①$	$\cos\varphi$	$\tan\varphi$
		b	c			
小批量生产的金属冷加工电动机	0.16～0.2	0.14	0.4	5	0.5	1.73
大批量生产的金属冷加工电动机	0.18～0.25	0.14	0.5	5	0.5	1.73
小批量生产的金属热加工电动机	0.25～0.3	0.24	0.4	5	0.6	1.33
大批量生产的金属热加工电动机	0.3～0.35	0.26	0.5	5	0.65	1.17
通风机、水泵、空压机及电动发电机组电动机	0.7～0.8	0.65	0.25	5	0.8	0.75
非连锁的连续运输机械及铸造车间整砂机械	0.5～0.6	0.4	0.4	5	0.75	0.88
连锁的连续运输机械及铸造车间整砂机械	0.65～0.7	0.6	0.2	5	0.75	0.88
锅炉房和机加、机修、装配等类车间的起重机（ε=25%）	0.1～0.15	0.06	0.4	3	0.5	1.73
铸造车间的起重机（ε=25%）	0.15～0.25	0.09	0.3	3	0.5	1.73
自动连续装料的电阻炉设备	0.75～0.8	0.7	0.3	2	0.95	0.33
实验室用的小型电热设备（电阻炉、干燥箱等）	0.7	0.7	0	—	1.0	0
工频感应电炉（未带无功补偿装置）	0.8	—	—	—	0.35	2.68
高频感应电炉（未带无功补偿装置）	0.8	—	—	—	0.6	1.33
电弧熔炉	0.9	—	—	—	0.87	0.57
点焊机、缝焊机	0.35	—	—	—	0.6	1.33
对焊机、铆钉加热机	0.35	—	—	—	0.7	1.02
自动弧焊变压器	0.5	—	—	—	0.4	2.29
单头手机动弧焊变压器	0.35	—	—	—	0.35	2.68
多头手机动弧焊变压器	0.4	—	—	—	0.35	2.68
单头弧焊电动发电机组	0.35	—	—	—	0.6	1.33
多头弧焊电动发电机组	0.7	—	—	—	0.75	0.88
生产厂房及办公室、阅览室、实验室照明^②	0.8～1	—	—	—	1.0	0
变配电所、仓库照明^②	0.5～0.7	—	—	—	1.0	0
宿舍（生活区）照明^②	0.6～0.8	—	—	—	1.0	0
室外照明、应急照明^②	1	—	—	—	1.0	0

① 如果用电设备组的设备总台数 $n<2x$，则最大容量设备台数 $x=n/2$，且按"四舍五入"修约规则取整数。

② 这里的 $\cos\varphi$ 和 $\tan\varphi$ 值均为白炽灯照明数据。如为荧光灯，则 $\cos\varphi=0.9$，$\tan\varphi=0.48$；如为高压汞灯、钠灯，则 $\cos\varphi=0.5$，$\tan\varphi=1.73$。

附表 3　部分工厂的全厂需要系数、功率因数及年最大有功负荷利用小时参考值

工厂类别	需要系数	功率因数	年最大有功负荷利用小时数	工厂类别	需要系数	功率因数	年最大有功负荷利用小时数
汽轮机制造厂	0.38	0.88	5000	量具刃具制造厂	0.26	0.60	3800
锅炉制造厂	0.27	0.73	4500	工具制造厂	0.34	0.65	3800
柴油机制造厂	0.32	0.74	4500	电机制造厂	0.33	0.65	3000
重型机械制造厂	0.35	0.79	3700	电器开关制造厂	0.35	0.75	3400
重型机床制造厂	0.32	0.71	3700	电线电缆制造厂	0.35	0.73	3500
机床制造厂	0.2	0.65	3200	仪器仪表制造厂	0.37	0.81	3500
石油机械制造厂	0.45	0.78	3500	滚珠轴承制造厂	0.28	0.70	5800

附表4 并联电容器无功补偿率 Δq_C

补偿前的功率因数	补偿后的功率因数				补偿前的功率因数	补偿后的功率因数			
	0.85	0.90	0.95	1.00		0.85	0.90	0.95	1.00
0.60	0.713	0.849	1.004	1.333	0.76	0.235	0.371	0.526	0.85
0.62	0.646	0.782	0.937	1.266	0.78	0.182	0.318	0.473	0.80
0.64	0.581	0.717	0.872	1.206	0.80	0.130	0.266	0.421	0.75
0.66	0.518	0.654	0.809	1.138	0.82	0.078	0.214	0.369	0.69
0.68	0.458	0.594	0.749	1.078	0.84	0.026	0.162	0.317	0.64
0.70	0.400	0.536	0.691	1.020	0.86		0.109	0.264	0.59
0.72	0.344	0.480	0.635	0.964	0.88		0.056	0.211	0.54
0.74	0.289	0.425	0.580	0.909	0.90		0.000	0.155	0.48

附表5 部分并联电容器的主要技术数据

电容器型号	额定容量/kvar	额定电容/μF	电容器型号	额定容量/kvar	额定电容/μF
BCMJ0.4-4-3	4	80	BGMJ0.4-3.3-3	3.3	66
BCMJ0.4-5-3	5	100	BGMJ0.4-5-3	5	99
BCMJ0.4-8-3	8	160	BGMJ0.4-10-3	10	198
BCMJ0.4-10-3	10	200	BGMJ0.4-12-3	12	230
BCMJ0.4-15-3	15	300	BGMJ0.4-15-3	15	298
BCMJ0.4-20-3	20	400	BGMJ0.4-20-3	20	398
BCMJ0.4-25-3	25	500	BGMJ0.4-25-3	25	498
BCMJ0.4-30-3	30	600	BGMJ0.4-30-3	30	598
BCMJ0.4-40-3	40	800	BWF0.4-14-1/3	14	279
BCMJ0.4-50-3	50	1000	BWF0.4-16-1/3	16	318
BKMJ0.4-6-1/3	6	120	BWF0.4-20-1/3	20	398
BKMJ0.4-7.5-1/3	7.5	150	BWF0.4-25-1/3	25	498
BKMJ0.4-9-1/3	9	180	BWF0.4-75-1/3	75	1500
BKMJ0.4-12-1/3	12	240	BWF10.5-16-1	16	0.462
BKMJ0.4-15-1/3	15	300	BWF10.5-25-1	25	0.722
BKMJ0.4-20-1/3	20	400	BWF10.5-30-1	30	0.866
BKMJ0.4-25-1/3	25	500	BWF10.5-40-1	40	1.155
BKMJ0.4-30-1/3	30	600	BWF10.5-50-1	50	1.44
BKMJ0.4-40-1/3	40	800	BWF10.5-100-1	100	2.89
BGMJ0.4-2.5-3	2.5	55			

附表6 S11-M·R-10~1000/10 系列三相卷铁心全密封配电变压器技术参数

额定容量/kV·A	电压组合			联结组标号	空载损耗/W	负载损耗/W	短路阻抗(%)	空载电流(%)	质量/kg				外形尺寸/mm (长×宽×高)	轨距/mm
	高压/kV	分接(%)	低压/kV						器身重	油重	总重	运输重		
30					90	600		0.8	165	86	358	358	820×600×930	400
50					120	870		0.75	240	112	477	477	880×660×1000	400
63					140	1040		0.7	285	126	550	550	900×680×1045	400
80					175	1250		0.7	320	137	602	602	940×690×1050	400
100					200	1500		0.65	384	159	665	665	980×720×1095	400
125					235	1800	4.0	0.65	426	170	780	780	1000×730×1135	550
160					280	2200		0.6	505	193	900	900	1040×760×1180	550
200	10	±5	0.4	Yyn0 Dyn11	335	2600		0.6	582	217	1020	1020	1080×780×1230	500
250					390	3050		0.5	690	251	1175	1175	1390×780×1270	550
315					465	3650		0.45	805	270	1335	1335	1420×790×1345	550
400					560	4300		0.4	970	309	1570	1570	1450×790×1465	550
500					670	5100		0.4	1115	334	1775	1775	1490×810×1480	500
630					840	6200		0.4	1260	452	2195	2195	1600×900×1550	550
800					980	7500	4.5	0.4	1480	512	2530	2530	1630×910×1635	660
1000					1190	10300		0.3	1590	573	2803	2803	1730×1010×1660	660

附表7　10kV 级 SC9 系列树脂浇注干式电力变压器的主要技术数据

型　号	额定容量 /kV·A	额定电压/kV		联结组 标号	损耗/W		空载电流 （%）	阻抗电压 （%）
		一次	二次		空载	负载		
SC9-200/10	200				480	2670	1.2	4
SC9-250/10	250				550	2910	1.2	4
SC9-315/10	315				650	3200	1.2	4
SC9-400/10	400				750	3690	1.0	4
SC9-500/10	500				900	4500	1.0	4
SC9-630/10	630				1100	5420	0.9	4
SC9-630/10	630	10	0.4	Yyn0 Dyn11	1050	5500	0.9	6
SC9-800/10	800				1200	6430	0.9	6
SC9-1000/10	1000				1400	7510	0.8	6
SC9-1250/10	1250				1650	8960	0.8	6
SC9-1600/10	1600				1980	10850	0.7	6
SC9-2000/10	2000				2380	13360	0.6	6
SC9-2500/10	2500				2850	15880	0.6	6

附表8　35kV 低损耗配电变压器技术参数

型号	额定容量 /kV·A	额定电压及分接范围/kV		联结组标号	短路阻抗 （%）	损耗/kW		空载电流 （%）	重量/t			外形尺寸/mm （长×宽×高）	轨距 /mm
		高压	低压			空载	负载		器身重	油重	重量		
S9-50/35	50					0.212	1.215	1.96	0.291	0.279	0.755	1090×835×1755	550
S9-100/35	100					0.296	2.025	1.82	0.42	0.36	1.04	1185×990×1540	660
S9-125/35	125					0.336	2.386	1.75	0.6	0.43	1.325	1200×1110×1970	660
S9-160/35	160					0.376	2.835	1.68	0.665	0.475	1.47	1380×1140×2010	660
S9-200/35	200					0.44	3.33	1.54	0.77	0.495	1.64	1350×1110×2030	660
S9-250/35	250					0.512	3.96	1.4	1.02	0.585	1.925	1690×1230×2210	660
S9-315/35	315	35, ±5%	0.4	Yyn0	6.5	0.608	4.77	1.4	1.09	0.69	2.4	2174×1030×2435	820
S9-400/35	400					0.736	5.76	1.33	1.345	0.73	2.5	1940×1230×2200	820
S9-500/35	500					0.864	6.93	1.33	1.416	0.76	2.88	2235×1130×2445	820
S9-630/35	630					1.04	8.28	1.26	2.1	1.03	3.84	2480×1190×2650	820
S9-800/35	800					1.232	9.90	1.05	2.035	1.11	1.175	2510×1480×2710	820
S9-1000/35	1000					1.44	1.215	0.98	2.40	1.24	5.05	24900×1350×2750	820
S9-1250/35	1250					1.76	1.476	0.84	3.02	1.49	5.27	2330×1435×2830	1070
S9-1600/35	1600					2.12	1.775	0.77	3.56	1.63	5.32	2500×1770×2960	1070
S9-800/35	800					1.232	9.90	1.05	1.763	0.995	3.689	2290×1215×2530	820
S9-1000/35	1000					1.44	12.15	0.98	2.125	1.082	4.26	2380×1240×2665	820
S9-1250/35	1250				6.5	1.76	14.67	0.91	2.445	1.25	4.775	2620×1670×2680	820
S9-1600/35	1600	35, ±5% 38.5, ±5%	31.5 6.3 10.5	Yd11		2.12	17.55	0.84	2.985	1.523	5.788	2580×1760×2785	1070
S9-2000/35	2000					2.72	17.82	0.77	3.165	1.687	6.292	2630×1865×2811	1070
S9-2500/35	2500					3.20	20.7	0.77	4.25	1.925	6.48	2810×2150×2985	1070
S9-3150/35	3150					3.80	24.30	0.7	4.58	2.1	8.78	2770×2720×2750	1070
S9-4000/35	4000				7.0	4.52	28.80	0.7	5.34	2.325	9.97	2800×2840×2800	1070
S9-5000/35	5000					5.40	33.03	0.63	6.5	2.64	11.64	3665×2870×3070	1070
S9-6300/35	6300				7.5	6.56	36.90	0.63	7.87	2.96	14	3710×2870×3270	1475

附表9　部分高压断路器的主要技术数据

类别	型　号	额定电压 /kV	额定电流 /A	开断电流 /kA	断流容量 S_{oc} /MV·A	动稳定电流峰值/kA	热稳定电流 /kA	固有分闸时间≤ /s	合闸时间≤ /s	配用操动机构型号
少油户外	SW2-35/1000	35	1000	16.5	1000	45	16.5(4s)	0.06	0.4	GT2-XG
	SW2-35/1500		1500	24.8	1500	63.4	24.8(4s)			

(续)

类别	型号	额定电压/kV	额定电流/A	开断电流/kA	断流容量 S_{oc}/MV·A	动稳定电流峰值/kA	热稳定电流/kA	固有分闸时间≤/s	合闸时间≤/s	配用操动机构型号
少油户内	SN10-35 I	35	1000	16	1000	45	16(4s)	0.06	0.2	CT10
	SN10-35 II	35	1250	20		50	20(4s)		0.25	CT10 IV
	SN10-10 I	10	630	16	300	40	16(4s)	0.06	0.15	CT7、8
			1000	16	300	40	16(4s)		0.2	CD10 I
	SN10-10 II		1000	31.5	500	80	31.5(2s)	0.06	0.2	CD10 I、II
	SN10-10 III		1250	40	750	125	40(2s)			
			2000	40	750	125	40(4s)	0.07	0.2	CD10 III
			3000	40	750	125	40(4s)			
真空户内	ZN23-35	35	1600	25		63	25(4s)	0.06	0.075	CT12
	ZN3-10 I	10	630	8		20	8(4s)	0.07	0.15	CD10 等
	ZN3-10 II		1000	20		50	20(2s)	0.05	0.10	
	ZN4-10/1000		1000	17.3		44	17.3(4s)	0.05	0.2	CD10 等
	ZN4-10/1250		1250	20		50	20(4s)			
	ZN5-10/630		630	20		50	20(2s)	0.05	0.1	专用 CD 型
	ZN5-10/1000		1000	20		50	20(2s)			
	ZN5-10/1250		1250	25		63	25(2s)			
	ZN12-10$\frac{1250}{2000}$-25		1250 2000	25		63	25(4s)	0.06	0.1	CT8 等
	ZN12-10/1250 ~3150-$\frac{31.5}{40}$		1250 2000 2500 3150	31.5 40		80, 100	31.5(4s) 40(4s)	0.06	0.1	CT8 等
	ZN24-10/1250-20		1250	20		50	20(4s)	0.06	0.1	CT8 等
	ZN24-10$\frac{1250}{2000}$-31.5		1250 2000	31.5		80	31.5(4s)			
六氟化硫(SF$_6$)户内	LN2-35 I	35	1250	16		40	16(4s)	0.06	0.15	CT12 II
	LN2-35 II		1250	25		63	25(4s)			
	LN2-35 III		1600	25		63	25(4s)			
	LN2-10	10	1250	25		63	25(4s)	0.06	0.15	CT12 I CT8 I

附表10 部分万能式低压断路器的主要技术数据

型号	脱扣器额定电流/A	长延时动作整定电流/A	短延时动作整定电流/A	瞬时动作整定电流/A	单相接地短路动作电流/A	分断能力	
						电流/kA	cosφ
DW15-200	100	64~100	300~1000	300~1000 800~2000	—	20	0.35
	150	98~150	—	—			
	200	128~200	600~2000	600~2000 1600~4000			

（续）

型号	脱扣器额定电流/A	长延时动作整定电流/A	短延时动作整定电流/A	瞬时动作整定电流/A	单相接地短路动作电流/A	分断能力 电流/kA	分断能力 $\cos\varphi$
DW15-400	200	128～200	600～2000	600～2000 1600～4000	—	25	0.35
	300	192～300	—	—			
	400	256～400	1200～4000	3200～8000			
DW15-600 （630）	300	192～300	900～3000	900～3000 1400～6000	—	30	0.35
	400	256～400	1200～4000	1200～4000 3200～8000			
	600	384～600	1800～6000	—			
DW15-1000	600	420～600	1800～6000	6000～12000	—	40 （短延时30）	0.35
	800	560～800	2400～8000	8000～16000			
	1000	700～1000	3000～10000	10000～20000			
DW15-1500	1500	1050～1500	4500～15000	15000～30000	—		
DW15-2500	1500	1050～1500	4500～9000	10500～21000	—	60 （短延时40）	0.2 （短延时0.25）
	2000	1400～2000	6000～12000	14000～28000			
	2500	1750～2500	7500～15000	17500～35000			
DW15-4000	2500	1750～2500	7500～15000	17500～35000	—	80 （短延时60）	0.2
	3000	2100～3000	9000～18000	21000～42000			
	4000	2800～4000	12000～24000	28000～56000			
DW16-630	100	64～100	—	300～600	50	30 （380V）	0.25 （380V）
	160	102～160		480～960	80		
	200	128～200		600～1200	100		
	250	160～250		750～1500	125		
	315	202～315		945～1890	158	20 （660V）	0.3 （660V）
	400	256～400		1200～2400	200		
	630	403～630		1890～3780	315		
DW16-2000	800	512～800	—	2400～4800	400	50	
	1000	640～1000		3000～6000	500		
	1600	1024～1600		4800～9600	800		
	2000	1280～2000		6000～12000	1000		
DW16-4000	2500	1400～2500	—	7500～15000	1250	80	—
	3200	2048～3200		9600～19200	1600		
	4000	2560～4000		12000～24000	2000		
DW17-630 （ME630）	630	200～400 350～630	3000～5000 5000～8000	1000～2000 1500～3000	—	50	0.25
		200～400 350～630	3000～5000 5000～8000	2000～4000 4000～8000			
DW17-800 （ME800）	800	200～400 350～630 500～800	3000～5000 5000～8000	1500～3000 2000～4000 4000～8000	—	50	0.25
DW17-1000 （ME1000）	1000	350～630 500～1000	3000～5000 5000～8000	1500～3000 2000～4000 4000～8000	—	50	0.25
DW17-1250 （ME1250）	1250	500～1000 750～1250	3000～5000 5000～8000	2000～4000 4000～8000	—	50	0.25
DW17-1600 （ME1600）	1600	500～1000 900～1600	3000～5000 5000～8000	4000～8000	—	50	0.25
DW17-2000 （ME2000）	2000	500～1000 1000～2000	5000～8000 7000～12000	4000～8000 6000～12000	—	80	0.2

（续）

型号	脱扣器额定电流/A	长延时动作整定电流/A	短延时动作整定电流/A	瞬时动作整定电流/A	单相接地短路动作电流/A	分断能力	
						电流/kA	cosφ
DW17-2500（ME2500）	2500	1500～2500	7000～12000 8000～12000	6000～12000	—	80	0.2
DW17-3200（ME3200）	3200	—	—	8000～16000	—	80	0.2
DW17-4000（ME4000）	4000	—	—	10000～20000	—	80	0.2

附表 11　RM10 型低压熔断器的主要技术数据和保护特性曲线

1. 主要技术数据

型　号	熔体管额定电压/V	额定电流/A		最大分断能力	
		熔体管	熔体	电流/kA	cosφ
RM10-15	交流220,380,500直流220,440	15	6,10,15	1.2	0.8
RM10-60		60	15,20,25,35,45,60	3.5	0.7
RM10-100		100	60,80,100	10	0.35
RM10-200		200	100,125,160,200	10	0.35
RM10-350		350	200,225,260,300,350	10	0.35
RM10-600		600	350,430,500,600	10	0.35

2. 保护特性曲线

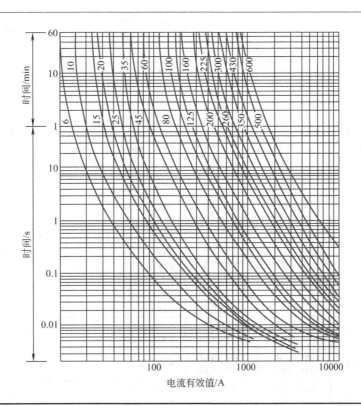

附表 12　RT0 型低压熔断器的主要技术数据和保护特性曲线

1. 主要技术数据

型　号	熔体管额定电压/V	额定电流/A		最大分断电流/kA
		熔体管	熔体	
RT0-100	交流 380 直流 440	100	30,40,50,60,80,100	50 (cosφ = 0.1 ~ 0.2)
RT0-200		200	(80,100),120,150,200	
RT0-400		400	(150,200),250,300,350,400	
RT0-600		600	(350,400),450,500,550,600	
RT0-1000		1000	100,800,900,1000	

2. 保护特性曲线

附表 13　电力变压器配用的高压熔断器规格

变压器容量/kV·A		100	125	160	200	250	315	400	500	630	800	1000
$I_{1N \cdot T}$/A	6kV	9.6	12	15.4	19.2	24	30.2	38.4	48	60.5	76.8	96
	10kV	5.8	7.2	9.3	11.6	14.4	18.2	23	29	36.5	46.2	58
RN1 型熔断器 $I_{N \cdot FU}/I_{N \cdot FE}$(A/A)	6kV	20/20		75/30		75/40	75/50		75/75	100/100		200/150
	10kV	20/15			20/20		50/30	50/40	50/50	100/75		100/100
RW4 型熔断器 $I_{N \cdot FU}/I_{N \cdot FE}$(A/A)	6kV	50/20		50/30		50/40	50/50		100/75	100/100		200/150
	10kV	50/15		50/20			50/30		50/40	50/50	100/75	100/100

附表 14　各型电压互感器的二次负荷值

型　式		额定电压比系数	在下列准确等级下额定容量/V·A			最大容量/V·A	备　注
			0.5 级	1 级	3 级		
单相 (屋内式)	JDG-0.5	380/100	25	40	100	200	
	JDG-0.5	500/100	25	40	100	200	
	JDG3-0.5	380/100		15		60	
	JDG-3	1000 ~ 3000/100	30	50	120	240	
	JDJ-6	3000/100	30	50	120	240	
	JDJ-6	6000/100	50	80	240	400	
	JDJ-10	10000/100	80	150	320	640	

（续）

型　式	额定电压比系数	在下列准确等级下额定容量/V·A 0.5级	1级	3级	最大容量/V·A	备　注
三相 （屋内式）	JSJW-6　3000/100/100/3	50	80	200	400	有辅助二次线圈接成开口三角形
	JSJW-6　6000/100/100/3	80	150	320	640	
	JSJW-10　10000/100/100/3	120	200	480	960	
单相 （屋内式）	JDZ-6　1000/100	30	50	100	200	浇注绝缘，可代替JDJ型，用于三相结合接成丫(100/$\sqrt{3}$)时使用容量为额定容量的1/3
	JDZ-6　3000/100	30	50	100	200	
	JDZ-6　6000/100	50	80	200	300	
	JDZ-10　10000/100	80	150	300	500	
	JDZ-10　11000/100	80	150	300	500	
	JDZ-35　35000/110	150	250	500		
	JDZJ-6　$\frac{1000}{\sqrt{3}}\Big/\frac{100}{\sqrt{3}}\Big/\frac{100}{3}$	40	60	150	300	浇注绝缘，用三台取代JSJW，但不能单相运行
	JDZJ-6　$\frac{3000}{\sqrt{3}}\Big/\frac{100}{\sqrt{3}}\Big/\frac{100}{3}$	40	60	150	300	
	JDZJ-6　$\frac{6000}{\sqrt{3}}\Big/\frac{100}{\sqrt{3}}\Big/\frac{100}{3}$	40	60	150	300	
	JDZJ-10　$\frac{10000}{\sqrt{3}}\Big/\frac{100}{\sqrt{3}}\Big/\frac{100}{3}$	40	60	150	300	
单相 （屋外式）	JDJ-35　35000/100	150	250	600	1200	
	JDJJ-35　$\frac{35000}{\sqrt{3}}\Big/\frac{100}{\sqrt{3}}\Big/\frac{100}{3}$	150	250	600	1200	

附表15　电流互感器技术数据

型号	额定电流比	级次组合	二次负荷/Ω 0.5级	1级	3级	(C)D级	1s热稳定倍数	动稳定倍数
LFZ$_1$-10	5,10,15,20,30,40,50,75,100,150,200,300,400,400/5	0.5/3；1/3	0.4	0.4	0.6	—	90 80 75	160 140 130
	5,10,15,20,30,40,50,75,100,150,200/5	0.5/3；1/3	0.4	0.6	0.6	—	90	160
LA-10	5,10,15,20,30,40,50,75,100,150,200/5	0.5/3；1/3	0.8	1.2	1			
	300,400/5	0.5/3；1/3					75	135
	500/5	0.5/3；1/3	0.4	0.4	0.6		60	110
	600,800,1000/5	0.5/3；1/3	0.4	0.4	0.6		50	90
LAJ-10 LNJ-10	400,500,600,800,1000,1200,1500,6000/5	0.5/D；1/D；D/D	1	1	—	1.2	75	135
	500/5	0.5/D；1/D；D/D	1	1	—	1.2		
	600,800/5	0.5/D；1/D；D/D	1	1	—	1.2	50	90
	1000；1200,1500/5	0.5/D；1/D；D/D	1.6	1.6	—	1.6	—	—
	2000,3000,4000,5000,6000/5	0.5/D；1/D；D/D	2.4	2.4	—	2		
LMZ$_1$-10	2000,3000/5 4000,5000/5	0.5/D；D/D	1.6 (2.4) 2(3)			2 2.4		

（续）

型号	额定电流比	级次组合	二次负荷/Ω				1s 热稳定倍数	动稳定倍数
			0.5 级	1 级	3 级	(C)D 级		
LQJ-10	5、10、15、20、30、40、50、75、100、150、200、400/5	0.5/3；1/3	0.4	0.4	0.6	0.6	75~90 (5~100/5)	225 (5~100/5)
LQJC-10		0.5/C；1/C					60~75 (150~400/5)	150~160 (150~400/5)
LCW-35	15~1000/5	0.5；3	2	4	2	4	65	100
LCWD$_1$-35	15~1500/5	0.5/D	2			2	30~75	77~191

附表 16　LJ 型铝绞线的电阻和感抗

额定截面积/mm^2	16	25	35	50	70	95	120	150	185	240
50℃ 的电阻 R_0/Ω·km^{-1}	2.07	1.33	0.96	0.66	0.48	0.36	0.28	0.23	0.18	0.11
线间几何均距/mm	线路电抗 X_0/Ω·km^{-1}									
600	0.36	0.35	0.34	0.33	0.32	0.31	0.30	0.29	0.28	0.28
800	0.38	0.37	0.36	0.35	0.34	0.33	0.32	0.31	0.30	0.30
1000	0.40	0.38	0.37	0.36	0.35	0.34	0.33	0.32	0.31	0.31
1250	0.41	0.40	0.39	0.37	0.36	0.35	0.34	0.34	0.33	0.33
1500	0.42	0.41	0.40	0.38	0.37	0.36	0.35	0.35	0.34	0.33
2000	0.44	0.43	0.41	0.40	0.40	0.39	0.37	0.37	0.36	0.35

附表 17　LGJ 型钢芯铝绞线的电阻和感抗

导线型号	LGJ-16	LGJ-25	LGJ-35	LGJ-50	LGJ-70	LGJ-95	LGJ-120	LGJ-150	LGJ-185	LGJ-240	LGJ-300	LGJ-400
电阻 R_0/Ω·km^{-1}	2.04	1.38	0.85	0.65	0.46	0.33	0.27	0.21	0.17	0.132	0.107	0.082
线间几何均距/mm	线路电抗 X_0/Ω·km^{-1}											
1000	0.387	0.374	0.359	0.351	—	—	—	—	—	—	—	—
1250	0.401	0.388	0.373	0.365	—	—	—	—	—	—	—	—
1500	0.412	0.400	0.385	0.376	0.365	0.354	0.347	0.340	—	—	—	—
2000	0.430	0.418	0.403	0.394	0.383	0.372	0.365	0.358	—	—	—	—
2500	0.444	0.432	0.417	0.408	0.397	0.386	0.379	0.372	0.365	0.357	—	—
3000	0.456	0.443	0.428	0.420	0.409	0.398	0.391	0.384	0.377	0.369	—	—
3500	0.466	0.453	0.438	0.429	0.418	0.406	0.400	0.394	0.386	0.378	0.371	0.362

注：线间几何均距 $D_{av} = \sqrt[3]{d_{ab} d_{bc} d_{ca}}$，式中 d_{ab}、d_{bc}、d_{ca} 为三相导线之间的距离。

附表 18　TJ、LJ、LGJ 的允许载流量　　　　（单位：A）

导线截面积/mm^2	TJ				LJ				LGJ			
	环境温度				环境温度				环境温度			
	25℃	30℃	35℃	40℃	25℃	30℃	35℃	40℃	25℃	30℃	35℃	40℃
4	50	47	44	41	—	—	—	—	—	—	—	—
6	70	66	62	57	—	—	—	—	—	—	—	—
10	95	89	84	77	75	70	66	61	—	—	—	—
16	130	122	114	105	105	99	92	85	105	98	92	85
25	180	169	158	146	135	127	119	109	135	127	119	109
35	220	207	194	178	170	160	150	138	170	159	149	137
50	270	254	238	219	215	202	189	174	220	207	193	178
70	340	320	300	276	265	249	233	215	275	259	228	222
95	415	390	365	336	325	305	286	247	335	315	295	272

（续）

导线截面积/mm²	TJ				LJ				LGJ			
	环境温度				环境温度				环境温度			
	25°C	30°C	35°C	40°C	25°C	30°C	35°C	40°C	25°C	30°C	35°C	40°C
120	485	456	426	393	375	352	330	304	380	357	335	307
150	570	536	501	461	440	414	387	356	445	418	391	360
185	645	606	567	522	500	470	440	405	515	484	453	416
240	770	724	678	624	610	574	536	494	610	574	536	494
300	890	835	783	720	680	640	597	550	700	658	615	566

注：1. 本表载流量按导线正常工作温度70°C计。
　　2. 本表载流量按室外架设考虑，无日照，海拔1000m及以下。海拔不同、环境温度不同时，载流量应按附表19进行校正。

附表19　裸导体载流量在不同海拔及环境温度下的综合校正系数

导体最高允许温度	适应范围	海拔/m	实际环境温度						
			20°C	25°C	30°C	35°C	40°C	45°C	50°C
70°C	室内矩形、槽形、管形导体和不计日照的室外软导线		1.05	1.00	0.94	0.88	0.81	0.74	0.67
80°C	计及日照时室外软导线	≤1000	1.05	1.00	0.95	0.89	0.83	0.76	0.69
		2000	1.01	0.96	0.91	0.85	0.79	—	—
		3000	0.97	0.92	0.87	0.81	0.75	—	—
		4000	0.95	0.89	0.84	0.77	0.71	—	—
80°C	计及日照时室外管形导体	≤1000	1.05	1.00	0.94	0.87	0.80	0.72	0.63
		2000	1.00	0.94	0.88	0.81	0.74	—	—
		3000	0.96	0.90	0.84	0.76	0.69	—	—
		4000	0.91	0.86	0.80	0.72	0.65	—	—

注：本表适用于基准环境温度为25°C和导体最高允许温度为70°C或80°C的裸导体载流量表的校正。

附表20　BLX和BLV型铝芯绝缘线穿硬塑料管时的允许载流量
（导线正常最高允许温度为65°C）　　　　　　　　　　（单位：A）

导线型号	线芯截面积/mm²	2根单芯线				2根穿管管径/mm	3根单芯线				2根穿管管径/mm	4~5根单芯线				4根穿管管径/mm	5根穿管管径/mm
		环境温度					环境温度					环境温度					
		25°C	30°C	35°C	40°C		25°C	30°C	35°C	40°C		25°C	30°C	35°C	40°C		
BLX	2.5	19	17	16	15	15	17	15	14	13	15	15	14	12	11	20	25
	4	25	23	21	19	20	23	21	19	18	20	20	18	17	15	20	25
	6	33	30	28	26	20	29	27	25	22	20	26	24	22	20	25	32
	10	44	41	38	34	25	40	37	34	31	25	35	32	30	27	32	32
	16	58	54	50	45	32	52	48	44	41	32	46	43	39	36	32	40
	25	77	71	66	60	32	68	63	58	53	32	60	56	51	47	40	40
	35	95	88	82	75	40	84	78	72	66	40	74	69	64	58	40	50
	50	120	112	103	94	40	108	100	93	85	50	95	88	82	75	50	50
	70	153	143	132	121	50	135	126	116	106	50	120	112	103	94	50	65
	95	184	172	159	145	50	165	154	142	130	65	150	140	129	118	65	80
	120	210	196	181	166	65	190	177	164	150	65	170	158	147	134	80	80
	150	250	233	216	197	65	227	212	196	179	75	205	191	177	162	80	90
	185	282	263	243	223	80	255	238	220	201	80	232	216	200	183	100	100

（续）

导线型号	线芯截面积/mm²	2根单芯线 环境温度 25°C	30°C	35°C	40°C	2根穿管管径/mm	3根单芯线 环境温度 25°C	30°C	35°C	40°C	2根穿管管径/mm	4~5根单芯线 环境温度 25°C	30°C	35°C	40°C	4根穿管管径/mm	5根穿管管径/mm
BLV	2.5	18	16	15	14	15	16	14	13	12	15	14	13	12	11	20	25
	4	24	22	20	18	20	22	20	19	17	20	19	17	16	15	20	25
	6	31	28	26	24	20	27	25	23	21	20	25	23	21	19	25	32
	10	42	39	36	33	25	38	35	32	30	25	33	30	28	26	32	32
	16	55	51	47	43	32	49	45	42	38	32	44	41	38	34	32	40
	25	73	68	63	57	32	65	60	56	51	40	57	53	49	45	40	50
	35	90	84	77	71	40	80	74	69	63	40	70	65	60	55	50	65
	50	114	106	98	90	50	102	95	88	80	50	90	84	77	71	63	65
	70	145	135	125	114	50	130	121	112	102	50	115	107	99	90	63	75
	95	175	163	151	138	65	158	147	136	124	65	140	130	121	110	75	75
	120	206	187	173	158	65	180	168	155	142	65	180	149	138	126	75	80
	150	230	215	198	181	75	207	193	179	163	75	185	172	160	146	80	90
	185	265	247	229	209	75	235	219	203	185	75	212	198	183	167	90	100

附表21　BLX 和 BLV 型铝芯绝缘线明敷时的允许载流量

（导线正常最高允许温度为65°C）　　　　　　　　　（单位：A）

线芯截面积/mm²	BLX 型铝芯绝缘线 环境温度 25°C	30°C	35°C	40°C	BLV 型铝芯绝缘线 环境温度 25°C	30°C	35°C	40°C
2.5	27	25	23	21	25	23	21	19
4	35	32	30	27	32	29	27	25
6	45	42	38	35	42	39	36	33
10	65	60	56	51	59	55	51	46
16	85	79	73	67	80	74	69	63
25	110	102	95	87	105	98	90	83
35	138	129	119	100	130	121	112	102
50	175	163	151	178	165	154	142	130
70	220	206	190	174	205	191	177	162
95	265	247	229	209	250	233	216	197
120	310	280	268	245	283	266	246	225
150	360	336	311	384	325	303	281	257
185	420	392	363	332	380	355	328	300
240	510	476	441	403	—	—	—	—

附表22　BLX 和 BLV 型铝芯绝缘线穿钢管时的允许载流量

（导线正常最高允许温度为65°C）　　　　　　　　　（单位：A）

导线型号	线芯截面积/mm²	2根单芯线 环境温度 25°C	30°C	35°C	40°C	2根穿管管径/mm G	DG	3根单芯线 25°C	30°C	35°C	40°C	3根穿管管径 G	DG	4~5根单芯线 25°C	30°C	35°C	40°C	4根穿管管径 G	DG	5根穿管管径 G	DG
BLX	2.5	21	19	18	16	15	20	19	17	16	15	15	20	16	14	13	12	20	25	20	25
	4	28	26	24	22	20	25	25	23	21	19	20	25	23	21	19	18	20	25	20	25
	6	37	34	32	29	20	25	34	31	29	26	20	25	30	28	25	23	20	25	20	32
	10	52	48	44	41	25	32	46	43	39	36	25	32	40	37	34	31	25	32	32	40
	16	66	61	57	52	25	32	59	55	51	46	25	32	52	48	44	41	32	40	40	(50)
	25	86	80	74	68	32	40	76	71	65	60	32	40	68	63	58	53	40	(50)	40	
	35	106	99	91	89	32	40	94	87	81	74	32	40	83	77	71	65	40	(50)	50	
	50	133	124	115	105	40	(50)	118	110	102	93	50	(50)	105	98	90	83	50		70	
	70	164	154	142	130	50	(50)	150	140	129	118	50	(50)	133	124	115	105	70		70	
	95	200	187	173	158	70		180	168	155	142	70		160	149	138	126	70		80	
	120	230	215	198	181	70		210	196	181	166	70		190	177	164	150	70		80	
	150	260	243	224	205	70		240	224	207	189	70		220	205	190	174	80		100	
	185	295	275	255	233	80		270	252	233	213	80		250	233	216	197	80		100	

（续）

导线型号	线芯截面积/mm²	2根单芯线 环境温度 25℃	30℃	35℃	40℃	2根穿管管径/mm G	DG	3根单芯线 环境温度 25℃	30℃	35℃	40℃	3根穿管管径/mm G	DG	4~5根单芯线 环境温度 25℃	30℃	35℃	40℃	4根穿管管径/mm G	DG	5根穿管管径/mm G	DG
BLV	2.5	20	18	17	15	15	15	18	16	15	14	15	15	15	14	12	11	15	15	15	20
	4	27	25	23	21	15	15	24	22	20	18	15	15	22	20	19	17	15	20	20	20
	6	35	32	30	27	15	20	32	29	27	25	15	20	28	26	24	22	20	25	25	25
	10	49	45	42	38	20	25	44	41	38	34	20	25	38	35	32	30	25	25	25	32
	16	63	58	54	49	25	25	56	52	48	44	25	32	50	46	43	39	25	32	32	40
	25	80	74	69	63	25	32	70	65	60	55	32	32	65	60	50	51	32	40	32	(50)
	35	100	93	86	79	32	40	90	84	77	71	32	40	80	74	69	63	40	(50)	40	
	50	125	116	108	98	40	50	110	102	95	87	40	(50)	100	93	86	79	50	(50)	50	
	70	155	145	134	122	50	50	143	133	123	113	40	(50)	127	118	109	100	50		70	
	95	190	177	164	149	50	(50)	170	158	147	134	50		152	142	131	120	70		70	
	120	219	203	188	170	50	(50)	195	182	168	154	50		172	160	148	106	70		80	
	150	246	233	216	197	70	(50)	225	210	194	177	70		200	187	173	158	70		80	
	185	285	266	246	225	70		255	238	220	201	70		230	215	198	181	80		100	

注：1. BX和BV型铜芯绝缘线的允许载流量约为同截面积的BLX和BLV型铝芯绝缘线的允许载流量的1.3倍。

2. 表中的钢管G——焊接钢管，管径按内径计；DG——电线管，管径按外径计。

3. 表中4~5根单芯线穿管的载流量，是指三相四线制的TN-C系统、TN-S系统及TN-C-S系统中的相线载流量，其中性线（N）或保护中性线（PEN）可有不平衡电流通过。如果是供电给三相平衡负荷，另一导线为单纯的保护线（PE线），则虽有4根线穿管，但其载流量应按3根线穿管的载流量考虑，而管径则仍按4根线穿管确定。

4. 管径的国际单位制（SI制）与英制的近似对照如下：

SI制/mm	15	20	25	32	40	50	65	70	80	90	100
英制/in	$\frac{1}{2}$	$\frac{3}{4}$	1	$1\frac{1}{4}$	$1\frac{1}{2}$	2	$2\frac{1}{2}$	$2\frac{3}{4}$	3	$3\frac{1}{2}$	4

附表23　1000V三芯铜（铝）芯纸绝缘电缆的阻抗

芯线截面积/mm²	铜芯 电阻/mΩ·m⁻¹ 正序及负序	零序	电抗/mΩ·m⁻¹ 正序及负序	零序	铝芯 电阻/mΩ·m⁻¹ 正序及负序	零序	电抗/mΩ·m⁻¹ 正序及负序	零序
3×2.5	0.05	30.0	0.098	0.160	15.4	36.7	0.098	0.160
3×4	5.65	24.7	0.092	0.148	9.6	28.7	0.092	0.148
3×6	3.77	20.9	0.087	0.139	6.4	23.5	0.087	0.139
3×10	2.26	17.2	0.082	0.128	3.84	18.6	0.082	0.128
3×16	1.41	3.29	0.078	0.946	2.39	4.27	0.078	0.946
3×25	0.005	2.76	0.067	0.896	1.54	3.4	0.067	0.896
3×35	0.647	2.45	0.064	0.835	1.10	2.9	0.064	0.835
3×50	0.452	2.21	0.062	0.291	0.768	2.53	0.062	0.791
3×70	0.323	2.01	0.06	0.722	0.548	2.24	0.06	0.722

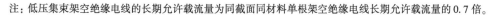

(续)

芯线截面积/mm²	钢芯				铝芯			
	电阻/mΩ·m⁻¹		电抗/mΩ·m⁻¹		电阻/mΩ·m⁻¹		电抗/mΩ·m⁻¹	
	正序及负序	零序	正序及负序	零序	正序及负序	零序	正序及负序	零序
3×95	0.238	1.83	0.058	0.639	0.404	2.0	0.058	0.639
3×120	0.188	1.73	0.058	0.594	0.319	1.86	0.058	0.594
3×150	0.151	1.61	0.057	0.530	0.256	1.76	0.057	0.53
3×185	0.122		0.057		0.208	1.6	0.057	0.47
2(3×70)	0.101		0.030		0.274		0.030	
2(3×95)	0.119		0.029		0.202		0.029	
2(3×120)	0.094		0.029		0.159		0.029	
2(3×150)	0.075		0.028		0.128		0.028	

附表24　室内明敷及穿钢管的铝、铜芯绝缘导线的电阻和电抗

导线截面积/mm²	铝/Ω·km⁻¹			铜/Ω·km⁻¹		
	电阻 R_0 (65℃)	电抗 X_0		电阻 R_0 (65℃)	电抗 X_0	
		明线间距100mm	穿管		明线间距100mm	穿管
1.5	24.39	0.342	0.14	14.48	0.342	0.14
2.5	14.63	0.327	0.13	8.69	0.327	0.13
4	9.15	0.312	0.12	5.43	0.312	0.12
6	6.10	0.300	0.11	3.62	0.300	0.11
10	3.66	0.280	0.11	2.19	0.280	0.11
16	2.29	0.265	0.10	1.37	0.265	0.10
25	1.48	0.251	0.10	0.88	0.251	0.10
35	1.06	0.241	0.10	0.63	0.241	0.10
50	0.75	0.229	0.09	0.44	0.229	0.09
70	0.53	0.219	0.09	0.32	0.219	0.09
95	0.39	0.206	0.09	0.23	0.206	0.09
120	0.31	0.199	0.08	0.19	0.199	0.08
150	0.25	0.191	0.08	0.15	0.191	0.08
185	0.20	0.184	0.07	0.13	0.184	0.07

附表25　低压单根架空绝缘电线在空气温度为30℃时的长期允许载流量　（单位：A）

导体标称截面积/mm²	铜导体		铝导体		铝合金导体	
	聚氯乙烯绝缘	聚乙烯绝缘	聚氯乙烯绝缘	聚乙烯绝缘	聚氯乙烯绝缘	聚乙烯绝缘
16	102	104	79	81	73	75
25	138	142	107	111	99	102
35	170	175	132	136	122	125
50	209	216	162	168	149	154
70	266	275	207	214	191	198
95	332	344	257	267	238	247
120	384	400	299	311	276	287
150	442	459	342	356	320	329
185	515	536	399	416	369	384
240	615	641	476	497	440	459

注：低压集束架空绝缘电线的长期允许载流量为同截面同材料单根架空绝缘电线长期允许载流量的0.7倍。

附表 26　10kV XLPE 绝缘架空绝缘电线(绝缘厚度 3.4mm)
在空气温度为 30℃ 时的长期允许载流量　　　　(单位:A)

导体标称截面积 /mm²	铜导体	铝导体	铝合金导体	导体标称截面积 /mm²	铜导体	铝导体	铝合金导体
25	174	134	124	120	454	352	326
35	211	164	153	150	520	403	374
50	255	198	183	185	600	465	432
70	320	249	225	240	712	553	513
95	393	304	282	300	824	639	608

注:1. 10kV XLPE 绝缘薄绝缘架空绝缘电线(绝缘厚度为 2.5mm)在空气温度为 30℃ 时的长期允许载流量参照绝缘厚度 3.4mm 的 10kV XLPE 绝缘架空绝缘电线长期允许载流量。

2. 10kV 集束架空绝缘电线的长期允许载流量为同截面同材料单根架空绝缘电线长期允许载流量的 0.7 倍。

3. 当空气温度不是 30℃ 时,应将附表 25、附表 26 中架空绝缘电线的长期允许载流量乘以校正系数 K_1 或 K_2,其值可查附表 27。

附表 27　架空绝缘电线长期允许载流量的温度校正系数

t_0 /℃	-40	-35	-30	-25	-20	-15	-10	-5	0	5	10	15	20	30	35	40	50
K_1	1.66	1.62	1.58	1.54	1.50	1.46	1.41	1.37	1.32	1.27	1.22	1.17	1.12	1.00	0.94	0.87	0.71
K_2	1.47	1.44	1.41	1.38	1.35	1.32	1.29	1.26	1.22	1.19	1.15	1.12	1.08	1.00	0.96	0.91	0.82

注:1. t_0 为实际空气温度。

2. K_1 为聚乙烯绝缘、聚氯乙烯绝缘的架空绝缘电线载流量的温度校正系数。

3. K_2 为 XLPE 绝缘的架空绝缘电线载流量的温度校正系数。

4. 电线长期允许工作温度,PE、PVC 绝缘为 70℃,XLPE 绝缘为 90℃。

附表 28　矩形母线的电阻和感抗

母线尺寸 /mm	阻抗/mΩ·m⁻¹					
	65℃ 时的电阻		当相间几何均距 D_{av}(mm) 时的感抗(铜及铝)			
	铜	铝	100	150	200	300
25 × 3	0.268	0.475	0.179	0.200	0.295	0.244
30 × 3	0.223	0.394	0.163	0.189	0.206	0.235
30 × 4	0.167	0.296	0.163	0.189	0.206	0.235
40 × 4	0.125	0.222	0.145	0.170	0.189	0.214
40 × 5	0.100	0.177	0.145	0.170	0.189	0.214
50 × 5	0.08	0.142	0.137	0.1565	0.18	0.200
50 × 6	0.067	0.118	0.137	0.1565	0.18	0.200
60 × 6	0.0558	0.099	0.1195	0.145	0.163	0.189
60 × 8	0.0418	0.074	0.1195	0.145	0.163	0.189
80 × 8	0.0313	0.055	0.102	0.126	0.145	0.170
80 × 10	0.025	0.0445	0.102	0.126	0.145	0.170
100 × 10	0.020	0.0355	0.09	0.1127	0.133	0.157
2(60 × 8)	0.0209	0.037	0.12	0.145	0.163	0.189
2(80 × 8)	0.0157	0.0277	—	0.126	0.145	0.170
2(80 × 10)	0.0125	0.0222	—	0.126	0.145	0.170
2(100 × 10)	0.01	0.0178	—	—	0.133	0.157

附表29　矩形母线允许载流量(竖放)(环境温度25℃ 最高允许温度70℃)　(单位:A)

母线尺寸 /(mm×mm)	铜母线(TMY)载流量			铝母线(LMY)载流量		
	每相的铜排数			每相的铝排数		
	1	2	3	1	2	3
15×3	210	—	—	165	—	—
20×3	275	—	—	215	—	—
25×3	340	—	—	265	—	—
30×4	475	—	—	365	—	—
40×4	625	—	—	480	—	—
40×4	700	—	—	540	—	—
50×5	860	—	—	665	—	—
50×6	955	—	—	740	—	—
60×6	1125	1740	2240	870	1355	1720
80×6	1480	2110	2720	1150	1630	2100
100×6	1810	2470	3170	1425	1935	2500
60×8	1320	2160	2790	1245	1680	2180
80×8	1690	2620	3370	1320	2040	2620
100×8	2080	3060	3930	1625	2390	3050
120×8	2400	3400	4340	1900	2650	3380
60×10	1475	2560	3300	1155	2010	2650
80×10	1900	3100	3990	1480	2410	3100
100×10	2310	3610	4650	1820	2860	3650
120×10	2650	4100	5200	2070	3200	4100

注：母线平放时，宽为60mm 以下，载流量减少5%；当宽为60mm 以上时，应减少8%。

附表30　绝缘导线芯线的最小截面积　　　　(单位:mm²)

线 路 类 别			芯线最小截面积		
			铜芯软线	铜芯线	铝芯线
照明用灯头引下线	室内		0.5	1.0	2.5
	室外		1.0	1.0	2.5
移动式设备线路	生活用		0.75	—	—
	生产用		1.0	—	—
敷设在绝缘支持件上的绝缘导线(L 为支持点间距)	室内	L≤2m	—	1.0	2.5
	室外	L≤2m	—	1.5	2.5
		2m<L≤6m	—	2.5	4
		6m<L≤15m	—	4	6
		15m<L≤25m	—	6	10
穿管敷设的绝缘导线			1.0	1.0	2.5
沿墙明敷的塑料护套线			—	1.0	2.5
板孔穿线敷设的绝缘导线			—	1.0	2.5
PE 线和 PEN 线	有机械保护时			1.5	2.5
	无机械保护时	多芯线		2.5	4
		单芯干线		10	16

注：GB 50096—2011《住宅设计规范》规定:住宅导线应采用铜芯绝缘线,住宅分支回路导线截面积不应小于2.5mm²。

附表31 导体在正常负荷和短路时的最高允许发热温度及热稳定系数

导体种类和材料		最高允许发热温度/℃		导体热稳定系数 C /$A \cdot s^{\frac{1}{2}} \cdot mm^{-2}$
		正常负荷时	短路时	
母线	铜	70	300	171
	铜(接触面有锡层时)	85	200	164
	铝	70	200	87
油浸纸绝缘电缆	铜芯 1~3kV	80	250	148
	6kV	65(80)	250	150
	10kV	60(65)	250	153
	35kV	50(65)	175	—
	铝芯 1~3kV	80	200	84
	6kV	65(80)	200	87
	10kV	60(65)	200	88
	35kV	50(65)	175	—
橡胶绝缘导线和电缆	铜芯	65	150	131
	铝芯	65	150	87
聚氯乙烯绝缘导线和电缆	铜芯	70	160	115
	铝芯	70	160	760
交联聚乙烯绝缘电缆	铜芯	90(80)	250	137
	铝芯	90(80)	200	77
有中间接头的电缆 (不包括聚氯乙烯绝缘电缆)	铜芯		160	
	铝芯		160	

注:加括号的数,对油浸纸绝缘电缆,适用于"不滴流纸绝缘电缆";对交联聚乙烯绝缘电缆,适用于10kV以上电压。

附表32 电站和配电型金属氧化物避雷器

避雷器额定电压	系统额定电压	避雷器持续运行电压	陡波冲击电流下残压 ≤	雷电冲击电流下残压 ≤	操作冲击电流下残压 ≤	直流1mA参考电压 ≥
有效值/kV			峰值/kV			
3.8	3	2.0	19.6/15.5	17/13.5	14.5/11.5	7.5/7.2
7.6	6	4.0	34.5/31.0	30.0/27.0	25.5/23.0	15.0/14.4
12.7	10	6.6	57.5/51.8	50.0/45.0	42.5/38.3	25.0/24.0
42	35	23.4	—/154	—/134	—/114	—/73
69	63	40	—/258	—/224	—/190	—/122

注:1. 标称放电电流为5kA。
2. 分子为配电型,分母为电站型。

附表33 低压金属氧化物避雷器的电气性能

避雷器额定电压	系统额定电压	避雷器持续运行电压	雷电冲击电流残压峰值	直流1mA参考电压
有效值/kV			≤/kV	≥/kV
0.28	0.22	0.24	1.3	0.6
0.50	0.38	0.42	2.6	1.2

注:标称放电电流为1.5kA。

附表34　部分电力装置要求的工作接地电阻值

序号	电力装置名称	接地的电力装置特点		接地电阻值
1	1kV 以上大电流接地系统	仅用于该系统的接地装置		$R_E \leqslant \dfrac{2000V}{I_k^{(1)}}$ 当 $I_k^{(1)} > 4000A$ 时 $R_E \leqslant 0.5\Omega$
2	1kV 以上小电流接地系统	仅用于该系统的接地装置		$R_E \leqslant \dfrac{250V}{I_E}$ 且 $R_E \leqslant 10\Omega$
3		与1kV 以下系统共用的接地装置		$R_E \leqslant \dfrac{120V}{I_E}$ 且 $R_E \leqslant 10\Omega$
4	1kV 以下系统	与总容量在100kV·A 以上的发电机或变压器相连的接地装置		$R_E \leqslant 10\Omega$
5		上述(序号4)装置的重复接地		$R_E \leqslant 10\Omega$
6		与总容量在100kV·A 及以下的发电机或变压器相连的接地装置		$R_E \leqslant 10\Omega$
7		上述(序号6)装置的重复接地		$R_E \leqslant 30\Omega$
8	避雷装置	独立避雷针和避雷线		$R_{sh} \leqslant 10\Omega$
9		变配电所装设的避雷器	与序号4装置共用	$R_E \leqslant 4\Omega$
10			与序号6装置共用	$R_E \leqslant 10\Omega$
11		线路上装设的避雷器或保护间隙	与电机无电气联系	$R_E \leqslant 10\Omega$
12			与电机有电气联系	$R_E \leqslant 5\Omega$
13	防雷建筑物	第一类防雷建筑物		$R_{sh} \leqslant 10\Omega$
14		第二类防雷建筑物		$R_{sh} \leqslant 10\Omega$
15		第三类防雷建筑物		$R_{sh} \leqslant 30\Omega$

注：R_E 为工频接地电阻；R_{sh} 为冲击接地电阻；$I_k^{(1)}$ 为流经接地装置的单相短路电流；I_E 为单相接地电容电流。

附表35　接地体的最小尺寸

种　类	规格及单位	地　　上		地　　下
		屋内	屋外	
圆钢	直径/mm	6	8	8/10
扁钢	截面积/mm²	24	48	48
	厚度/mm	3	4	4
角钢	厚度/mm	2	2.5	4
钢管	管壁厚度/mm	2.5	2.5	3.5/2.5

注：1. 地下部分圆钢的直径，其分子、分母数据分别对应于架空线路和发电厂、变电所的接地装置。

　　2. 地下部分钢管的壁厚，其分子、分母数据分别对应于埋于土壤和埋于室内素混凝土地坪中。

　　3. 架空线路杆塔的接地极引出线，其截面积不应小于50mm²，并应热镀锌。

附表36 土壤和水的电阻率参考值

类别	名　称	电阻率近似值 /Ω·m	不同情况下电阻率的变化范围/Ω·m		
			较湿时(一般地区、多雨区)	较干时(少雨区、沙漠区)	地下水含盐碱时
土	陶黏土	10	5~20	10~100	3~10
	泥炭、泥灰岩、沼泽地	20	10~30	50~300	3~30
	捣碎的木炭	40	—	—	—
	黑土、园田土、陶土	50 }	30~100	50~300	10~30
	白垩土、黏土	60			
	砂质黏土	100	30~300	80~1000	10~80
	黄土	200	100~200	250	30
	含砂黏土、砂土	300	100~1000	1000以上	30~100
	河滩中的砂	—	300	—	—
	煤	—	350	—	—
	多石土壤	400	—	—	—
	上层红色风化黏土、下层红色页岩	500(30%湿度)	—	—	—
	表层土夹石、下层砾石	600(15%湿度)	—	—	—
砂	砂、砂砾	1000	250~1000	1000~2500	—
	砂层深度大于10m、地下水较深的草原、地面黏土深度不大于1.5m、底层多岩石	1000	—	—	—
岩石	砾石、碎石	5000	—	—	—
	多岩山地	5000	—	—	—
	花岗岩	200000	—	—	—
混凝土	在水中	40~55	—	—	—
	在湿土中	100~200	—	—	—
	在干土中	500~1300	—	—	—
	在干燥的大气中	12000~18000	—	—	—
矿	金属矿石	0.01~1	—	—	—

附表37 部分工业建筑一般照明标准值(据 GB 50034—2013)

照明房间或场所		参考平面及其高度	照度标准值/lx	统一眩光值(UGR)	一般显色指数(Ra)	备注
1. 通用房间或场所						
试验室	一般	0.75m 水平面	300	22	80	可另加局部照明
	精细	0.75m 水平面	500	19	80	可另加局部照明
检验室	一般	0.75m 水平面	300	22	80	可另加局部照明
	精细,有颜色要求	0.75m 水平面	750	19	80	可另加局部照明
计量室,测量室		0.75m 水平面	500	19	80	可另加局部照明
变、配电站	配电装置室	0.75m 水平面	200	—	80	
	变压器室	地面	100	—	60	

照明房间或场所		参考平面及其高度	照度标准值/lx	统一眩光值（UGR）	一般显色指数（Ra）	备注
1. 通用房间或场所						
电源设备室、发电机室		地面	200	25	80	
控制室	一般控制室	0.75m 水平面	300	22	80	
	主控制室	0.75m 水平面	500	19	80	
电话站、网络中心		0.75m 水平面	500	19	80	
计算机站		0.75m 水平面	500	19	80	防光幕反射
动力站	风机房、空调机房	地面	100	—	60	
	泵房	地面	100	—	60	
	冷冻站	地面	150	—	60	
	压缩空气站	地面	150	—	60	
	锅炉房、煤气站的操作层	地面	100	—	60	锅炉水位表的照度不小于50lx
仓库	大件库（如钢坯、钢材、大成品、气瓶）	1.0m 水平面	50	—	20	
	一般件库	1.0m 水平面	100	—	60	
	精细件库（如工具、小零件）	1.0m 水平面	200	—	60	货架垂直照度不小于50lx
车辆加油站		地面	100	—	60	油表表面照度不小于50lx
2. 机、电工业						
机械加工	粗加工	0.75m 水平面	200	22	60	可另加局部照明
	一般加工（公差≥0.1mm）	0.75m 水平面	300	22	60	应另加局部照明
	精密加工（公差＜0.1mm）	0.75m 水平面	500	19	60	应另加局部照明
机电仪表装配	大件	0.75m 水平面	200	25	80	可另加局部照明
	一般件	0.75m 水平面	300	25	80	可另加局部照明
	精密	0.75m 水平面	500	22	80	应另加局部照明
	特精密	0.75m 水平面	750	19	80	应另加局部照明
电线、电缆制造		0.75m 水平面	300	25	60	
线圈绕制	大线圈	0.75m 水平面	300	25	80	
	中等线圈	0.75m 水平面	500	22	80	可另加局部照明
	精细线圈	0.75m 水平面	750	19	80	应另加局部照明
线圈浇注		0.75m 水平面	300	25	80	
焊接	一般	0.75m 水平面	200	—	60	
	精密	0.75m 水平面	300	—	60	
钣金		0.75m 水平面	300	—	60	
冲压、剪切		0.75m 水平面	300	—	60	
热处理		地面至0.5m 水平面	200	—	20	

（续）

照明房间或场所		参考平面及其高度	照度标准值/lx	统一眩光值（UGR）	一般显色指数（Ra）	备注
2. 机、电工业						
铸造	熔化、浇注	地面至0.5m水平面	200	—	20	
	造型	地面至0.5m水平面	300	25	60	
精密铸造的制模、脱壳		地面至0.5m水平面	500	25	60	
锻工		地面至0.5m水平面	200	—	20	
电镀		0.75m水平面	300	—	80	
喷漆	一般	0.75m水平面	300	—	80	
	精细	0.75m水平面	500	22	80	
酸洗、腐蚀、清洗		0.75m水平面	300	—	80	
抛光	一般装饰性	0.75m水平面	300	22	80	防频闪
	精细	0.75m水平面	500	22	80	防频闪
复合材料加工、铺叠、装饰		0.75m水平面	500	22	80	
机电修理	一般	0.75m水平面	200	—	60	可另加局部照明
	精密	0.75m水平面	300	22	60	可另加局部照明
3. 电力工业						
火电厂锅炉房		地面	100	—	60	
发电机房		地面	200	—	60	
主控室		0.75m水平面	500	19	80	
4. 电子工业						
微电子产品及集成电路		0.75m水平面	500	19	80	
显示器件		0.75m水平面	500	19	80	可根据工艺要求降低照度值
电子材料		0.75m水平面	300	22	80	
酸、碱、药液及粉配制		0.75m水平面	300	—	80	

附表38 部分民用和公共建筑照明标准值（据 GB 50034—2013）

照明房间或场所		参考平面及其高度	照度标准值/lx	统一眩光值（UGR）	一般显色指数（Ra）
1. 居住建筑					
起居室	一般活动	0.75m水平面	100	—	80
	书写、阅读		300 *		
卧室	一般活动	0.75m水平面	75	—	80
	床头、阅读		150 *		
餐厅		0.75m餐桌面	150	—	80

（续）

照明房间或场所		参考平面及其高度	照度标准值/lx	统一眩光值（UGR）	一般显色指数（Ra）
1. 居住建筑					
厨房	一般活动	0.75m 水平面	100	—	80
	操作台	台面	150*		
卫生间		0.75m 水平面	100	—	80
2. 商业建筑					
一般商店营业厅		0.75m 水平面	300	22	80
高档商店营业厅		0.75m 水平面	500	22	80
一般超市营业厅		0.75m 水平面	300	22	80
高档超市营业厅		0.75m 水平面	500	22	80
收款台		台面	500	—	80
3. 旅馆建筑					
客房	一般活动区	0.75m 水平面	75	—	80
	床头	0.75m 水平面	150	—	80
	写字台	台面	300*	—	80
	卫生间	0.75m 水平面	150	—	80
中餐厅		0.75m 水平面	200	22	80
酒吧间、咖啡厅		0.75m 水平面	75	—	80
多功能厅、宴会厅		0.75m 水平面	300	22	80
总服务台		台面	300*	—	80
休息厅		地面	200	22	80
客房层走廊		地面	50	—	80
厨房		台面	500*	—	80
洗衣房		0.75m 水平面	200	—	80
4. 学校建筑					
教室、阅览室		课桌面	300	19	80
实验室		实验桌面	300	19	80
美术教室		桌面	500	19	90
多媒体教室		0.75m 水平面	300	19	80
教室黑板		黑板面	500*	—	80
5. 图书馆建筑					
一般阅览室		0.75m 水平面	300	19	80
老年阅览室		0.75m 水平面	500	19	80
珍善本、舆图阅览室		0.75m 水平面	500	19	80
陈列室、目录厅(室)、出纳厅		0.75m 水平面	300	19	80
书库、书架		0.25m 垂直面	50	—	80
工作间		0.75m 水平面	300	19	80

（续）

照明房间或场所	参考平面及其高度	照度标准值/lx	统一眩光值（UGR）	一般显色指数（Ra）
6. 办公建筑				
普通办公室	0.75m 水平面	300	19	80
高档办公室	0.75m 水平面	500	19	80
会议室	0.75m 水平面	300	19	80
接待室、前台	0.75m 水平面	200	—	80
营业厅	0.75m 水平面	300	22	80
设计室	实际工作面	500	19	80
文件整理、复印、发行室	0.75m 水平面	300	—	80
资料、档案室	0.75m 水平面	200	—	80

注：*指混合照明照度。

附表39 PZ220 型普通照明白炽灯的主要技术数据

额定电压/V	220									
额定功率/W	15	25	40	60	100	150	200	300	500	1000
光通量/lm	110	220	350	630	1250	2090	2920	4610	8300	18600
平均寿命/h	1000									

附表40　GC1-A-1、GC1-B-1 型配照灯的主要技术数据和概算图表

1. 主要规格数据		2. 灯具外形及配光曲线
规格	数据	
光源容量	白炽灯 150W	
遮光角	8.7°	
灯具效率	85%	
最大距高比	1.25	

附表41　GC1-A-1、GC1-B-1 型配照灯的灯具利用系数 u

顶棚反射比 ρ_c（%）		70			50			30			0
墙壁反射比 ρ_w（%）		50	30	10	50	30	10	50	30	10	0
室空间比	1	0.85	0.82	0.78	0.82	0.79	0.76	0.78	0.76	0.74	0.70
	2	0.73	0.68	0.63	0.70	0.66	0.61	0.68	0.63	0.60	0.57
	3	0.64	0.57	0.51	0.61	0.55	0.50	0.59	0.54	0.49	0.46
	4	0.56	0.49	0.43	0.54	0.48	0.43	0.52	0.46	0.42	0.39
	5	0.50	0.42	0.63	0.48	0.41	0.36	0.46	0.40	0.35	0.33
	6	0.44	0.63	0.31	0.43	0.36	0.31	0.41	0.35	0.30	0.28

（续）

顶棚反射比 ρ_c（%）		70			50			30			0
墙壁反射比 ρ_w（%）		50	30	10	50	30	10	50	30	10	0
室空间比	7	0.39	0.32	0.26	0.38	0.30	0.26	0.37	0.30	0.26	0.24
	8	0.35	0.28	0.23	0.34	0.28	0.23	0.33	0.27	0.23	0.21
	9	0.32	0.25	0.20	0.31	0.24	0.20	0.30	0.24	0.20	0.18
	10	0.29	0.22	0.17	0.28	0.22	0.17	0.27	0.21	0.17	0.16

附表 42　配照灯的比功率参考值　　　　　　　（单位：W/mm²）

灯在工作面上高度/m	被照面积/m²	白炽灯平均照度/lx						
		5	10	15	20	30	50	70
3～4	10～15	4.3	7.5	9.6	12.7	17	26	36
	15～20	3.7	6.4	8.5	11.0	14	22	31
	20～30	3.1	5.5	7.2	9.3	13	19	27
	30～50	2.5	4.5	6.0	7.5	10.5	15	22
	50～120	2.1	3.8	5.1	6.3	8.5	13	18
	120～300	1.8	3.3	4.4	5.5	7.5	12	16
	300 以上	1.7	2.9	4.0	5.0	7.0	11	15
4～6	10～17	5.2	8.9	11	15	21	33	48
	17～25	4.1	7.0	9.0	12	16	27	37
	25～35	3.4	5.8	7.7	10	14	22	32
	35～50	3.0	5.0	6.8	8.5	12	19	27
	50～80	2.4	4.1	5.6	7.0	10	15	22
	80～150	2.0	3.3	4.6	5.8	8.5	12	17
	150～400	1.7	2.8	3.9	5.0	7.0	11	15
	400 以上	1.5	2.5	3.5	4.0	6.0	10	14

附表 43　电气第一种工作票

1. 工作单位：＿＿＿＿＿＿　工作负责人（监护人）：＿＿＿＿＿＿

工作班成员（共　人）						

2. 工作地点：＿＿＿＿＿＿＿＿　设备名称：＿＿＿＿＿＿＿
3. 工作内容：＿＿＿＿＿＿＿＿＿＿＿＿＿＿＿＿
　＿＿＿＿＿＿＿＿＿＿＿＿＿＿＿＿
　＿＿＿＿＿＿＿＿＿＿＿＿＿＿＿＿
4. 工作计划时间：自＿ 年＿ 月＿ 日＿ 时＿ 分至＿ 年＿ 月＿ 日＿ 时＿ 分
5. 安全措施：
　下列由工作负责人（或工作票签发人）填写　下列由工作许可人（值班员）填写

（续）

应拉开关和刀开关(注明编号)	已拉开关和刀开关(注明编号)	操作人	监护人

应装接地线,应投接地刀开关 (注明地线装设点)	已装接地线,已投接地刀开关 (注明地线装设点)	装设人	拆除人

应设遮栏,应挂标示牌(注明地点)	已设遮栏,已挂标示牌	装设人	拆除人

工作地点保留带电部分和补充安全措施(由工作许可人或值班员填写)

6. 工作票签发人签名:	7. 值班长或值班负责人审批: 签名:

8. 收到工作票时间:___年___月___日___时___分
值班负责人签名:_____
9. 许可开始工作时间:___年___月___日___时___分
工作许可人签名:_____
工作负责人签名:_____
10. 工作负责人变动:原工作负责人_____ 离去,
变更_____为工作负责人。
变更时间:___年___月___日___时___分
工作票签发人签名:_____
11. 工作票延期:有效期延到___年___月___日___时___分
工作负责人签名:_____
值班或值班负责人签名:_____
12. 工作终结:工作班人员已全部撤离,现场已清理完毕。
全部工作于___年___月___日___时___分结束。
工作负责任人签名:_____
工作许可人(或值班员)签名:_____
13. 接地线共___组已拆除,接地刀共_____把已拉开。
接地线共___组保留,接地刀共_____把未拉开。
值班负责人签名:_____
14. 工作票结束于___年___月___日___时___分。
会长或值班负责人签名:_____

备注

附表 44　电气第二种工作票

编号：

1. 工作负责人（监护人）：_____　班组：_____

工作班人员：_____

2. 工作任务：_____

_____

3. 计划工作时间：自＿ 年＿ 月＿ 日＿ 时＿ 分至 ＿ 年＿ 月＿ 日＿ 时＿ 分

同意工作延期至____ 年____ 月____ 日____ 时____ 分

值班班长签名：_____

4. 工作条件（停电或不停电）：_____

_____

5. 注意事项（安全措施）：_____

_____

_____

_____

_____

工作票签发人签名：_____

6. 许开始工作时间：____ 年____ 月____ 日____ 时____ 分

工作许可人（值班员）签名：_____　工作负责人签名：_____

7. 工作结束时间：____ 年____ 月____ 日____ 时____ 分

工作许可人（值班员）签名：_____　工作负责人签名：_____

8. 备注：_____

_____

参 考 文 献

[1] 刘介才. 工厂供电 [M]. 6 版. 北京：机械工业出版社，2016.

[2] 苏文成. 工厂供电 [M]. 2 版. 北京：机械工业出版社，2012.

[3] 许建安,路文梅. 电力系统继电保护技术 [M]. 2 版. 北京：机械工业出版社，2018.

[4] 陈小虎. 工厂供电技术 [M]. 4 版. 北京：高等教育出版社，2015.

[5] 《中国电力百科全书》编缉委员会,《中国电力百科全书》编委会. 中国电力百科全书:配电与用电卷 [M].3 版. 北京：中国电力出版社，2014.

[6] 戴绍基. 工厂供配电技术[M].2 版. 北京：机械工业出版社，2015.

[7] 马诋溪. 供配电技术基础[M].北京：机械工业出版社，2014.

[8] 黄栋. 发电厂及变电站二次回路 [M]. 北京：中国水利水电出版社，2019.